U0743538

模糊逻辑与智能系统

雷英杰　路艳丽
王　毅　申晓勇　编著

西安电子科技大学出版社

内 容 简 介

本书系统介绍模糊集理论、模糊逻辑推理及其在智能信息系统等领域中的应用。本书共分为 14 章，内容涉及模糊集合、模糊关系、模糊相似性、模糊综合评判、模糊逻辑、模糊推理、模糊控制系统、模糊模式识别、模糊专家系统、模糊神经网络、模糊遗传算法、模糊线性规划、模糊决策和直觉模糊集。

本书内容新颖，逻辑严谨，语言通俗，理例结合，注重基础，面向应用，可作为高等院校计算机、自动化、信息、管理、控制、系统工程等专业的高年级本科生或研究生教材或教学参考书，也可供从事智能信息处理、智能信息融合、智能决策等研究的教师、研究生及科技人员自学或参考。

图书在版编目(CIP)数据

模糊逻辑与智能系统/雷英杰等编著. 一西安：
西安电子科技大学出版社，2016.5(2017.11 重印)
ISBN 978 - 7 - 5606 - 4092 - 1

Ⅰ. ① 模…　Ⅱ. ① 雷…　Ⅲ. ① 模糊逻辑 ② 智能系统
Ⅳ. ① B815.6 ② TP18

中国版本图书馆 CIP 数据核字(2016)第 094585 号

策　　划　戚文艳
责任编辑　王斌　戚文艳
出版发行　西安电子科技大学出版社(西安市太白南路 2 号)
电　　话　(029)88242885　88201467　　邮　　编　710071
网　　址　www.xduph.com　　电子邮箱　xdupfxb001@163.com
经　　销　新华书店
印刷单位　陕西大江印务有限公司
版　　次　2016 年 5 月第 1 版　2017 年 11 月第 2 次印刷
开　　本　787 毫米×1092 毫米　1/16　印张 19
字　　数　450 千字
印　　数　1001～2000 册
定　　价　38.00 元
ISBN 978 - 7 - 5606 - 4092 - 1/B

XDUP　4384001 - 2

＊＊＊如有印装问题可调换＊＊＊

前　言

模糊集(Fuzzy Sets)理论由扎德(L. A. Zadeh)教授所创立。模糊集合是对经典的康托尔(Cantor)集合的扩充和发展。在语义描述上，经典集合只能描述“非此即彼”的“分明概念”，而模糊集则可以扩展描述外延不分明的“亦此亦彼”的模糊概念。作为模糊集扩充形式的直觉模糊集，进而可以扩展描述中立(犹豫)的“非此非彼”的模糊概念。随着模糊信息处理技术的发展，模糊集理论在逻辑推理、模式识别、控制、优化、决策等领域得到广泛应用，取得了举世公认的成就。同时，随着模糊集理论及其应用研究渐趋成熟，其局限性也已逐渐显现，所以国内外学者的研究不约而同地转向对模糊集理论的扩充和发展，相继出现了各种拓展形式，如直觉模糊集(Intuitionistic Fuzzy Sets，IFS)、L-模糊集、区间值模糊集、Vague 集等理论。这种情形，既反映出模糊集理论研究与应用的活跃态势，又反映出客观对象的复杂性对于应用研究的反作用。在这诸多的拓展形式中，直觉模糊集理论的研究最为活跃，也最富有成果。直觉模糊集理论可更加细腻地刻画客观对象的模糊性本质，从“支持、反对和中立”三方面对不确定性问题进行建模，符合人们的思维习惯，成为对Zadeh模糊集理论最有影响力的一种扩展。

本书旨在系统介绍模糊集理论、模糊逻辑推理及其在智能信息系统等领域中的应用。本书共分为 14 章，第 1 章介绍模糊集的表示方法、基本运算、基本性质、分解定理、扩张原理、隶属函数；第 2 章介绍模糊关系、逆关系、λ 截关系、合成运算、等价关系、传递闭包；第 3 章介绍模糊熵、距离度量、贴近度、包含度；第 4 章介绍模糊映射、模糊变换、模糊综合评判、模糊关系方程；第 5 章介绍谓词逻辑、多值逻辑、模糊逻辑函数、模糊语言逻辑、区间值模糊逻辑；第 6 章介绍模糊推理的基本模式、基于模糊关系的合成推理、模糊推理的扩充模式(多维模糊推理、多重模糊推理、多重多维模糊推理)、带有可信度因子的模糊推理；第 7 章介绍模糊控制系统的基本概念、形式、组成和结构及基本设计原理等；第 8 章介绍模糊模式识别的直接方法、贴近度分类法、模糊积分分类法、模糊关系聚类法、模糊 ISODATA 动态聚类方法、模糊划分聚类法等；第 9 章介绍模糊专家系统；第 10 章介绍模糊神经网络；第 11 章介绍模糊遗传算法；第 12 章介绍模糊线性规划；第 13 章介绍模糊决策；第 14 章介绍直觉模糊集。

本书作为一部系统介绍模糊集理论及其在智能信息处理系统中应用的著作，其中部分内容取自作者研究团队近年来发表的学术论文，是作者系列研究成果的汇集，还有部分内容取自研究过程中所参阅学习的有关资料。在本书撰写过程中，参考了国内外大量的文献资料，众多学者们的研究成果是本书不可或缺的素材，在此一并对他们致以诚挚的感谢。

特别要诚挚感谢西安电子科技大学出版社戚文艳老师，正是她的勤谨工作，才使本书得以呈现给读者。本书的出版得到“军队 2110 工程”建设项目资助。

本书内容新颖，逻辑严谨，语言通俗，理例结合，注重基础，面向应用，可作为高等院校计算机、自动化、信息、管理、控制、系统工程等专业的本科生或研究生用作计算智能课程的教材或教学参考书，也可供从事智能信息处理、智能信息融合、智能决策等研究的教师、研究生以及科研和工程技术人员自学或参考。

本书由雷英杰担任主编，全书由雷英杰(第1、2、14章)、路艳丽博士(第3、6、7、10章)、王毅博士(第9、11、12、13章)、申晓勇博士(第4、5、8章)共同编写。

需要说明的是，本书在内容编排上充分考虑读者的思维逻辑和知识的循序渐进，其中有一些章节的内容涉及近年来新兴起的研究领域或受到国内外学者关注的热点研究领域，发展很快，本书汇集的研究成果只是冰山一角，只能起抛砖之效，加之作者水平有限，书中难免有不足之处，敬请广大读者批评指正。

作　者

2016年1月

目　录

第1章 模糊集合

集合论是现代数学中最重要的工具之一，模糊集合是对经典集合理论的扩充和发展。模糊集理论在不确定信息系统建模和处理上更具灵活性、更具表达力。本章主要介绍模糊集合的基本概念。

1.1 经典集合

集合是描述人脑思维对整体性客观事物的识别和分类的数学方法。

集合，通常指经典集合，亦称为康托尔集合(Cantor's Sets)、分明集合或普通集合。在经典集合中，要求其分类必须遵从形式逻辑的排中律，论域(即所考虑的对象的全体)中的任一元素要么属于集合 A，要么不属于集合 A，两者必居其一，且仅居其一。这样，经典集合描述的概念就是"非此即彼"的分明概念。

任何一个概念总有它的内涵与外沿，概念的内涵是指这一概念的本质属性，概念的外沿则是指符合这一概念的全体对象。外沿实际上就是一个集合。

当我们谈论某一个概念的外沿时，总离不开一定的讨论范围。例如，我们讨论"工业控制计算机"这一概念时，我们往往是把议题限制在某个相关的范围之内，如"计算机"或"控制装置"等。这个讨论议题所限定的范围称为"论域"，论域中的每个对象称为"元素"。

至此，我们可以给集合下一个定义。

定义 1.1(集合) 给定论域 U，U 中具有某些特定属性的元素的全体称为 U 上的一个集合。

集合常以大写字母 A，B，…等表示，论域常以大写字母 U、V、X、Y 等表示，元素一般用小写字母 u、v、x、y 等表示。

集合通常有以下几种表示方法。

(1) 列举法(枚举法)。一一列写出集合的全体元素即所谓列举法。例如，正实数论域 $U=\mathbf{R}_+=(0, \infty)$上小于 10 的奇数集合 A 可表示为

$$A=\{1, 3, 5, 7, 9\}$$

元素列写于大括号中。一般有

$$A=\{u_1, u_2, \cdots, u_n\}$$

其中，u_1，u_2，…，u_n是论域 U 中属于集合 A 的元素的全体。

(2) 定义法。定义法给出集合中元素的特征。上例可表示为

$$A=\{u \mid u\in U,\ u \text{ 是奇数},\ u<10\}$$

符号$\in$表示"属于"；与之相反，符号$\notin$表示"不属于"。

(3) 特征函数法。

定义 1.2(特征函数) 设 A 是论域 U 上的一个集合，定义 U 上的函数为

$$X_A(x)=\begin{cases}1, & x\in A\\ 0, & x\notin A\end{cases}$$

称 $X_A(x)$ 为集合 A 的特征函数，也可简记为 $A(x)$。

对于一个普通集合 A，空间中任一元素 x，要么 $x\in A$，要么 $x\notin A$，这一特征可用一个函数 $X_A(x)$ 或 $A(x)$ 表示。

下面我们给出集合的一些有关概念和运算。

定义 1.3 A 和 B 是同一论域上的两个集合，若 A 中的元素全都是 B 的元素，那么称 A 是 B 的子集，记作 $A\subseteq B$ 或 $B\supseteq A$，读作 A 包含于 B，或 B 包含 A。若 $A\subseteq B$ 且 B 中至少有一个元素不属于 A，则称 A 是 B 的真子集，记作 $A\subset B$。若 $A\subseteq B$ 且 $B\subseteq A$，则称 A 等于 B，或 B 等于 A，记作 $A=B$ 或 $B=A$。

我们引入下面两个符号：符号 $\forall$ 表示“所有的”，符号 $\exists$ 表示“至少有一个”。那么定义 1.3 可表示为：若 $\forall a\in B$，则 A 为 B 的子集，记作 $A\subseteq B$。若 $A\subseteq B$，且 $\exists b\notin A$，则 A 为 B 的真子集，记为 $A\subset B$。式中，$a\in A$，$b\in B$，表示属于 A，B 的元素。

定义 1.4 设 A，B 是论域 U 上的两个集合，由集合 A 和集合 B 的所有元素所组成的集合称为 A 和 B 的并集，记作 $A\cup B$；由所有既属于 A 又属于 B 的元素所组成的集合称为 A 和 B 的交集，记作 $A\cap B$，由 U 中所有不属于 A 的元素所成的集合称为 A 的补集，记为 $\overline{A}$ 或 A^c。

上述定义也可表示为：

并集：$A\cup B=\{u\in U\mid u\in A$ 或 $u\in B\}$。

交集：$A\cap B=\{u\in U\mid u\in A$ 且 $u\in B\}$。

补集：$\overline{A}=\{u\in U\mid u\notin A\}$。

还可以定义 A 减 B 的差集。

差集：$A-B=\{u\in U\mid u\in A$ 且 $u\notin B\}$。

集合的并、交、补、差运算可以用文氏图形象直观地表示。当一个集合不包含任何元素时，称为空集，空集一般记为$\varnothing$。不难证明集合的并、交、补运算有下面的一些性质。

性质 1.1 集合的并、交、补运算性质。

(1) 幂等律：$A\cup A=A$，$A\cap A=A$。

(2) 交换律：$A\cup B=B\cup A$，$A\cap B=B\cap A$。

(3) 结合律：$(A\cup B)\cup C=A\cup(B\cup C)$，$(A\cap B)\cap C=A\cap(B\cap C)$。

(4) 分配律：$A\cap(B\cup C)=(A\cap B)\cup(A\cap C)$，$A\cup(B\cap C)=(A\cup B)\cap(A\cup C)$。

(5) 吸收律：$(A\cap B)\cup A=A$，$(A\cup B)\cap A=A$。

(6) 两极律：$A\cup U=U$，$A\cup\varnothing=A$，$A\cap U=A$，$A\cap\varnothing=\varnothing$。

(7) 复原律：$\overline{\overline{A}}=A$。

(8) 摩根律(对偶律)：$\overline{A\cup B}=\overline{B}\cap\overline{A}$，$\overline{A\cap B}=\overline{B}\cup\overline{A}$。

(9) 排中律：$A\cup\overline{A}=U$，$A\cap\overline{A}=\varnothing$。

含有有限个元素的集合称为有限集；相反，含有无限个元素的集合称为无限集。含有 n 个元素的有限集 A 可记为

$$A=\{a_1, a_2, \cdots, a_n\}$$

上式中的元素的下标也可构成一个集合，即

$$T=\{1, 2, \cdots, n\}$$

称为指标集。于是 A 可表示为

$$A=\{a_t \mid t\in T\}$$

有限集的指标集是有限集，无限集的指标集是无限集。

集合的并、交运算可以推广到任意多个集合上去。设 T 是任一指标集(有限集或无限集)，多个集合的并、交运算可以表示为

$$\bigcup_{t\in T} A_t=\bigcup\{A_t \mid t\in T\}=\{u\in U \mid \exists t\in T \text{ 使 } u\in A_t\}$$

$$\bigcap_{t\in T} A_t=\bigcap\{A_t \mid t\in T\}=\{u\in U \mid \forall t\in T, u\in A_t\}$$

定义 1.5(映射) 设 A，B 是两个集合，若有一个规则 f，根据 f，对每一个 $x\in A$ 唯一确定一个 $y\in B$ 与 x 对应，则称 f 是 A 到 B 的一个映射，记为

$$f: A\to B$$

A 称为映射 f 的定义域，B 称为 f 的值域；y 称为 x 在 f 下的像，记作 $y=f(x)$，并用符号

$$f: x\mapsto y$$

表示，x 称为 y 的一个原像。

一个映射应当联系着两个集合和一个对应规则，两个集合未必是同一论域上的集合。

例 1.1 令 $A=[0, 2\pi]$，$B=[-1, 1]$，可知从 A 到 B 的映射

$$f: A\to B$$

$$x\mapsto y=f(x)=\sin(x)$$

即是正弦函数(只取一个周期定义域)。

根据映射的定义，集合的特征函数也可以用映射来表示。设 A 是论域 U 上的集合，由 A 可确定一个由 U 到$\{0, 1\}$的映射 μ_A 为

$$\mu_A: U\to\{0, 1\}$$

$$u\mapsto\mu_A(u)$$

这里 $u\in U$，U 为映射 μ_A 的定义域，$\{0, 1\}$为值域，特征函数 $\mu_A(u)$为 u 在映射 μ_A 下的像，u 为原像。值域$\{0, 1\}$只包含 0 和 1 两个值。

定义 1.6(单射) 如果 $\forall x_1, x_2\in A$，有 $x_1\neq x_2\mapsto f(x_1)\neq f(x_2)$，则称映射 $f: A\to B$ 为单射，即不同的原像不会有同一个像。

如果 $\forall y\in B$，有 $\exists x\in A$ 使 $y=f(x)$，则称映射 f 为满射，即 B 中所有元素都至少有一个原像。

如果 f 既是单射又是满射，称 f 为双射，双射也称一一对应。

由定义 1.6 可知，单射情况下，一个像只有一个原像。满射情况下，所有的像都至少有一个原像。而双射情况下，定义域和值域内的所有元素都是一一对应的。

例 1.1 中的映射是满射而不是单射。若把例 1.1 中的 A 取为$[0, \pi/2]$，B 取为$[0, 1]$，则映射 $f: x\mapsto f(x)=\sin(x)$是 A 到 B 的双射。

注意：在映射的定义中，定义域中每个元素只能唯一地确定一个像；反之，值域中的每个像却可以有多个原像。

定义 1.7(逆映射) 设映射 $f: A\to B$ 是一一对应的，称 $f^{-1}: B\to A$ 为 f 的逆映射，其中 $f^{-1}(y)=x$ 当且仅当 $f(x)=y$。

定义 1.8(合成映射) 设 A，B，C 是三个集合，已知两个映射 f：$A \to B$ 和 g：$B \to C$，则可由 f 与 g 确定 A 到 C 的映射，即

$$h: A \to C$$

$$a \mapsto h(a) = g(f(a))$$

称映射 h 为 f 与 g 的合成映射，记为

$$h = f \circ g$$

性质 1.2 合成映射具有下述性质：

(1) 满足结合律，若 f：$A \to B$；g：$B \to C$，h：$C \to D$，则 $h \circ (f \circ g) = (h \circ f) \circ g$。

(2) 若 f，g 都是满射，则 $g \circ f$ 也是满射。

(3) 若 f，g 都是双射，则 $g \circ f$ 也是双射。

(4) 若 $g \circ f$ 是满射，则 g 也是满射。

1.2 模糊集的定义

传统的康托尔(Contor)集合，亦即经典集合、普通集合，只能描述外延分明的“非此即彼”的分明概念，而不能描述外延不分明的“亦此亦彼”的模糊概念。

所谓模糊现象，是指客观事物之间难以用分明的界限加以区分的状态，它产生于人们对客观事物的识别和分类之时，并反映在概念之中。分明概念是扬弃了概念的模糊性而抽象出来的，是把思维绝对化而达到的概念的精确和严格。然而模糊集合不是简单地扬弃概念的模糊性，而是尽量如实地反映人们使用模糊概念时的本来含意。这是模糊数学与普通数学在方法论上的根本区别。

模糊数学用精确的数学语言去描述模糊性现象，它代表了一种与基于概率论方法处理不确定性的不同的思想。随机性和模糊性是反映客观对象的不确定性的两个方面，概率论适宜处理随机性，模糊集适宜处理模糊性。

德国数学家康托尔于 19 世纪末创立了集合论，在集合论中，对于在论域中的任何一个对象(元素)，它与集合之间的关系只能是属于或者不属于的关系，即一个对象(元素)是否属于某个集合的特征函数的取值范围被限制为 0 和 1 两个数。这种二值逻辑已成为现代数学的基础。

人们在从事社会生产实践、科学实验的活动中，大脑形成的许多概念往往都是模糊概念。这些概念的外延是不清晰的，具有亦此亦彼性。例如，“肯定不可能”、“极小可能”、“极大可能”等。然而，只用经典集合已经很难刻画如此多的模糊概念了。在康托尔集合论的基础上，美国加利福尼亚大学控制论专家扎德(Zadeh)教授于 1965 年创立了模糊集合理论。在模糊集合中，一个对象(元素)是否属于某个模糊集的隶属函数(特征函数)可以在[0，1]中取值，这就突破了传统的二值逻辑的束缚。模糊集理论使得数学的理论与应用研究范围从精确问题拓展到了模糊现象的领域。

模糊集理论的核心思想是把取值仅为 1 或 0 的特征函数扩展到可在闭区间[0，1]中任意取值的隶属函数，而把取定的值称为元素 x 对集合的隶属度。

经典集合所描述的是确切概念，论域中的元素要么属于它要么不属于它，非此即彼，

泾渭分明，对应的特征函数要么为1要么为0，二者必居其一。而对于模糊概念，例如，“55岁的人是否属于老年人”，用绝对的属于或不属于去描述就欠合理了。扎德教授拓广了集合论，打破了绝对的隶属关系，提出了新的概念——模糊集合。下面简要介绍模糊集的基本概念。

定义 1.9(模糊集) 设 U 是一给定论域，则 U 上的一个模糊集 A 为

$$A=\{\langle x, \mu_A(x)\rangle \mid x\in U\} \tag{1.1}$$

其中，$\mu_A(x)$代表 A 的隶属函数，且对于 A 上的所有 $x\in U$，$0\leqslant\mu_A(x)\leqslant 1$。

也就是说，所谓给定论域 U 上的一个模糊集 A，是指对于任意的 $x\in U$，都确定了一个数 $\mu_A(x)\in[0, 1]$，它表示 x 对 A 的隶属程度，称为隶属函数。

隶属函数 $\mu_A(x)$可以表示为一个映射，即

$$\mu_A: U\to[0, 1]$$

$$x\mapsto\mu_A(x)$$

其中，μ_A 就是 A 的隶属函数。

模糊集完全由隶属函数所刻画，$\mu_A(x)$的值越接近于1，表示 x 隶属于模糊集合 A 的程度越高；$\mu_A(x)$越接近于0，表示 x 隶属于模糊集合 A 的程度越低；当 $\mu_A(x)$的值域为$\{0, 1\}$时，A 便退化成为经典集合，因此可以认为模糊集合是普通集合的一般化。

论域 U 上全体模糊子集所构成的一个集合称为 U 的模糊幂集，记为 $F(U)$。

$$F(U)=\{A\mid\mu_A: U\to[0, 1]\}$$

显然

$$F(U)\supset P(U)$$

其中，$P(U)$为 U 的普通幂集。

1.3 模糊集的表示方法

设论域 $U=\{u_1, u_2, \cdots, u_n\}$，$A$ 为其上的模糊子集。模糊子集常见的表示方法有以下几种。

(1) Zadeh 记法，即

$$A=\frac{\mu_A(u_1)}{u_1}+\frac{\mu_A(u_2)}{u_2}+\cdots+\frac{\mu_A(u_n)}{u_n}=\sum_{i=1}^{n}\frac{\mu_A(u_i)}{u_i}$$

扎德还采用了“积分符号表示法”，可用于任何论域 U，尤其是当 U 为连续论域时，将 U 上的模糊子集 A 统一于下面的表达式中，即

$$A=\int_U\frac{\mu_A(u)}{u}$$

其原则是要反映出每个元素及其隶属度。

(2) 向量法，即

$$A=\{\mu_A(u_1), \mu_A(u_2), \cdots, \mu_A(u_n)\}$$

(3) 序偶法，即

$$A=\{(\mu_A(u_1), u_1), (\mu_A(u_2), u_2), \cdots, (\mu_A(u_n), u_n)\}$$

(4) 单点法(称 $\mu_A(u_i)/u_i$ 为单点)，即

$$A=\{\mu_A(u_1)/u_1,\ \mu_A(u_2)/u_2,\ \cdots,\ \mu_A(u_n)/u_n\}$$

(5) 解析法。解析法具体给出隶属函数的解析式，当论域 U 为实数集 $\mathbf{R}$ 上的一区间时，此法显得方便。

例 1.2 扎德给出年龄论域 $U=(0,100)$上的“old”(O)与“young”(Y)两个模糊子集的隶属函数如下：

$$\mu_O(u)=\begin{cases}0, & 0\leqslant u\leqslant 50\\ \left[1+\left(\dfrac{u-50}{5}\right)^{-2}\right]^{-1}, & 50<u\leqslant 100\end{cases}$$

$$\mu_Y(u)=\begin{cases}1, & 0\leqslant u\leqslant 25\\ \left[1+\left(\dfrac{u-25}{5}\right)^{2}\right]^{-1}, & 25<u\leqslant 100\end{cases}$$

其隶属函数曲线如图 1.1 所示。

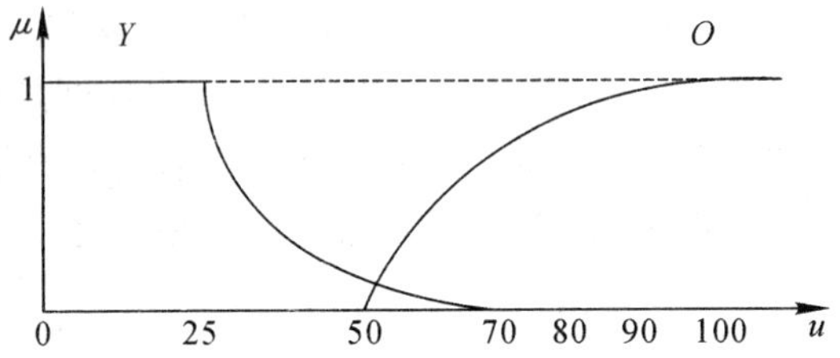

图 1.1 “old”与“young”的隶属函数

1.4 模糊集的基本运算

模糊集的几个特性可用隶属函数来定义。设 $A,B,C\in F(U)$，则有：

(1) 模糊子集的并集 $C=A\cup B$，即

$$\mu_C(u)=\mu_A(u)\vee\mu_B(u)$$

或

$$\mu_C(u)=\mu_{A\cup B}(u)=\max[\mu_A(u),\ \mu_B(u)]$$

其中，$\vee$ 和 max 均表示取大运算。

(2) 模糊子集的交 $C=A\cap B$，即

$$\mu_C(u)=\mu_A(u)\wedge\mu_B(u)$$

或

$$\mu_C(u)=\mu_{A\cap B}(u)=\min[\mu_A(u),\ \mu_B(u)]$$

其中，$\wedge$ 和 min 均表示取小运算。

注意：模糊集的并、交运算也可以推广到任意多的情形。

(3) 模糊子集 A 的补集 $\overline{A}$，即

$$\mu_{\overline{A}}(u)=1-\mu_A(u)$$

如果为连续的隶属函数，则上述定义可如图 1.2 所示。

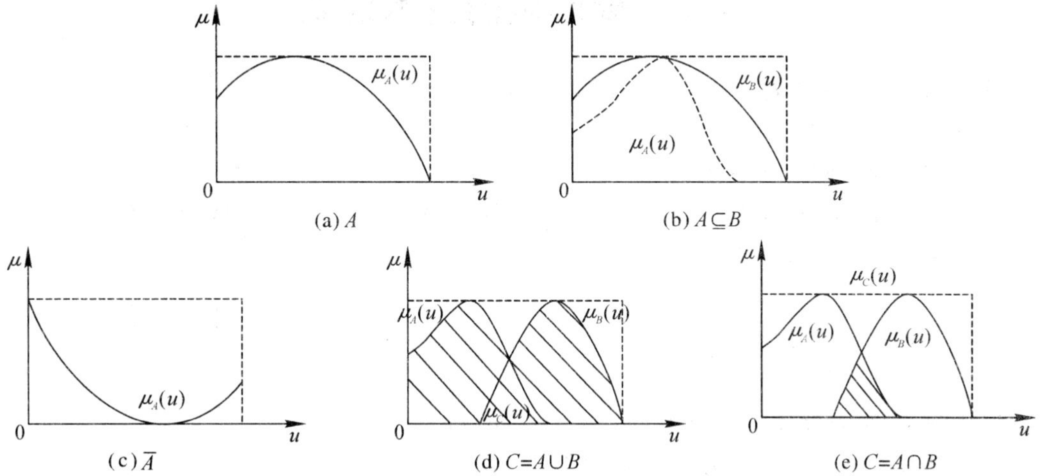

图 1.2 模糊子集的性质与基本运算

与经典集合对应，模糊集合也有包含、相等的概念。

（4）两个模糊子集相等，即

$$\forall u \in U,\ A=B,\ \text{当且仅当}\ \mu_A(u)=\mu_B(u)$$

（5）包含，即

$$\forall u \in U,\ A\subseteq B,\ \text{当且仅当}\ \mu_A(u)\leqslant\mu_B(u)$$

显然有

$$A\subseteq A\cup B,\ B\subseteq A\cup B$$
$$A\cap B\subseteq A,\ A\cap B\subseteq B$$

例 1.3 设有西瓜的论域 $U=\{u_1, u_2, u_3, u_4, u_5\}$，有模糊子集“大”($A$)和“熟”($B$)，即 A，$B\in F(U)$。其中

$$A=\frac{0.1}{u_1}+\frac{0.8}{u_2}+\frac{1}{u_3}+\frac{0.5}{u_4}+\frac{0.2}{u_5}$$

$$B=\frac{0.5}{u_1}+\frac{0.2}{u_2}+\frac{0.8}{u_3}+\frac{0.4}{u_4}+\frac{0.9}{u_5}$$

试求 $A\cap B$ 和 $\overline{A}$。

解

$$\begin{aligned}A\cap B&=\frac{0.1\wedge 0.5}{u_1}+\frac{0.8\wedge 0.2}{u_2}+\frac{1\wedge 0.8}{u_3}+\frac{0.5\wedge 0.4}{u_4}+\frac{0.2\wedge 0.9}{u_5}\\&=\frac{0.1}{u_1}+\frac{0.2}{u_2}+\frac{0.8}{u_3}+\frac{0.4}{u_4}+\frac{0.2}{u_5}\end{aligned}$$

$$\begin{aligned}\overline{A}&=\frac{1-0.1}{u_1}+\frac{1-0.8}{u_2}+\frac{1-1}{u_3}+\frac{1-0.5}{u_4}+\frac{1-0.2}{u_5}\\&=\frac{0.9}{u_1}+\frac{0.2}{u_2}+\frac{0}{u_3}+\frac{0.5}{u_4}+\frac{0.8}{u_5}\end{aligned}$$

于是可以看出这些西瓜属于“又大又熟”($A\cap B$)和“不大”($\overline{A}$)的程度。

模糊集还有一些其他的运算，可参见有关书籍和文献。

1.5 模糊集的基本性质

性质 1.3 模糊集合的并、交、补运算性质：

(1) 幂等律：$A\cup A=A$，$A\cap A=A$。

(2) 交换律：$A\cup B=B\cup A$，$A\cap B=B\cap A$。

(3) 结合律：$(A\cup B)\cup C=A\cup(B\cup C)$，$(A\cap B)\cap C=A\cap(B\cap C)$。

(4) 分配律：$A\cap(B\cup C)=(A\cap B)\cup(A\cap C)$，$A\cup(B\cap C)=(A\cup B)\cap(A\cup C)$。

(5) 吸收律：$(A\cap B)\cup A=A$，$(A\cup B)\cap A=A$。

(6) 两极律：$A\cup U=U$，$A\cup\varnothing=A$　$A\cap U=A$，$A\cap\varnothing=\varnothing$。

(7) 复原律：$\overline{\overline{A}}=A$。

(8) 摩根律(对偶律)：$\overline{A\cup B}=\overline{B}\cap\overline{A}$，$\overline{A\cap B}=\overline{B}\cup\overline{A}$。

(9) 传递律：若 $A\subseteq B$，$B\subseteq C$，则 $A\subseteq C$。

(10) 补余律(排中律)不成立，即一般为：$A\cup\overline{A}\neq U$，$A\cap\overline{A}\neq\varnothing$。

以上运算性质可以用隶属函数的基本定义来验证，如对于性质(8)之$\overline{A\cup B}=\overline{B}\cap\overline{A}$，有以下证明。

证明　$\forall u\in U$，有

$$\begin{aligned}\mu_{\overline{A\cup B}}(u)&=1-\mu_{A\cup B}(u)=1-[\mu_A(u)\vee\mu_B(u)]\\&=[1-\mu_A(u)]\wedge[1-\mu_B(u)]\\&=\mu_{\overline{A}}(u)\wedge\mu_{\overline{B}}(u)\\&=\mu_{\overline{A}\cap\overline{B}}(u)\end{aligned}$$

故有

$$\overline{A\cup B}=\overline{B}\cap\overline{A}$$

同理可证

$$\overline{A\cap B}=\overline{B}\cup\overline{A}$$

以上运算规律与经典集合的运算规律基本对应，而经典集合的排中律在模糊集合则不成立，因为模糊集合本身就是对经典集合非此即彼的排中律的一种突破。

1.6 分解定理

常常碰到这样的问题，要对一批产品进行“合格”检验。“合格”是一个模糊概念，即一个模糊子集。显然每件产品均可属于“合格”这一模糊子集，只是隶属于“合格”的程度是不同的。谁也不会因这些产品均可属于“合格”这一模糊子集，而将它们全都贴上“合格”的标签投入市场。然而出厂的产品必须是合格产品，故要制定一个标准，当某件产品属于“合格”的隶属度达到或超过特定水平一$\lambda(0\leqslant\lambda\leqslant1)$，便可认定该产品是合格的。而所有这些合格产品全体构成一个集合 A_λ，这是一个普通集合。

1.6.1 λ截集

在实际应用中有时需要对模糊现象做出明确的判断。例如，上级决定把“较长时间”(用

模糊子集 A 表示)未提过薪的工作人员上调一级工资，那么职能部门总要定出一个明确的界限来划定上调工资的范围，否则将无法操作执行。因此需有一种方法把模糊集合与经典集合沟通起来。为此，给定一个数 $\lambda\in[0, 1]$，λ 作为一门限，当 $\mu_A(x)\geqslant\lambda$ 时，就认为 x 是 A 中的元素。这样对于每一个 $\lambda\in[0, 1]$，都能从论域 X 中确定一个经典集合，它是 A 在 λ 这一门限下的显像。

定义 1.10(λ 截集) 设 $A\in F(X)$，$\forall\lambda\in[0, 1]$，记

$$A_\lambda=(A)_\lambda=\{x\in X|\mu_A(x)\geqslant\lambda\} \tag{1.2}$$

称为 A 的 λ 截集(或 λ 水平截集)，λ 称为置信水平。又记

$$A_{\lambda *}=(A)_{\lambda *}=\{x\in X|\mu_A(x)>\lambda\}$$

即将上式中不等号"$\geqslant$"换成"$>$"，称为 A 的 λ 强截集或开截集。

显然 A_λ 和 $A_{\lambda *}$ 都是论域 X 上的普通集合。

λ 水平截集是普通集合，其特征函数为

$$X_{A_\lambda}(x)=\begin{cases}1, & \mu_A(x)\geqslant\lambda\\ 0, & \mu_A(x)<\lambda\end{cases}$$

其关系如图 1.3 所示，图中粗线为 A_λ 的特征函数。

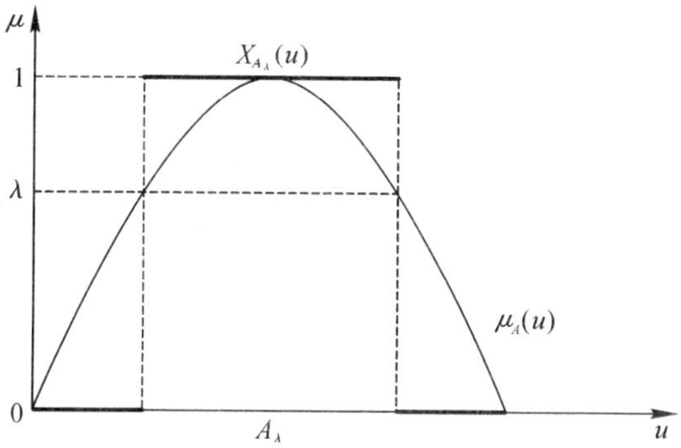

图 1.3 特征函数曲线

性质 1.4 截集的性质。截集有下列性质：

(1) $(A\cup B)_\lambda=A_\lambda\cup B_\lambda$，$(A\cap B)_\lambda=A_\lambda\cap B_\lambda$。

(2) $(A\cup B)_{\lambda *}=A_{\lambda *}\cup B_{\lambda *}$，$(A\cap B)_{\lambda *}=A_{\lambda *}\cap B_{\lambda *}$。

(3) $\left(\bigcup\limits_{t\in T}A_t\right)_\lambda=\bigcup\limits_{t\in T}(A_t)_\lambda$，$\left(\bigcap\limits_{t\in T}A_t\right)_\lambda=\bigcap\limits_{t\in T}(A_t)_\lambda$。

(4) $\left(\bigcup\limits_{t\in T}A_t\right)_{\lambda *}=(A_t)_{\lambda *}$，$\left(\bigcap\limits_{t\in T}A_t\right)_{\lambda *}=\bigcap\limits_{t\in T}(A_t)_{\lambda *}$。

(5) $A_{\lambda *}\subseteq A_\lambda$。

(6) 若 $A\subseteq B$，则 $A_\lambda\subseteq B_\lambda$，$A_{\lambda *}\subseteq B_{\lambda *}$。

(7) 若 $\lambda_1\geqslant\lambda_2$，则 $A_{\lambda_1}\subseteq A_{\lambda_2}$，$A_{\lambda_1^*}\subseteq B_{\lambda_2^*}$。

(8) $(\overline{A})_\lambda=\overline{A_{(1-\lambda *)}}$。

(9) $(\overline{A})_{\lambda *}=\overline{A_{(1-\lambda)}}$。

(10) $A_0=X$，$A_{1 *}=\varnothing$。

证明 先证性质(1)。对于任一 $x\in X$，有

$$
\begin{aligned}
x \in (A \cup B)_\lambda &\Leftrightarrow \mu_{A\cup B}(x) \geqslant \lambda \\
&\Leftrightarrow (\mu_A(x) \vee \mu_B(x)) \geqslant \lambda \\
&\Leftrightarrow \mu_A(x) \geqslant \lambda \text{ 或 } \mu_B(x) \geqslant \lambda \\
&\Leftrightarrow x \in A_\lambda \text{ 或 } x \in B_\lambda \\
&\Leftrightarrow x \in (A_\lambda \cup B_\lambda)
\end{aligned}
$$

这就意味着

$$(A\cup B)_\lambda = A_\lambda \cup B_\lambda$$

同理有

$$(A\cap B)_\lambda = A_\lambda \cap B_\lambda$$

再证性质(8)。对于任一 $x\in X$，有

$$
\begin{aligned}
x\in (\overline{A})_\lambda &\Leftrightarrow \mu_{\overline{A}}(x)\geqslant\lambda \\
&\Leftrightarrow 1-\mu_A(x)\geqslant\lambda \\
&\Leftrightarrow \mu_A(x)\leqslant 1-\lambda \\
&\Leftrightarrow \mu_A(x)\ngtr 1-\lambda \\
&\Leftrightarrow x\notin A_{(1-\lambda *)} \\
&\Leftrightarrow x\in \overline{A_{(1-\lambda *)}}
\end{aligned}
$$

其他性质读者可自行证明。

例 1.4 对于例 1.2 所给出的“老年人”模糊集的情况，若我们取 $\lambda=0.8$，则 $A_{0.8}=[60, 200]$，也就是说，在 0.8 这一置信水平上，60 岁以上的人都属于老年人。

定义 1.11 设 $A\in F(X)$，称 A_1 为 A 的核，记为 $\ker A$，即

$$A_1=\ker A=\{x\in X \mid \mu_A(x)=1\}$$

称 A_{0+} 为 A 的支集(支撑集)，记作 $\mathrm{supp}\ A$，即

$$A_{0^+}=\mathrm{supp}\ A=\{x\in X \mid \mu_A(x)>0\}$$

称 $A_{0+}-A_1$ 为 A 的边界。

A 的核、支集、截集如图 1.4 所示。

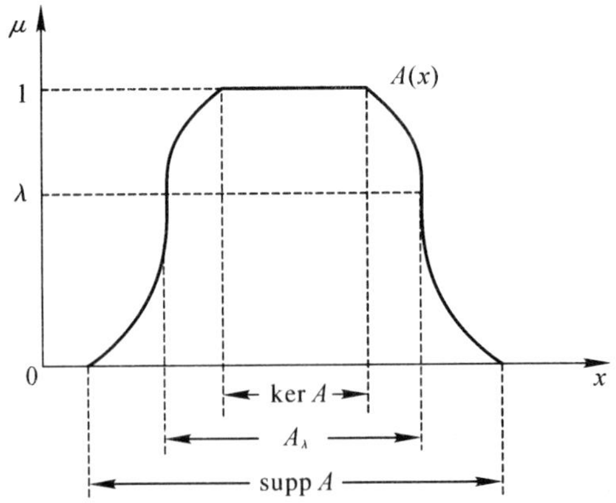

图 1.4　模糊集的核、支集和截集

定义 1.12 设 $A\in F(X)$，若 $\ker A\neq\varnothing$，则称 A 为正规模糊集，否则 A 称为非正规模糊集。A 的截集、支集、核均为经典集合，一般有

$$\ker A \subseteq A_\lambda \subseteq \mathrm{supp}A \subseteq X$$

即

$$A_1 \subseteq A_\lambda \subseteq A_{0*} \subseteq A_0$$

其中，$\lambda \in (0, 1)$。

例 1.5 论域 $U=\{a, b, c, d, e\}$，模糊集 $A=1/a+0.8/b+0.5/c+0.2/d+0/e$，则

$$\ker A = A_1 = \{a\}$$

$$A_{0.7} = \{a, b\}$$

$$A_{0.2} = \{a, b, c, d\}$$

$$\mathrm{supp}A = A_{0^+} = \{a, b, c, d\}$$

有了截集的概念，我们就可以给出模糊集合的分解定理。

1.6.2 分解定理

定义 1.13 设 $\lambda \in [0, 1]$，$A \in F(X)$，由 λ，A 构造一个新的模糊集，记为 λA，称为 λ 与 A 的数乘，其隶属函数为

$$\mu_{\lambda A}(x) = \lambda \wedge \mu_A(x), \quad x \in X \tag{1.3}$$

数乘有以下性质：

(1) 若 $\lambda_1 < \lambda_2$，则 $\lambda_1 A \subseteq \lambda_2 A$。

(2) 若 $A \subseteq B$，则 $\lambda A \subseteq \lambda B$。

对于模糊集的数乘 λA，当模糊集退化为其特例经典集时，式(1.3)中的隶属函数 $\mu_A(x)$ 由特征函数 $X_A(x)$ 来代替。

定理 1.1(分解定理) 设 $\lambda \in [0, 1]$，$A \in F(X)$，则

$$A = \bigcup_{\lambda \in [0, 1]} \lambda A_\lambda \tag{1.4}$$

证明 只需证明 $\forall x \in X$ 有 $\mu_A(x) = \bigvee_{\lambda[0, 1]} (\lambda \wedge \mu_{A_\lambda}(x))$ 成立。

$$\bigvee_{\lambda[0, 1]} (\lambda \wedge \mu_{A_\lambda}(x)) = \left(\bigvee_{\lambda[0, \mu_A(x)]} (\lambda \wedge \mu_{A_\lambda}(x)) \right) \vee \left(\bigvee_{\lambda(\mu_A(x), 1]} (\lambda \wedge \mu_{A_\lambda}(x)) \right)$$

注意到

$$\mu_{A_\lambda}(x) = \begin{cases} 1, & x \in A \\ 0, & x \notin A \end{cases}$$
$$= \begin{cases} 1, & \mu_A(x) \geqslant \lambda \\ 0, & \mu_A(x) < \lambda \end{cases}$$

所以

$$\bigvee_{\lambda[0, 1]} (\lambda \wedge \mu_{A_\lambda}(x)) = \left(\bigvee_{\lambda[0, \mu_A(x)]} (\lambda \wedge 1) \right) \vee \left(\bigvee_{\lambda(\mu_A(x), 1]} (\lambda \wedge 0) \right)$$
$$= \bigvee_{\lambda[0, \mu_A(x)]} \lambda = \mu_A(x)$$

证毕。

由分解定理的式(1.4)不难看出，任何一个模糊集合 A 都可以分解 $\lambda A_\lambda (\lambda \in [0, 1])$ 之并。其中，λA_λ 是其隶属函数仅取 0 和 λ 两个值的特殊模糊集，它由数 λ 和 A 的截集 A_λ 的数乘而得。

图 1.5 给出了 λA、A_λ、λA_λ 的直观表示。图 1.6 给出了分解定理的直观表示。图中只

画出了有限几个 λA_λ 的并。可以想象，当 λ 取遍[0, 1]上所有的值时，并集 $\bigcup_{\lambda\in[0,1]}\lambda A_\lambda$ 的隶属函数曲线将最终与 $\mu_A(x)$ 重合。

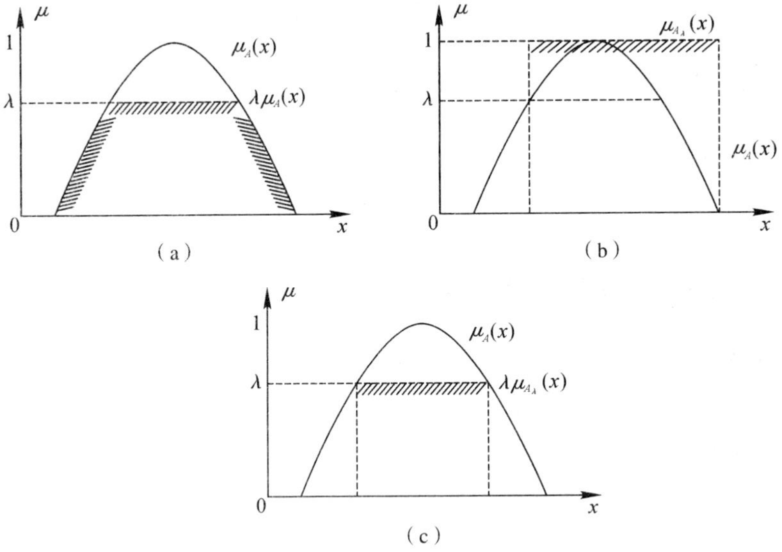

图 1.5　λA、A_λ 和 λA_λ

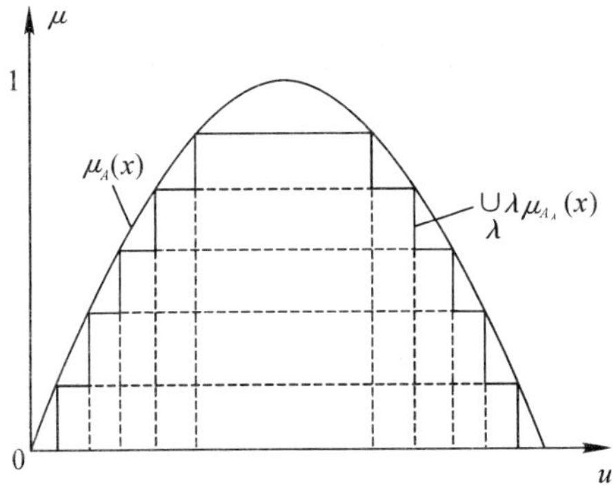

图 1.6　分解定理

1.7　扩张原理

1.7.1　经典扩张原理

为了便于表达，我们先引入一个符号，给定论域 X，我们用 $P(X)$ 表示 X 上的所有经典集合，正如 $F(X)$ 表示 X 上的所有模糊集合。设 X，Y 是经典集合，给定 X 到 Y 的映射，即

$$f: X\to Y$$
$$x\mapsto f(x)$$

则 f 可以诱导出两个映射：一个是 $P(X)$ 到 $P(Y)$ 的映射，一个是 $P(Y)$ 到 $P(X)$ 的映射，前者记为 f，后者记 f^{-1}，它们的定义为

$$f: P(X) \to P(Y)$$
$$A \mapsto f(A) = \{y \mid \exists x \in A, y = f(x)\}$$
$$f^{-1}: P(Y) \to P(X)$$
$$B \mapsto f^{-1}(B) = \{x \mid f(x) \in B\}$$

以上就是经典扩张原理。

经典扩张原理把两个论域中元素间的对应关系扩张到经典集合之间的对应关系。$f(A)$实际上就是$\forall x \in A$在映射$x \mapsto f(x)$下的象的集合，而$f^{-1}(B)$则是映射$x \mapsto f(x)$下所有属于B的象$\forall f(x) \in B$的原像的集合。

性质 1.5 由经典扩张原理定义的映射f和f^{-1}有下述性质：

(1) $f\left(\bigcup_{t\in T} A_t\right) = \bigcup_{t\in T} f(A_t)$。

(2) $f\left(\bigcap_{t\in T} A_t\right) \subseteq \bigcap_{t\in T} f(A_t)$。

(3) $f^{-1}\left(\bigcup_{t\in T} B_t\right) = \bigcup_{t\in T} f^{-1}(B_t)$。

(4) $f^{-1}\left(\bigcap_{t\in T} B_t\right) = \bigcap_{t\in T} f^{-1}(B_t)$。

(5) $f^{-1}(f(A)) \supseteq A$，f为单射时等号成立。

(6) $f(f^{-1}(B)) \subseteq B$，f为满射时等号成立。

(7) $f^{-1}(\overline{B}) = \overline{f^{-1}(B)}$。

注意：性质(2)、(5)、(6)均为不等号，我们用图1.7(a)、(b)、(c)分别表示它们。

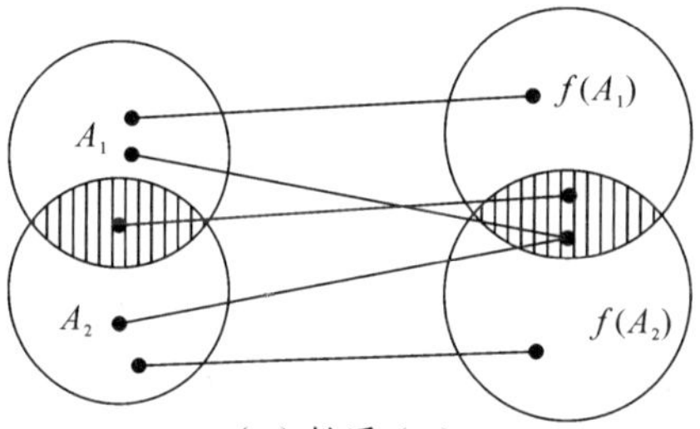

(a) 性质(2)

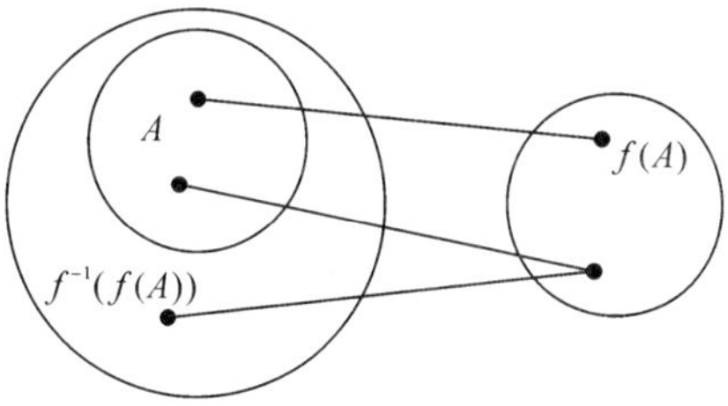

(b) 性质(5)

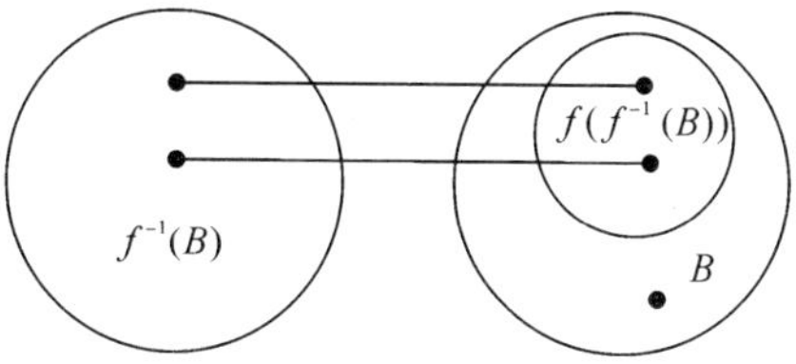

(c) 性质(6)

图1.7 性质(2)、(5)、(6)示意图

1.7.2 扩张原理

对于经典集合$A \in P(X)$，经典扩张原理把A映射为$f(A)$，那么对于任一模糊集合$A \in F(X)$，经过映射f后变成什么呢？扎德1975年引入了模糊情形下的扩张原理。

定义 1.14(扩张原理) 设 X，Y 为经典集合，映射为

$$f: X \to Y$$
$$x \mapsto f(x)$$

可以诱导一个 $F(X)$ 到 $F(Y)$ 的映射，即

$$f: F(X) \to F(Y)$$
$$A \mapsto f(A)$$

以及一个 $F(Y)$ 到 $F(X)$ 的映射，即

$$f^{-1}: F(Y) \to F(X)$$
$$B \mapsto f^{-1}(B)$$

$f(A)$ 和 $f^{-1}(B)$ 的隶属函数分别定义为：

$$\mu_{f(A)}(y) = \begin{cases} \bigvee\limits_{x \in f^{-1}(y)} \mu_A(x), & f^{-1}(y) \neq \varnothing \\ 0, & f^{-1}(y) = \varnothing \end{cases} \tag{1.5}$$

$$\mu_{f^{-1}(B)}(x) = \mu_B(f(x)) \qquad (x \in X)$$

以上两个映射称为扩张映射。

例 1.6 设 $X=\{x_1, x_2, x_3, x_4, x_5, x_6\}$，$Y=\{y_1, y_2, y_3, y_4\}$，映射 f: $X \to Y$，$x \mapsto f(x)$ 定义为

$$f(x) = \begin{cases} y_1, & x = x_1, x_2, x_3 \\ y_2, & x = x_4, x_5 \\ y_3, & x = x_6 \end{cases}$$

则有

$$A = \frac{1}{x_1} + \frac{0.2}{x_3} + \frac{0.1}{x_5} + \frac{0.9}{x_6}$$
$$B = \frac{0.2}{y_1} + \frac{0.6}{y_2} + \frac{1}{y_3} + \frac{0.7}{y_4}$$

按照扩展原理求 $f(A)$ 和 $f^{-1}(B)$。

解

$$\mu_{f(A)}(y_1) = \bigvee_{x \in f^{-1}(y_1)} \mu_A(x) = \mu_A(x_1) \vee \mu_A(x_2) \vee \mu_A(x_3)$$
$$= 1 \vee 0 \vee 0.2 = 1$$

同理有

$$\mu_{f(A)}(y_2) = 0.1$$
$$\mu_{f(A)}(y_3) = 0.9$$

因为

$$f^{-1}(y_4) = \varnothing$$

所以

$$\mu_{f(A)}(y_4) = 0$$

于是

$$f(A) = \frac{1}{y_1} + \frac{0.1}{y_2} + \frac{0.9}{y_3} + \frac{0}{y_4}$$

$$\mu_{f^{-1}(B)}(x_1) = \mu_B(f(x_1)) = \mu_B(y_1) = 0.2$$

$$\mu_{f^{-1}(B)}(x_2)=\mu_B(f(x_2))=\mu_B(y_1)=0.2$$
$$\mu_{f^{-1}(B)}(x_3)=\mu_B(f(x_3))=\mu_B(y_1)=0.2$$
$$\mu_{f^{-1}(B)}(x_4)=\mu_B(f(x_4))=\mu_B(y_2)=0.6$$
$$\mu_{f^{-1}(B)}(x_5)=\mu_B(f(x_5))=\mu_B(y_2)=0.6$$
$$\mu_{f^{-1}(B)}(x_6)=\mu_B(f(x_6))=\mu_B(y_3)=1$$

故

$$f^{-1}(B)=0.2/x_1+0.2/x_2+0.2/x_3+0.6/x_4+0.6/x_5+1/x_6$$

由式1.5和例1.6可以看出，A 经过扩张映射 f 映射为 $f(A)$ 时，其隶属函数可无保留地传递过去。若是单射，元素 $x\in X$ 的隶属度 $\mu_A(x)$ 等值地传递给其像，即 $\mu_{f(A)}(y)=\mu_A(x)$；若不是单射，此时一个像有多个原像，像的隶属度取原像的最大值。而对于扩张映射 f^{-1}，原像的隶属度取其像的隶属度。在非单射情形下，每个原像的隶属度均取其同一像的隶属度，因而它们相同。

经典扩张原理定义的映射 f 和 f^{-1} 所具有的性质，在模糊情形也成立。

性质1.6 设 $f: X\rightarrow Y$，$x\mapsto f(x)$，并有 $\{A_t|t\in T\}\in F(X)$，$\{B_t|t\in T\}\in F(Y)$，$A\in F(X)$，$B\in F(Y)$，则 f 有下列性质：

(1) $f\left(\bigcup_{t\in T}A_t\right)=\bigcup_{t\in T}f(A_t)$。

(2) $f\left(\bigcap_{t\in T}A_t\right)\subseteq\bigcap_{t\in T}f(A_t)$。

(3) $f^{-1}\left(\bigcup_{t\in T}B_t\right)=\bigcup_{t\in T}f^{-1}(B_t)$。

(4) $f^{-1}\left(\bigcap_{t\in T}B_t\right)=\bigcap_{t\in T}f^{-1}(B_t)$。

(5) $f^{-1}(f(A))\supseteq A$，f 为单射时等号成立。

(6) $f(f^{-1}(B))\subseteq B$，f 为满射时等号成立。

(7) $f^{-1}(\overline{B})=\overline{f^{-1}(B)}$。

证明 先证性质(1)。对于 $y\in f(X)$，有

$$\mu_{f(\bigcup_{t\in T}A_t)}(y)=\bigvee_{x\in f^{-1}(y)}\left(\bigvee_{t\in T}\mu_{A_t}(x)\right)=\bigvee_{t\in T}\bigvee_{x\in f^{-1}(y)}\mu_{A_t}(x)$$
$$=\bigvee_{t\in T}\mu_{f(A_t)}(y)=\mu_{(\bigcup_{t\in T}f(A_t))}(y)$$

再证性质(6)。对于 $\forall y\in Y$，有

$$\mu_{f(f^{-1}(B))}(y)=\bigvee_{x\in f^{-1}(y)}\mu_{f^{-1}(B)}(x)=\bigvee_{x\in f^{-1}(y)}\mu_B(f(x))$$

所以

$$\mu_{f(f^{-1}(B))}(y)=\begin{cases}\mu_B(y), & f^{-1}(y)\neq\varnothing\\ 0, & f^{-1}(y)=\varnothing\end{cases}$$

即

$$\mu_{f(f^{-1}(B))}(y)\leqslant\mu_B(y)$$

故有 $f(f^{-1}(B))\subseteq B$。当 f 为满射时等号成立，因为不再存在 $f^{-1}(y)=\varnothing$ 的情况。

其余性质读者可自己证明。

1.8 隶属函数

模糊性是客观世界普遍存在的一种现象，隶属函数就是对这种模糊性的数学描述，它本质上是客观的。但在建立隶属函数时，由于人们认识的局限性，即使是同一模糊集，不同的人也有可能建立不同的隶属函数，它们是客观世界的一个近似。

模糊集合是通过它的隶属函数来表征的，模糊集合的运算也是通过其隶属函数的相应运算来实现的。用模糊数学理论解决问题，一般来说总是要确定好模糊集合的隶属函数，使之能较全面正确地反映事物的本质特征。

建立隶属函数的方法也是人们在实践中不断总结摸索出来的，不同的情形可以采用不同的方法，具体问题有其特殊性，要深入实际，摸索总结，也没有一个固定的模式或规范的步骤。人们可以在实际应用中不断完善提高，乃至提出其他新的方法。以下介绍几种确定隶属函数的常用方法。

1.8.1 模糊统计法

用模糊统计方法确定模糊集合的隶属函数类似于随机事件的概率统计方法。概率统计方法中规定，在随机试验中有

$$\text{事件发生频率}=\frac{\text{发生次数 } m}{\text{实验总次数 } n}$$

当 n 增大时，呈现频率稳定性，频率稳定的值就称为概率。在每次随机实验中，事件发生与否是确定的。

模糊统计方法要进行模糊统计实验。比如要确定论域 U 上的模糊集合 A 的隶属函数 $\mu_A(u)$，在 U 中选择一个元素 $u_0\in U$，再考虑 U 上的一个集合 A^*，A^* 对应于 A 是一个动态的经典集合。每次模糊统计实验要判定 u_0 是否属于 A^*，要做出明确的判定，要么 $u_0\in A^*$，要么 $u_0\notin A^*$，因此 A^* 是一个经典集合，但 A^* 在每次实验中可能有变化，有时 $u_0\in A^*$，而有时 $u_0\notin A^*$，因此 A^* 是动态的、边界可变的经典集合。如果进行了 n 次模糊统计实验，则

$$u_0 \text{ 对 } A \text{ 的隶属频率 } t=\frac{u_0\in A^* \text{ 的次数 } m}{n}=\frac{1}{n}\sum_{j=1}^{n}\mu_{A^*}^{j}(u_0)$$

其中，$\mu_{A^*}^{j}(u_0)$表示第 j 次判定集合 A^* 的特征函数对 u_0 的取值。

在 n 次这样的实验中，其中，m 次 $u_0\in A^*$，我们称 m/n 为 u_0 对 A 的隶属频率 t，即

$$t=\frac{m}{n}=\frac{u_0\in A^* \text{ 的次数}}{\text{实验总次数}}$$

随着 n 的增大，隶属频率也趋于稳定，频率所稳定的值取 u_0 对 A 的隶属函数。

对 $\forall u\in U$ 都得到隶属度，就得到了 A 的隶属函数。

归纳起来，模糊统计实验有四个要素：

(1) 论域 U。

(2) U 中一个元素 u_0。

(3) U 中的一个边界可变的普通集合 A，它体现了模糊概念之外延的不确定性，即边界不明确。

(4) 条件，它体现了模糊概念 A 影响之下的划分过程，并制约着 A^* 的运动。

例 1.7 本例模糊统计试验为我国学者张南论等人在武汉建材学院对模糊集"青年人"所做的抽样试验。

U 为 0 到 100 岁，U 上模糊集合 A 为"青年人"，选定 U 中一元素 $u_0=27$ 岁。对 129 人做抽样调查，让各人给出"青年人"的比较合适的年龄段。最后整理出反应 27 岁属于"青年人"的隶属频率，如表 1.1 所示。

表 1.1 27 岁对模糊集"青年人"的隶属频率

n	10	20	30	40	50	60	70
m	6	14	23	31	39	47	53
t	0.60	0.70	0.77	0.78	0.78	0.78	0.76
n	80	90	100	110	120	129	
m	62	68	76	85	95	101	
t	0.78	0.76	0.76	0.75	0.79	0.78	

每次实验让不同的人判断 27 岁是否为青年人 A^*，当实验次数大到一定程度时，隶属频率趋于稳定，可取 $\mu_A(27)=0.78$。同样可以求出其他年龄的隶属度。

以上模糊统计法实际上是所谓的二相模糊统计法，因为模糊统计中考察的是模糊集合"青年人"A，要求判定是青年人或不是青年人，除 A 外还隐含着 $\overline{A}$，共两个模糊集，故称二相。但有些问题中，所考察的模糊集不止两个，而有多个，因此可将上述二相模糊统计方法推广为多相模糊统计法。

设有 m 个模糊集合 $A_1, A_2, \cdots, A_m \in F(U)$，多相模糊统计法适用于确定这 m 个模糊集合的隶属函数，令 $A_1^*, A_2^*, \cdots, A_m^*$ 分别对应于 $A_1, A_2, \cdots, A_m$ 的统计用的动态经典集，对每个元素 $u \in U$ 进行 n 次实验，设第 j 次实验的判定结果为

$$\mu_{A_i^*}^j(u_0)=\begin{cases}1, & \text{第 } j \text{ 次实验判定 } u \in A_i^* \\ 0, & \text{第 } j \text{ 次实验判定 } u \notin A_i^*\end{cases}$$

其中，$i=1, 2, \cdots, m$，$j=1, 2, \cdots, n$，而且 u 一定属于且只能属于 A_i^* 中的一个，即

$$\sum_{i=1}^{m} \mu_{A_i^*}^j(u_0) = 1$$

当 n 足够大时，取

$$\mu_{A_i}(u) = \frac{1}{n}\sum_{i=1}^{m} \mu_{A_i^*}^j(u_0),\ i = 1, 2, \cdots, m,\ \forall u \in U$$

这就是多相模糊统计法。

以前面所给论域 U，要同时统计出 u_0 属于模糊子集"老"、"中"、"青"、"少"的隶属度，便是四相模糊统计问题。

1.8.2 二元对比法

二元对比法是根据人类习惯于两两比较的心理特点设计的。要求人们同时比较论域中

的所有元素并由此确定各个元素的隶属度往往是很困难的，但当取 U 中的两个元素相比时，情况较为简单，容易正确地比较出两者中哪一个属于某一模糊集合的程度大，以两两比较的结果为基础确定隶属函数的方法称为二元对比法。

这种方法是将论域中每一个元素同其他元素进行充分的比较两两属于模糊集 A 的程度后，而经过处理得出各自的隶属度。

设论域 $U=\{u_1, u_2, \cdots, u_n\}$，$A\in F(U)$。对 $\forall u_i, u_j \in F(U)$，用 r_{ij} 表示 u_i 关于 A 比 u_j 优先的程度，并做如下限定：

(1) $0\leqslant r_{ij}\leqslant 1$, $i, j=1, 2, \cdots, n$。

(2) $r_{ii}=1.0$, $i=1, 2, \cdots, n$。

(3) $r_{ij}+r_{ji}=1$, $i, j=1, 2, \cdots, n$。

将 r_{ij} 作为元素得一方阵，然后处理：

(1) 取小法。方阵的第 i 行($i=1, 2, \cdots, n$)反映出 u_i 与其他各元素相比的优先程度，取其最小者作为 u_i 对 A 的隶属度，即

$$\mu_A(u_i) = \bigwedge_{j=1}^{n} r_{ij}, \ i = 1, 2, \cdots, n$$

最后有

$$A=\{\mu_A(u_1), \mu_A(u_2), \cdots, \mu_A(u_n)\}$$

(2) 平均法(加权平均法)。将方阵中每一行求平均值或者加权平均值，以此作为各元素的隶属度，即

$$\mu_A(u_i) = \frac{1}{n}\sum_{j=1}^{n} r_{ij} \text{ 或 } \mu_A(u_i) = \frac{1}{n}\sum_{j=1}^{n} \delta_j r_{ij}, \quad i = 1, 2, \cdots, n$$

其中，权值归一化有

$$\sum_{j=1}^{n} \delta_j = 1$$

1.8.3 模糊分布

当模糊集的论域为实数域 **R** 时，其隶属函数称为模糊分布，即当 $A\in F(R)$时，$\mu_A(x)$ 为 **R** 上的模糊分布，$x\in \mathbf{R}$。实数域上某些带有参数的函数可以作为模糊分布，在确立模糊集合的隶属函数时可以根据模糊集的性质选择，并根据实际应用的具体情况或通过实验确定所选函数中的参数。

根据模糊分布的变化趋势，可以大体分为三类，即偏小型(戒上型)、中间型(对称型)和偏大型(戒下型)。偏小型模糊分布随 $x(x\in \mathbf{R})$增大而减小，偏大型模糊分布随 x 增大而增大。中间型在 **R** 的某一点或某一段取最大值，而其两侧则对称地减小。

1. 偏小型

(1) 降半矩形如图 1.8(a)所示，有

$$\mu_A(x)=\begin{cases}1, & x\leqslant a\\ 0, & x>a\end{cases}$$

(2) 降半正态形如图 1.8(b)所示，有

$$\mu_A(x)=\begin{cases}1, & x\leqslant a\\ e^{-k(x-a)^2}, & x>a\end{cases}$$

(3) 降半Γ形如图 1.8(c)所示，有

$$\mu_A(x)=\begin{cases}1, & x\leqslant a\\ \dfrac{1}{1+\alpha\,(x-a)^\beta}, & x>a\end{cases}$$

其中，$\alpha>0$，$\beta>0$。

(4) 降半梯形如图 1.8(d)所示，有

$$\mu_A(x)=\begin{cases}1, & x\leqslant a_1\\ \dfrac{a_2-x}{a_2-a_1}, & a_1<x\leqslant a_2\\ 0, & x>a_2\end{cases}$$

(5) 降半岭形如图 1.8(e)所示，有

$$\mu_A(x)=\begin{cases}1, & x\leqslant a_1\\ \dfrac{1}{2}-\dfrac{1}{2}\sin\dfrac{\pi}{a_2-a_1}\left(x-\dfrac{a_2+a_1}{2}\right), & a_1<x\leqslant a_2\\ 0, & x>a_2\end{cases}$$

其中，$a_2>a_1$。

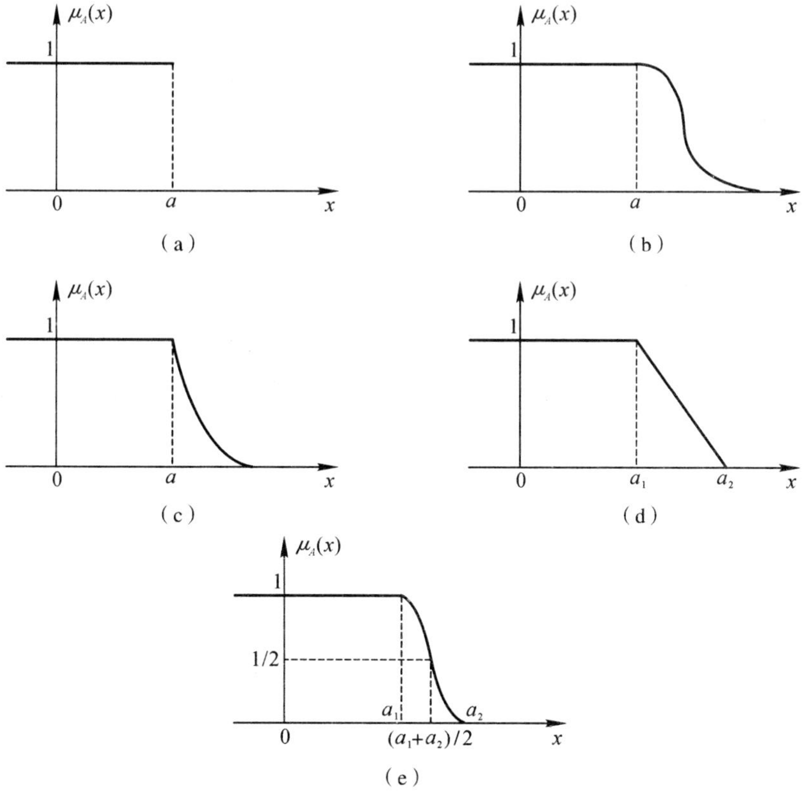

图 1.8 偏小型隶属函数

2．对称型(中间型)

(1) 矩形如图 1.9(a)所示，有

$$\mu_A(x)=\begin{cases}0, & x\leqslant a-b\\ 1, & a-b<x\leqslant a+b\\ 0, & x>a+b\end{cases}$$

(2) 三角形如图 1.9(b)所示，有

$$\mu_A(x)=\begin{cases}0, & x\leqslant a-b\\ \dfrac{1}{b}(x-a+b), & a-b<x\leqslant a\\ \dfrac{1}{b}(a+b-x), & a<x\leqslant a+b\\ 0, & x>a+b\end{cases}$$

(3) 正态形如图 1.9(c)所示，有

$$\mu_A(x)=\mathrm{e}^{-k(x-a)^2}\quad k>0$$

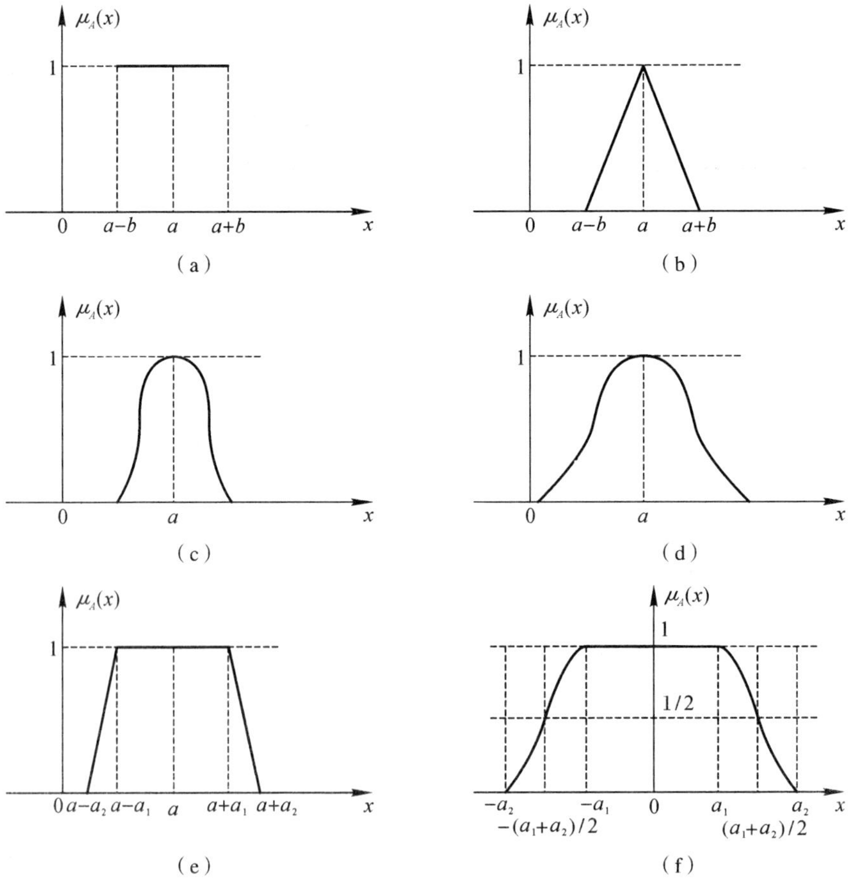

图 1.9　中间型隶属函数

(4) Γ形如图 1.9(d)所示，有

$$\mu_A(x)=\frac{1}{1+\alpha\,(x-a)^{\beta}}\quad \alpha>0, \beta \text{ 为正偶数}$$

(5) 梯形如图 1.9(e)所示，有

$$\mu_A(x)=\begin{cases}0, & x\leqslant a-a_2\\ (a_2+x-a)/(a_2-a_1), & a-a_2<x\leqslant a-a_1\\ 1, & a-a_1<x\leqslant a+a_1\\ (a_2-x+a)/(a_2-a_1), & a+a_1<x\leqslant a+a_2\\ 0, & x>a+a_2\end{cases}$$

其中，$a_2>a_1>0$。

(6) 岭形如图 1.9(f)所示，有

$$\mu_A(x)=\begin{cases}0, & x\leqslant -a_2\\ \dfrac{1}{2}+\dfrac{1}{2}\sin\dfrac{\pi}{a_2-a_1}\left(x+\dfrac{a_2+a_1}{2}\right), & -a_2<x\leqslant -a_1\\ 1, & -a_1<x\leqslant a_1\\ \dfrac{1}{2}-\dfrac{1}{2}\sin\dfrac{\pi}{a_2-a_1}\left(x-\dfrac{a_2+a_1}{2}\right), & a_1<x\leqslant a_2\\ 0, & x>a_2\end{cases}$$

其中，$a_2>a_1>0$。

3. 偏大型

(1) 升半矩形如图 1.10(a)所示，有

$$\mu_A(x)=\begin{cases}0, & x\leqslant a\\ 1, & x>a\end{cases}$$

(2) 升半正态形如图 1.10(b)所示，有

$$\mu_A(x)=\begin{cases}0, & x\leqslant a\\ 1-\mathrm{e}^{-k(x-a)^2}, & x>a\end{cases}$$

(3) 升半Γ形如图 1.10(c)所示，有

$$\mu_A(x)=\begin{cases}0, & x\leqslant a\\ 1-\dfrac{1}{1+\alpha\,(x-a)^{\beta}}, & x>a\end{cases}$$

其中，$\alpha>0$，$\beta>0$。

(4) 升半梯形如图 1.10(d)所示，有

$$\mu_A(x)=\begin{cases}0, & x\leqslant a_1\\ \dfrac{x-a_1}{a_2-a_1}, & a_1<x\leqslant a_2\\ 1, & x>a_2\end{cases}$$

(5) 升半岭形如图 1.10(e)所示，有

$$\mu_A(x)=\begin{cases}0, & x\leqslant a_1\\ \dfrac{1}{2}+\dfrac{1}{2}\sin\dfrac{\pi}{a_2-a_1}\left(x-\dfrac{a_2+a_1}{2}\right), & a_1<x\leqslant a_2\\ 1, & x>a_2\end{cases}$$

其中，$a_2>a_1$。

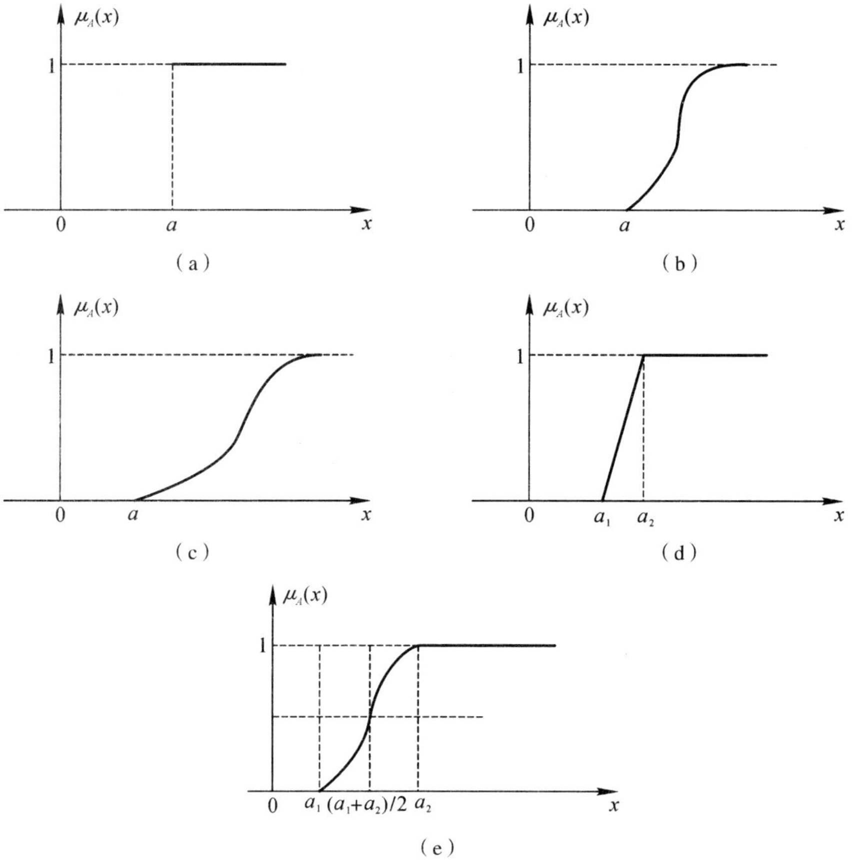

图 1.10 偏大型隶属函数

1.8.4 其他方法

常见的方法还有：评分法(通过专家评分直接给出隶属函数)；范例法(Zadeh，1972，根据有关 μ_A 的部分信息确定出 μ_A)；范形变形法(Bremermann，1976)；三分法(一种用随机区间的思想来处理模糊性的试验模型)；优先法(Saaty，1974)；子集比较法(Fuug 和 Fi，1974)；隐分析法(Kochen 和 Badre，1976)；滤波函数法(MacVicar-Whelan，1978)；模糊测度法(管野道夫)，等等。

总而言之，确定模糊集合的隶属函数，要具体问题具体分析，在实践中不断修正。

习　题

1. 思考：为什么不同论域的模糊子集不能进行基本的“交”、“并”等运算？

2. 设一足球队某些队员的论域：$U=\{u_1, u_2, u_3, u_4, u_5, u_6, u_7, u_8\}$，有模糊子集“高”($A$)和“体能好”($B$)$\in F(U)$。其中

$$A=0.9/u_1+0.8/u_2+1/u_3+0.6/u_4+0.7/u_5+0.8/u_6+0.9/u_7+0.9/u_8$$

$$B=0.8/u_1+0.9/u_2+0.8/u_3+0.9/u_4+0.9/u_5+0.9/u_6+0.7/u_7+0.8/u_8$$

则

(1) $A\cap B$、$A\cup B$ 和 $\overline{A}$ 有什么意义？

(2) 试计算 $A\cap B$、$A\cup B$ 和 $\overline{A}$。

(3) 计算 $A_{0.8}$ 和 $A_{0.85}$。

3. 用模糊子集的基本性质证明下式成立，即

$$\overline{A\cap B}=\overline{A}\cup\overline{B}$$

4. 在习题 2 中，关于模糊子集“高”(A)和“体能好”(B)，指出：

(1) 正规模糊子集，并指出其核。

(2) 凸模糊子集。

第2章 模糊关系

模糊关系可从普通集合中的关系扩展而来，两者之间的区别实质还是在于用来描述各元素间关系的关系子集的特征函数和隶属函数。本章主要对模糊关系的基本概念进行介绍。

2.1 普通关系

定义 2.1(直积) 设两个经典集合 X 和 Y，定义 X 和 Y 的直积(亦称为笛卡尔积、积集)为 $X\times Y=\{(x,\ y)\mid x\in X,\ y\in Y\}$。

用普通语言来说就是：在 X 中取一元素 x，在 Y 中取一元素 y，将它们搭配起来成为序偶$(x,\ y)$，所有序偶构成的一个集合就是 $X\times Y$。

在笛卡尔坐标系中，以 X 表示横轴，以 Y 表示纵轴，X 和 Y 均是实数集$(-\infty,\ +\infty)$，则直积 $X\times Y$ 便表示坐标平面。

直积可以推广到多个集合上去。设 X_1，X_2，…，X_n是 n 个经典集合，则 X_1，X_2，…，X_n的直积为

$$X_1\times X_2\times\cdots\times X_n=\{(x_1,\ x_2,\ \cdots,\ x_n)\mid x_i\in X_i,\ i=1,\ 2,\ \cdots,\ n\}$$

设 **R** 为实数集，则 $R\times R\times R=\{(x,\ y,\ z)\mid x,\ y,\ z\in R\}$就是通常的三维欧式空间。

笛卡尔积是两个集合元素之间无约束的搭配。若给搭配以约束，便体现了某种特定的关系，关系的内涵寓于搭配的约束之中，受约束的所有序偶形成了笛卡尔积的一个子集，这个子集便表现了所说的关系。在经典集合中，所谓从 X 到 Y 的一个关系，乃定义为 $X\times Y$ 的一个子集 R。

定义 2.2(关系) 设两个经典集合 X 和 Y，直积 $X\times Y$ 的一个子集 R 称为 X 到 Y 的一个二元关系。$X\times X$ 的一个子集 R 称为 X 上的一个二元关系。二元关系简称关系。因此有

$$R\subseteq X\times Y,\ R\subseteq X\times X$$

一般来讲，n 个集合的直积 $X_1\times X_2\times\cdots\times X_n$ 的子集称为 $X_1\times X_2\times\cdots\times X_n$ 上的 n 元关系。

对于经典集合 X 和 Y，通常把 X 到 Y 的关系 R，记作 $X\xrightarrow{R}Y$，$\forall x\in X$ 和 $\forall y\in Y$ 之间有这种关系记作 xRy，或没有这种关系记作 $\overline{xRy}$，二者必居其一，只有这两种状态。亦即 $R\subseteq X\times Y$ 或 $R\in P(X\times Y)$，对 $\forall(x,\ y)$用$(x,\ y)\in R$ 代表 xRy，$(x,\ y)\notin R$ 代表 $\overline{xRy}$。关系 R 的特征函数为

$$X_R(x,\ y)=R(x,\ y)=\begin{cases}1, & xRy\\ 0, & \overline{xRy}\end{cases}$$

X 到 Y 的关系 R，作为论域 $X\times Y$ 上的经典子集，经典集合的交、并、补运算对 R 当然也适用，经典集合的运算性质，如 1.1 节中所列的幂等律、交换律、结合律、分配律、吸收律、两极律、复原律、排中律对经典关系 R 也仍然适用，经典集合的特征函数表示法也适用于表示经典关系 R。

但 R 又有其特殊性，作为一类特殊的经典集合，还有“逆”关系与“合成”运算。

定义 2.3(逆关系) 设 R 是 X 到 Y 的关系，令

$$R^{-1}=\{(y, x)\in Y\times X \mid (x, y)\in R\}$$

则 R^{-1}是 Y 到 X 的关系，称 R^{-1}为 R 的逆关系。

由定义 2.3 可知，关系 R 与逆关系 R^{-1}，用特征函数表示有

$$X_{R^{-1}}(y, x) = X_R(x, y) \tag{2.1}$$

例 2.1 令 $A=\{3, 5\}$，$B=\{1, 2, 3\}$，则 $A\times B$ 上的“大于”关系 R 为

$$R=\{(3, 1), (3, 2), (5, 1), (5, 2), (5, 3)\}$$

而 R 的逆关系，即 $A\times B$ 上的“小于”关系为

$$R^{-1}=\{(1, 3), (1, 5), (2, 3), (2, 5), (3, 5)\}$$

合成是关系的一种常用的运算。设 U 是一群人的集合，弟兄关系 R 和父子关系 Q 是 U 上的两个关系，叔侄关系 S 也是 U 上的一个关系。这三个关系存在着这样的联系：若 x 是 z 的叔叔，即$(x, z)\in S$，那么至少有一个 y，使得 x 是 y 的弟弟，即$(x, y)\in R$，而且 y 是 z 的父亲，即$(y, z)\in Q$；反之，这个联系也成立，这可表示为

$$(x, z)\in S\Leftrightarrow \exists\, y\in U，使(x, y)\in R 且(y, z)\in Q$$

我们称叔侄关系 S 是弟兄关系 R 与父子关系 Q 的合成，记作

$$S=R\circ Q$$

定义 2.4(合成运算) 给定集合 X，Y，Z，设 R 是 $X\times Y$ 上的经典关系，Q 是 $Y\times Z$ 上的经典关系，S 是 $X\times Z$ 上的经典关系，若

$$(x, z)\in S\Leftrightarrow \exists\, y\in U，使(x, y)\in R 且(y, z)\in Q$$

则称关系 S 是关系 R 与 Q 的合成，记为

$$S=R\circ Q$$

其中

$$R\circ Q=\{(x, z) \mid \exists\, y\in Y 使(x, y)\in R 且(y, z)\in Q\}$$

用特征函数表示则为：

$$X_{R\circ Q}(x, z) = \bigvee_{y\in Y} (X_R(x, y) \wedge X_R(y, z)) \tag{2.2}$$

式(2.2)即是关系合成的先取小后取大“$\wedge-\vee$”运算。由式(2.2)可见，欲确定 $X\times Z$ 上的某一序偶(x, z)是否属于 $R\circ Q$，即是否有 $X_{R\circ Q}(x, z)=1$，按式(2.2)做“$\wedge-\vee$”运算，即

$$\begin{aligned}X_{R\circ Q}(x, z) &= \bigvee_{y\in Y}(X_R(x, y)\wedge X_R(y, z))\\ &=(X_R(x, y_1)\wedge X_Q(y_1, z))\vee(X_R(x, y_2)\wedge X_Q(y_2, z))\\ &\quad\vee\cdots\vee(X_R(x, y_n)\wedge X_Q(y_n, z))\end{aligned}$$

式中，$y_i\in Y$，$i=1, 2, \cdots, n$。可见在$\forall\, y\in Y$ 中，至少有一个 y 使得

$$X_R(x, y)\wedge X_R(y, z)=1$$

即同时有$(x, y)\in R$ 和$(y, z)\in Q$，则 $X_{R\circ Q}(x, z)=1$，$(x, z)\in R\circ Q$。

在有限集的情况下，经典关系 **R** 可以直观地用布尔矩阵表示。布尔矩阵即元素均为 1 或 0 的矩阵。

设集合 $X=\{x_1, x_2, \cdots, x_m\}$，$Y=\{y_1, y_2, \cdots, y_n\}$。**R** 是 $X\times Y$ 上的关系，则 **R** 可以由一个矩阵 (r_{ij}) 表示，它是一个 $m\times n$ 矩阵，r_{ij} 由下式确定，即

$$\forall (x_i, y_i)\in X\times Y$$

令

$$r_{ij}=X_{\boldsymbol{R}}(x_i, y_i)=\begin{cases}1, & (x_i, y_i)\in \boldsymbol{R}\\ 0, & (x_i, y_i)\notin \boldsymbol{R}\end{cases}$$

例 2.2 在例 2.1 中，A 到 B 的大于关系 **R** 为

$$\boldsymbol{R}=\begin{bmatrix}1 & 1 & 0\\ 1 & 1 & 1\end{bmatrix}$$

而 **R** 的逆关系 $\boldsymbol{R}^{-1}$ 为

$$\boldsymbol{R}^{-1}=\begin{bmatrix}1 & 1\\ 1 & 1\\ 0 & 1\end{bmatrix}$$

由上例，**R** 和 $\boldsymbol{R}^{-1}$ 互为转置，这不是特例，由逆关系的性质，即式(2.1)，显然有

$$\boldsymbol{R}^{-1}=\boldsymbol{R}^{\mathrm{T}}$$

关系的交、并、补以及合成运算均可以通过相应矩阵的交、并、补及合成运算来完成。

2.2 模糊关系

经典关系是明确的关系，父子关系、弟兄关系、叔侄关系、大于关系、小于关系等都是明确的，论域中的序偶要么属于要么不属于，二者必居其一。但正如前述中所说的，世界上还客观存在着另一类关系，论域中的元素很难用完全肯定的属于或完全否定的不属于来回答。如“大得多”、“长得像”等，则属于这一类关系，它们已经不能用经典关系描述，这类关系就是模糊关系。

模糊关系是模糊数学的重要概念。普通关系强调元素之间是否存在关系，模糊关系则可以给出元素之间相关的程度。

在论域 U 和 V 中的元素之间除了有上述那种具有明确的“具有”或“不具有”关系外，还存在着各种程度的模糊关系。如“关联程度”、“相似程度”等关系，显然这后一类关系也是笛卡尔积 $U\times V$ 的一个模糊子集。

定义 2.5(模糊关系) 直积空间 $X\times Y=\{(x, y)\mid x\in X, y\in Y\}$ 上的模糊关系 **R** 是 $X\times Y$ 的一个模糊子集。**R** 的隶属函数 $\mu_{\boldsymbol{R}}(x, y)$ 表示了 X 中的元素 x 与 Y 中的元素 y 具有这种关系的程度。X 到 X 的模糊关系称为 X 上的模糊关系。

如果从映射的角度看，有

$$X\xrightarrow{\boldsymbol{R}}Y$$

$$\mu_{\boldsymbol{R}}: X\times Y\rightarrow[0, 1]$$

$$(x, y)\mapsto\mu_{\boldsymbol{R}}(x, y)\in[0, 1]\qquad x\in X, y\in Y$$

由定义可见，模糊关系和模糊集合一样，完全由其隶属函数 $\mu_R(x, y)$ 来刻画。当 $\mu_R(x, y)$ 仅取 1 或 0 两个极端值时，R 退化为经典集合，模糊关系退化为经典关系。因此，经典关系仅是模糊关系的特例。

$X\times Y$ 上的全体模糊关系可记为 $F(X\times Y)$。若 X_1，X_2，…，X_n 是 n 个集合，则直积空间

$$X_1\times X_2\times\cdots\times X_n=\{(x_1, x_2, \cdots, x_n)\mid x_i\in X_i,\ i=1, 2, \cdots, n\}$$

上的一个 n 元模糊关系 R 是指 $X_1\times X_2\times\cdots\times X_n$ 上的一个模糊子集。R 由隶属函数 $\mu_R(x_1, x_2, \cdots, x_n)$ 来描述，它反映了 $(x_1, x_2, \cdots, x_n)$ 具有这种关系的程度。

例 2.3 设实数域 **R** 到 **R** 的模糊关系"x 远大于 y"：$\forall (x, y)\in \boldsymbol{R}\times\boldsymbol{R}$，有

$$\mu_{远大于}(x, y)=\begin{cases}0, & x\leqslant y\\ \left[1+\dfrac{100y}{(x-y)^2}\right]^{-1}, & x>y\end{cases}$$

可以求出，$\mu_{远大于}(1000, 100)=0.99$，说明 1000 远大于 100 的程度是 0.99，而 $\mu_{远大于}(200, 100)=0.5$。

有限论域中的模糊关系用矩阵表示出来将显得更加直观。一般地讲，当集合 $X=\{x_1, x_2, \cdots, x_n\}$，$Y=\{y_1, y_2, \cdots, y_m\}$ 为有限集时，与经典关系类似，模糊关系 R 可以用矩阵表示。对于 $\forall (x_i, y_j)\in X\times Y$，$i=1, 2, \cdots, n$，$j=1, 2, \cdots, m$，记 $r_{ij}=\mu_R(x_i, y_j)$，$0\leqslant r_{ij}\leqslant 1$，则可用矩阵表示。$(r_{ij})_{n\times m}$ 是模糊矩阵。所谓模糊矩阵，就是其元素在 $[0, 1]$ 区间取值的矩阵。因此，模糊关系可用模糊矩阵表示，即

$$\boldsymbol{R}=(r_{ij})_{n\times m}$$

隶属度 $r_{ij}=\mu_R(x_i, y_j)$ 表示 x_i 与 y_j 具有关系 R 的程度。特别地，当 $X=Y$ 时，R 称为 X 或 Y 上的模糊关系。

例 2.4 设论域 $U=\{1, 5, 7, 9, 20\}$，列出序偶上的"前元素比后元素大得多"的关系。

这是 $U\times U$ 上的模糊关系，有 $U\times U$ 序偶 20 个，在条件"前元素比后元素大得多"的限制下，以下 10 个序偶的这种关系的隶属程度不为 0，即

$$\boldsymbol{R}=\frac{0.5}{(5, 1)}+\frac{0.7}{(7, 1)}+\frac{0.8}{(9, 1)}+\frac{1}{(20, 1)}+\frac{0.1}{(7, 5)}+\frac{0.3}{(9, 5)}+\frac{0.95}{(20, 5)}+\frac{0.1}{(9, 7)}+\frac{0.9}{(20, 7)}+\frac{0.85}{(20, 9)}$$

例 2.5 设人的身高论域 $U=\{140, 150, 160, 170, 180\}$（单位为 cm），体重论域 $V=\{40, 50, 60, 70, 80\}$（单位为 kg）。一个 U 到 V 的模糊关系 R 定义为：身高与体重的"标准"相配，将此关系列于表 2.1 中。

表 2.1 模糊关系 R

$\boldsymbol{R}(u, v)$		V/kg				
		40	50	60	70	80
U/cm	140	1	0.8	0.8	0.8	0
	150	0.8	1	0.8	0.2	0.1
	160	0.2	0.8	1	0.8	0.2
	170	0.1	0.2	0.8	1	0.8
	180	0	0.1	0.2	0.8	1

显然可将此关系用模糊矩阵表示，即

$$R=\begin{bmatrix} 1 & 0.8 & 0.2 & 0.1 & 0 \\ 0.8 & 1 & 0.8 & 0.2 & 0.1 \\ 0.2 & 0.8 & 1 & 0.8 & 0.2 \\ 0.1 & 0.2 & 0.8 & 1 & 0.8 \\ 0 & 0.1 & 0.2 & 0.8 & 1 \end{bmatrix}$$

这样身高和体重间的“标准”关系就可以找出来了。如 $r_{33}=\mu_{\boldsymbol{R}}(160, 60)=1$，表示 160 cm 的身高其体重为 60 kg 才算是符合标准，而 $r_{43}=\mu_{\boldsymbol{R}}(170, 60)=0.8$ 表示 170 cm 的身高其体重 60 kg 还稍有不足。

如果论域为 n 个集合(论域)的直积，则模糊关系 $\boldsymbol{R}$ 不再是二元的，而是 n 元的，其隶属函数也不再是两个变量的函数，而是 n 个变量的函数。

有限集上的模糊关系也可以用关系图直观地表示，称为模糊关系图。设 $\boldsymbol{R}\in F(X\times Y)$，$X$ 和 Y 是有限集，$X=\{x_1, x_2, \cdots, x_n\}$，$Y=\{y_1, y_2, \cdots, y_m\}$，一个关系图的节点是 X 和 Y 的元素，$x_i(i=1, 2, \cdots, n)$到 $y_j(j=1, 2, \cdots, m)$之间用直线连接，有向连线 $x_i\to y_j$ 存在的条件是 $\mu_{\boldsymbol{R}}(x_i, y_j)>0$，并且它的赋值就是 $\mu_{\boldsymbol{R}}(x_i, y_j)$。

2.3 模糊关系的运算

由于模糊关系是一类特殊的模糊集，它同模糊集合一样同样有交、并、补等运算。类似于前面的模糊集合，我们有以下定义。

定义 2.6 设 U 和 V 为论域，$\boldsymbol{R}, \boldsymbol{S}\in F(U\times V)$，有：

(1) 并关系：$\boldsymbol{R}\cup\boldsymbol{S}\Leftrightarrow\mu_{\boldsymbol{R}\cup\boldsymbol{S}}(u, v)=\mu_{\boldsymbol{R}}(u, v)\vee\mu_{\boldsymbol{S}}(u, v)$。

(2) 交关系：$\boldsymbol{R}\cap\boldsymbol{S}\Leftrightarrow\mu_{\boldsymbol{R}\cap\boldsymbol{S}}(u, v)=\mu_{\boldsymbol{R}}(u, v)\wedge\mu_{\boldsymbol{S}}(u, v)$。

(3) 相等：$\boldsymbol{R}=\boldsymbol{S}\Leftrightarrow\mu_{\boldsymbol{R}}(u, v)=\mu_{\boldsymbol{S}}(u, v)$。

(4) 包含：$\boldsymbol{R}\subseteq\boldsymbol{S}\Leftrightarrow\mu_{\boldsymbol{R}}(u, v)\leqslant\mu_{\boldsymbol{S}}(u, v)$。

(5) 补(余)：$\overline{\boldsymbol{R}}\Leftrightarrow\mu_{\overline{\boldsymbol{R}}}(u, v)=1-\mu_{\boldsymbol{R}}(u, v)$。

同理，对于模糊矩阵有：设 $M_{n\times m}$ 为论域 $U(n$ 元)到 $V(m$ 元)的所有模糊关系矩阵的集合，$\boldsymbol{R}, \boldsymbol{S}\in M_{n\times m}$，$\boldsymbol{R}=(r_{ij})_{n\times m}$，$\boldsymbol{S}=(s_{ij})_{n\times m}$，则对 $\forall i, j$，有

$$\boldsymbol{R}\cup\boldsymbol{S}=(r_{ij}\vee s_{ij})_{n\times m}$$

$$\boldsymbol{R}\cap\boldsymbol{S}=(r_{ij}\wedge s_{ij})_{n\times m}$$

$$\boldsymbol{R}=\boldsymbol{S}\Leftrightarrow r_{ij}=s_{ij}$$

$$\boldsymbol{R}\subseteq\boldsymbol{S}\Leftrightarrow r_{ij}\leqslant s_{ij}$$

$$\overline{\boldsymbol{R}}=(1-r_{ij})_{n\times m}$$

以上运算可以推广到无限多个的情形。

例 2.6 设 $\boldsymbol{R}, \boldsymbol{S}\in F(U\times V)$，有

$$\boldsymbol{R}=\begin{bmatrix} 0.5 & 0.3 \\ 0.4 & 0.8 \end{bmatrix},\ \boldsymbol{S}=\begin{bmatrix} 0.8 & 0.5 \\ 0.3 & 0.7 \end{bmatrix}$$

则

$$R\cup S=\begin{bmatrix}0.5\vee 0.8 & 0.3\vee 0.5\\0.4\vee 0.3 & 0.8\vee 0.7\end{bmatrix}=\begin{bmatrix}0.8 & 0.5\\0.4 & 0.8\end{bmatrix}$$

$$R\cap S=\begin{bmatrix}0.5\wedge 0.8 & 0.3\wedge 0.5\\0.4\wedge 0.3 & 0.8\wedge 0.7\end{bmatrix}=\begin{bmatrix}0.5 & 0.3\\0.3 & 0.7\end{bmatrix}$$

$$\overline{R}=\begin{bmatrix}1-0.5 & 1-0.3\\1-0.4 & 1-0.8\end{bmatrix}=\begin{bmatrix}0.5 & 0.7\\0.6 & 0.2\end{bmatrix}$$

2.3.1 模糊关系的性质

性质 2.1 对于 $\boldsymbol{R}, \boldsymbol{S}, \boldsymbol{T}\in F(U\times V)$ 或 $\boldsymbol{R}, \boldsymbol{S}, \boldsymbol{T}\in M_{n\times m}$，有：

(1) 交换律：$\boldsymbol{R}\cup\boldsymbol{S}=\boldsymbol{S}\cup\boldsymbol{R}$，$\boldsymbol{R}\cap\boldsymbol{S}=\boldsymbol{S}\cap\boldsymbol{R}$。

(2) 结合律：$(\boldsymbol{R}\cup\boldsymbol{S})\cup\boldsymbol{T}=\boldsymbol{R}\cup(\boldsymbol{S}\cup\boldsymbol{T})$，$(\boldsymbol{R}\cap\boldsymbol{S})\cap\boldsymbol{T}=\boldsymbol{R}\cap(\boldsymbol{S}\cap\boldsymbol{T})$。

(3) 分配律：$\boldsymbol{R}\cup(\boldsymbol{S}\cap\boldsymbol{T})=(\boldsymbol{R}\cup\boldsymbol{S})\cap(\boldsymbol{R}\cup\boldsymbol{T})$，$\boldsymbol{R}\cap(\boldsymbol{S}\cup\boldsymbol{T})=(\boldsymbol{R}\cap\boldsymbol{S})\cup(\boldsymbol{R}\cap\boldsymbol{T})$。

(4) 幂等律：$\boldsymbol{R}\cup\boldsymbol{R}=\boldsymbol{R}\cap\boldsymbol{R}=\boldsymbol{R}$。

(5) 吸收律：$(\boldsymbol{R}\cap\boldsymbol{S})\cup\boldsymbol{R}=\boldsymbol{R}$，$(\boldsymbol{R}\cup\boldsymbol{S})\cap\boldsymbol{R}=\boldsymbol{R}$。

(6) 复原律：$\overline{\overline{\boldsymbol{R}}}=\boldsymbol{R}$。

(7) 零一律：$\boldsymbol{R}\cup\boldsymbol{E}=\boldsymbol{E}$，$\boldsymbol{R}\cap\boldsymbol{E}=\boldsymbol{R}$，$\boldsymbol{R}\cup\boldsymbol{0}=\boldsymbol{R}$，$\boldsymbol{R}\cap\boldsymbol{0}=\boldsymbol{0}$。

其中，$\boldsymbol{E}=U\times V$，$\boldsymbol{0}=\varnothing$，或全矩阵 $\boldsymbol{E}=\begin{bmatrix}1 & 1 & \cdots & 1\\1 & 1 & \cdots & 1\\ & & \vdots & \\1 & 1 & \cdots & 1\end{bmatrix}$，零矩阵 $\boldsymbol{0}=\begin{bmatrix}0 & 0 & \cdots & 0\\0 & 0 & \cdots & 0\\ & & \vdots & \\0 & 0 & \cdots & 0\end{bmatrix}$。

(8) 对偶律：$\overline{\boldsymbol{R}\cup\boldsymbol{S}}=\overline{\boldsymbol{R}}\cap\overline{\boldsymbol{S}}$，$\overline{\boldsymbol{R}\cap\boldsymbol{S}}=\overline{\boldsymbol{R}}\cup\overline{\boldsymbol{S}}$。

(9) 补余律不成立：$\boldsymbol{R}\cup\overline{\boldsymbol{R}}\neq\boldsymbol{E}$，$\boldsymbol{R}\cap\overline{\boldsymbol{R}}\neq\boldsymbol{0}$。

在无限情形下的分配律为

$$\boldsymbol{S}\cap\left(\bigcup_{t\in \boldsymbol{T}}\boldsymbol{R}_t\right)=\bigcup_{t\in T}(\boldsymbol{S}\cap\boldsymbol{R}_t),\quad \boldsymbol{S}\cup\left(\bigcap_{t\in T}\boldsymbol{R}_t\right)=\bigcap_{t\in T}(\boldsymbol{S}\cup\boldsymbol{R}_t)$$

在无限情形下的对偶律为

$$(\overline{\bigcup_{t\in T}\boldsymbol{R}_t})=\bigcap_{t\in T}\overline{\boldsymbol{R}_t},\quad (\overline{\bigcap_{t\in T}\boldsymbol{R}_t})=\bigcup_{t\in T}\overline{\boldsymbol{R}_t}$$

其中，$t\in\boldsymbol{T}$ 为指标集，$\boldsymbol{S}, \boldsymbol{R}_t\in F(U\times V)$ 或 $\boldsymbol{S}, \boldsymbol{R}_t\in M_{n\times m}$。

2.3.2 模糊关系的逆关系

推广经典关系的逆关系和合成运算到模糊关系的情况，可以定义模糊关系的逆关系及合成运算。

定义 2.7(模糊关系的逆关系) 设 $\boldsymbol{R}\in F(U\times V)$，定义 $\boldsymbol{R}^{-1}\in F(U\times V)$ 的隶属函数为

$$\mu_{\boldsymbol{R}^{-1}}(v, u)=\mu_{\boldsymbol{R}}(u, v),\ \forall (v, u)\in V\times U$$

称 V 到 U 的模糊关系 $\boldsymbol{R}^{-1}$ 为 $\boldsymbol{R}$ 的逆关系。

与经典关系类似，当 $\boldsymbol{R}$ 和 $\boldsymbol{R}^{-1}$ 用模糊矩阵表示时，由定义可知，显然它们的模糊矩阵互为转置。

定义 2.8(模糊关系的转置) 设 $\boldsymbol{R}\in F(U\times V)$，称其转置关系为 $\boldsymbol{R}^{\mathrm{T}}\in F(V\times U)$，即

$$\mu_{\boldsymbol{R}}(v, u)=\mu_{\boldsymbol{R}}(u, v)$$

在有限论域，$\boldsymbol{R}\in M_{n\times m}$，$\boldsymbol{R}=(r_{ij})_{n\times m}$，称

$$\boldsymbol{R}^{\mathrm{T}}=(r_{ij}^{\mathrm{T}})_{n\times m}$$

为 $\boldsymbol{R}$ 的模糊转置矩阵，当且仅当

$$r_{ij}^{\mathrm{T}}=r_{ji}$$

其中，$i=1, 2, \cdots, n$，$j=1, 2, \cdots, m$。

关于模糊转置矩阵有以下性质。

性质 2.2 模糊转置矩阵具有以下性质：

(1) $(\boldsymbol{R}^{\mathrm{T}})^{\mathrm{T}}=\boldsymbol{R}$。

(2) $(\boldsymbol{R}\cup\boldsymbol{S})^{\mathrm{T}}=\boldsymbol{R}^{\mathrm{T}}\cup\boldsymbol{S}^{\mathrm{T}}$。

(3) $(\boldsymbol{R}\cap\boldsymbol{S})^{\mathrm{T}}=\boldsymbol{R}^{\mathrm{T}}\cap\boldsymbol{S}^{\mathrm{T}}$。

(4) $(\boldsymbol{R}\subseteq\boldsymbol{S})\Leftrightarrow\boldsymbol{R}^{\mathrm{T}}\subseteq\boldsymbol{S}^{\mathrm{T}}$。

2.3.3 模糊 λ 截关系

模糊集合的 λ 水平截集的概念推广到模糊关系中去，便有 λ 截关系及相应的 λ 截矩阵的定义。

定义 2.9(模糊 λ 截关系) 设 $\boldsymbol{R}\in F(U\times V)$，对于任意 $\lambda\in[0, 1]$，称普通关系

$$\boldsymbol{R}_{\lambda}=\{(u, v)\mid(u, v)\in U\times V, \mu_{\boldsymbol{R}}(u, v)\geqslant\lambda\}$$

为 $\boldsymbol{R}$ 的 λ 截关系。其特征函数为

$$X_{\boldsymbol{R}_{\lambda}}(u, v)=\begin{cases}1 & (u, v)\in\boldsymbol{R}_{\lambda}\\0 & (u, v)\notin\boldsymbol{R}_{\lambda}\end{cases}$$

称普通关系

$$\boldsymbol{R}_{\lambda *}=\{(u, v)\mid(u, v)\in U\times V, \mu_{\boldsymbol{R}}(u, v)>\lambda\}$$

为 $\boldsymbol{R}$ 的 λ 强截关系。

同理，关于模糊矩阵的 λ 截矩阵有以下定理。

定理 2.1 设 $\boldsymbol{R}\in M_{n\times m}$，$\boldsymbol{R}=(r_{ij})_{n\times m}$，对任意 $\lambda\in[0, 1]$，称 $\boldsymbol{R}_{\lambda}=(r_{ij}^{(\lambda)})_{n\times m}$ 为 $\boldsymbol{R}$ 的 λ 截矩阵，其中

$$r_{ij}^{(\lambda)}=\begin{cases}1 & r_{ij}\geqslant\lambda\\0 & r_{ij}<\lambda\end{cases}$$

称 $\boldsymbol{R}_{\lambda *}=(r_{ij}^{(\lambda *)})_{n\times m}$ 为 $\boldsymbol{R}$ 的 λ 强截矩阵，其中

$$r_{ij}^{(\lambda)}=\begin{cases}1 & r_{ij}>\lambda\\0 & r_{ij}\leqslant\lambda\end{cases}$$

λ 截矩阵和强截矩阵的元素仅为 1 或 0，是普通矩阵。

例 2.7 设有

$$\boldsymbol{R}=\begin{bmatrix}0.3 & 0.7 & 0.5\\0.8 & 1 & 0\\0 & 0.6 & 0.4\end{bmatrix}$$

则

$$\boldsymbol{R}_{0.5}=\begin{bmatrix}0 & 1 & 1\\1 & 1 & 0\\0 & 1 & 0\end{bmatrix}$$

性质 2.3 λ 截矩阵的性质。设 $\boldsymbol{R}, \boldsymbol{S} \in M_{n\times m}$，$\lambda \in [0, 1]$，则有性质：

(1) $(\boldsymbol{R} \subseteq \boldsymbol{S}) \Leftrightarrow \boldsymbol{R}_\lambda \subseteq \boldsymbol{S}_\lambda$。

(2) $(\boldsymbol{R} \cup \boldsymbol{S})_\lambda = \boldsymbol{R}_\lambda \cup \boldsymbol{S}_\lambda$。

(3) $(\boldsymbol{R} \cap \boldsymbol{S})_\lambda = \boldsymbol{R}_\lambda \cap \boldsymbol{S}_\lambda$。

2.3.4 模糊关系的合成

模糊关系的合成是普通关系合成的推广。设 $\boldsymbol{R} \in P(U\times V)$，$\boldsymbol{Q} \in P(V\times W)$ 为普通关系，$\boldsymbol{R}$ 和 $\boldsymbol{Q}$ 分别是人群集合 U，V，W 上的“父子关系 1”和父与其父的“父子关系 2”，通过合成关系 $\boldsymbol{R}\circ\boldsymbol{Q}$ 便可找到人群中的爷孙关系。普通关系的合成如图 2.1 所示。

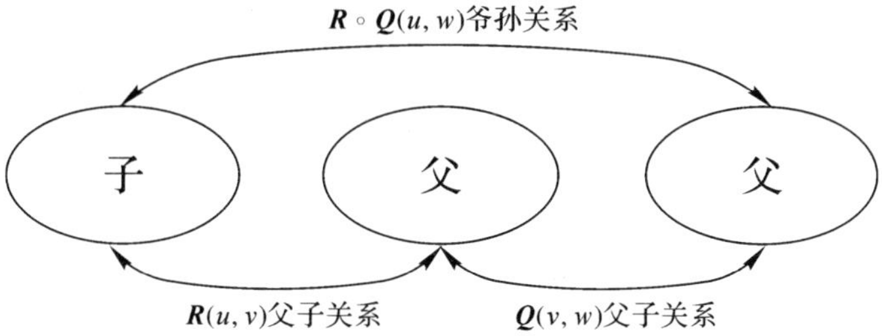

图 2.1 普通关系的合成

现在我们将上面明确的亲缘关系改为某种比较模糊的关系，如他们之间的长相相似关系，问题便成了模糊关系的合成。我们仍然借用上面的 ∨ 和 ∧ 代表取大和取小运算，将特征函数，换成隶属函数，便得以下定义。

定义 2.10(模糊关系的合成) 设 $\boldsymbol{R} \in F(U\times V)$，$\boldsymbol{Q} \in F(V\times W)$，即 $\boldsymbol{R}$，$\boldsymbol{Q}$ 分别是$U\times V$，$V\times W$ 上的两个模糊关系，$\boldsymbol{R}$ 与 $\boldsymbol{Q}$ 的合成指从 U 到 W 上的模糊关系，记为 $\boldsymbol{R}\circ\boldsymbol{Q}$，其隶属函数为

$$\mu_{\boldsymbol{R}\circ\boldsymbol{Q}}(u, w) = \bigvee_{u\in V}(\mu_{\boldsymbol{R}}(u, v) \wedge \mu_{\boldsymbol{Q}}(v, w))$$

特别地，当 $\boldsymbol{R} \in F(U\times U)$，即 $\boldsymbol{R}$ 是 $U\times U$ 上的关系，则有模糊关系的幂，即

$$\boldsymbol{R}^2 = \boldsymbol{R}\circ\boldsymbol{R}$$

$$\boldsymbol{R}^n = \boldsymbol{R}^{n-1}\circ\boldsymbol{R}$$

利用模糊关系的合成，可以推论事物之间的模糊相关性。模糊关系的合成示意图如图 2-2 所示。

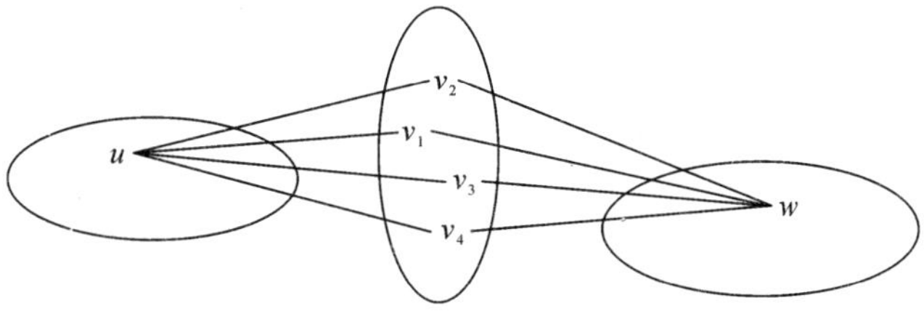

图 2.2 模糊关系的合成示意图

当论域为有限域时，模糊关系的合成便可用相应的模糊矩阵合成表示。

定义 2.11 设 $\boldsymbol{R} \in M_{n\times m}$，$\boldsymbol{Q} \in M_{m\times l}$，$\boldsymbol{R} = (r_{ij})_{n\times m}$，$\boldsymbol{Q} = (q_{jk})_{m\times l}$，称

$$\boldsymbol{S} = \boldsymbol{R}\circ\boldsymbol{Q} \in M_{n\times l}$$

为 $\boldsymbol{R}$ 与 $\boldsymbol{Q}$ 的合成。其中

$$\boldsymbol{S}=(s_{ik})_{n\times l}$$

$$s_{ik}=\bigvee_{j=1}^{m}(r_{ij}\wedge q_{jk})$$

特别地，$\boldsymbol{R}$ 与自身的合成矩阵称为模糊矩阵的幂，记

$$\boldsymbol{R}^2=\boldsymbol{R}\circ\boldsymbol{R}$$

$$\boldsymbol{R}^n=\boldsymbol{R}^{n-1}\circ\boldsymbol{R}$$

模糊矩阵合成算法类似于一般矩阵的乘法，只是将“·”和“+”分别换成“∧”和“∨”。

例 2.8 设有一家庭的子女与父母的长相相似关系为模糊关系 $\boldsymbol{R}$，即

R	父	母
子	0.8	0.1
女	0.2	0.6

写成模糊矩阵

$$\boldsymbol{R}=\begin{bmatrix}0.8 & 0.1\\0.2 & 0.6\end{bmatrix}$$

而父亲与其父′和母′及母亲与其父″和母″的长相相似关系也是模糊关系 $\boldsymbol{S}$，即

S	父′	母′	父″	母″
父	0.7	0.2	0.0	0.0
母	0.0	0.0	0.4	0.8

写成矩阵

$$\boldsymbol{S}=\begin{bmatrix}0.7 & 0.2 & 0 & 0\\0 & 0 & 0.4 & 0.8\end{bmatrix}$$

而子女与爷爷奶奶的长相相似关系便是模糊关系 $\boldsymbol{R}$ 与 $\boldsymbol{S}$ 的合成，即

$$\begin{aligned}\boldsymbol{R}\circ\boldsymbol{S}&=\begin{bmatrix}0.8 & 0.1\\0.2 & 0.6\end{bmatrix}\circ\begin{bmatrix}0.7 & 0.2 & 0 & 0\\0 & 0 & 0.4 & 0.8\end{bmatrix}\\&=\begin{bmatrix}(0.8\wedge 0.7)\vee(0.1\wedge 0) & (0.8\wedge 0.2)\vee(0.1\wedge 0) & (0.8\wedge 0)\vee(0.1\wedge 0.4) & (0.8\wedge 0)\vee(0.1\wedge 0.8)\\(0.2\wedge 0.7)\vee(0.6\wedge 0) & (0.2\wedge 0.2)\vee(0.6\wedge 0) & (0.2\wedge 0)\vee(0.6\wedge 0.4) & (0.2\wedge 0)\vee(0.6\wedge 0.8)\end{bmatrix}\\&=\begin{bmatrix}0.7 & 0.2 & 0.1 & 0.1\\0.2 & 0.2 & 0.4 & 0.6\end{bmatrix}\end{aligned}$$

此关系为

R∘Q	父′	母′	父″	母″
子	0.7	0.2	0.1	0.1
女	0.2	0.2	0.4	0.6

由此可见儿子长相像其父亲的父亲，而女儿的长相倒是像其母亲的母亲。

模糊关系合成有以下性质。

性质 2.3 模糊关系合成的性质：

(1) 结合律：$(\boldsymbol{R}\circ\boldsymbol{Q})\circ\boldsymbol{S}=\boldsymbol{R}\circ(\boldsymbol{Q}\circ\boldsymbol{S})$。

(2) 对并的分配律：$(\boldsymbol{R}\cup\boldsymbol{Q})\circ\boldsymbol{S}=(\boldsymbol{R}\circ\boldsymbol{S})\cup(\boldsymbol{Q}\circ\boldsymbol{S})$，$\boldsymbol{S}\circ(\boldsymbol{R}\cup\boldsymbol{Q})=(\boldsymbol{S}\circ\boldsymbol{R})\cup(\boldsymbol{S}\circ\boldsymbol{Q})$。

(3) 对交的分配律：$(\boldsymbol{R}\cap\boldsymbol{Q})\circ\boldsymbol{S}\subseteq(\boldsymbol{R}\circ\boldsymbol{S})\cap(\boldsymbol{Q}\circ\boldsymbol{S})$，$\boldsymbol{S}\circ(\boldsymbol{R}\cap\boldsymbol{Q})\subseteq(\boldsymbol{S}\circ\boldsymbol{R})\cap(\boldsymbol{S}\circ\boldsymbol{Q})$。

(4) 包含：$\boldsymbol{R}\subseteq\boldsymbol{Q}\Rightarrow\boldsymbol{S}\circ\boldsymbol{R}\subseteq\boldsymbol{S}\circ\boldsymbol{Q}$，$\boldsymbol{R}\circ\boldsymbol{S}\subseteq\boldsymbol{Q}\circ\boldsymbol{S}$，$\boldsymbol{R}^n\subseteq\boldsymbol{Q}^n$。

(5) 转置：$(\boldsymbol{R}\circ\boldsymbol{Q})^{\mathrm{T}}=\boldsymbol{Q}^{\mathrm{T}}\circ\boldsymbol{R}^{\mathrm{T}}$，$(\boldsymbol{R}^n)^{\mathrm{T}}=(\boldsymbol{R}^{\mathrm{T}})^n$，$\boldsymbol{R}^{m+n}=\boldsymbol{R}^m\circ\boldsymbol{R}^n$。

(6) λ 截运算：$(\boldsymbol{R}\circ\boldsymbol{Q})_\lambda=\boldsymbol{R}_\lambda\circ\boldsymbol{Q}_\lambda$。

证明 性质(2)：由隶属函数

$$\begin{aligned}\mu_{(\boldsymbol{R}\cup\boldsymbol{Q})\circ\boldsymbol{S}}(u,w)&=\bigvee_{v\in V}\mu_{\boldsymbol{R}\cup\boldsymbol{Q}}(u,v)\wedge\mu_{\boldsymbol{S}}(v,w)\\&=\bigvee_{v\in V}(\mu_{\boldsymbol{R}}(u,v)\vee\mu_{\boldsymbol{Q}}(u,v))\wedge\mu_{\boldsymbol{S}}(v,w)\\&=\bigvee_{v\in V}(\mu_{\boldsymbol{R}}(u,v)\wedge\mu_{\boldsymbol{S}}(v,w))\vee(\mu_{\boldsymbol{Q}}(u,v)\wedge\mu_{\boldsymbol{S}}(v,w))\\&=(\bigvee_{v\in V}\mu_{\boldsymbol{R}}(u,v)\wedge\mu_{\boldsymbol{S}}(v,w))\vee(\bigvee_{v\in V}\mu_{\boldsymbol{Q}}(u,v)\wedge\mu_{\boldsymbol{S}}(v,w))\\&=\mu_{\boldsymbol{R}\circ\boldsymbol{S}}(u,w))\vee\mu_{\boldsymbol{Q}\circ\boldsymbol{S}}(u,w)\end{aligned}$$

即得

$$(\boldsymbol{R}\cup\boldsymbol{Q})\circ\boldsymbol{S}=(\boldsymbol{R}\circ\boldsymbol{S})\cup(\boldsymbol{Q}\circ\boldsymbol{S})$$

证毕。

其余性质同理可证。

2.4 模糊等价关系

2.4.1 模糊等价关系与模糊相似关系

类似于普通等价关系，模糊等价关系也必须满足自反性、对称性和传递性。

定义 2.12(模糊等价关系) 设 $\boldsymbol{R}\in F(U\times U)$，$\forall u, v, w\in U$，若满足：

(1) 自反性：$\mu_{\boldsymbol{R}}(u,u)=1$。

(2) 对称性：$\mu_{\boldsymbol{R}}(u,v)=\mu_{\boldsymbol{R}}(v,u)$。

(3) 传递性：$\mu_{\boldsymbol{R}}(u,w)\geqslant\mu_{\boldsymbol{R}}(u,v)\wedge\mu_{\boldsymbol{R}}(v,w)$。

则称 $\boldsymbol{R}$ 是 U 上的一个模糊等价关系。

根据传递性定义，可以证明还可使这一条件强一些，即传递模糊关系的充要条件为

$$\mu_{\boldsymbol{R}}(u,w)>\mu_{\boldsymbol{R}}(u,v)\wedge\mu_{\boldsymbol{R}}(v,w)$$

又由合成定义，此条件可写成

$$\boldsymbol{R}\supseteq\boldsymbol{R}\circ\boldsymbol{R}=\boldsymbol{R}^2$$

等价关系还可以通过 λ 截关系来定义。

定义 2.13 设 $\boldsymbol{R}\in F(U\times U)$，$\forall u, v, w\in U$，则 $\boldsymbol{R}$ 是 U 上的模糊传递关系的充要条件是 $\boldsymbol{R}_\lambda$ 为普通传递关系，即对 $\forall\lambda\in[0,1]$，有

$$\mu_{\boldsymbol{R}}(u,v)\geqslant\lambda,\ \mu_{\boldsymbol{R}}(v,w)\geqslant\lambda\Rightarrow\mu_{\boldsymbol{R}}(u,w)\geqslant\lambda$$

定义 2.14 $\boldsymbol{R}$ 是 U 上的模糊等价关系的充要条件为 $\forall\lambda\in[0,1]$，$\boldsymbol{R}_\lambda$ 是 U 上的普通等价关系。

定义 2.15(模糊等价矩阵) 对于有限论域的情形，U 上的模糊等价关系可表示为一个 $n\times n$ 模糊矩阵 $\boldsymbol{R}=(r_{ij})_{n\times n}$，并满足：

(1) 自反性：$r_{ij}=1$(主对角线元素全为 1)或 $\boldsymbol{R}\supseteq I$。

(2) 对称性：$r_{ij}=r_{ji}$(对称矩阵)或 $\boldsymbol{R}=\boldsymbol{R}^{\mathrm{T}}$。

(3) 传递性：$r_{ij}\geqslant\bigvee\limits_{k=1}^{n}(r_{ik}\wedge r_{kj})$或 $\boldsymbol{R}\supseteq\boldsymbol{R}\circ\boldsymbol{R}$。

则称 $\boldsymbol{R}$ 是 U 上的一个模糊等价矩阵。

如果模糊关系 $\boldsymbol{R}$ 仅具有自反性和对称性，则称 $\boldsymbol{R}$ 为模糊相似关系。其隶属度 $\mu_{\boldsymbol{R}}(u, v)$ 体现了元素 u 和 v 关于 $\boldsymbol{R}$ 的相似程度。

同理在有限论域的情形，U 上的模糊相似矩阵 $\boldsymbol{R}$ 表现为一个主对角线元素为 1 的对称模糊矩阵。

2.4.2 自反、对称、传递关系的性质

性质 2.4 自反关系有如下性质：

(1) 若 $\boldsymbol{R}$ 是自反的，则 $\boldsymbol{R}^n\subseteq\boldsymbol{R}^{n+1}$，$(n\geqslant1)$。

(2) 若 $\boldsymbol{R}$ 是自反的，则 $\boldsymbol{R}^n(n\geqslant1)$也是自反的。

证明 (1) 用归纳法证明：

当 $k=1$ 时，$\forall(u, v)\in U\times U$ 有

$$\begin{aligned}\mu_{\boldsymbol{R}^2}(u, v)&=\bigvee_{w\in U}\mu_{\boldsymbol{R}}(u, w)\wedge\mu_{\boldsymbol{R}}(w, v)\\&\geqslant\mu_{\boldsymbol{R}}(u, u)\wedge\mu_{\boldsymbol{R}}(u, v)(\text{仅为上面取大式中的一项，}w=u\in U)\\&=1\wedge\mu_{\boldsymbol{R}}(u, v)\\&=\mu_{\boldsymbol{R}}(u, v)\end{aligned}$$

故有

$$\boldsymbol{R}\subseteq\boldsymbol{R}^2$$

设 $k=n$ 时，有 $\boldsymbol{R}^{n-1}\subseteq\boldsymbol{R}^n$ 成立。

则当 $k=n+1$ 时，由 2.3 节模糊关系合成运算性质(4)有

$$\boldsymbol{R}^{n-1}\circ\boldsymbol{R}\subseteq\boldsymbol{R}^n\circ\boldsymbol{R}$$

即

$$\boldsymbol{R}^n\subseteq\boldsymbol{R}^{n+1}$$

故当 $n\geqslant1$ 时有

$$\boldsymbol{R}^n\subseteq\boldsymbol{R}^{n+1}$$

(2) 由(1)知

$$\boldsymbol{R}^{n-1}\subseteq\boldsymbol{R}^n$$

$$\boldsymbol{R}^{n-2}\subseteq\boldsymbol{R}^{n-1}$$

$$\cdots\cdots$$

$$\boldsymbol{R}\subseteq\boldsymbol{R}^2$$

故

$$\boldsymbol{R}\subseteq\boldsymbol{R}^n$$

那么$\forall (u, u)\in U\times U$，有

$$\mu_{\boldsymbol{R}}(u, u)\leqslant\mu_{\boldsymbol{R}^n}(u, u)$$

因为$\mu_{\boldsymbol{R}}(u, u)=1$，故$\mu_{\boldsymbol{R}^n}(u, u)=1$。因此，$\boldsymbol{R}^n$是自反的。

性质 2.5 对称关系的性质。设$\boldsymbol{R}, \boldsymbol{S}\in F(U\times U)$，则有：

(1) 若$\boldsymbol{R}$是对称的，则$\boldsymbol{R}=\boldsymbol{R}^{\mathrm{T}}$。

(2) 若$\boldsymbol{R}$，$\boldsymbol{S}$都是对称的，则$\boldsymbol{R}\circ\boldsymbol{S}$对称$\Leftrightarrow\boldsymbol{R}\circ\boldsymbol{S}=\boldsymbol{S}\circ\boldsymbol{R}$($\boldsymbol{R}$和$\boldsymbol{S}$可交换)。

(3) 若$\boldsymbol{R}$是对称的，则$\boldsymbol{R}^n(n\geqslant 1)$是对称的。

(4) $\boldsymbol{R}\circ\boldsymbol{R}^{\mathrm{T}}$是$U$上的对称关系。

证明 (1) 由对称关系和转置关系的定义可得。

(2) 先证“$\Rightarrow$”。因为$\boldsymbol{R}\circ\boldsymbol{S}$对称，且$\boldsymbol{R}$，$\boldsymbol{S}$均对称，有

$$\begin{aligned}\boldsymbol{R}\circ\boldsymbol{S}&=(\boldsymbol{R}\circ\boldsymbol{S})^{\mathrm{T}}(\text{性质}(1))\\&=\boldsymbol{S}^{\mathrm{T}}\circ\boldsymbol{R}^{\mathrm{T}}(\text{合成关系的性质}(5))\\&=\boldsymbol{S}\circ\boldsymbol{R}\end{aligned}$$

再证“$\Leftarrow$”。因为$\boldsymbol{R}\circ\boldsymbol{S}=\boldsymbol{S}\circ\boldsymbol{R}$，故有

$$\begin{aligned}(\boldsymbol{R}\circ\boldsymbol{S})^{\mathrm{T}}&=\boldsymbol{S}^{\mathrm{T}}\circ\boldsymbol{R}^{\mathrm{T}}\\&=\boldsymbol{S}\circ\boldsymbol{R}\\&=\boldsymbol{R}\circ\boldsymbol{S}\end{aligned}$$

由性质(1)可知，$\boldsymbol{R}\circ\boldsymbol{S}$是对称的。

(3) $$\begin{aligned}(\boldsymbol{R}^n)^{\mathrm{T}}&=(\boldsymbol{R}^{\mathrm{T}})^n(\text{合成关系的性质}(5))\\&=\boldsymbol{R}^n(\text{性质}(1))\end{aligned}$$

由性质(1)可知，$\boldsymbol{R}^n$是对称的。

(4) $$\begin{aligned}(\boldsymbol{R}\circ\boldsymbol{R}^{\mathrm{T}})^{\mathrm{T}}&=(\boldsymbol{R}^{\mathrm{T}})^{\mathrm{T}}\circ\boldsymbol{R}^{\mathrm{T}}(\text{合成关系的性质}(5))\\&=\boldsymbol{R}\circ\boldsymbol{R}^{\mathrm{T}}\end{aligned}$$

由性质(1)可知，$\boldsymbol{R}\circ\boldsymbol{R}^{\mathrm{T}}$是对称的。

性质 2.6 传递关系的性质。设$\boldsymbol{R}, \boldsymbol{S}\in F(U\times U)$，则有：

(1) 若$\boldsymbol{R}$是传递的，则$\Leftrightarrow\boldsymbol{R}^2\subseteq\boldsymbol{R}$。

(2) 若$\boldsymbol{R}$是传递的，则$\boldsymbol{R}^n(n\geqslant 1)$是传递的。

(3) 若$\boldsymbol{R}$，$\boldsymbol{S}$是传递的，则$\boldsymbol{R}\cap\boldsymbol{S}$是传递的。

证明 (1) 先证“$\Rightarrow$”。设$u, v\in U$，$\forall w\in U$，令

$$\lambda_w=\mu_{\boldsymbol{R}}(u, w)\wedge\mu_{\boldsymbol{R}}(w, v)$$

则有

$$\mu_{\boldsymbol{R}}(u, w)\geqslant\lambda_w, \ \mu_{\boldsymbol{R}}(w, v)\geqslant\lambda_w$$

因为$\boldsymbol{R}$是传递的，故$\forall w\in U$有$\mu_{\boldsymbol{R}}(u, v)\geqslant\lambda_w$，于是有

$$\begin{aligned}\mu_{\boldsymbol{R}}(u, v)&\geqslant\bigvee_{w\in U}\lambda_w\\&=\bigvee_{w\in U}[\mu_{\boldsymbol{R}}(u, w)\wedge\mu_{\boldsymbol{R}}(w, v)]\\&=\mu_{\boldsymbol{R}^2}(u, v)\end{aligned}$$

由于u，v是任意的U中的元素，那么有

$$\boldsymbol{R}^2\subseteq\boldsymbol{R}$$

再证"⇐"。令 $\mu_R(u, v)\geqslant\lambda$，$\mu_R(v, w)\geqslant\lambda$，$\lambda\in[0, 1]$，$u, v, w\in U$，因为 $R^2\subseteq R$，故

$$\begin{aligned}\mu_R(u, w)\geqslant\mu_{R^2}(u, w)&=\bigvee_{t\in U}[\mu_R(u, t)\wedge\mu_R(t, w)]\\&\geqslant\mu_R(u, v)\wedge\mu_R(v, w)]\\&\geqslant\lambda\end{aligned}$$

可见 R 是传递的。

(2) 因为 R 是传递的，故 $R^2\subseteq R$，由合成运算的性质(4)，有

$$(R^2)^n\subseteq R^n$$

又

$$(R^2)^n=(R^n)^2$$

故

$$(R^n)^2\subseteq R^n$$

由性质(1)可知，R^n 是传递的。

(3) 因为 R，S 是传递的，故有

$$R^2\subseteq R,\ S^2\subseteq S$$

$$\begin{aligned}(R\cap S)^2&=(R\cap S)\circ(R\cap S)\\&\subseteq((R\cap S)\circ R)\cap((R\cap S)\circ S)\quad(\text{合成运算性质(3)})\\&\subseteq(R\circ R)\cap(S\circ R)\cap(R\circ S)\cap(S\circ S)\quad(\text{合成运算性质(3)})\\&\subseteq(R\circ R)\cap(S\circ S)\\&=R^2\cap S^2\\&\subseteq R\cap S\end{aligned}$$

由性质(1)可知，$R\cap S$ 是传递的。

例 2.9 给定有限论域上的模糊关系 R 为

$$R=\begin{bmatrix}0.2 & 1 & 0.4 & 0.4\\0 & 0.6 & 0.3 & 0\\0 & 1 & 0.3 & 0\\0.1 & 1 & 1 & 0.1\end{bmatrix}$$

$$R^2=\begin{bmatrix}0.2 & 0.6 & 0.4 & 0.2\\0 & 0.6 & 0.3 & 0\\0 & 0.6 & 0.3 & 0\\0.1 & 0 & 0.3 & 0.1\end{bmatrix}$$

不难看出，R^2 的每个元素均小于等于 R 中对应行列上的元素，因而 $R^2\subseteq R$，由性质(1)，R 是传递的。

定理 2.2 设 $R\in F(X\times X)$，则 R 是模糊等价关系 $\Leftrightarrow\forall\lambda\in[0, 1]$，$R_\lambda$ 是经典等价关系。

证明 先证"⇒"，即若 R 是模糊等价关系，$\forall\lambda[0, 1]$，证明 R_λ 是自反、对称、传递的。

自反性：$\forall x\in X$，因 R 是自反的，故 $\mu_R(x, x)=1$，$\mu_R(x, x)\geqslant\lambda$，从而 $(x, x)\in R_\lambda$，故 R_λ 是自反的。

对称性：因为 $\boldsymbol{R}$ 是对称的，$\forall(x, y)\in X\times X$，有 $\mu_{\boldsymbol{R}}(x, y)=\mu_{\boldsymbol{R}}(y, x)$，若 $(x, y)\in \boldsymbol{R}_\lambda$，即 $\mu_{\boldsymbol{R}}(x, y)\geqslant\lambda$，那么 $\mu_{\boldsymbol{R}}(y, x)\geqslant\lambda$，故 $(y, x)\in\boldsymbol{R}_\lambda$，因此 $\boldsymbol{R}_\lambda$ 是对称的。

传递性：$\forall x, y, z\in X$，若 $(x, y)\in\boldsymbol{R}_\lambda$ 且 $(y, z)\in\boldsymbol{R}_\lambda$，则 $\mu_{\boldsymbol{R}}(x, y)\geqslant\lambda$ 且 $\mu_{\boldsymbol{R}}(y, z)\geqslant\lambda$。由于 $\boldsymbol{R}$ 是传递的，因而 $\mu_{\boldsymbol{R}}(x, z)\geqslant\lambda$，即 $(x, z)\in\boldsymbol{R}_\lambda$。故 $\boldsymbol{R}_\lambda$ 是传递的。

由于 $\boldsymbol{R}_\lambda$ 自反、对称、传递，故 $\boldsymbol{R}_\lambda$ 是经典的等价关系。

再证"$\Leftarrow$"，即 $\forall\lambda\in[0, 1]$。若 $\boldsymbol{R}_\lambda$ 是经典的等价关系，验证 $\boldsymbol{R}$ 是自反、对称和传递的模糊关系。

自反性：$\forall x\in X$，因 $\boldsymbol{R}_\lambda$ 是自反的，故 $(x, x)\in\boldsymbol{R}_\lambda$，即 $\mu_{\boldsymbol{R}}(x, x)=1$，故 $\boldsymbol{R}$ 是自反的。

对称性：$\forall x, y\in X$，令 $\mu_{\boldsymbol{R}}(x, y)=\lambda$，则 $(x, y)\in\boldsymbol{R}_\lambda$，因为 $\boldsymbol{R}_\lambda$ 对称，$(y, x)\in\boldsymbol{R}_\lambda$ 即有 $\mu_{\boldsymbol{R}}(y, x)\geqslant\lambda$，即

$$\mu_{\boldsymbol{R}}(y, x)\geqslant\mu_{\boldsymbol{R}}(x, y)$$

同理又有

$$\mu_{\boldsymbol{R}}(x, y)\geqslant\mu_{\boldsymbol{R}}(y, x)$$

综上两式 $\mu_{\boldsymbol{R}}(x, y)=\mu_{\boldsymbol{R}}(y, x)$，因此 $\boldsymbol{R}$ 是对称的。

传递性：$\forall x, y, z\in X, \lambda\in[0, 1]$，若 $\mu_{\boldsymbol{R}}(x, y)\geqslant\lambda$ 且 $\mu_{\boldsymbol{R}}(y, z)\geqslant\lambda$，则 $(x, y)\in\boldsymbol{R}_\lambda$ 且 $(y, z)\in\boldsymbol{R}_\lambda$。由于 $\boldsymbol{R}_\lambda$ 是传递的，故 $(x, z)\in\boldsymbol{R}_\lambda$，因此 $\mu_{\boldsymbol{R}}(x, z)\geqslant\lambda$。由传递性的定义可知 $\boldsymbol{R}$ 是传递的。

例 2.10 设 $U=\{u_1, u_2, u_3, u_4, u_5\}$，$\boldsymbol{R}\in F(U\times U)$，有

$$\boldsymbol{R}=\begin{bmatrix} 1 & 0.48 & 0.62 & 0.41 & 0.47 \\ 0.48 & 1 & 0.48 & 0.41 & 0.47 \\ 0.62 & 0.48 & 1 & 0.41 & 0.47 \\ 0.41 & 0.41 & 0.41 & 1 & 0.41 \\ 0.47 & 0.47 & 0.47 & 0.41 & 1 \end{bmatrix}$$

由矩阵不难看出 $\boldsymbol{R}$ 是自反和对称的。经验证可知它满足 $\boldsymbol{R}^2\subseteq\boldsymbol{R}$，因此 $\boldsymbol{R}$ 又是传递的，因此 $\boldsymbol{R}$ 是等价模糊关系。

λ 从大到小依次取 λ 截关系 $\boldsymbol{R}_\lambda$，则 $\boldsymbol{R}_\lambda$ 是经典等价关系，它诱导的 U 的划分 $U/\boldsymbol{R}_\lambda$，将 U 分成一系列等价类。

当 $\lambda=1$ 时，有

$$\boldsymbol{R}_1=\begin{bmatrix} 1 & 0 & 0 & 0 & 0 \\ 0 & 1 & 0 & 0 & 0 \\ 0 & 0 & 1 & 0 & 0 \\ 0 & 0 & 0 & 1 & 0 \\ 0 & 0 & 0 & 0 & 1 \end{bmatrix}$$

可见此时仅有 $(u_i, u_i)\in\boldsymbol{R}$，$i=1, 2, \cdots, 5$。等价类是：$\boldsymbol{R}_1[u_i]=u_i$，商集是 $U/\boldsymbol{R}_1=\{\boldsymbol{R}_1[u_i]|i=1, 2, \cdots, 5\}$，$U$ 被划分为 5 类，每个元素各独自为一类：$\{u_1\}$，$\{u_2\}$，$\{u_3\}$，$\{u_4\}$，$\{u_5\}$。

实际上当 $0.62\leqslant\lambda\leqslant1$ 时，分类结果都一样。

当 $0.48<\lambda\leqslant0.62$ 时，有

$$\boldsymbol{R}_\lambda=\begin{bmatrix}1&0&1&0&0\\0&1&0&0&0\\1&0&1&0&0\\0&0&0&1&0\\0&0&0&0&1\end{bmatrix}$$

此时划分为四类：$\{u_1, u_3\}$、$\{u_2\}$、$\{u_4\}$、$\{u_5\}$。

当 $0.47<\lambda\leqslant0.48$ 时，有

$$\boldsymbol{R}_\lambda=\begin{bmatrix}1&1&1&0&0\\1&1&1&0&0\\1&1&1&0&0\\0&0&0&1&0\\0&0&0&0&1\end{bmatrix}$$

此时 U 被划分为三类：$\{u_1, u_2, u_3\}$、$\{u_4\}$、$\{u_5\}$。

当 $0.41<\lambda\leqslant0.47$ 时，有

$$\boldsymbol{R}_\lambda=\begin{bmatrix}1&1&1&0&1\\1&1&1&0&1\\1&1&1&0&1\\0&0&0&1&0\\1&1&1&0&1\end{bmatrix}$$

此时 U 被划分为两类：$\{u_1, u_2, u_3, u_5\}$、$\{u_4\}$。

当 $0\leqslant\lambda\leqslant0.41$ 时，有

$$\boldsymbol{R}_\lambda=\begin{bmatrix}1&1&1&1&1\\1&1&1&1&1\\1&1&1&1&1\\1&1&1&1&1\\1&1&1&1&1\end{bmatrix}$$

此时 U 被划分为一类：$\{u_1, u_2, u_3, u_4, u_5\}$。

模糊等价关系奠定了模糊聚类分析的理论基础。但实际应用中，得到的模糊关系不一定是等价的，为此需要对非等价的模糊关系先进行改造然后再分类，关于聚类分析问题，可请参阅本书第 8 章或其他参考书中有关聚类分析的内容。

2.4.3 传递闭包

我们常常希望利用模糊等价关系(或模糊等价矩阵)来处理问题，但实际应用中往往获得的是一个具有自反性和对称性的模糊关系(矩阵)——模糊相似关系(矩阵)，传递性则较难满足。不过我们可以对其改造，通过寻找一个包含 $\boldsymbol{R}$ 的最小传递矩阵(即传递闭包)来解决我们的问题。

定义 2.16 设 $\boldsymbol{S}$，$\boldsymbol{S}_t$，$\boldsymbol{R}\in M_{n\times n}$，$t\in \boldsymbol{T}$。

(1) 若 $\boldsymbol{S}\supseteq\boldsymbol{S}\circ\boldsymbol{S}$，则称 $\boldsymbol{S}$ 为传递矩阵。

可证，若 $\boldsymbol{S}_t$ 是模糊传递矩阵，则 $\bigcap\limits_{t\in T}\boldsymbol{S}_t$ 也是模糊传递矩阵，即存在着最小模糊传递矩阵。

(2) 包含 $\boldsymbol{R}$ 的最小模糊传递矩阵称为 $\boldsymbol{R}$ 的传递闭包，记作 $t(\boldsymbol{R})$。它满足：

① 传递性：$t(\boldsymbol{R})\supseteq t(\boldsymbol{R})\circ t(\boldsymbol{R})$。

② 包含性：$t(\boldsymbol{R})\supseteq\boldsymbol{R}$。

③ 最小性：$\boldsymbol{S}\supseteq\boldsymbol{R}$，$\boldsymbol{S}\supseteq\boldsymbol{S}\circ\boldsymbol{S}\Rightarrow\boldsymbol{S}\supseteq t(\boldsymbol{R})$。

下面的问题是如何找 $t(\boldsymbol{R})$。有

① 存在性：总存在有传递闭包，且

$$t(\boldsymbol{R})=\boldsymbol{R}\cup\boldsymbol{R}^2\cup\cdots\cup\boldsymbol{R}^m\cdots=\bigcup_{k=1}^{\infty}\boldsymbol{R}^k$$

② 有限性：即经过有限步骤即可求出结果。求传递闭包只需 n 次运算，即

$$t(\boldsymbol{R})=\bigcup_{k=1}^{n}\boldsymbol{R}^k$$

③ 若 $\boldsymbol{R}$ 又是 n 阶的模糊矩阵，则存在自然数 $k\leqslant n$，使得 $t(\boldsymbol{R})=\boldsymbol{R}^k$，且对于 $m>k$ 时恒有 $\boldsymbol{R}^m=\boldsymbol{R}^k$。

由此而得到的 $t(\boldsymbol{R})=\boldsymbol{R}^k$ 是一个模糊等价矩阵。

上面的③告诉我们：从相似矩阵出发，逐次往后计算，即

$$\boldsymbol{R}^2,\ \boldsymbol{R}^4,\ \cdots,\ \boldsymbol{R}^{2k}\cdots$$

当第一次出现 $\boldsymbol{R}^{2k}=\boldsymbol{R}^k\circ\boldsymbol{R}^k=\boldsymbol{R}^k(k=1,2,\cdots n)$时，此 $\boldsymbol{R}^k$ 便是传递闭包 $t(\boldsymbol{R})$，即是我们要寻找的一个包含 $\boldsymbol{R}$ 的最小等价矩阵。

例 2.11 求下面模糊矩阵 $\boldsymbol{R}$ 的传递闭包 $t(\boldsymbol{R})$。

$$\boldsymbol{R}=\begin{bmatrix}1&0.1&0.8&0.5&0.3\\0.1&1&0.1&0.2&0.4\\0.8&0.1&1&0.3&0.1\\0.5&0.2&0.3&1&0.6\\0.3&0.4&0.1&0.6&1\end{bmatrix}$$

解 显然 $\boldsymbol{R}$ 为模糊相似矩阵。先计算 $\boldsymbol{R}^2$。

$$\boldsymbol{R}^2=\begin{bmatrix}1&0.3&0.8&0.5&0.5\\0.3&1&0.2&0.4&0.4\\0.8&0.2&1&0.5&0.3\\0.5&0.4&0.5&1&0.6\\0.5&0.4&0.3&0.6&1\end{bmatrix}$$

此时，$\boldsymbol{R}^2\notin\boldsymbol{R}$，所以无传递性。继续计算，有

$$\boldsymbol{R}^4=\begin{bmatrix}1&0.4&0.8&0.5&0.5\\0.4&1&0.4&0.4&0.4\\0.8&0.4&1&0.5&0.5\\0.5&0.4&0.5&1&0.6\\0.5&0.4&0.5&0.6&1\end{bmatrix}$$

$$R^8=\begin{bmatrix}1 & 0.4 & 0.8 & 0.5 & 0.5\\0.4 & 1 & 0.4 & 0.4 & 0.4\\0.8 & 0.4 & 1 & 0.5 & 0.5\\0.5 & 0.4 & 0.5 & 1 & 0.6\\0.5 & 0.4 & 0.5 & 0.6 & 1\end{bmatrix}$$

由于 $\boldsymbol{R}^4=\boldsymbol{R}^8$，得 $t(\boldsymbol{R})=\boldsymbol{R}^4$。

习　题

1. 思考：同一论域上建立的模糊关系能否进行交、并等运算？

2. 设 $\boldsymbol{R}$，$\boldsymbol{S}\in F(U\times V)$，$\boldsymbol{T}\in F(V\times W)$，有

$$\boldsymbol{R}=\begin{bmatrix}0.2 & 0.8 & 0.5\\0.7 & 0.3 & 0.1\\0.6 & 0.8 & 1.0\end{bmatrix},\ \boldsymbol{S}=\begin{bmatrix}0.1 & 0.7 & 0.3\\0.5 & 0.2 & 0.1\\0.4 & 0.6 & 0.9\end{bmatrix},\ \boldsymbol{T}=\begin{bmatrix}0.5 & 0.3 & 0.1\\0.3 & 0.4 & 0.8\\0.1 & 0.6 & 0.1\end{bmatrix}$$

计算：

(1) $\boldsymbol{R}\cup\boldsymbol{S}$、$\boldsymbol{R}\cap\boldsymbol{S}$、$\overline{\boldsymbol{R}}$、$\overline{\boldsymbol{T}}$。

(2) $\boldsymbol{R}^{\mathrm{T}}$、$\boldsymbol{S}^{\mathrm{T}}$；比较 $\boldsymbol{R}^{\mathrm{T}}\supseteq\boldsymbol{S}^{\mathrm{T}}$ 和 $\boldsymbol{R}\subseteq\boldsymbol{S}$ 是否成立？

(3) $\boldsymbol{R}_{0.5}$、$\boldsymbol{S}_{0.2}$、$\boldsymbol{T}_{0.58}$。

(4) $\boldsymbol{R}\circ\boldsymbol{S}$、$\boldsymbol{R}^2$、$\boldsymbol{R}^3$、$\boldsymbol{R}^8$。

3. 计算以下 $\boldsymbol{R}$ 的传递闭包 $t(\boldsymbol{R})$。

$$\boldsymbol{R}=\begin{bmatrix}1.0 & 0.3 & 0.5 & 0.9\\0.3 & 1.0 & 0.6 & 0.2\\0.5 & 0.6 & 1.0 & 0.4\\0.9 & 0.2 & 0.4 & 1.0\end{bmatrix}$$

第3章 模糊相似性

一个模糊概念可以用模糊集合来表示，其隶属函数是对模糊子集模糊性的定量描述。为进一步度量模糊子集的模糊性，引入了模糊度的概念。本章重点介绍模糊概念的模糊性度量方法及模糊概念之间的相似性度量方法，主要包括模糊熵、海明距离、贴近度及包含度等。这些重要概念与方法在模糊综合评价、模糊聚类分析、模糊模式识别、模糊故障诊断、模糊函数逼近中有着广泛的应用。

3.1 模 糊 熵

一个模糊集合 A 的模糊程度，可以通过其隶属函数加以定量描述。1972 年，法国学者德拉卡(Delaca)提出了论域上任意模糊子集 A 的模糊性用模糊度 $D(A)$ 加以度量。

模糊度的概念用于描述一个模糊子集模糊性的大小，即论域中的元素属于该论域上的某一模糊集合的程度的一个总体的描述。

定义 3.1 论域 X 上的一个模糊集 A 的模糊度 $D(A)\in[0, 1]$是指，对于 $\forall\ x\in X$，有

(1) 当且仅当 $A(x)=0$ 或 1 时，即 A 退化为经典集时 $D(A)=0$，模糊度最小。

(2) 当 $A(x)=0.5$ 时，$D(A)=1$，模糊度最大。

(3) 对于 X 上的两个模糊集 A_1 和 A_2，若

$$A_1(x)\geqslant A_2(x)\geqslant 0.5$$

或

$$A_1(x)\leqslant A_2(x)\leqslant 0.5$$

则有

$$D(A_1)\leqslant D(A_2)$$

(4) 对任意 $A\in F(X)$，$D(A)=D(\overline{A})$。

由定义 3.1 可见，一个经典集合，其模糊度为 0，它是不模糊的，因为元素的隶属度或为 0 或为 1。当隶属度为 0.5 时，模糊度最大，隶属度越靠近 0.5，模糊度越大。对于模糊集 A 的补集 $\overline{A}$，因为 $\overline{A}(x)=1-A(x)$，$\overline{A}(x)$与 $A(x)$靠近 0.5 的程度相同，因此 $\overline{A}$ 与 A 的模糊度相同。

定义 3.1 给出了模糊度定义的条件，满足这些条件的具体的度量规则均可作为模糊度，模糊熵就是其中一种。

模糊熵是把热力学中熵的概念引入到模糊数学中。在热力学中为了描述分子运动的不规则性，引入了熵的概念，现用它来描述模糊集的模糊程度。

定义 3.2 设 A 为论域 $X=\{x_1, x_2, \cdots, x_n\}$上的模糊集，记

$$H(A)=\frac{1}{n\ln 2}\sum_{i=1}^{n}S(A(x_i))$$

$H(A)$称为 A 的模糊熵。其中，函数 $S(\mu)=-\mu\ln\mu-(1-\mu)\ln(1-\mu)$。

可以验证 $H(A)$满足定义 3.1 给出的模糊度的条件，因此可以取 $H(A)$为一种模糊度，即

$$D(A)=H(A)$$

例 3.1 设 A 和 B 均为 $U=\{u_1, u_2, u_3\}$上的模糊子集，$A=0.2/u_1+0.6/u_2+0.1/u_3$，$B=0.6/u_1+0.3/u_2+0.8/u_3$，求 $D(A)$和 $D(B)$。

解 取 $D(A)=H(A)$

$$D(A)=\frac{1}{3\ln 2}\sum_{i=1}^{3}S(A(u_i))=0.72$$

$$D(B)=\frac{1}{3\ln 2}\sum_{i=1}^{3}S(B(u_i))=0.86$$

可见 $D(B)>D(A)$，也就是说，B 比 A 模糊性更大。

当论域 X 为连续域的情况时，模糊熵定义如下。

定义 3.3 若论域 X 为有界可测的连续域，则 X 上的模糊集 A 的模糊熵可定义为

$$H(A)=\frac{1}{m(X)\ln 2}\int_X S(A(x))\mathrm{d}x$$

其中，$m(X)=\int_X \mathrm{d}x$，特别是当 $X=[a, b]$时，有

$$H(A)=\frac{1}{(b-a)\ln 2}\int_a^b S(A(x))\mathrm{d}x$$

Yager 注意到模糊集合与经典集合的一个非常大的区别是 A 和它的补集 $\overline{A}$ 不是绝对可分离的。因此，他认为模糊性的测度都与 A 与 $\overline{A}$ 之间的差别程度密切相关，作为 A 与 $\overline{A}$ 之间的距离，他提出如下公式，即

$$d_p(A, \overline{A})=\left(\sum_{i=1}^{n}|A(x_i)-\overline{A}(x_i)|^p\right)^{1/p}$$

$$=\left(\sum_{i=1}^{n}|2A(x_i)-1|^p\right)^{1/p}, \quad p=1, 2, 3, \cdots$$

据此，Yager 提出了一种模糊度，即

$$D_P(A)=1-\frac{1}{n^{1/p}}d_p(A, \overline{A}) \tag{3.1}$$

可以验证式(3.1)满足定义 3.1 所给出的条件。

例 3.2 仍以例 3.1 给出的 A 和 B，用 Yager 给出的公式(3.1)求模糊度。

解

$d_1(A, \overline{A})=1.6$，　$D_1(A)=0.47$

$d_1(B, \overline{B})=1.2$，　$D_1(B)=0.6$

$d_2(A, \overline{A})=1.02$，　$D_2(A)=0.41$

$d_2(B, \overline{B})=0.75$，　$D_2(B)=0.57$

可见，不论是 $P=1$ 或 $P=2$，均是 B 比 A 模糊性更大，与模糊熵的结论一致。

3.2 模糊集的距离度量

在模糊数学实际应用中，有时需要比较两个模糊集合之间的差异或相近程度，例如模糊数学在模糊识别中的应用。以计算机手写文字识别为例，若将一个标准方块字分解成为许多小格子，而这些小格子构成一个标准字模集合，所有标准字模集合组成了论域 X。将用手写的一个文字看成为该论域中的一个模糊集合，则手写文字识别问题便成为：此模糊集合与哪个标准字模集合最接近？这个问题需要涉及模糊集之间的距离概念。

度量模糊集合的关系密切程度可以用两者之间的距离来描述，即距离越大，关系越稀疏；而距离越小，关系越密切。

若 $X=\{x_1, x_2, \cdots, x_n\}$，$A\in F(X)$，则

$$A=(A(x_1), A(x_2), \cdots, A(x_n))$$

这时$(A(x_1), A(x_2), \cdots, A(x_n))$可解释为 n 维欧氏空间中的点，因此可仿照欧氏空间中距离来定义模糊集之间的距离。

当 $X=[a, b]$时 $A(x)$可解释为$[a, b]$上的有界函数，从而可使借鉴函数空间中距离的概念。

3.2.1 海明距离

在直线上，两点的靠近度是用距离来度量的。设 a、b、c 为直线域中任意三点，则距离可定义为：

(1) $d(a, b)=0\Leftrightarrow a=b$。

(2) $d(a, b)=d(b, a)$。

(3) $d(a, b)\leqslant d(a, c)+d(c, b)$。

将这一线性距离概念用于模糊子集间模糊性的度量，则有如下定义。

定义 3.4 设 $A, B\in F(U)$，U 为有限域，A 和 B 之间近似程度即海明距离为

$$d(A, B)=\sum_{i=1}^{n}|\mu_A(u_i)-\mu_B(u_i)|$$

此距离亦称为绝对海明距离，而称下式为相对海明距离，即

$$\delta(A, B)=\frac{1}{n}d(A, B)=\frac{1}{n}\sum_{i=1}^{n}|\mu_A(u_i)-\mu_B(u_i)|$$

特别地，当论域为实数域且 μ_A 和 μ_B 在下面区域连续，则

(1) 对于闭区间$[l_1, l_2]$，有

$$d(A, B)=\int_{l_1}^{l_2}|\mu_A(u)-\mu_B(u)|\,\mathrm{d}u$$

$$\delta(A, B)=\frac{1}{l_2-l_1}d(A, B)$$

(2) 对于整个实数域 $\mathbf{R}$，有

$$d(A, B)=\int_{-\infty}^{\infty}|\mu_A(u)-\mu_B(u)|\,\mathrm{d}u$$

$$d(A, B)=\frac{1}{b-a}\int_{a}^{b}|\mu_A(u)-\mu_B(u)|\,\mathrm{d}u$$

可以看出，对于隶属函数是连续的两个模糊集，它们的绝对海明距离的几何意义是两隶属函数之间的面积。

例 3.3 设 $A, B\in F(U)$，$U=\{u_1, u_2, u_3, u_4\}$，且

$$A=\frac{0.1}{u_1}+\frac{0.3}{u_2}+\frac{0.7}{u_3}+\frac{0.3}{u_4}$$

$$B=\frac{0.7}{u_1}+\frac{0.2}{u_2}+\frac{0.4}{u_3}+\frac{0.9}{u_4}$$

求海明距离 $d(A, B)$及相对海明距离 $\delta(A, B)$。

解 由题意得

$$\begin{aligned} d(A, B) &= \sum_{i=1}^{4} \mid \mu_A(u_i)-\mu_B(u_i) \mid \\ &= |0.1-0.7|+|0.3-0.2|+|0.7-0.4|+|0.3-0.9| \\ &= 0.6+0.1+0.3+0.6=1.6 \end{aligned}$$

$$\delta(A, B)=\frac{1}{4}d(A, B)=\frac{1}{4}\times 1.6=0.4$$

3.2.2 加权海明距离

定义 3.5 设 $A, B\in F(U)$，且 U 为有限域，A 和 B 之间的加权海明距离 $d_w(A, B)$为

$$d_w(A, B)=\sum_{i=1}^{n} w(u_i)\,|\mu_A(u_i)-\mu_B(u_i)|$$

A 和 B 之间的相对加权海明距离 $\delta_w(A, B)$为

$$\delta_w(A, B)=\frac{1}{n}d_w(A, B)$$

其中，$w(u_1)$，$(i=1, 2, \cdots, n)$是加于 u_i 上的权数并满足归一化条件，则

$$\frac{1}{n}\sum_{i=1}^{n} w(u_i)=1$$

特别地，当论域为实数域时对于闭区间$[l_1, l_2]$，有

$$d_w(A, B)=\int_{l_1}^{l_2} w(u)\,|\mu_A(u)-\mu_B(u)|\,\mathrm{d}u$$

$$\begin{aligned} \delta_w(A, B) &= \frac{1}{l_2-l_1}\int_{l_1}^{l_2} w(u)\,|\mu_A(u)-\mu_B(u)|\,\mathrm{d}u \\ &= \frac{1}{l_2-l_1}d_w(A, B) \end{aligned}$$

其中，权函数 $w(u)$由实际情况决定，并且同 μ_A，μ_B 一样要在区间$[l_1, l_2]$上连续，归一化条件为

$$\frac{1}{l_2-l_1}\int_{l_1}^{l_2} w(u)\,\mathrm{d}u=1$$

例 3.4 欲将在 A 地生长良好的某农作物移植到 B 地或 C 地，判断 B、C 两地哪里最适宜？

适当的气温、湿度、土壤是农作物生长的必要条件。因而 A、B、C 三地的情况可以表示为论域 $X=\{x_1$(气温)，x_2(湿度)，x_3(土壤)$\}$上的模糊集。

经测定

$$A=\{(x_1, 0.8), (x_2, 0.4), (x_3, 0.6)\}$$
$$B=\{(x_1, 0.9), (x_2, 0.5), (x_3, 0.3)\}$$
$$C=\{(x_1, 0.6), (x_2, 0.6), (x_3, 0.5)\}$$

设加权系数为 $w=(0.5, 0.23, 0.27)$，计算 A 与 B，A 与 C 的加权海明距离为

$$\begin{aligned} d_w(A, B) &= 0.5\times|0.8-0.9| + 0.23\times|0.4-0.5| + 0.27\times|0.6-0.3| \\ &= 0.154 \end{aligned}$$

$$\begin{aligned} d_w(A, C) &= 0.5\times|0.8-0.6| + 0.23\times|0.4-0.6| + 0.27\times|0.6-0.5| \\ &= 0.173 \end{aligned}$$

由于 $d_w(A, B)<d_w(A, C)$，说明 A 和 B 两地环境比较相近，该农作物宜于移植到 B 地。

3.2.3 欧几里得距离

定义 3.6 设 $A, B\in F(U)$，且 U 为有限域，A 和 B 之间的绝对欧式距离 $e(A, B)$ 为

$$e(A, B)=\sqrt{\sum_{i=1}^{n}[\mu_A(u_i)-\mu_B(u_i)]^2}$$

A 和 B 之间的绝对欧式距离 $\varepsilon(A, B)$ 为

$$\varepsilon(A, B)=\frac{1}{\sqrt{n}}e(A, B)$$

当论域为实数域时，有：

(1) 对于闭区间 $[l_1, l_2]$，有

$$e(A, B)=\sqrt{\int_{l_1}^{l_2}[\mu_A(u)-\mu_B(u)]^2\mathrm{d}u}$$

$$\varepsilon(A, B)=\frac{1}{\sqrt{l_2-l_1}}\sqrt{\int_{l_1}^{l_2}[\mu_A(u)-\mu_B(u)]^2\mathrm{d}u}$$

(2) 对于 $\mathbf{R}$，有

$$e(A, B)=\sqrt{\int_{-\infty}^{\infty}[\mu_A(u)-\mu_B(u)]^2\mathrm{d}u}$$

其中，μ_A 和 μ_B 在所述论域连续。

3.2.4 Minkowski 距离

设 $U=\{x_1, x_2, \cdots, x_n\}$ 或 $U=[a, b]$，$A, B\in F(U)$，p 为正实数，则称如下定义的 $d_M(A, B)$ 为模糊集 A 和 B 之间的绝对闵可夫斯基(Minkowski)距离，即

$$d_M(A, B) = \left(\sum_{i=1}^{n} |A(x_i) - B(x_i)|^p\right)^{\frac{1}{p}}$$

$$d_M(A, B) = \left(\int_a^b |A(x_i) - B(x_i)|^p\mathrm{d}x\right)^{\frac{1}{p}}$$

特别地，当 $p=1$ 时，$d_M(A, B)$ 成为模糊集 A 和 B 之间的绝对海明(Hamming)距离；当 $p=2$ 时，$d_M(A, B)$ 成为模糊集 A 和 B 之间的欧几里德(Euclid)距离。

3.3 模糊集的贴近度度量

我国学者汪培庄等人引入贴近度概念，用以表示两个模糊集的接近程度。

定义 3.7 若映射 σ：$F(X)\times F(X)\to[0,1]$满足以下条件($\forall A,B,C\in F(X)$)：

(1) $\sigma(A,A)=1$。

(2) $\sigma(A,B)=\sigma(B,A)$。

(3) $A\subseteq B\subseteq C\Rightarrow\sigma(A,C)\leqslant\sigma(A,B)\wedge\sigma(B,C)$。

则称 σ 为 $F(X)$上的贴近度函数，$\sigma(A,B)$为 A 与 B 的"贴近度"。

条件(3)描述了两个较"接近"的模糊集合的贴近度也较大。

满足上述定义的映射 σ 有很多种，所以模糊集合贴近度的具体形式也不唯一，下面介绍几种常用的贴近度的具体定义。

3.3.1 内外积法

定义 3.8 设 $A,B\in F(U)$，称下面两种运算分别为 A 和 B 的内积和外积。

(1) 内积：$A\bullet B=\bigvee_{u\in U}(\mu_A(u)\wedge\mu_B(u))$。

(2) 外积：$A\otimes B=\bigwedge_{u\in U}(\mu_A(u)\vee\mu_B(u))$。

运算性质：

(1) $(\overline{A\bullet B})=\overline{A}\bullet\overline{B}$，$(\overline{A\otimes B})=\overline{A}\otimes\overline{B}$。

(2) $(A\cup B)\bullet C=(A\bullet C)\vee(B\bullet C)$，

$(A\cap B)\otimes C=(A\otimes C)\wedge(B\otimes C)$。

(3) $A\bullet\overline{A}\leqslant\frac{1}{2}$，$A\otimes\overline{A}\geqslant\frac{1}{2}$。

(4) $A\subseteq B\Rightarrow A\bullet C\leqslant B\bullet C$，$A\otimes C\leqslant B\otimes C$。

(5) $\lambda\in[0,1]$，$(\lambda A)\bullet B=\lambda\wedge(A\bullet B)=A\bullet(\lambda B)$。

以上性质还可推广。

例 3.5 设 $U=\{u_1,u_2,u_3,u_4,u_5\}$，模糊集 A 和 B 定义如下

$$A=0.1/u_1+0.2/u_2+0.5/u_3+0.8/u_4+1/u_5$$

$$B=0.3/u_1+0.4/u_2+0.7/u_3+0.9/u_4+0.6/u_5$$

则

$$A\bullet B=(0.1\wedge0.3)\vee(0.2\wedge0.4)\vee(0.5\wedge0.7)\vee(0.8\wedge0.9)\vee(1\wedge0.6)=0.8$$

$$A\otimes B=(0.1\vee0.3)\wedge(0.2\vee0.4)\wedge(0.5\vee0.7)\wedge(0.8\vee0.9)\wedge(1\vee0.6)=0.3$$

可见 A 和 B 越相近，则 $A\bullet B$ 越大，而 $A\otimes B$ 越小($A\otimes\overline{B}$ 越大)，但其值都属于$[0,1]$。故有以下定义。

定义 3.9 设 $A,B\in F(U)$，则 A 和 B 之间的贴近度为

$$n(A,B)=\frac{1}{2}[A\bullet B+(\overline{A\otimes B})]$$

$$=\frac{1}{2}[A\bullet B+(1-A\otimes B)]$$

这是一个$[0,1]$的数。

例 3.6 上例中 A 和 B 的贴近度为

$$n(A, B)=\frac{1}{2}[0.8+(1-0.3)]=0.75$$

表明 A 与 B 比较贴近。

定义 3.10 设 A，$B\in F(U)$，则 A 与 B 之间的格贴近度为

$$\begin{aligned} n(A, B) &= A \bullet B \wedge (\overline{A \otimes B}) \\ &= A \bullet B \wedge (1 - A \otimes B) \end{aligned}$$

采用格贴近度方法可再次求出例 3.5 中 A 和 B 的格贴近度为

$$n(A, B)=0.8\wedge(1-0.3)=0.7$$

结果与例 3.6 求出的贴近程度基本一致。

3.3.2 距离法

由前节可知，两模糊子集间距离数值越小则越接近，这恰恰与贴近度相反。

定义 3.11 设 U 为有限论域，A，$B\in F(U)$，称

$$n(A, B)=1-c\,[D(A, B)]^{\alpha}$$

为 A 与 B 的贴近度。

其中，c 和 α 为适当选择的参数，$D(A, B)$ 为 A 与 B 的距离。若为闵科夫斯基距离，且取 $\alpha=p$，有

$$\begin{aligned} n(A, B) &= 1-c\,[m(A, B)]^{\alpha} \\ &= 1-c\left[\sum_{i=1}^{n} |\mu_A(u_i)-\mu_B(u_i)|^{p}\right] \end{aligned}$$

或

$$n(A, B)= 1-c\left[\int_{l_1}^{l_2} |\mu_A(u)-\mu_B(u)|^{p}\mathrm{d}u\right]$$

其中，$[l_1, l_2]\subset\mathbf{R}$(实数)。

进一步取 $c=\frac{1}{n}$或$\frac{1}{l_2-l_1}$，有

$$n(A, B) = 1-\frac{1}{n}\left[\sum_{i=1}^{n} |\mu_A(u_i)-\mu_B(u_i)|^{p}\right]$$

或

$$n(A, B) = 1-\frac{1}{l_2-l_1}\left[\int_{l_1}^{l_2} |\mu_A(u_i)-\mu_B(u_i)|^{p}\mathrm{d}u\right]$$

根据需要可得基于海明距离的贴近度($p=1$)和欧氏距离贴近度($p=2$)。

3.3.3 其他方法

1. 最大最小法

定义 3.12 设 U 为有限域，A，$B\in F(U)$，称

$$n(A, B) = \frac{\sum_{i=1}^{n}[\mu_A(u_i) \wedge \mu_B(u_i)]}{\sum_{i=1}^{n}[\mu_A(u_i) \vee \mu_B(u_i)]}$$

为 A 和 B 之间的贴近度(最大最小贴近度)。

特别地，对于论域$[l_1, l_2]\subset \mathbf{R}$(实数)，有

$$n(A, B)=\frac{\int_{l_1}^{l_2}[\mu_A(x)\wedge\mu_B(x)]\mathrm{d}x}{\int_{l_1}^{l_2}[\mu_A(x)\vee\mu_B(x)]\mathrm{d}x}$$

2. 代数和最小法(最小平均法)

定义 3.13 设有限论域 U，A，$B\in F(U)$，称

$$n(A, B)=\frac{2\sum_{i=1}^{n}[\mu_A(u_i)\wedge\mu_B(u_i)]}{\sum_{i=1}^{n}[\mu_A(u_i)+\mu_B(u_i)]}$$

为 A 和 B 之间的贴近度(最小平均贴近度)。

特别地，对于论域$[l_1, l_2]\subset \mathbf{R}$ (实数)，有

$$n(A, B)=\frac{2\int_{l_1}^{l_2}[\mu_A(x)\wedge\mu_B(x)]\mathrm{d}x}{\int_{l_1}^{l_2}[\mu_A(x)+\mu_B(x)]\mathrm{d}x}$$

综上，不同的贴近度形式各有其优点和缺点，在实际应用中应视具体情况合理选择。一般而言，若隶属函数为连续函数，并且满足格贴近度条件时，采用格贴近度在计算上较简单。

3.4 模糊集的包含度

3.4.1 包含度

在利用模糊集理论处理实际问题时，模糊集的包含关系过于苛刻，一般可以用模糊包含度加以代替。设 U 是有限非空论域，$P(U)$表示论域 U 上的经典子集的全体。模糊包含度，即 $F(U)$上的包含度，其定义如下。

定义 3.14(包含度) $\forall A$，B，$C\in F(U)$，称 D 是$F(U)$上的包含度，若满足以下条件：

(1) $0\leqslant D(B/A)\leqslant 1$。

(2) $A\subseteq B\Rightarrow D(B/A)=1$。

(3) $A\subseteq B\subseteq C\Rightarrow D(A/C)\leqslant D(A/B)$。

在定义 3.14 中，若 D 满足(1)与(3)，且满足对于 $\forall A$，$B\in F(U)\cap P(U)$，即对于 $FS(U)$中的经典集合 A 与 B，$A\subseteq B\Rightarrow D(B/A)=1$，则称 D 是 $F(U)$上的弱包含度。

在定义 3.14 中，若 D 满足(1)、(2)、(3)，且满足 $A\subseteq B\Rightarrow D(A/C)\leqslant D(B/C)$，则称 D 是 $F(U)$上的强包含度。

常见的模糊集包含度公式：

(1) $N(B/A)=\inf\limits_{x\in U}\{\mu_{A^C}(x)\vee\mu_B(x)\}$。

(2) $\Pi(B/A)=\sup\limits_{x\in U}\{\mu_A(x)\wedge\mu_B(x)\}$。

(3) $M(B/A)=\dfrac{\sum\limits_{x\in U}\mu_A(x)\wedge\mu_B(x)}{\sum\limits_{x\in U}\mu_A(x)}$。

(4) $S(B/A)=\inf\limits_{x\in U}\{\mu_{A^c}(x)+\mu_B(x)-\mu_{A^c}(x)*\mu_B(x)\}$。

(5) $T(B/A)=\inf\limits_{x\in U}\{(\mu_{A^c}(x)+\mu_B(x))\wedge 1\}$。

(6) $V(B/A)=\inf\limits_{x\in U}\left\{\dfrac{\mu_B(x)}{\mu_{A^c}(x)}\wedge 1\right\}$。

3.4.2 基于包含度的相似度

定义 3.15(相似度) $\forall A, B, C\in F(U)$，有数 $S(A, B)$对应，且满足条件：

(1) $0\leqslant S(A, B)\leqslant 1$，$S(A, A)=1$。

(2) $S(A, B)=S(B, A)$。

(3) $A\subseteq B\subseteq C\Rightarrow S(A, C)\leqslant S(A, B)$。

称 S 为 $F(U)$上的相似度，若修改(1)为

(1′) $0\leqslant S(A, B)\leqslant 1$，$S(A, A)=1(A\in P(U)\cap F(U))$

称 S 为 $F(U)$上的弱相似度，若修改(3)为

(3′) $A\subseteq B\subseteq C\Rightarrow S(A, C)\leqslant S(A, B)\wedge S(B, C)$

称 S 为 $F(U)$上的强相似度。

定理 3.1 设 D 是 $F(U)$上的包含度，T 为三角模，则

$$S_1(A, B)=T(D(B, A), D(A, B))$$

$$S_2(A, B)=D((A\cap B)/D(A\cup B))$$

为 $F(U)$上的相似度。若 D 是弱包含度，则 S_1 及 S_2 为弱相似度；若 D 是强包含度，则 S_1 及 S_2 为强相似度。

证明过程省略。

由常见的模糊集包含度公式，假设三角模 T 选择 min，即 $\wedge$，可以得到六对模糊集相似度计算公式：

(1) $S_{N1}(A, B)=\wedge\left(\inf\limits_{x\in U}\{\mu_{A^C\cup B}(x)\}, \inf\limits_{x\in U}\{\mu_{B^C\cup A}(x)\}\right)$；

$S_{N2}(A, B)=\inf\limits_{x\in U}\{\mu_{(A\cup B)^C}(x)\vee\mu_{A\cap B}(x)\}$。

(2) $S_{\Pi1}(A, B)=\wedge\left(\sup\limits_{x\in U}\{\mu_B(x)\wedge\mu_A(x)\}, \sup\limits_{x\in U}\{\mu_A(x)\wedge\mu_B(x)\}\right)=\sup\limits_{x\in U}\{\mu_{A\cap B}(x)\}$；

$S_{\Pi2}(A, B)=\sup\limits_{x\in U}\{\mu_{A\cup B}(x)\wedge\mu_{A\cap B}(x)\}=\sup\limits_{x\in U}\{\mu_{A\cap B}(x)\}=S_{\Pi1}(A, B)$。

(3) $S_{M1}(A, B)=\wedge\left(\dfrac{\sum\limits_{x\in U}(\mu_A(x)\wedge\mu_B(x))}{\sum\limits_{x\in U}\mu_A(x)}, \dfrac{\sum\limits_{x\in U}(\mu_B(x)\wedge\mu_A(x))}{\sum\limits_{x\in U}\mu_B(x)}\right)=\dfrac{\sum\limits_{x\in U}\mu_{A\cap B}(x)}{\sum\limits_{x\in U}\mu_A(x)\vee\sum\limits_{x\in U}\mu_B(x)}$；

$S_{M2}(A, B)=\dfrac{\sum\limits_{x\in U}(\mu_{A\cup B}(x)\wedge\mu_{A\cap B}(x))}{\sum\limits_{x\in U}\mu_{A\cup B}(x)}=\dfrac{\sum\limits_{x\in U}\mu_{A\cap B}(x)}{\sum\limits_{x\in U}\mu_{A\cup B}(x)}$。

(4) $S_{S1}(A, B)=\wedge\begin{Bmatrix}\inf\limits_{x\in U}\{\mu_{A^c}(x)+\mu_B(x)-\mu_{A^c}(x)*\mu_B(x)\}\\ \inf\limits_{x\in U}\{\mu_{B^c}(x)+\mu_A(x)-\mu_{B^c}(x)*\mu_A(x)\}\end{Bmatrix}$；

$S_{S2}(A, B)=\inf\limits_{x\in U}\{\mu_{(A\cup B)^c}(x)+\mu_{A\cap B}(x)-\mu_{A\cup B)^c}(x)*\mu_{A\cap B}(x)\}$。

(5) $S_{T1}(A, B)=\wedge(\inf\limits_{x\in U}\{(\mu_{A^c}(x)+\mu_B(x))\wedge 1\}, \inf\limits_{x\in U}\{(\mu_{B^c}(x)+\mu_A(x))\wedge 1\})$；

$S_{T2}(A, B)=\inf\limits_{x\in U}\{(\mu_{(A\cup B)^c}(x)+\mu_{A\cap B}(x))\wedge 1\}$。

(6) $S_{V1}(A, B)=\wedge\left(\inf\limits_{x\in U}\left\{(\frac{\mu_B(x)}{\mu_{A^c}(x)}\wedge 1\right\}, \inf\limits_{x\in U}\left\{(\frac{\mu_A(x)}{\mu_{B^c}(x)}\wedge 1\right\}\right)$；

$S_{V2}(A, B)=\inf\limits_{x\in U}\left\{\frac{\mu_{A\cap B}(x)}{\mu_{(A\cup B)^c}(x)}\wedge 1\right\}$。

例 3.7 模糊集 A 和 B 的隶属度如表 3.1 所示，计算 A 和 B 的相似度。

表 3.1 模糊集 A 和 B 的隶属度

对象	x_1	x_2	x_3	x_4	x_5	x_6	x_7	x_8	x_9	x_{10}	x_{11}	x_{12}
A 隶属度	0.1	0.5	0.3	0.2	0.1	0.6	0	0	0.87	1	0.8	0.5
B 隶属度	0.3	0.4	0.1	0.5	0.9	0.8	0	0.1	0.4	0.6	0.6	0.4

(1) 利用公式 S_{N1} 来计算，可以得到

$$S_{N1}(A, B)=\wedge\left(\inf_{x\in U}\{\mu_{A^C\cup B}(x)\}, \inf_{x\in U}\{\mu_{B^C\cup A}(x)\}\right)=\wedge(0.4, 0.1)=0.1$$

(2) 利用公式 S_{N2} 来计算，可以得到

$$S_{N2}(A, B)=\sup_{x\in U}\{\mu_{A\cap B}(x)\}=0.6$$

(3) 利用公式 S_{M1} 来计算，可以得到

$$S_{M1}(A, B)=\frac{\sum\limits_{x\in U}\mu_{A\cap B}(x)}{\sum\limits_{x\in U}\mu_A(x)\vee\sum\limits_{x\in U}\mu_B(x)}=\frac{3.5}{5.1}=0.6863$$

(4) 利用公式 S_{M2} 来计算，可以得到

$$S_{M2}(A, B)=\frac{\sum\limits_{x\in U}\mu_{A\cap B}(x)}{\sum\limits_{x\in U}\mu_{A\cup B}(x)}=\frac{3.5}{6.57}=0.5327$$

可以看出，不同的相似度计算公式，得出的结果差异也比较大。实质上，S_{N1} 是一种较悲观的相似程度，S_{N2}、S_{M1} 是一种较乐观的相似程度，S_{M2} 则较为中立。

习　题

1. 设论域 $U=\{u_1, u_2, u_3, u_4, u_5\}$，且

$$A=0.4/u_1+0.5/u_2+0.3/u_3+0.9/u_4+0.9/u_5$$

$$B=0.8/u_1+0.7/u_2+1.0/u_3+0.9/u_4+0.9/u_5$$

分别求模糊子集 A 和 B 的模糊熵 $H(A)$和 $H(B)$。

2. 设论域 $U=\{u_1, u_2, u_3\}$，且

$$A=0.9/u_1+0.6/u_2+0.7/u_3$$
$$B=0.6/u_1+0.4/u_2+0.6/u_3$$
$$C=0.8/u_1+0.5/u_2+0.5/u_3$$
$$D=0.5/u_1+0.5/u_2+0.6/u_3$$

选择权数 $W=\{1.6, 0.7, 0.7\}$，满足归一化条件 $\frac{1}{n}\sum_{i=1}^{n} w(u_i)=1$。

试用加权海明距离法比较模糊子集 A 同其他几个模糊子集的相似程度。

3. 设论域 $\mathbf{R}=[0, 3]$，且有

$$A(x)=\begin{cases} x, & 0\leqslant x\leqslant 1 \\ 2-x, & 1< x\leqslant 2 \end{cases}$$

$$B(x)=\begin{cases} x-1, & 1\leqslant x\leqslant 2 \\ 3-x, & 2< x\leqslant 3 \end{cases}$$

试用格贴近度公式求 $n(A, B)$。

4. 设论域 $U=\{u_1, u_2, u_3, u_4, u_5, u_6\}$，模糊集 A 和 B 定义如下

$$A=0.6/u_1+0.8/u_2+1/u_3+0.8/u_4+0.6/u_5+0.2/u_6$$
$$B=0.4/u_1+0.6/u_2+0.5/u_3+1/u_4+0.8/u_5+0.3/u_6$$

试分别应用海明贴近度和格贴近度公式计算 $n(A, B)$。

5. 设论域 $U=\{u_1, u_2, u_3, u_4, u_5, u_6\}$，且有

$$A=0.3/u_1+0.5/u_2+0.7/u_3+0.9/u_4+0.6/u_5$$
$$B=0.4/u_1+0.7/u_2+1.0/u_3+0.8/u_4+0.3/u_5$$
$$C=0.3/u_1+0.9/u_2+0.7/u_3+0.5/u_4+0.3/u_5$$

试计算三个模糊子集之间的距离，说明它们之间的相似性。

6. 使用上题中的数据，计算三个模糊子集之间的包含度，并利用公式 S_{N1}、S_{N2} 来计算它们之间的相似度。

第 4 章　模糊综合评判

本章在模糊关系的基础上，介绍模糊变换和模糊映射，并给出模糊综合评判模型及其求解方法。模糊综合评判也称为模糊综合决策，是一种运用模糊数学原理分析和评价具有“模糊性”事物的系统分析方法。它是一种以模糊推理为主的定性与定量相结合、精确与非精确相统一的分析评价方法。由于这种方法在处理各种难以用精确数学方法描述的复杂系统问题方面所表现出的独特优越性，近年来已在许多学科领域中得到了十分广泛的应用。

在现实生活中，任何事物都不会独立存在，受着各种各样因素的影响，如何择重考虑各种影响然后对事物发展做出比较正确的判断是经常遇到的问题，我们把这类问题称为模糊综合评判的正问题；相反我们看到了事物发展的状况，需要反过头来研究各种因素对其影响的程度，这类问题被称为模糊综合评判的逆问题。

4.1　模糊映射和模糊变换

模糊映射和模糊变换都建立在模糊关系的基础之上，它们是模糊数学基本理论的重要内容，并且有着广泛的应用。

4.1.1　模糊映射

在经典集合论中，映射与关系有着密切的联系，因为它完全是建立在关系概念的基础之上的，是关系的一种特例。映射主要涉及的是将一个有限集合变换成另一个有限集合的函数，在实际应用中，使用最多的就是这种特殊的关系。例如，任何程序在计算机中的实现包括了种种这样的变换。计算机输出可以被视为输入数据的函数，编译系统将一个原程序变换为目标程序的一个集合。

定义 4.1(投影)　设 $\boldsymbol{R}$ 为论域 U 到 V 的模糊关系，则 $\boldsymbol{R}$ 在 U 中的投影是一个 U 上的模糊集合，记为 $\boldsymbol{R}_u$，其隶属函数为 $\boldsymbol{R}_U(u)=\bigvee_{v\in V}\boldsymbol{R}(u,v)$，$\boldsymbol{R}$ 在 V 中的投影是一个 V 上的模糊集合，记为 $\boldsymbol{R}_v$，其隶属函数为 $\boldsymbol{R}_V(v)=\bigvee_{u\in U}\boldsymbol{R}(u,v)$。

在有限论域中，假设 $\boldsymbol{R}$ 是 $m\times n$ 模糊矩阵，则 $\boldsymbol{R}_u$ 是 m 维列向量，其元素取 $\boldsymbol{R}$ 诸行的最大值；$\boldsymbol{R}_v$ 是 n 维行向量，其元素取 $\boldsymbol{R}$ 诸列的最大值。即有：

(1) $\boldsymbol{R}_U(u)=(r_1, r_2, \cdots, r_m)^T$，其中，$r_i=\bigcup_{j=1}^{n} r_{ij}\quad (i=1, 2, \cdots, n)$。

(2) $\boldsymbol{R}_V(v)=(r_1, r_2, \cdots, r_n)$，其中 $r_j=\bigcup_{i=1}^{m} r_{ij}\quad (j=1, 2, \cdots, m)$。

定义 4.2(截影)　设 R 是 U 到 V 的模糊关系，对于任意给定的 $u_0\in U$，则模糊关系 $\boldsymbol{R}$ 在 u_0 处的截影是 V 上的模糊集合，记为 $\boldsymbol{R}|u_0$，其隶属函数为

$$\boldsymbol{R}|u_0(v)=\boldsymbol{R}(u_0, v)$$

而对于任意给定的 $v_0 \in V$，模糊关系 $\boldsymbol{R}$ 在 v_0 处的截影是 U 中的模糊集合，记为 $\boldsymbol{R}|v_0$，其隶属函数为

$$\boldsymbol{R}|v_0(u)=\boldsymbol{R}(u, v_0)$$

在有限论域中，设 $\boldsymbol{R}$ 是 $m\times n$ 模糊矩阵，如果 u_0 是 U 中的第 i 个元素，v_0 是 V 中的第 j 个元素，则 $\boldsymbol{R}|u_0$ 是 n 维向量，它是模糊矩阵 $\boldsymbol{R}$ 的第 i 行元素；$\boldsymbol{R}|v_0$ 是 m 维向量，它是模糊矩阵 $\boldsymbol{R}$ 的第 j 列元素。

例 4.1 设 $\boldsymbol{R}$ 为集合 $U=\{u_1, u_2, u_3, u_4\}$ 到 $V=\{v_1, v_2, v_3, v_4\}$ 的模糊关系，且其对应的模糊关系矩阵为

$$\boldsymbol{R}=\begin{bmatrix} 0.3 & 0.1 & 0.8 & 0.0 \\ 0.0 & 1.0 & 0.4 & 0.3 \\ 0.1 & 0.5 & 0.2 & 0.2 \\ 0.4 & 0.6 & 0.1 & 0.2 \end{bmatrix}$$

则 $\boldsymbol{R}$ 在集合 U、V 上的投影分别为

$$\boldsymbol{R}_U=(0.8, 1.0, 0.5, 0.6)^{\mathrm{T}}, \boldsymbol{R}_V=(0.4, 1.0, 0.8, 0.3)$$

采用向量表示法时，$\boldsymbol{R}_u$ 由关系矩阵 $\boldsymbol{R}$ 个行的最大值构成。

关系 $\boldsymbol{R}$ 在 u_1、u_3、v_2、v_4 四点截影分别为

$$\boldsymbol{R}|u_1=(0.3, 0.1, 0.8, 0.0), \boldsymbol{R}|u_3=(0.1, 0.5, 0.2, 0.2),$$

$$\boldsymbol{R}|v_2=(0.1, 1.0, 0.5, 0.6)^{\mathrm{T}}, \boldsymbol{R}|v_4=(0.0, 0.3, 0.2, 0.2)^{\mathrm{T}}$$

例 4.2 设 F 是实数域 $\mathbf{R}$ 上的模糊关系，其隶属函数为 $F(u, v)=(1+(u-v)^2)^{-1}$，试求 F 在 $\mathbf{R}$ 上的投影和在 $u=1$ 上的截影。

解 由高等数学知识可知，函数 F 对于任意 u、$v\in\mathbf{R}$ 均有定义，所以 F 在 $\mathbf{R}$ 上的投影就是实数域本身。将 $u=1$ 代入 F 便得 $F|_{u=1}(v)=F(1, v)=(1+(1-v)^2)^{-1}$。

定义 4.3(模糊映射) 设 U，V 为非空集合，若存在一个法则 f，通过它对于 U 中的任意元素 u，均为 V 中的唯一确定的模糊集合 $\boldsymbol{A}$ 与之对应，则称 f 是从 U 到 V 的模糊映射，记为

$$f: U \to F(V), u| \to f(u)=\boldsymbol{A}$$

由定义可知经典集合 U 中元素在映射 f 的作用下与 V 中的模糊集合 $\boldsymbol{A}$ 建立了对应关系。所以，这种映射具有模糊化的作用，故又称 f 为“模糊化函数”。

根据前面介绍的模糊关系截影，下面给出模糊关系与模糊映射之间的关系。

定理 4.1 设 f 为集合 U 到 V 的模糊映射，则它唯一地确定了一个 U 到 V 的模糊关系 $\boldsymbol{R}$，满足 $\boldsymbol{R}|u=f(u)$；反之，给定 U 到 V 的模糊关系 $\boldsymbol{R}$，也唯一地确定了一个 U 到 V 的模糊映射，满足 $f(u)=\boldsymbol{R}|u$。

可见，模糊映射 $f: U\to F(V)$ 与 U 到 V 的模糊关系是等价的，换言之，依照该定理的法则，$U\times V$ 中的所有模糊关系与 U 到 V 的所有模糊映射之间建立了一一对应的关系。

例 4.3 设 $U=\{u_1, u_2, \cdots, u_m\}$，$V=\{v_1, v_2, \cdots, v_m\}$，假设给定模糊映射 $f: U\to F(V)$，$u_i|\to f(u_i)=\boldsymbol{A}_i(i=1, 2, 3, \cdots, m)$，这里 $\boldsymbol{A}_i$ 为 V 中的模糊集合：$\boldsymbol{A}_i=\{(v_1, r_{i1}), (v_2, r_{i2}), \cdots, (v_n, r_{in})\}$，用向量表示得 $\boldsymbol{A}_i=(r_{i1}, r_{i2}, \cdots, r_{in})^{\mathrm{T}}$，以 $\boldsymbol{A}_i$ 作为模糊关系矩阵第 i 行元素便可唯一地构造出模糊关系 $\boldsymbol{R}$，即

$$\boldsymbol{R}=\begin{bmatrix} r_{11} & r_{12} & \cdots & r_{1n} \\ r_{21} & r_{22} & \cdots & r_{2n} \\ \vdots & \vdots & & \vdots \\ r_{m1} & r_{m2} & \cdots & r_{mn} \end{bmatrix}$$

即有 $\boldsymbol{R}(u_i, v_j)=r_{ij}=f(u_i, v_j)$，假定有 U 到 V 的模糊关系 $\boldsymbol{R}=(r_{ij})_{m\times n}$，则可构造以下模糊映射，有

$$f: U\to F(V),\ u_i \mid\!\!\to f(u_i)=\boldsymbol{A}_i \qquad (i=1, 2, 3, \cdots, m)$$

其中，$f(u_i)=(r_{i1}, r_{i2}, \cdots, r_{in})$为模糊关系矩阵第 i 行，即对应模糊集合 $\boldsymbol{A}_i=\{(v_1, r_{i1}), (v_2, r_{i2}), \cdots, (v_n, r_{in})\}$，即有 $f(u_i, v_j)=r_{ij}=\boldsymbol{R}(u_i, v_j)$。

4.1.2 模糊变换

现在介绍将论域 U 中的模糊集合变换为另一论域 V 中模糊集合的方法，这种方法是模糊数学一些重要应用领域，如综合评判等方面的理论工具。

定义 4.4(模糊变换) U、V 为非空集合，则称从模糊幂集 $F(U)$到模糊幂集 $F(V)$的映射 T 为 U 到 V 的模糊变换。

与定义 4.3 对比可知，模糊变换事实上是将 U 中模糊集合转换为 V 中模糊集合的映射，相当于论域的转换。可见，U 上的模糊集 $\boldsymbol{A}$ 经变换 T 后，得到 V 上的模糊集 $\boldsymbol{B}$，记 $T(\boldsymbol{A})=\boldsymbol{B}$，称 $\boldsymbol{B}$ 是 $\boldsymbol{A}$ 在模糊变换下的像，而 $\boldsymbol{A}$ 是 $\boldsymbol{B}$ 的原像。

定理 4.2 论域 U 到 V 的任意关系 $\boldsymbol{R}$ 都唯一地确定了一个 U 到 V 的模糊变换 $T^{\boldsymbol{R}}$，使得对于 U 中的任意模糊集合 $\boldsymbol{A}$ 满足

$$T^{\boldsymbol{R}}(\boldsymbol{A})=\boldsymbol{A}\circ\boldsymbol{R} \tag{4.1}$$

其隶属函数为

$$\mu_{T_{\boldsymbol{R}}(\boldsymbol{A})}(v)=\bigvee_{u\in U}(\boldsymbol{A}(u)\wedge\mu_{\boldsymbol{R}}(u, v))$$

式(4.1)便是模糊变换 $T^{\boldsymbol{R}}$ 的定义式。对于任意 $\boldsymbol{A}\in F(U)$，满足式 4.1 的 $\boldsymbol{R}$ 称为“$T^{\boldsymbol{R}}$ 的表示”，反之称 $T^{\boldsymbol{R}}$ 为由“$\boldsymbol{R}$ 诱导出的模糊变换”。

注意，定理 4.2 中的 $\boldsymbol{R}$ 是任意关系，既可以是普通关系，又可以是模糊关系。事实上，模糊变换是向量空间中线性变换的推广，它们都具有形式相同的矩阵表示方法。

例 4.4 设 $U=\{u_1, u_2, u_3, u_4\}$，$V=\{v_1, v_2, v_3\}$存在普通关系，即

$$\boldsymbol{R}=\begin{bmatrix} 1 & 0 & 1 \\ 0 & 1 & 0 \\ 0 & 0 & 1 \\ 1 & 1 & 0 \end{bmatrix}$$

模糊集合 $\boldsymbol{A}=\{(u_1, 0.3), (u_2, 0.5), (u_3, 0.7), (u_4, 0.1)\}$，经典集合 $\boldsymbol{B}=\{u_1, u_3\}$，试求由普通关系诱导出的 $T^{\boldsymbol{R}}(\boldsymbol{A})$和 $T^{\boldsymbol{R}}(\boldsymbol{B})$。

现以向量形式表示集合：$\boldsymbol{A}=(0.3, 0.5, 0.7, 0.1)$，$\boldsymbol{B}=(1, 0, 1, 0)$，则

$$T^{\boldsymbol{R}}(\boldsymbol{A})=\boldsymbol{A}\circ\boldsymbol{R}=(0.3, 0.5, 0.7, 0.1)\circ\begin{bmatrix} 1 & 0 & 1 \\ 0 & 1 & 0 \\ 0 & 0 & 1 \\ 1 & 1 & 0 \end{bmatrix}=(0.3, 0.5, 0.7)$$

即得模糊集合 $T^R(\boldsymbol{A})=\{(v_1, 0.3), (v_2, 0.5), (v_3, 0.7)\}$。

$$T^R(\boldsymbol{B})=\boldsymbol{B}\circ\boldsymbol{R}=(1, 0, 1, 0)\circ\begin{bmatrix}1 & 0 & 1\\0 & 1 & 0\\0 & 0 & 1\\1 & 1 & 0\end{bmatrix}=(1, 0, 1)$$

即得经典集合 $T^R(\boldsymbol{B})=\{v_1, v_3\}$。

例 4.5 设 $U=\{u_1, u_2, u_3\}$，$V=\{v_1, v_2, v_3\}$存在模糊关系

$$\boldsymbol{R}=\begin{bmatrix}0.2 & 0.5 & 0.7\\0.3 & 1.0 & 0.1\\1.0 & 0.3 & 0.2\end{bmatrix}$$

模糊集合 $\boldsymbol{A}=\{(u_1, 0.2), (u_2, 0.8), (u_3, 0.1)\}$，经典集合 $\boldsymbol{B}=\{u_1, u_3\}$，试求由模糊关系诱导出的 $T^R(\boldsymbol{A})$和 $T^R(\boldsymbol{B})$。

以向量形式表示集合：$\boldsymbol{A}=(0.2, 0.8, 0.1)$，$\boldsymbol{B}=(1, 0, 1)$，则

$$T^R(\boldsymbol{A})=\boldsymbol{A}\circ\boldsymbol{R}=(0.2, 0.8, 0.2)=\{(v_1, 0.2), (v_2, 0.8), (v_3, 0.2)\}$$

$$T^R(\boldsymbol{B})=\boldsymbol{B}\circ\boldsymbol{R}=(0.2, 0.5, 0.7)=\{(v_1, 0.2), (v_2, 0.5), (v_3, 0.7)\}$$

从例 4.4 和 4.5 可以看出，当模糊变换是由普通关系诱导出时，它将经典集合变换到经典集合，模糊集合变换到模糊集合；而当模糊变换是由模糊关系诱导出时，它将任何集合都变换为模糊集合。

关于模糊变换的性质，由于式 4.1 规定的模糊变换的运算 $\boldsymbol{A}\circ\boldsymbol{R}$ 实际上是模糊关系的合成运算，所以模糊关系合成运算所具有的性质对模糊变换一样成立。

定义 4.5(模糊线性变换) $\boldsymbol{A}$、$\boldsymbol{B}\in F(U)$，若模糊变换 T：$F(U)\rightarrow F(V)$满足：

(1) $T(\boldsymbol{A}\cup\boldsymbol{B})=T(\boldsymbol{A})\cup T(\boldsymbol{B})$。

(2) $T(\alpha\boldsymbol{A})=\alpha\circ T(\boldsymbol{A})$，$\alpha\in[0, 1]$。

则称 T 是模糊线性变换。

定理 4.3 论域 U 到 V 的关系 $\boldsymbol{R}$，对于任意 $\boldsymbol{A}\in F(U)$均有

$$T(\boldsymbol{A})=\boldsymbol{A}\circ\boldsymbol{R}$$

其中

$$\mu_{\boldsymbol{A}\circ\boldsymbol{R}}(v)=\bigvee_{u\in U}(\boldsymbol{A}(u)\wedge\mu_{\boldsymbol{R}}(u, v)), \quad v\in V$$

则 T 是模糊线性变换。

4.2 模糊综合评判正问题模型

正问题就是上述模糊变换中已知 $\boldsymbol{A}$ 和 $\boldsymbol{R}$ 求 $\boldsymbol{B}$，根据评判因素的特点我们把评判模型又分为单级、多级和多层次，下面依次进行介绍。

4.2.1 单级综合评判模型

设与被评价事物相关的因素有 n 个，记作 $U=\{u_1, u_2, \cdots, u_n\}$，称之为因素集；又设所有可能出现的评价有 m 个，记作 $V=\{v_1, v_2, \cdots, v_m\}$，称之为评价集；由于各种因素所

处地位不同，作用也不一样，考虑用权重 $\boldsymbol{A}=\{a_1, a_2, \cdots, a_n\}$ 来衡量，满足归一化条件 $\sum_{i=1}^{n} a_i = 1$。这样进行评判一共分为以下五个步骤。

(1) 确定因素集 $U=\{u_1, u_2, \cdots, u_n\}$。

(2) 确定评价集 $V=\{v_1, v_2, \cdots, v_m\}$。

(3) 确定已知各因素的权重分配 $\boldsymbol{A}=\{a_1, a_2, \cdots, a_n\}$。

(4) 获取单因素评判矩阵 $\boldsymbol{R}=(r_{ij})_{n\times m}$，它由 n 个 V 上的模糊子集—单因素评判向量 $\boldsymbol{R}_i=(r_{i1}, r_{i2}, \cdots, r_{im})$组成。

(5) 综合评判：对于权重 $\boldsymbol{A}=\{a_1, a_2, \cdots, a_n\}$，计算 $\boldsymbol{B}=\boldsymbol{A}\circ\boldsymbol{R}$，并根据隶属度最大原则做出评判。

根据运算$\circ$的不同定义，可得到以下不同模型：

模型Ⅰ：$M(\wedge, \vee)$——主因素决定型，即

$$b_j=\max\{(a_i \wedge r_{ij}), 1\leqslant i\leqslant n\} \qquad j=1, 2, \cdots, m$$

其评判结果只取决于在总评价中起主要作用的那个因素，其余因素均不影响评判结果，此模型比较适用于单项评判最优就能作为综合评判最优的情况。

模型Ⅱ：$M(\cdot, \vee)$——主因素突出型，即

$$b_j=\max\{(a_i \cdot r_{ij}), 1\leqslant i\leqslant n\} \qquad j=1, 2, \cdots, m$$

它与模型 $M(\wedge, \vee)$相近，但比模型 $M(\wedge, \vee)$精细些，不仅突出了主要因素，也兼顾了其他因素。此模型适用于模型 $M(\wedge, \vee)$失效(不可区别)，需要“加细”的情况。

模型Ⅲ：$M(\cdot, +)$——加权平均型，即

$$b_j = \sum_{i=1}^{n}(a_i \cdot r_{ij}) \qquad j = 1, 2, \cdots, m$$

该模型依权重的大小对所有因素均衡兼顾，比较适用于要求总和最大的情形。

模型Ⅳ：$M(\wedge, \oplus)$——取小上界和型，即

$$b_j = \min\left\{1, \sum_{i=1}^{n}(a_i \wedge r_{ij})\right\} \qquad j = 1, 2, \cdots, m$$

在使用此模型时，需要注意的是：各个 a_i 不能取得偏大，否则可能出现 b_j 均等于 1 的情形；各个 a_i 也不能取得太小，否则可能出现 b_j 均等于各个 a_i 之和的情形，这将使单因素评判的有关信息丢失。

模型Ⅴ：$M(\wedge, +)$——均衡平均型，即

$$b_j = \sum_{i=1}^{n}\left(a_i \wedge \frac{r_{ij}}{r_0}\right) \qquad j = 1, 2, \cdots, m$$

其中，$r_0 = \sum_{k=1}^{m} r_{kj}$。该模型适用于 $\boldsymbol{R}$ 中元素 r_{ij} 偏大或偏小的情形。

例 4.6 考虑一个服装的评判问题：

(1) 建立因素集 $U=\{u_1, u_2, u_3, u_4\}$，其中，u_1：花色；u_2：式样；u_3：耐穿程度；u_4：价格。

(2) 建立评判集 $V=\{v_1, v_2, v_3, v_4\}$，其中，v_1：很欢迎；v_2：较欢迎；v_3：不太欢迎；v_4：不欢迎。

(3) 设有两类顾客，他们根据自己的喜好对各因素所分配的权重分别为

$$A_1=(0.1, 0.2, 0.3, 0.4), \quad A_2=(0.4, 0.35, 0.15, 0.1)$$

(4) 由单因素评判构造综合评判矩阵，首先进行单因素评判得到

$$u_1 \mapsto r_1=(0.2, 0.5, 0.2, 0.1), \quad u_2 \mapsto r_2=(0.7, 0.2, 0.1, 0)$$

$$u_3 \mapsto r_3=(0, 0.4, 0.5, 0.1), \quad u_4 \mapsto r_4=(0.2, 0.3, 0.5, 0)$$

获得综合评判矩阵，即

$$\boldsymbol{R}=\begin{pmatrix} 0.2 & 0.5 & 0.2 & 0.1 \\ 0.7 & 0.2 & 0.1 & 0 \\ 0 & 0.4 & 0.5 & 0.1 \\ 0.2 & 0.3 & 0.5 & 0 \end{pmatrix}$$

(5) 综合评判。用模型 $M(\wedge, \vee)$计算综合评判为

$$\boldsymbol{B}_1=\boldsymbol{A}_1 \circ \boldsymbol{R}=(0.2, 0.3, 0.4, 0.1), \quad \boldsymbol{B}_2=\boldsymbol{A}_2 \circ \boldsymbol{R}=(0.35, 0.4, 0.2, 0.1)$$

按最大隶属原则，第一类顾客对此服装不太欢迎，而第二类顾客对此服装比较欢迎。

通过此例可以看出，从因素集的选取，权重的分配，单因素评判矩阵的确定，直至对评判结果的解释，每一件工作都必须认真，都将直接影响最终的决策。

4.2.2 多级综合评判模型

如果评判对象的相关因素很多，很难合理地定出权重分配，即难以真实地反映各因素在整体中的地位，这时需要采取多级评判。

设因素集 $U=\{u_1, u_2, \cdots, u_n\}$，评价集 $V=\{v_1, v_2, \cdots, v_m\}$；首先将 U 分为 L 个子集 $U_i(i=1, 2, \cdots, l)$，即

$$\bigcup_{i=1}^{l} U_i=U$$

对各因素集 $U_i(i=1, 2, \cdots, l)$按单级模型的方法进行综合评判，即

$$\boldsymbol{B}_i=\boldsymbol{A}_i \circ \boldsymbol{R}_i \qquad i=1, 2, \cdots, l$$

其中，$\boldsymbol{A}_i$为因素子集 U_i上的权向量；$\boldsymbol{R}_i$为对 U_i的单因素评判矩阵。将各评判结果向量组合成单因素评判，结果矩阵 $\boldsymbol{R}$ 为

$$\boldsymbol{R}=\begin{bmatrix} \boldsymbol{B}_1 \\ \boldsymbol{B}_2 \\ \vdots \\ \boldsymbol{B}_l \end{bmatrix}=\begin{pmatrix} b_{11} & b_{12} & \cdots & b_{1m} \\ b_{21} & b_{22} & \cdots & b_{2m} \\ \vdots & \vdots & & \vdots \\ b_{l1} & b_{l2} & \cdots & b_{lm} \end{pmatrix}$$

根据各 U_i在 U 中所占的地位确定权重分配，得向量 $\boldsymbol{A}=\{a_1, a_2, \cdots, a_l\}$，作第二级模糊变换 $\boldsymbol{B}=\boldsymbol{A}\circ\boldsymbol{R}$，得最终的评判结果。若问题需要更多级的评判，只是将 U_i再分成几个因素集而已，再逐级用上述方法处理。

例 4.7　某企业生产一种产品，它的质量由 9 个指标 $U=\{u_1, u_2, \cdots, u_9\}$确定，产品的级别分为一级、二级、等外、废品。由于因素较多，宜采用二级模型。

(1) 将因素集 $U=\{u_1, u_2, \cdots, u_9\}$分为 3 组：$U_1=\{u_1, u_2, u_3\}$，$U_2=\{u_4, u_5, u_6\}$，$U_3=\{u_7, u_8, u_9\}$。

(2) 设评价集 $V=\{v_1, v_2, v_3, v_4\}$，v_1：一级，v_2：二级，v_3：等外，v_4：废品。

(3) 对每个 $U_i(i=1, 2, 3)$中的因素进行单因素评判。

$U_1=\{u_1, u_2, u_3\}$，取权重为 $\boldsymbol{A}_1=(0.3, 0.42, 0.28)$，单因素评判矩阵为

$$\boldsymbol{R}_1=\begin{pmatrix}0.36 & 0.24 & 0.13 & 0.27\\ 0.20 & 0.32 & 0.25 & 0.23\\ 0.40 & 0.22 & 0.26 & 0.12\end{pmatrix}$$

做一级模糊综合评判，得 $\boldsymbol{B}_1=\boldsymbol{A}_1\circ\boldsymbol{R}_1=(0.3, 0.32, 0.26, 0.27)$，其中，$\circ$取模型 $M(\wedge, \vee)$计算，下同。

$U_2=\{u_4, u_5, u_6\}$，取权重为 $\boldsymbol{A}_2=(0.2, 0.5, 0.3)$，单因素评判矩阵为

$$\boldsymbol{R}_2=\begin{pmatrix}0.30 & 0.28 & 0.24 & 0.18\\ 0.26 & 0.36 & 0.12 & 0.20\\ 0.22 & 0.42 & 0.16 & 0.10\end{pmatrix}$$

做一级模糊综合评判，得 $\boldsymbol{B}_2=\boldsymbol{A}_2\circ\boldsymbol{R}_2=(0.26, 0.36, 0.2, 0.2)$。

$U_3=\{u_7, u_8, u_9\}$，取权重为 $\boldsymbol{A}_3=(0.3, 0.3, 0.4)$，单因素评判矩阵为

$$\boldsymbol{R}_3=\begin{pmatrix}0.38 & 0.24 & 0.08 & 0.20\\ 0.34 & 0.25 & 0.30 & 0.11\\ 0.40 & 0.28 & 0.30 & 0.18\end{pmatrix}$$

做一级模糊综合评判，得 $\boldsymbol{B}_3=\boldsymbol{A}_3\circ\boldsymbol{R}_3=(0.3, 0.28, 0.3, 0.2)$

(4) 对第一级因素 $U=\{U_1, U_2, U_3\}$，设权重为 $\boldsymbol{A}=(0.2, 0.35, 0.45)$，令总单因素评判矩阵为

$$\boldsymbol{R}=\begin{pmatrix}\boldsymbol{B}_1\\ \boldsymbol{B}_2\\ \boldsymbol{B}_3\end{pmatrix}=\begin{pmatrix}0.30 & 0.32 & 0.26 & 0.27\\ 0.26 & 0.36 & 0.20 & 0.20\\ 0.30 & 0.28 & 0.30 & 0.20\end{pmatrix}$$

做二级模糊综合评判，得 $\boldsymbol{B}=\boldsymbol{A}\circ\boldsymbol{R}=(0.30, 0.35, 0.30, 0.20)$。

按最大隶属原则，此产品属二级品。

4.3 模糊综合评判逆问题模型

综合评判其实是从 U 到 V 的模糊线性变换，如果把评判矩阵 $\boldsymbol{R}$ 看成是一个转换器，当输入一个 $\boldsymbol{A}$，就会输出一个 $\boldsymbol{B}$，如图 4.1 所示。

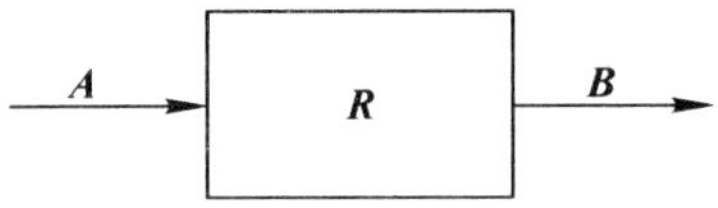

图 4.1 模糊评判模型

如果输出是已知的，请问输入是什么？即要求出关系式 $\boldsymbol{X}\circ\boldsymbol{R}=\boldsymbol{B}$ 中的 $\boldsymbol{X}$。这就是综合评判的逆问题，它的求解就是解模糊关系方程。

4.3.1 模糊关系方程基本形式

定义 4.6(模糊关系方程) 假设已知 V 到 W 的模糊关系 $\boldsymbol{R}$，U 到 V 的模糊关系 $\boldsymbol{S}$，求解 U 到 W 的未知模糊关系 $\boldsymbol{X}$，使得满足关系式

$$\boldsymbol{X}\circ\boldsymbol{R}=\boldsymbol{S} \tag{4.2}$$

此式称为模糊关系方程，而满足模糊关系方程的模糊关系称为模糊关系方程的解。

在有限论域中，模糊关系可以通过模糊矩阵表示，所以这时的模糊关系方程也可以矩阵的形式出现。事实上，在实际应用中，模糊关系方程的求解几乎都限于有限论域，所以本章中的讨论也仅针对模糊矩阵方程进行。模糊矩阵方程有下面两种表示方式：

Ⅰ型：已知模糊矩阵 $\boldsymbol{A}=(a_{ij})_{m\times n}$，$\boldsymbol{B}=(b_{ij})_{m\times l}$，求解未知模糊矩阵 $\boldsymbol{X}=(x_{ij})_{n\times l}$，使其满足

$$\boldsymbol{A}\circ\boldsymbol{X}=\boldsymbol{B}$$

Ⅱ型：已知模糊矩阵 $\boldsymbol{A}=(a_{ij})_{n\times l}$，$\boldsymbol{B}=(b_{ij})_{m\times l}$，求解未知模糊矩阵 $\boldsymbol{X}=(x_{ij})_{m\times n}$，使其满足

$$\boldsymbol{X}\circ\boldsymbol{A}=\boldsymbol{B}$$

然而，根据模糊矩阵合成运算的性质，Ⅰ型模糊方程和Ⅱ型模糊方程完全是可以相互转化的。例如，对于Ⅱ型模糊方程，等号两边同时做转置运算得

$$\boldsymbol{A}^{\mathrm{T}}\circ\boldsymbol{X}^{\mathrm{T}}=\boldsymbol{B}^{\mathrm{T}}$$

显然，这是Ⅰ型模糊方程。

令 $\boldsymbol{X}_i=(x_{1i},\ x_{2i},\ \cdots,\ x_{ni})^{\mathrm{T}}$，$\boldsymbol{B}_i=(b_{1i},\ b_{2i},\ \cdots,\ b_{mi})^{\mathrm{T}}$，其中，$i=1,\ 2,\ \cdots,\ l$。则可将Ⅰ型模糊方程以分块模糊矩阵的形式表示：

$$\boldsymbol{A}\circ(\boldsymbol{X}_1,\ \boldsymbol{X}_2,\ \cdots,\ \boldsymbol{X}_l)=(\boldsymbol{B}_1,\ \boldsymbol{B}_2,\ \cdots,\ \boldsymbol{B}_l)$$

从而，一般的Ⅰ型方程求解问题便可以转化为以下简单Ⅰ型方程模糊方程组的求解问题，即

$$\boldsymbol{A}\circ\boldsymbol{X}_i=\boldsymbol{B}_i\qquad(i=1,\ 2,\ \cdots,\ l)$$

由此可见，我们只需讨论问题Ⅰ型方程模糊方程组的求解问题，便可以解决所有类型的模糊方程的求解问题。为明确起见，本章讨论的模糊方程规定为如下形式

$$\begin{bmatrix} a_{11} & a_{12} & \cdots & a_{1n} \\ a_{21} & a_{22} & \cdots & a_{2n} \\ \vdots & \vdots & & \vdots \\ a_{m1} & a_{m2} & \cdots & a_{mn} \end{bmatrix}\circ\begin{bmatrix} x_1 \\ x_2 \\ \vdots \\ x_n \end{bmatrix}=\begin{bmatrix} b_1 \\ b_2 \\ \vdots \\ b_m \end{bmatrix}\tag{4.3}$$

模糊关系方程的求解比较麻烦，甚至有些方程无解或者有无穷多组解，实用方法出来很多，但目前尚未见很完美的解法，本节介绍几个典型方法。

4.3.2 TKM 法求解模糊关系方程

对于形如式(4.3)的模糊关系方程，取模型 $M(\wedge,\ \vee)$计算，得到模糊线性 n 元一次方程组，有

$$\begin{cases} (a_{11}\wedge x_1)\vee(a_{12}\wedge x_2)\vee\cdots\vee(a_{1n}\wedge x_n)=\bigvee\limits_{i=1}^{n}(a_{1i}\wedge x_i)=b_1 \\ (a_{21}\wedge x_1)\vee(a_{22}\wedge x_2)\vee\cdots\vee(a_{2n}\wedge x_n)=\bigvee\limits_{i=1}^{n}(a_{2i}\wedge x_i)=b_2 \\ \cdots \\ (a_{m1}\wedge x_1)\vee(a_{m2}\wedge x_2)\vee\cdots\vee(a_{mn}\wedge x_n)=\bigvee\limits_{i=1}^{n}(a_{mi}\wedge x_i)=b_m \end{cases}\tag{4.4}$$

由于模糊关系方程解的形式与代数中的线性方程组解的形式有所不同，所以我们首先来讨论几种比较简单的情况。

(1) 一元一次模糊关系方程，即

$$a \wedge x = b \quad a、b \in [0,\ 1]$$

此模糊关系方程的解为

$$x = \begin{cases} b, & a > b \\ [b,\ 1] & a = b \\ \phi & a < b \end{cases}$$

(2) 一元一次模糊不等式，即

$$a \wedge x \leqslant b \quad a、b \in [0,\ 1]$$

那么

$$x = \begin{cases} [0,\ b], & a > b \\ [0,\ 1], & a \leqslant b \end{cases}$$

(3) 模糊 n 元一次方程，即

$$(a_{j1} \wedge x_1) \vee (a_{j2} \wedge x_2) \vee \cdots \vee (a_{jn} \wedge x_n) = \bigvee_{i=1}^{n} (a_{ji} \wedge x_i) = b_j \tag{4.5}$$

它可能对应着 n 个一元一次方程：$a_{j1} \wedge x_1 = b_j$，…，$a_{jn} \wedge x_n = b_j$，相应的解分别为 x_{j1}，…，x_{jn}；同时有 n 个模糊一元一次不等式：$a_{j1} \wedge x_1 \leqslant b_j$，…，$a_{jn} \wedge x_n \leqslant b_j$，相应的解分别为$\hat{x}_{j1}$，…，$\hat{x}_{jn}$。

可证，模糊 n 元一次方程(式(4.5))有解的充要条件是存在 $k(1 \leqslant k \leqslant n)$，使得 $a_{jk} \geqslant b_j$，并且有解向量 $W_{jk} = (\hat{x}_{j1},\ \hat{x}_{j2},\ \cdots,\ \hat{x}_{jk-1},\ x_{jk},\ \hat{x}_{jk+1},\ \cdots,\ \hat{x}_{jn})$，这样所有这样的解构成式(4.5)的解集合 $W_j = \bigcup_{a_{jk} \geqslant b_j} W_{jk}$。

对于模糊 n 元一次方程组(式(4.4))有解的必要条件是，对一切 $j(1 \leqslant j \leqslant m)$ 存在 k 使得 $a_{jk} \geqslant b_j$，也就是方程组中每一个方程都应有解，那么方程组的解集合为 $\boldsymbol{X} = \bigcap_{j=1}^{m} W_j$，其中，$\boldsymbol{X} \neq \varnothing$。

这样，该求解方法可归纳为：

(1) 求方程组各个方程的解集合，其解向量的个数为 $a_{jk} \geqslant b_j$ 的个数，按式(4.5)逐个求取 $W_j = \bigcup_{a_{jk} \geqslant b_j} W_{jk}$，其中 $1 \leqslant k \leqslant n$，$1 \leqslant j \leqslant m$。

(2) 组合所有可能的矩阵 $\boldsymbol{W}_{k'k''\cdots k^m}$，其中，每个矩阵的第 j 行为 W_j 的解向量之一，即为 W_j 的组合，有

$$\boldsymbol{W}_{k'k''\cdots k^m} = \begin{bmatrix} W_{1k'} \\ W_{2k''} \\ \vdots \\ W_{mk^m} \end{bmatrix}$$

(3) 对所得矩阵每列进行集合的求交运算，这些结果组成一个行区间向量，这就是所求模糊 n 元一次方程组的部分解集合，若某列求交为空集，此部分解为空集。

(4) 将各部分解集合取并，得方程组的解集合。

(5) 从解集合中找出最大解和最小解。

例 4.8 求解模糊关系方程

$$(x_1, x_2, x_3, x_4)\circ\begin{bmatrix}0.1 & 0.3 & 0.2 & 0.6\\0.3 & 0.1 & 0.7 & 0.2\\0.5 & 0.2 & 0.1 & 0.1\\0.1 & 0.8 & 0.2 & 0.1\end{bmatrix}=(0.4, 0.6, 0.3, 0.5)$$

解 将其转置得

$$\begin{bmatrix}0.1 & 0.3 & 0.5 & 0.1\\0.3 & 0.1 & 0.2 & 0.8\\0.2 & 0.7 & 0.1 & 0.2\\0.5 & 0.6 & 0.1 & 0.1\end{bmatrix}\circ\begin{bmatrix}x_1\\x_2\\x_3\\x_4\end{bmatrix}=\begin{bmatrix}0.4\\0.6\\0.3\\0.5\end{bmatrix}$$

(1) 第一行对应的四元一次方程有：

$a_{11}=0.1<b_1=0.4$ 知 W_{11} 无解；同样 $a_{12}=0.3<b_1$，$a_{14}=0.1<b_1$，知 W_{12} 和 W_{14} 无解；

$a_{13}=0.5>b_1$，有解 $x_{13}=0.4$；$a_{11}=0.1<b_1$，有解 $\hat{x}_{11}=[0, 1]$；

$a_{12}=0.3<b_1$ 有解 $\hat{x}_{12}=[0, 1]$；$a_{14}=0.1<b_1$ 有解 $\hat{x}_{14}=[0, 1]$。

得解向量 $W_{13}=(x_{11}, \hat{x}_{12}, \hat{x}_{13}, \hat{x}_{14})=([0, 1], [0, 1], 0.4, [0, 1])$，因此 $W_1=W_{13}$。

同理 $W_{24}=(\hat{x}_{21}, \hat{x}_{22}, \hat{x}_{23}, x_{24})=([0, 1], [0, 1], [0, 1], 0.6)$，$W_{21}$、$W_{22}$ 和 W_{23} 无解，因此 $W_2=W_{24}$。

同理 $W_{32}=(\hat{x}_{31}, x_{32}, \hat{x}_{33}, \hat{x}_{34})=([0, 1], 0.3, [0, 1], [0, 1])$，$W_{31}$、$W_{33}$ 和 W_{34} 无解，因此 $W_3=W_{32}$。

同理 $W_{41}=(\hat{x}_{41}, \hat{x}_{42}, \hat{x}_{43}, \hat{x}_{44})=([0.5, 1], [0, 0.5], [0, 1], [0, 1])$，$W_{43}$ 和 W_{44} 无解，$W_{42}=(\hat{x}_{41}, x_{42}, \hat{x}_{43}, \hat{x}_{44})=([0, 1], 0.5, [0, 1], [0, 1])$，因此 $W_4=W_{41}\cup W_{42}$。

(2) 由 $\boldsymbol{X}=W_1\cap W_2\cap W_3\cap W_4$，组合矩阵并运算：

$$\boldsymbol{X}_{3421}=\begin{bmatrix}W_{13}\\W_{24}\\W_{32}\\W_{41}\end{bmatrix}=\begin{bmatrix}[0, 1] & [0, 1] & 0.4 & [0, 1]\\ [0, 1] & [0, 1] & [0, 1] & 0.6\\ [0, 1] & 0.3 & [0, 1] & [0, 1]\\ [0.5, 1] & [0, 0.5] & [0, 1] & [0, 1]\\ \hline [0.5, 1] & 0.3 & 0.4 & 0.6\end{bmatrix}$$

$$\boldsymbol{X}_{3422}=\begin{bmatrix}W_{13}\\W_{24}\\W_{32}\\W_{42}\end{bmatrix}=\begin{bmatrix}[0, 1] & [0, 1] & 0.4 & [0, 1]\\ [0, 1] & [0, 1] & [0, 1] & 0.6\\ [0, 1] & 0.3 & [0, 1] & [0, 1]\\ [0, 1] & 0.5 & [0, 1] & [0, 1]\\ \hline & \varnothing & & \end{bmatrix}$$

(3) 各部分解集合并：$\boldsymbol{X}=\boldsymbol{X}_{3421}\cup\boldsymbol{X}_{3422}=([0.5, 1], 0.3, 0.4, 0.6)^{\mathrm{T}}$。

(4) 最大解：$\boldsymbol{X}=\boldsymbol{X}_{\max}=(1, 0.3, 0.4, 0.6)^{\mathrm{T}}$，最小解：$\boldsymbol{X}=\boldsymbol{X}_{\min}=(0.5, 0.3, 0.4, 0.6)^{\mathrm{T}}$。该方法当矩阵维数过大时，计算量将成倍增加，这是 TKM 方法的缺点。

4.3.3 表格法求解模糊关系方程

目前已有不少的专家对求解模糊关系方程提出了一些改进的方法，如学者汪培庄提出的表格法，表格法又称为矩阵法。设有模糊关系方程如式(4.3)所示。

1. 求最大解

(1) 做式(4.3)的增广矩阵，有

$$\left[\begin{array}{cccc|c} a_{11} & a_{12} & \cdots & a_{1n} & b_1 \\ a_{21} & a_{22} & \cdots & a_{2n} & b_2 \\ \vdots & \vdots & & \vdots & \vdots \\ a_{m1} & a_{m2} & \cdots & a_{mn} & b_m \end{array}\right]$$

(2) 上铣。用矩阵右边 b_j 上铣所在行元素，即

$$a'_{ji}=\begin{cases} b_j & a_{ji}>b_j \\ \text{空白} & a_{ji}\leqslant b_j \end{cases}$$

可得

$$\left[\begin{array}{cccc|c} a'_{11} & a'_{12} & \cdots & a'_{1n} & b_1 \\ a'_{21} & a'_{22} & \cdots & a'_{2n} & b_2 \\ \vdots & \vdots & & \vdots & \vdots \\ a'_{m1} & a'_{m2} & \cdots & a'_{mn} & b_m \end{array}\right]$$

(3) 求最大解，将上铣后所得矩阵(简化系数矩阵)按列求下确界并写在所在列上方，即为最大解向量，记作 $\hat{\boldsymbol{X}}=(\hat{x}_1, \hat{x}_2, \cdots, \hat{x}_n)^{\mathrm{T}}$，有

$$\begin{array}{cccc|c} \hat{x}_1 & \hat{x}_2 & \cdots & \hat{x}_n & \hat{\boldsymbol{X}} \\ \hline a'_{11} & a'_{12} & \cdots & a'_{1n} & b_1 \\ a'_{21} & a'_{22} & \cdots & a'_{2n} & b_2 \\ \vdots & \vdots & & \vdots & \vdots \\ a'_{m1} & a'_{m2} & \cdots & a'_{mn} & b_m \end{array}$$

若某列为空集，则下确界记为 1。事实上可证，模糊关系方程式(4.3)有解的充要条件是：$\hat{\boldsymbol{X}}$ 是它的解且为最大解，其中，$\hat{\boldsymbol{X}}_i=\bigwedge_{j=1}^{m}\{b_j \mid b_{ji}>b_i\}$，空集记为 1。

2. 判别方程是否有解

(1) 用矩阵右边平铣所在行各元素，即

$$a''_{ji}=\begin{cases} b_j & a_{ji}\geqslant b_j \\ \text{空白} & a_{ji}<b_j \end{cases}$$

可得

$$\begin{array}{cccc|c} \hat{x}_1 & \hat{x}_2 & \cdots & \hat{x}_n & \hat{\boldsymbol{X}} \\ \hline a''_{11} & a''_{12} & \cdots & a''_{1n} & b_1 \\ a''_{21} & a''_{22} & \cdots & a''_{2n} & b_2 \\ \vdots & \vdots & & \vdots & \vdots \\ a''_{m1} & a''_{m2} & \cdots & a''_{mn} & b_m \end{array}$$

(2) 将上面矩阵(修改系数矩阵)中各 i 列元素与其上对应的最大元素 $\hat{x}_i$ 比较，划掉大于 $\hat{x}_i$ 者，得简化系数矩阵，即

$$\boldsymbol{a}''_{ji}=\begin{cases} a''_{ji} & a''_{ji}\leqslant\hat{x}_i \\ \text{空白} & a''_{ji}>\hat{x}_i \end{cases}$$

(3) 方程有解的充要条件是简化矩阵的所有行都至少有一个非空白元素。

3. 求解

(1) 求拟最小解，对简化系数矩阵每行选留一个元素做成一个新矩阵，然后按列求上确界(空集为 0)记于下方，得一个拟最小解向量。有多少个各行选留元素的不同组合，便可得多少个拟最小解。

(2) 求极小解，从拟最小解中选取极小解，极小解可能有多个。

(3) 求解集，将最大解 $\hat{\boldsymbol{X}}$ 分别同各级小解组合成各个局部解集，可得方程的解。

求解模糊关系方程的解为集合，如何从中选出问题所需的解向量还需进一步探讨。此处，在增广矩阵做成后，可将其各行随 $\boldsymbol{B}$ 的元素从大到小排列顺序做调整——标准化排列，然后进行以后步骤。

对于类型为 $\boldsymbol{X}\circ\boldsymbol{A}=\boldsymbol{B}$ 的方程，做转置处理或是按照以上步骤，只是注意将各处的行换成列，列换成行，向量 $\boldsymbol{B}$ 和 $\boldsymbol{X}$ 的位置对调即可。

例 4.9 用表格法求解例 4.8 的模糊关系方程。

(1) 上铣、求最大解。即

$$\left[\begin{array}{cccc|c} 0.1 & 0.3 & 0.5 & 0.1 & 0.4 \\ 0.3 & 0.1 & 0.2 & 0.8 & 0.6 \\ 0.2 & 0.7 & 0.1 & 0.2 & 0.3 \\ 0.5 & 0.6 & 0.1 & 0.1 & 0.5 \end{array}\right] \xrightarrow{\text{上铣}} \begin{array}{cccc|c} 1 & 0.3 & 0.4 & 0.6 & \hat{\boldsymbol{X}} \\ \hline & & 0.4 & & 0.4 \\ & & & 0.6 & 0.6 \\ & 0.3 & & & 0.3 \\ & 0.5 & & & 0.5 \end{array}$$

可得 $\hat{\boldsymbol{X}}=(1, 0.3, 0.4, 0.6)^{\mathrm{T}}$。

(2) 平铣、简化。即

$$\xrightarrow{\text{平铣}} \begin{array}{cccc|c} 1 & 0.3 & 0.4 & 0.6 & \hat{\boldsymbol{X}} \\ \hline & & 0.4 & & 0.4 \\ & & & 0.6 & 0.6 \\ & 0.3 & & & 0.3 \\ 0.5 & 0.5 & & & 0.5 \end{array} \xrightarrow{\text{简化}} \begin{array}{cccc|c} 1 & 0.3 & 0.4 & 0.6 & \hat{\boldsymbol{X}} \\ \hline & & 0.4 & & 0.4 \\ & & & 0.6 & 0.6 \\ & 0.3 & & & 0.3 \\ 0.5 & & & & 0.5 \end{array}$$

(3) 求解集。拟最小解为

$$\begin{bmatrix} & & 0.4 & \\ & & & 0.6 \\ & 0.3 & & \\ 0.5 & & & \end{bmatrix},\ \hat{\boldsymbol{X}}_1=(0.5, 0.3, 0.4, 0.6)^{\mathrm{T}}$$

只有一个解，那么极小解为$\hat{X}_1$，解集为$\hat{X} \cup \hat{X}_1 = ([0.5, 1], 0.3, 0.4, 0.6)^T$，其结果与 TKM 法计算结果一致，但计算量显著降低。

4.3.4 近似试探法求解模糊关系方程

对于模糊关系方程 $\boldsymbol{X} \circ \boldsymbol{R} = \boldsymbol{B}$，可以找有经验的专门人员给出一组不同的权重，称为权重的备择集 $\boldsymbol{X} = \{\boldsymbol{X}_1, \boldsymbol{X}_2, \cdots, \boldsymbol{X}_k\}$，通过合成运算计算 $\boldsymbol{B}_i = \boldsymbol{X}_i \circ \boldsymbol{R} (1 \leqslant i \leqslant k)$；然后计算贴近度 $\eta(\boldsymbol{B}_i, \boldsymbol{B})$，用择近原则取最大者对应的 $\boldsymbol{X}_i'$为 $\boldsymbol{X}$ 的近似解。

例 4.10 对教师的教学质量作综合评判，因素集 $U = \{u_1, u_2, u_3, u_4\}$ = {表达清楚易懂，教材熟练，生动有趣，板书规范}，评价集为 $V = \{v_1, v_2, v_3, v_4\}$ = {优秀，良好，合格，不合格}，已知获得单因素评判矩阵 $\boldsymbol{R}$ 和评判结果 $\boldsymbol{B}$。

$$\boldsymbol{R} = \begin{bmatrix} 0.3 & 0.4 & 0.2 & 0.1 \\ 0.4 & 0.1 & 0.5 & 0.0 \\ 0.1 & 0.5 & 0.3 & 0.1 \\ 0.2 & 0.3 & 0.3 & 0.2 \end{bmatrix}$$

$$\boldsymbol{B} = (0.3, 0.4, 0.2, 0.1)$$

要想知道参评学生对上述四个因素的看重程度，可通过走访、调查，统计出几种可能的权重分配向量，即备择集 $\boldsymbol{X} = \{\boldsymbol{X}_1, \boldsymbol{X}_2, \boldsymbol{X}_3\}$，其中，$\boldsymbol{X}_1 = \{0.3, 0.3. 0.3, 0.1\}$，$\boldsymbol{X}_2 = \{0.3, 0.2. 0.4, 0.1\}$，$\boldsymbol{X}_3 = \{0.3, 0.4. 0.2, 0.1\}$。

通过合成运算计算，即

$$\boldsymbol{B}_1 = \boldsymbol{X}_1 \circ \boldsymbol{R} = (0.3, 0.3, 0.3, 0.1),$$
$$\boldsymbol{B}_2 = \boldsymbol{X}_2 \circ \boldsymbol{R} = (0.3, 0.4, 0.3, 0.1),$$
$$\boldsymbol{B}_3 = \boldsymbol{X}_3 \circ \boldsymbol{R} = (0.4, 0.3, 0.4, 0.1)$$

按照海明距离分别计算贴近度 $\eta(\boldsymbol{B}_i, \boldsymbol{B})$，结果为：$\eta(\boldsymbol{B}_1, \boldsymbol{B}) = 0.85$，$\eta(\boldsymbol{B}_2, \boldsymbol{B}) = 0.95$，$\eta(\boldsymbol{B}_3, \boldsymbol{B}) = 0.8$，因此选择权重分配向量 $\boldsymbol{X}_2$作为近似解。

习　题

1. 设 $\boldsymbol{X} = \{x_1, x_2, x_3, x_4, x_5\}$，$\boldsymbol{Y} = \{y_1, y_2, y_3, y_4\}$，且有两个 $\boldsymbol{X}$ 到 $\boldsymbol{Y}$ 的关系

$$\boldsymbol{R}_1 = \begin{bmatrix} 0.3 & 1 & 0.2 & 1 \\ 0.9 & 0.2 & 0 & 0.5 \\ 0.8 & 0.1 & 0.8 & 0.9 \\ 0.9 & 0.5 & 1 & 0.9 \\ 0.5 & 0 & 0.7 & 0.7 \end{bmatrix}$$

$$\boldsymbol{R}_2 = \begin{bmatrix} 0 & 0.5 & 0 & 0.5 \\ 1 & 0 & 0.5 & 0.5 \\ 1 & 0 & 0 & 1 \\ 0 & 0.2 & 0 & 0 \\ 0 & 0 & 0 & 0 \end{bmatrix}$$

(1) 求它们在 $\boldsymbol{X}$ 和 $\boldsymbol{Y}$ 上的投影。

(2) 求它们在 x_2 和 y_4 处的截影。

2. 设 $\boldsymbol{X}=\{x_1, x_2, x_3, x_4, x_5\}$，$\boldsymbol{Y}=\{y_1, y_2, y_3, y_4\}$，且有 $\boldsymbol{X}$ 到 $\boldsymbol{Y}$ 的关系

$$\boldsymbol{R}=\begin{bmatrix}1 & 1 & 0 & 0\\0 & 1 & 1 & 0\\0 & 0 & 1 & 1\\0 & 0 & 0 & 0\\1 & 1 & 1 & 1\end{bmatrix}$$

$T_{\boldsymbol{R}}$ 为由 $\boldsymbol{R}$ 诱导的 $\boldsymbol{X}$ 到 $\boldsymbol{Y}$ 的模糊变换,即

(1) $\boldsymbol{A}=\{x_2, x_3\}$，求 $T_{\boldsymbol{R}}(\boldsymbol{A})$。

(2) $\boldsymbol{A}=\{(x_1, 0.5), (x_2, 0.6), (x_3, 0.9), (x_4, 1)\}$，求 $T_{\boldsymbol{R}}(\boldsymbol{A})$。

3. 设 $\boldsymbol{X}=\{x_1, x_2, x_3, x_4, x_5\}$，$\boldsymbol{Y}=\{y_1, y_2, y_3, y_4\}$，且有 $\boldsymbol{X}$ 到 $\boldsymbol{Y}$ 的关系

$$\boldsymbol{R}=\begin{bmatrix}0.5 & 0.2 & 0 & 1\\1 & 0.3 & 0 & 0.1\\0.6 & 0.8 & 0.4 & 0.2\\0.3 & 1 & 0 & 0\\1 & 0 & 0 & 0\end{bmatrix}$$

$T_{\boldsymbol{R}}$ 为由 $\boldsymbol{R}$ 诱导的 $\boldsymbol{X}$ 到 $\boldsymbol{Y}$ 的模糊变换，即

(1) $\boldsymbol{A}=\{x_2, x_4\}$，求 $T_{\boldsymbol{R}}(\boldsymbol{A})$。

(2) $\boldsymbol{A}=\{(x_1, 0.5), (x_2, 0.6), (x_3, 0.9), (x_4, 1)\}$，求 $T_{\boldsymbol{R}}(\boldsymbol{A})$。

4. 对某品牌电视机进行综合模糊评价，设评价指标集合：$U=\{$图像，声音，价格$\}$，评价集合：$V=\{$很好，较好，一般，不好$\}$，有模糊评价矩阵

$$\boldsymbol{R}=\begin{bmatrix}0.3 & 0.5 & 0.2 & 0\\0.4 & 0.3 & 0.2 & 0.1\\0.1 & 0.1 & 0.3 & 0.5\end{bmatrix}$$

设三个指标的权系数向量：$\boldsymbol{A}=(0.5, 0.3, 0.2)$。

5. 试用 KTM 法、表格法分别求解下列模糊关系方程

(1) $(x_1, x_2, x_3, x_4)\circ\begin{bmatrix}0.3 & 0.6 & 0.1 & 0\\0 & 0.2 & 0.5 & 0.3\\0.5 & 0.3 & 0.1 & 0.1\\0.1 & 0.3 & 0.2 & 0.4\end{bmatrix}=(0.2, 0.2, 0.4, 0.3)$。

(2) $(x_1, x_2, x_3)\circ\begin{bmatrix}0.7 & 0.5 & 0.4 & 0.6\\0.5 & 0.6 & 0.3 & 0.6\\0.6 & 0.7 & 0.4 & 0.8\end{bmatrix}=(0.5, 0.6, 0.4, 0.6)$。

第5章 模糊逻辑

逻辑学是专门研究人类思维形式和思维规律的科学，人工智能将逻辑作为描述和模拟思维的工具，研究和应用逻辑，将逻辑作为重现智能的手段，逻辑和思维已经成为人工智能的两大支柱。

扎德(Zadeh)于1983年提出的模糊逻辑(Fuzzy Logic)建立在模糊集理论的基础上，是一种处理不精确描述的软计算，模糊逻辑可看做是运用无穷连续值的模糊集合去研究模糊性对象的科学。把模糊数学的一些基本概念和方法运用到逻辑领域中，产生了模糊逻辑变量、模糊逻辑函数等概念。

模糊逻辑是指模仿人脑的不确定性概念判断、推理思维方式，对于模型未知或不能确定的描述系统以及强非线性、大滞后的控制对象，应用模糊集合和模糊规则进行推理，表达过渡性界限或定性知识经验，模拟人脑方式，实行模糊综合判断，推理解决常规方法难于对付的规则型模糊信息问题。模糊逻辑善于表达界限不清晰的定性知识与经验，它借助于隶属度函数概念，区分模糊集合，处理模糊关系，模拟人脑实施规则型推理，解决因“排中律”的逻辑破缺产生的种种不确定问题。

5.1 命题逻辑与谓词逻辑

2000多年前亚里士多德开创了经典逻辑，即形式逻辑。而100多年前的德国数学家莱布尼茨进一步发展了经典逻辑，开创了数理逻辑。数理逻辑是逻辑学与数学相互渗透而形成的新学科。最早用于电路开关设计，20世纪40年代末期，数理逻辑同布尔代数一起成为电子计算科学及自动控制基础理论之一。

5.1.1 命题逻辑

定义5.1(命题) 命题是一个意义明确，可以确定真假的陈述句。陈述句也称为断言。

这里的所谓意义明确，即断言具有真假意义。在此前提下，一个命题不能同时既为真，又为假，而感叹句、疑问句等均不为命题。断言不考虑句子的结构和成分。

如“张三是人”就是一个命题。如果命题为真，其真值为1；命题为假，真值为0。命题常用大写字母表示，如P、Q等，其真值分别表示为$T(P)$、$T(Q)$。

若将命题分解为不能再分解的最简单的语句，即为该命题的原子命题。原子命题或简单命题通过连接词构成复合命题。

常用的连接词有以下5个：

(1) $\neg$：表示“否定”或“非”，它将其后的命题原真值变反，若P为T，$\neg P$为F。

(2) $\vee$：表示“析取”，即与之联结的两个命题有逻辑“或”关系。

(3) ∧：表示“合取”，即与之联结的两个命题有逻辑“与”关系。

(4) →：表示“蕴含”或“条件”，即与之联结的两个命题 P 和 Q 有逻辑“IF P THEN Q”的关系。

(5) ↔：表示“双条件”，即与之联结的两个命题 P 和 Q 有逻辑充分而必要的关系，$P \leftrightarrow Q$ 表示“P 成立当且仅当 Q”。

命题显得很简单、明确，命题逻辑真值表如表5.1所示。

表5.1　命题逻辑真值表

P	Q	$\neg P$	$P \vee Q$	$P \wedge Q$	$P \rightarrow Q$	$P \leftrightarrow Q$
T	T	F	T	T	T	T
T	F	F	T	F	F	F
F	T	T	T	F	T	F
F	F	T	F	F	T	T

但是由于命题不考虑结构和成分，很多思维过程不能在命题逻辑中表达出来。例如，逻辑学中著名的三段论：“凡人必死∧张三是人→张三必死”。在命题逻辑中就无法表示这种推理过程。因为，如果用 P 代表“凡人必死”这个命题，Q 代表“张三是人”这个命题，R 代表“张三必死”这个命题，则按照三段论，R 应该是 P 和 Q 的逻辑结果。但是，在命题逻辑中，R 却不是 P 和 Q 的逻辑结果，因为公式 $P \wedge Q \rightarrow R$ 显然不是恒真的，解释$\{P, Q, \neg R\}$就能弄假上面的公式。发生这种情况的原因是：命题逻辑中描述出来的三段论，使 R 成为一个与 P、Q 无关的独立命题。但是，实际上命题 R 是和命题 P、Q 有关系的，只是这种关系在命题逻辑中无法表示。因此，对命题的成分、结构和命题间的共同特性等需要做进一步的分析，这正是谓词逻辑所要研究的问题。为了表示出这三个命题的内在关系，我们需要引进谓词的概念。

5.1.2　谓词逻辑

定义5.2(个体)　可以独立存在的物体称为个体，它可以是抽象的，也可以是具体的。

每一个体属于一定论域，即个体域，个体可以是常量、变元或函数。如人、学生、桌子、自然数等都可以做个体。在谓词演算中，个体通常在一个命题里表示思维对象。

定义5.3(谓词)　设 D 是非空个体名称集合，定义在 D^n 上取值于$\{1, 0\}$上的 n 元函数，称为 n 元命题函数或 n 元谓词。其中，D^n 表示集合 D 的 n 次笛卡尔乘积。

可见谓词是域中个体到$\{1, 0\}$上的映射，一般地，一元谓词描述个体的性质，二元或多元谓词描述两个或多个个体间的关系。0元谓词中无个体，理解为就是命题，这样，谓词逻辑包括命题逻辑。

下面我们举刚才三段论用谓词进行描述：首先将三段论做如下的符号化，$H(x)$表示“x 是人”，$M(x)$表示“x 必死”；那么三段论的三个命题表示如下，P：$H(x) \rightarrow M(x)$，Q：H(张三)，R：M(张三)。其中 $H(x)$和 $M(x)$均为一元谓词。

那么，在命题逻辑的基础上，仅仅引进谓词的概念是否就可以了呢？如上三段论中无法表达“所有人”这个概念，因此需要引进“任意 x”这个语句及其对偶的语句“存在一个 x”。

定义 5.4(量词) 表示数量的逻辑词称为量词。有存在量词∃和全称量词∀。

可见谓词逻辑就是将简单命题分割为个体、谓词和量词等组成部分，以研究命题的形式结构，推理规则的逻辑演算理论。

定义 5.5(项) 项是一个将个体常量、个体变量和函数统一起来的概念。单独一个个体是项；若 t_1，t_2，…，t_n 是项，f 是 n 元函数，则称 $f(t_1, t_2, \cdots, t_n)$ 是项；由单独个体和 f 生成的表达式也是项。

定义 5.6(原子谓词公式) 若 t_1，t_2，…，t_n 是项，P 是谓词符号，则称 $P(t_1, t_2, \cdots, t_n)$ 为原子谓词公式。

定义 5.7(合式公式) ① 单个原子谓词公式是合式公式；② 若 F 是合式公式，则 $\neg F$ 也是合式公式；③ 若 F_1、F_2 是合式公式，则 $F_1 \vee F_2$、$F_1 \wedge F_2$、$F_1 \rightarrow F_2$ 和 $F_1 \leftrightarrow F_2$ 也是合式公式；④ 若 F 是合式公式，x 是项，则 $\forall(x)F$ 和 $\exists(x)F$ 也是合式公式。

按照定义 5.7，通过量词和连接词可以生成各种复杂的合式公式，连接词在公式中的优先级为：¬、∧、∨、→、↔。

以谓词逻辑为基础的知识表示方法的基本组成部分是谓词符号、变元符号、函数符号和常量符号，并用圆括号、方括号、花括号和逗号隔开。其表现是非常丰富的。例如，“我喜欢游泳和篮球”可写成 Like(I, Swim) ∧ Like(I, Basketball)；“我去游泳或者打篮球”可写成 Play(I, Swim) ∨ Play(I, Basketball)；“如果你有篮球，我们就打篮球”可写成 Have(I, Basketball)→ Play(We, Basketball)；“我不喜欢足球”可写成 ¬Like(I, Socer)。

用谓词公式表示知识，使我们可以通过谓词逻辑演算的各种等价关系获得归结规则，并通过归结推理的方法进行问题求解。可见谓词逻辑比命题逻辑更具表现力，并存在完备的演绎系统。即由永真的合成公式组成的公理集，经推导规则的推演，得到的合成公式定为永真。

我们现在重新对三段论进行描述，P 的形式化描述为：$\forall x(H(x) \rightarrow M(x))$，全局量词 $\forall x$ 表示“凡是人”。若有证据 x 是“张三”，即可推出“张三会死”的结论，这在命题逻辑中是无法做到的。

5.2 多值逻辑与模糊逻辑

上述逻辑为经典逻辑，显得非常严密和完备，但是人们发现二值逻辑的描述能力有限，有些命题如“小王学习好”、“小李是胖子”等很难用真假来判断。其实人们在思考问题的时候，也并非完全受限于二值逻辑，而是在不知不觉地运用着多种中间状态，陆续出现了一些非经典的逻辑，如三值逻辑、四值逻辑等多值逻辑和模糊逻辑。非经典逻辑的出现，丰富了逻辑学，特别在当今信息世界，对处理各种复杂系统问题提供了有效的手段，并得以迅速发展。

5.2.1 多值逻辑

具有代表性的多值逻辑是三值逻辑，即除了真假两个值之外，还有第三个真值。根据对第三个真值的不同语义解释，可形成各种三值逻辑。比较著名的有三种三值逻辑，即 Kleene、Lukaciewicz 和 Bochvar 等分别提出的三值逻辑系统。

1. Kleene 逻辑

Kleene 该逻辑中第三真值被解释为“不能确定”U。它既不能判定是真，也不能判定为假，但这并不表明它既非真又非假。下面给出 Kleene 逻辑真值表。

表 5.2 Kleene 逻辑真值表

P	$\neg P$
T	F
F	T
U	U

$P \lor Q$ (P \ Q)	T	F	U
T	T	T	T
F	T	F	U
U	T	U	U

$P \land Q$ (P \ Q)	T	F	U
T	T	F	U
F	F	F	F
U	U	F	U

$P \to Q$ (P \ Q)	T	F	U
T	T	F	U
F	T	T	T
U	T	U	U

$P \leftrightarrow Q$ (P \ Q)	T	F	U
T	T	F	U
F	F	T	U
U	U	U	U

该逻辑中的 U 值在实际应用中往往可解释为“尚不知道是真是假”。例如，家里粮食袋子破了，怀疑是老鼠咬的。在尚无确实证据之前，“是老鼠咬的”这个命题的真值就具有 U。然而当一个猜测未被证实或否定之前，该命题的真实状态只可能是真或者是假。

2. Lukaciewicz 逻辑

Lukaciewicz 该逻辑中第三真值被解释为“无所谓真假”U。它既是真，也可是假，但这并不表明它既非真又非假。它的各种逻辑运算的真值表与 Kleene 逻辑很类似，仅对“蕴含”逻辑运算有区别。下面给出 Lukaciewicz 逻辑真值表。

表 5.3 Lukaciewicz 逻辑真值表

P	$\neg P$
T	F
F	T
U	U

$P \lor Q$ (P \ Q)	T	F	U
T	T	T	T
F	T	F	U
U	T	U	U

$P \land Q$ (P \ Q)	T	F	U
T	T	F	U
F	F	F	F
U	U	F	U

$P \to Q$ (P \ Q)	T	F	U
T	T	F	U
F	T	T	T
U	T	U	T

$P \leftrightarrow Q$ (P \ Q)	T	F	U
T	T	F	U
F	F	T	U
U	U	U	T

真值 U 的语义不能简单地解释为没有足够的信息来确定真值，而应解释为一种既可真也可假的不定状态。如命题“在平面几何中过直线外一点恰能作一条平行线”其真假要视欧式几何还是非欧式几何而定。

3. Bochvar 逻辑

Bochvar 逻辑中第三真值被解释为“既非真又非假”U，是“无意义”或产生悖论的。下面给出 Bochvar 逻辑真值表。

表 5.4 Bochvar 逻辑真值表

P	$\neg P$
T	F
F	T
U	U

$P \lor Q$ (P \ Q)	T	F	U
T	T	T	U
F	T	F	U
U	U	U	U

$P \land Q$ (P \ Q)	T	F	U
T	T	F	U
F	F	F	U
U	U	U	U

$P \to Q$ (P \ Q)	T	F	U
T	T	F	U
F	T	T	U
U	U	U	U

$P \leftrightarrow Q$ (P \ Q)	T	F	U
T	T	F	U
F	F	T	U
U	U	U	U

该逻辑的典型命题如：有一理发师，他规定："只替不给自己理发的人理发"。现在的问题就是他该不该替自己理发？如果命题被赋予真值 T，即理发师为自己理了发，则根据上述规定，他不应该替自己理发，这样命题应该被赋予真值 F；反之，如果对命题赋予真值 F，即理发师不为自己理发，那么根据规定，他又应该为自己理发，这个命题又应该被赋予真值 T，此例亦称之为悖论问题。所以任何一个逻辑公式中只要其中有一项 U，则整个公式即等价于 U，也就是说部分无意义导致整体无意义。

从三值逻辑给予的启发，逐步发展到多值逻辑，甚至任意的无穷多值逻辑或不可数多值逻辑的研究和应用。Lukaciewicz 做了十分有意义的工作，将三值逻辑推广到多值逻辑。并做出如下定义。

设 $v(p)$代表命题 p 的真值，有：① $v(T)=1$，$v(F)=0$；② $v(p\wedge q)=\min(v(p), v(q))$；③ $v(p\vee q)=\max(v(p), v(q))$；④ $v(\neg P)=1-v(P)$，$v(F)=0$；⑤ $v(p\rightarrow q)=\min(1, 1-v(p)+v(q))$；⑥ $v(p\leftrightarrow q)=\min(v(p\rightarrow q), v(q\rightarrow p))$。这一规定将前面三值逻辑中的真值 U 包括在其中，即 $v(U)=1/2$。

5.2.2 模糊逻辑

根据上节三值逻辑的思想，无穷多值逻辑是指除真和假之外还有无穷多个逻辑真值，可用大于 0 小于 1 的实数 r 表示前提或结论成立的程度。

事实上，多值逻辑即是初步的模糊逻辑，通过引入模糊逻辑变量和模糊谓词实现了到模糊谓词逻辑的过度，可以概述模糊谓词逻辑如下：

1. 模糊谓词逻辑的形式符号

(1) 谓词：由谓词符号及其相连的个体符号构成，它规定了一个从全个体域到真值的映射。

(2) 真值：[0, 1]。

(3) 函数符号：它规定了一个从域到域的映射，函数符号常用小写字母 f，g，f^n 等表示。

(4) 连结符：非 $\neg$、取小 $\wedge$、取大 $\vee$、蕴含$\rightarrow$、$\leftrightarrow$、()等。

(5) 量词：全称量词(任意)$\forall$，存在量词$\exists$。

(6) 常量：n 元函数常数 f^n，当 $n=0$，为普通常量，属于某域。

(7) 变量：普通变量(取值在某域中)，模糊变量(取值在[0, 1]中)。

2. 合式公式(模糊谓词公式)

1) 项(在某域中取值)

(1) 每一个体符号(包括普通的常量 a 和变量 x)都是项。

(2) 若 t_1，t_2，…，t_n 是项，则称 $f^n(t_1, t_2, \cdots, t_n)$也是项。

(3) 所有项都由(1)和(2)生成。

2) 原(子)公式(在[0, 1]中取值)

(1) 每个命题常量都是原公式。

(2) 每个模糊变量都是原公式。

(3) 若 t_1，t_2，…，t_n 是项，则称 $P^n(t_1, t_2, \cdots, t_n)$也是原公式。

3）合式公式（在[0，1]中取值）

（1）每个原公式都是合式公式。

（2）若 F_1、F_2 是合式公式，则 $\neg F$、$F_1 \vee F_2$、$F_1 \wedge F_2$、$F_1 \rightarrow F_2$ 和 $F_1 \leftrightarrow F_2$ 也是合式公式。

（3）若 x 是普通变量，F 是合式公式，则 $\forall(x)F$ 和 $\exists(x)F$ 也是合式公式。

上述所有的项均属于同一个域 D，故没有对函数常量和谓词常量的定义域的说明。合式公式的计算规则仍沿用 Lukaciewicz 逻辑推广中的计算方法，但对带量词的合式公式的计算做了某些补充。

3. 永真式与永假式

模糊逻辑中，如果对一个合式公式中的普通变量和模糊变量无论做何种赋值，该合式公式的真值均大于或等于 $\lambda(\lambda \in [0, 1])$，则称它为 λ 永真的；反之，若该合式公式的真值在任何情况下均小于或等于 λ，则称它是 λ 永假的，或 λ 不可满足的。

一个不是 λ 永真的合式公式也称为是 λ 可假的；反之，一个不是 λ 永假的合式公式也称为是 λ 可真的。

通常称一个 1/2 永真的合式公式为模糊真的，称一个 1/2 永假的合式公式为模糊假的。

4. 模糊逻辑运算

真值的计算和推广的 Lukaciewicz 逻辑的计算规则一致：

（1）模糊逻辑补：$A = \neg B$，则 $\mu_A(x) = 1 - \mu_B(x)$。

（2）模糊逻辑合取：$A = B \wedge C$，则 $\mu_A(x) = \min(\mu_B(x), \mu_C(x))$。

（3）模糊逻辑析取：$A = B \vee C$，则 $\mu_A(x) = \max(\mu_B(x), \mu_C(x))$。

（4）模糊逻辑蕴含：$A = B \rightarrow C$，则 $\mu_A(x) = \min(1, 1 - \mu_B(x) + \mu_C(x))$。

（5）模糊逻辑等价：$A = B \leftrightarrow C$，则 $\mu_A(x) = \min(1, 1 - \mu_B(x) + \mu_C(x), 1 - \mu_C(x) + \mu_B(x))$。

5.3 模糊逻辑函数

5.3.1 模糊逻辑函数的概念

一个模糊命题通常可表示成 $F_P(P_1, P_2, \cdots, P_n)$，其中，$P_i(i = 1, 2, \cdots, n)$ 为模糊命题变元。

定义 5.8（模糊逻辑变量） 记各模糊命题变元的真值为

$$T(P_i) = x_i \qquad (i = 1, 2, \cdots, n), \ x_i \in [0, 1]$$

则称 x_i 为模糊逻辑变量，简称模糊变量。

设 n 元模糊变量集合为 $\{x_1, x_2, \cdots, x_n\}$，有 $(x_1, x_2, \cdots, x_n) \in [0, 1]^n$。这样，通过模糊命题变元 p_i 与模糊变量 x_i 对应，从而使模糊命题 F_P 可对应其真值 f，即

$$T(F_P(P_1, P_2, \cdots, P_n)) = f(x_1, x_2, \cdots, x_n)$$

其中，$f(x_1, x_2, \cdots, x_n) \in [0, 1]$，$f$ 为真值的模糊表达式，又称为模糊逻辑公式，亦称 n 元模糊逻辑函数，确切定义如下。

定义 5.9(模糊逻辑函数) 若有映射

$$F: [0, 1]^n \to [0, 1]$$

称此映射为模糊逻辑函数，记为 $f(x_1, x_2, \cdots, x_n) = f(x)$，$x \in [0, 1]^n$，也称为模糊逻辑公式。

为了方便，常将"∨"用"+"代替，"∧"用"·"代替("·"也可省略)，"¬"用"－"代替，例如，$f(x, y) = \bar{x} \wedge y \vee x$ 写为 $f(x, y) = \bar{x} \cdot y + x$。

设 $\mathscr{F}$ 为全体模糊逻辑函数的集合，模糊逻辑函数还可递归定义如下：

(1) 数 0，$1 \in \mathscr{F}$。

(2) $x_i (i=1, 2, \cdots, n)$本身$\in \mathscr{F}$。

(3) 若 F_1，$F_2 \in \mathscr{F}$，则 $F_1 + F_2 \in \mathscr{F}$，$F_1 \cdot F_2 \in \mathscr{F}$，$\overline{F}_1 \in \mathscr{F}$，$\overline{F}_2 \in \mathscr{F}$。

(4) 所有模糊逻辑函数均由式(1)、(2)和(3)给定。

定义 5.10(模糊包含) 设 F_1，$F_2 \in \mathscr{F}$，若 $\forall (x_1, x_2, \cdots, x_n) \in [0, 1]^n$，都有

$$f_1(x_1, x_2, \cdots, x_n) \leqslant f_2(x_1, x_2, \cdots, x_n)$$

则称 F_2 包含 F_1，记 $F_1 \leqslant F_2$。

若 $F_1 = F_2$，即可推出 $F_1 \leqslant F_2$ 且 $F_2 \leqslant F_1$。

定义 5.11(模糊恒真、恒假) 设 $F \in \mathscr{F}$，若 $\forall (x_1, x_2, \cdots, x_n) \in [0, 1]^n$，都有：

(1) $f(x_1, x_2, \cdots, x_n) \geqslant 0.5$，则称 F 为模糊恒真或相容的。

(2) $f(x_1, x_2, \cdots, x_n) \leqslant 0.5$，则称 F 为模糊恒假或不相容的。

例 5.1 对于 $F_1 = x \cdot \bar{x}$ 和 $F_2 = x + \bar{x}$ 是模糊恒真吗？

解 对于 $F_1 = x \cdot \bar{x}$ 有 $f(x) = \min(x, 1-x) = \begin{cases} x & x \leqslant 0.5 \\ 1-x & x > 0.5 \end{cases}$，恒有 $f(x) \leqslant 0.5$，所以 F_1 为模糊恒假；同样对于 $F_2 = x + \bar{x}$，可证 F_2 为模糊恒真。

5.3.2 模糊逻辑函数的范式

模糊逻辑函数的范式也就是模糊逻辑函数的一种规范形式，为后面描述方便，我们定义如下术语。

(1) 文字：变量 x 或 $\bar{x}$，常用 L 表示。

(2) 句子：文字的析取，常用 C 表示。

(3) 短语：文字的合取，常用 P 表示。

单项短语(单项)：不含有互补对(如 x，$\bar{x}$)的短语。

互补项短语(互补项)：含有互补对(如 x，$\bar{x}$)的短语。

r 阶项：含有 r 个互补对的补项。

t 类项：仅有一些互补对构成的短语。

若短语 F_1、F_2 中的 t 类项分别为 t_1、t_2 且 $t_1 \leqslant t_2$，则称 F_1 是 F_2 的包含类中的项，特别地将单项作为一类，并规定 $t=1$。显然，单项类是 0 阶类，任何项都是 0 阶项包含类中的项。

例如，设 F_1，$F_2 \in \mathscr{F}$，$F_1 = x_1 \bar{x}_1 x_2 x_3 \bar{x}_3$，$F_2 = x_1 \bar{x}_1 x_2$，$F_3 = x_1 x_2$，$F_4 = x_1 + x_2$。根据以上定义我们知道 x_1、$\bar{x}_1$、x_2、x_3 和 $\bar{x}_3$ 均为文字；F_1 和 F_2 均为互补项，F_1 为二阶项，F_2 为一阶项；F_3 为单项；F_4 为句子；$t_1 = x_1 \bar{x}_1 x_3 \bar{x}_3$，$t_2 = x_1 \bar{x}_1$，显然 $t_1 \leqslant t_2$，那么 F_1 是 F_2 的包含类中的项。

定义 5.12(合取范式、析取范式) 设文字 L_{ij}，有句子 $C_j = L_{1j} + L_{2j} + \cdots + L_{mj} = \sum_{i=1}^{m} L_{ij}$，短语 $P_i = L_{i1} \cdot L_{i2} \cdot \cdots \cdot L_{in} = \prod_{j=1}^{n} L_{ij}$，则称模糊公式 $F = C_1 C_2 \cdots C_s = \prod_{j=1}^{s} \sum_{i=1}^{m} L_{ij}$ 为合取范式，$F = P_1 + P_2 + \cdots + P_k = \sum_{i=1}^{k} \prod_{j=1}^{n} L_{ij}$ 为析取范式。

由此可见，除 0 和 1 外任何一个模糊公式都可以转换为析取范式和合取范式的形式。所以一个析取范式可以化为一个相等的合取范式，一个合取范式也可以化为一个相等的析取范式。

上一节我们提到模糊公式恒真或恒假的概念，那么对于句子、短语、析取范式和合取范式有什么结论或者性质呢？

定理 5.1

(1) 句子 C 模糊恒真的充分必要条件是 C 含有互补对，如 $C = x_1 + \bar{x}_1 + \cdots$。

(2) 短语 P 模糊恒假的充分必要条件是 P 含有互补对，如 $P = x_1 \bar{x}_1 \cdots$。

证明

(1) 若句子 C 含有互补对，由于它具有形式 $C = L_1 + L_2 + \cdots + L_P$，所以有

$$T(C) = \max_{1 \leqslant j \leqslant p} T(L_j) \geqslant T(x_1 + \bar{x}_1) \geqslant \frac{1}{2}$$

得证句子 C 为模糊恒真；反之，若句子 C 为模糊恒真，假设 C 不含有互补对，由于 $C = L_1 + L_2 + \cdots + L_p$，所以如果对一切 L_j 分别赋予真值，使

$$T(L_j) < \frac{1}{2},\ j = 1,\ 2,\ \cdots,\ p \Rightarrow 必有\ T(C) = \max_{1 \leqslant j \leqslant p} T(L_j) < \frac{1}{2}$$

这与句子 C 为模糊恒真相矛盾，所以若 C 为模糊恒真，则它必须包含互补对。

(2) 若短语 P 含有互补对，由于它具有形式 $P = L_1 \cdot L_2 \cdot \cdots \cdot L_P$，所以有

$$T(P) = \min_{1 \leqslant j \leqslant p} T(L_j) \leqslant T(x_1 \cdot \bar{x}_1) \leqslant \frac{1}{2}$$

得证短语 P 为模糊恒假；反之，若短语 P 为模糊恒假，假设 P 不含有互补对，由于 $P = L_1 \cdot L_2 \cdot \cdots \cdot L_P$，所以如果对一切 L_j 分别赋予真值，使

$$T(L_j) > \frac{1}{2},\ j = 1,\ 2,\ \cdots,\ p \Rightarrow 必有\ T(P) = \min_{1 \leqslant j \leqslant p} T(L_j) > \frac{1}{2}$$

这与短语 P 为模糊恒假相矛盾，所以若短语 P 为模糊恒假，则它必须包含互补对。

定理 5.2

(1) 析取范式 $F = \sum_{i=1}^{m} P_i$ 模糊恒假的充分必要条件是所有短语 P_1，P_2，…，P_m 均为模糊恒假。

(2) 合取范式 $F = \prod_{i=1}^{m} C_i$ 模糊恒真的充分必要条件是所有句子 C_1，C_2，…，C_m 均为模糊恒真。

证明

(1) 当 F 为析取范式时，由于 $T(F) = \max_{1 \leqslant j \leqslant p} T(P_j)$，因此 $T(F) \leqslant \frac{1}{2} \Leftrightarrow T(P_j) \leqslant \frac{1}{2}$，得证。

(2) 当 F 为合取范式时，由于 $T(F)=\min_{1\leqslant j\leqslant p} T(C_j)$，因此 $T(F)\geqslant\frac{1}{2}\Leftrightarrow T(C_j)\geqslant\frac{1}{2}$，得证。

在谓词逻辑中，利用分配律和德·莫根律，可以证明每个公式均可展开为合取范式和析取范式，由于模糊逻辑的运算同样服从分配律和德·莫根律，所以不难看出，任何模糊逻辑函数也能展开为合取范式或析取范式。由此，可得到关于模糊逻辑和谓词逻辑的关系。

定理 5.3

(1) 若模糊逻辑函数 $F\in\mathscr{F}$ 为模糊恒真的充分必要条件是 F 在谓词逻辑中恒真。

(2) 若模糊逻辑函数 $F\in\mathscr{F}$ 为模糊恒假的充分必要条件是 F 在谓词逻辑中恒假。

定理 5.4 关于互补对有以下结论：

(1) 设 P 是一短语，x_i或 $\bar{x}_i$ 含于 P，则 $P=P\cdot(x_i+\bar{x}_i)$。

(2) 设 C 是一句子，x_i或 $\bar{x}_i$ 含于 C，则 $C=C+(x_i\cdot\bar{x}_i)$。

(3) 设 P 为不含互补对的短语(单项)，则 P 含 x_i或 $\bar{x}_i\leftrightarrow P=P\cdot(x_i+\bar{x}_i)$。

(4) 设 C 为不含互补对的句子，则 C 含 x_i或 $\bar{x}_i\leftrightarrow C=C+(x_i\cdot\bar{x}_i)$。

证明

结论(1)：$P\cdot(x_i+\bar{x}_i)=P\cdot x_i+P\cdot\bar{x}_i$，当 P 含 x_i和 $\bar{x}_i$ 时，$P\cdot x_i+P\cdot\bar{x}_i=P+P=P$；当 P 含 x_i不含 $\bar{x}_i$ 时，$P\cdot x_i+P\cdot\bar{x}_i=P+P\cdot\bar{x}_i=P$；当 P 含 $\bar{x}_i$ 不含 x_i 时，$P\cdot x_i+P\cdot\overline{x_i}=P\cdot x_i+P=P$，得证。

结论(2)：$C+(x_i\cdot\bar{x}_i)=(C+x_i)\cdot(C+\bar{x}_i)$，当 C 含 x_i和 $\bar{x}_i$ 时，$(C+x_i)\cdot(C+\bar{x}_i)=C\cdot C=C$；当 C 含 x_i 不含 $\bar{x}_i$ 时，$(C+x_i)\cdot(C+\bar{x}_i)=C\cdot(C+\bar{x}_i)=C$；当 C 含 $\bar{x}_i$ 不含 x_i 时，$(C+x_i)\cdot(C+\bar{x}_i)=(C+x_i)\cdot C=C$，得证。

利用结论(1)和(2)可证明结论(3)和(4)。

例 5.2 设模糊逻辑函数 $F_1=(x_1+\bar{x}_2)\cdot x_2\cdot(x_2+\bar{x}_3)$，$F_2=x_1\cdot\bar{x}_1\cdot x_2+x_2\cdot\bar{x}_2\cdot x_3$，请问 F_1和 F_2是模糊恒真吗？

解 模糊逻辑函数 F_1是合取范式，其中子句分别为 $C_1=x_1+\bar{x}_2$，$C_2=x_2$，$C_3=x_2+\bar{x}_3$，由于 C_1、C_2 和 C_3 中都不含互补对，根据定理 5.1 和定理 5.2 可知 F_1不是模糊恒真。

模糊逻辑函数 F_2是析取范式，其中短语分别为 $P_1=x_1+\bar{x}_1+x_2$，$P_2=x_2+\bar{x}_2+\bar{x}_3$，由于 P_1 和 P_2 中均含互补对，根据定理 5.1 和定理 5.2 可知 F_2是模糊恒真的。

5.3.3 模糊逻辑函数的化简

模糊逻辑函数的化简是将一个析取范式化简为一个唯一的确定的主析取范式(由互素的析取不可约元组成的析取式)，或将一个合取范式化简为一个唯一确定的主合取范式(由互素的合取不可约元组成的合取式)。

化简的原则主要运用前面定义的模糊逻辑函数间的包含关系。我们将包含关系的条件再强一点，给出下面的定义。

定义 5.13(模糊蕴含) 设 F_1，$F_2\in\mathscr{F}$，若 $F_1\leqslant F_2$(即 F_2包含 F_1)，且存在$(x_1, x_2, \cdots, x_n)$使 $f_1(x_1, x_2, \cdots, x_n)<f_2(x_1, x_2, \cdots, x_n)$，则称 F_2真包含 F_1，记为 $F_1<F_2$。

模糊逻辑函数的包含关系具有以下性质：

(1) 自反性：$F \leqslant F$。

(2) 反对称性：$F_1 \leqslant F_2$，$F_2 \leqslant F_1 \Rightarrow F_1 = F_2$。

(3) 传递性：$F_1 \leqslant F_2$，$F_2 \leqslant F_3 \Rightarrow F_1 \leqslant F_3$。

(4) $F_1 \leqslant F_2 \Leftrightarrow F_1 + F_2 = F_2 \Leftrightarrow F_1 \cdot F_2 = F_1$。

(5) $F_1 \leqslant F_2$，若 F_1 是模糊恒真，则 F_2 也是模糊恒真。

定义 5.14(析取可约元) 短语 P 称为析取可约元，当且仅当 P 可表示为 $P = \sum_{i=1}^{m} p_i$，$m > 1$，且 $P_i < P$。否则称 P 为析取不可约元。

定义 5.15(合取可约元) 句子 C 称为合取可约元，当且仅当 C 可表示为 $C = \prod_{j=1}^{l} C_j$，$l > 1$，且 $C_j < C$。否则称 C 为合取不可约元。

定义 5.16(互素) 设 F_1，$F_2 \in \mathscr{F}$，当且仅当 $F_1 \not\leqslant F_2$ 且 $F_2 \not\leqslant F_1$(即 F_1 和 F_2 互不包含)，则称 F_1 与 F_2 为互素的。

显然，若 F_1 与 F_2 为互素 $\Leftrightarrow F_1 < (F_1 + F_2)$ & $F_2 < (F_1 + F_2)$ 或 $F_1 \cdot F_2 < F_1$ & $F_1 \cdot F_2 < F_2$。

设 $P_1 = \prod_{j=1}^{m} L_{j1}$，$P_2 = \prod_{i=1}^{l} L_{i2}$ 是两个短语，其中 L_{j1}，$L_{i2} \in \{x_1, x_2, \cdots, x_n, \bar{x}_1, \bar{x}_2, \cdots, \bar{x}_n\}$，那么有以下结论：

(1) $P_2 \leqslant P_1$ 当且仅当 P_1 中的文字 L_{j1} 在 P_2 中一定出现；

(2) $P_2 < P_1$ 当且仅当 P_1 中的文字 L_{j1} 在 P_2 中一定出现，且 P_2 中至少有一文字 L_{i2} 在 P_1 中不出现。

定理 5.5 短语 P 是析取不可约元当且仅当满足下面两个条件之一：

(1) P 不含任何互补对；(2) P 含每一变量且至少含有一互补对。

证明 从右至左。

(1) 设短语 P 不含任何互补对$(x_i, \bar{x}_i)$，且 $P = \prod_{j=1}^{m} L_{j1}$，$L_{j1} \in \{x_1, x_2, \cdots, x_n, \bar{x}_1, \bar{x}_2, \cdots, \bar{x}_n\}$，假定 P 是析取可约元，有 $P = \sum_{i=1}^{l} P_i$，且 $P_i < P(i = 1, 2, \cdots, l)$。由前面结论，设有 P'_i 的文字在 P 中不出现，且 $P_i = P \cdot P'_i$。令

$$x_k = \begin{cases} 1, & \text{当 } x_k \text{ 在 } P \text{ 中出现} \\ 0, & \text{当 } \bar{x}_k \text{ 在 } P \text{ 中出现} \\ 0.5, & \text{其他} \end{cases}$$

则 P 中出现的字取值 1，P 中不出现的字取值为 0 或 0.5，那么 $P(x_1, x_2, \cdots, x_n) = 1$，$P'_i(x_1, x_2, \cdots, x_n) = 0$ 或 0.5，$P_i(x_1, x_2, \cdots, x_n) = P \cdot P'_i \leqslant 0.5$。由 $P = \sum_{i=1}^{l} P_i$ 得 $P(x_1, x_2, \cdots, x_n) = \sum_{i=1}^{l} P_i(x_1, x_2, \cdots, x_n) \leqslant 0.5$，这与 $P(x_1, x_2, \cdots, x_n) = 1$ 矛盾，故 P 是析取不可约元。

(2) 设短语 P 含每一变量且至少含有一互补对$(x_i, \bar{x}_i)$，假定 P 是析取可约元，同前面证明，有 $P = \sum_{i=1}^{l} P_i$，且 $P_i = P \cdot P'_i$，P'_i 中文字在 P 中出现。令

$$x_k=\begin{cases}1, & \text{当 } \overline{x}_k \text{ 在 } P \text{ 中不出现}(x_k \text{ 必出现})\\ 0, & \text{当 } x_k \text{ 在 } P \text{ 中不出现}(\overline{x}_k \text{ 必出现})\\ 0.5, & \text{当 } x_k, \overline{x}_k \text{ 在 } P \text{ 中同时出现}\end{cases}$$

于是 P 中出现的字都取值 0.5 或 1，不出现的字取值 0，这样的一组变量 $(x_1, x_2, \cdots, x_n)$：$P'_i(x_1, x_2, \cdots, x_n)=0$，$P(x_1, x_2, \cdots, x_n)=0.5$，$P_i(x_1, x_2, \cdots, x_n)=P\cdot P'_i=0$。

又因 $P=\sum_{i=1}^{l}P_i$，故 $P(x_1, x_2, \cdots, x_n)=\sum_{i=1}^{l}P_i(x_1, x_2, \cdots, x_n)=0$，这与 $P(x_1, x_2, \cdots, x_n)=0.5$ 矛盾，故 P 是析取不可约元。

从右至左。假定短语 P 为析取不可约元且不满足定理中要求的两个条件之一，反而含有某互补对 $(x_i, \overline{x}_i)$，并且缺少变量 x_j，因 $x_i\cdot\overline{x}_i\leqslant x_j+\overline{x}_j\Rightarrow x_i\cdot\overline{x}_i=(x_i\cdot\overline{x}_i)\cdot(x_j+\overline{x}_j)=(x_i\cdot\overline{x}_i\cdot x_j)+(x_i\cdot\overline{x}_i\cdot\overline{x}_j)$，设 P' 不含 x_i，$\overline{x}_i$，x_j，$\overline{x}_j$，由 $P=(x_i\cdot\overline{x}_i)\cdot P'_i$ 得 $P=x_i\cdot\overline{x}_i\cdot x_j\cdot P'+x_i\cdot\overline{x}_i\cdot\overline{x}_j\cdot P'$。显然有 $x_i\cdot\overline{x}_i\cdot x_j\cdot P'\leqslant P$ 和 $x_i\cdot\overline{x}_i\cdot\overline{x}_j\cdot P'\leqslant P$，再加之假定 x_i 和 $\overline{x}_i$ 不在 P 中，故有 $x_i\cdot\overline{x}_i\cdot x_j\cdot P'<P$ 和 $x_i\cdot\overline{x}_i\cdot\overline{x}_j\cdot P'<P$。

即 P 是析取可约元与题设矛盾。

定理 5.6 句子 C 是合取不可约元当且仅当满足下面两个条件之一：

(1) C 中不含任何互补对。

(2) C 含每一变量且至少含有一互补对。

其证明方法同定理 5.4。

定义 5.17(主析取范式) 称析取范式 $F=\sum_{i=1}^{k}p_i$，$k\geqslant 1$ 为主析取范式，当且仅当所含短语 P_i 都是析取不可约元且两两互素。

定义 5.18(主合取范式) 称合取范式 $F=\prod_{j=1}^{s}C_j$，$s\geqslant 1$ 为主合取范式，当且仅当所含句子 C_j 都是合取不可约元且两两互素。

定理 5.7 主析取范式及主合取范式是唯一的。

证明 主析取范式的唯一性。设模糊公式 $F=\sum_{i=1}^{s}P_i$ 和 $\sum_{j=1}^{l}P'_j$ 两个主析取范式。

(1) 若 $s=1$，$l=1$，显然有 $F=P_i=P'_i$。

(2) 若 $s>1$，$l>1$，对任一 P_i，因为 P_i 为析取不可约元，只有两种可能(由定理 5.4 可知)：

① 若 P_i 中不含任何互补对 $(x_i, \overline{x}_i)$，令

$$x_k=\begin{cases}1, & \text{当 } x_k \text{ 在 } P \text{ 中出现}, \overline{x}_k \text{ 不出现}\\ 0, & \text{当 } \overline{x}_k \text{ 在 } P \text{ 中出现}, x_k \text{ 不出现}\\ 0.5, & \text{其他}\end{cases}$$

则 P_i 中出现的字都取值为 1，不出现的字取值为 0.5 或 0，从而

$1=P_i(x_1, x_2, \cdots, x_n)\leqslant\sum_{j=1}^{l}P'_j(x_1, x_2, \cdots, x_n)\Rightarrow$ 一定存在 $j_0\in\{1, 2, \cdots, l\}$，使得 $P'_{j_0}(x_1, x_2, \cdots, x_n)=1$，可见 P'_{j_0} 不含在 P_i 中不出现的字，于是由前面结论可知 $P_i\leqslant P'_{j_0}$。

② 若 P_i 中含每一变量且至少含有一互补对 $(x_i, \bar{x}_i)$，令

$$x_k=\begin{cases}1, & \text{当 } \bar{x}_k \text{ 在 } P \text{ 中不出现}(x_k \text{ 必出现})\\ 0, & \text{当 } x_k \text{ 在 } P \text{ 中不出现}(\bar{x}_k \text{ 必出现})\\ 0.5, & \text{当 } x_k, \bar{x}_k \text{ 在 } P \text{ 中同时出现}\end{cases}$$

则 P_i 中出现的字都取值为 0.5 或 1，不出现的字取值为 0，从而 $0.5=P_i(x_1, x_2, \cdots, x_n) \leqslant \sum_{j=1}^{l} P'_j(x_1, x_2, \cdots, x_n) \Rightarrow$ 一定存在 $j_0 \in \{1, 2, \cdots, l\}$，使得 $P_{j'_0}(x_1, x_2, \cdots, x_n) \geqslant \frac{1}{2}$，可见 P'_{j0} 不含在 P_i 中不出现的字，于是由前面结论可知 $P_i \leqslant P'_{j_0}$。

由①和②可见，对任意 P_i，一定存在 $P'_{j0}(j_0 \in \{1, 2, \cdots, l\})$ 使 $P_i \leqslant P'_{j0}$；又因 P'_{j0} 也是析取不可约元，对其做上述推理，在 $\sum_{i=1}^{s} p_i$ 中也一定存在 $P_{i_0}(i_0 \in \{1, 2, \cdots, s\})$ 使得 $P'_{j0} \leqslant P_{i0}$；从而有 $P_i \leqslant P'_{j0} \leqslant P_{i0}$。因 $P_i(i=1, 2, \cdots, s)$ 两两互素，必然 $P_i=P_{i0}$，那么 $P'_{j0} \leqslant P_i$ 且 $P_i \leqslant P'_{j0} \Rightarrow P_i=P'_{j0}$，于是得结论：$P_i$ 是 $P'_j(j=1, 2, \cdots, l)$ 中之一，同时 P'_j 也是 $P_i(i=1, 2, \cdots, s)$ 中之一，两个析取范式的短语完全相同，故主析取范式唯一。

同理可证主合取范式的唯一性。

关于主析取范式的存在性有以下引理。

引理 5.1 设短语 P 是由 $\{x_1, x_2, \cdots, x_n, \bar{x}_1, \bar{x}_2, \cdots, \bar{x}_n\}$ 中的字组成的短语且为析取可约元，则存在 P 的析取范式 $P=\sum_{i=1}^{l} P_i$，$s \geqslant 1$，其中短语 P_i 均为析取不可约元。

证明 若 P 为析取可约元，反过来由定理 5.5，先假定 P 含有互补对 $(x_{k_0}, \bar{x}_{k_0})$，且不含变量 $x_{k_1}, x_{k_2}, \cdots, x_{k_l}(l \geqslant 1)$。

若 $l=1$，令 $P=(x_{k_0}\bar{x}_{k_0})\cdot P'$（$P'$ 中只缺变量 x_{k_0}、x_{k_1}），由定理 5.4 中结论(1)可知

$$x_{k_0}\cdot\bar{x}_{k_0}=(x_{k_0}\bar{x}_{k_0})\cdot(x_{k_1}+\bar{x}_{k_1})=x_{k_0}\bar{x}_{k_0}x_{k_1}+x_{k_0}\bar{x}_{k_0}\bar{x}_{k_1}$$

则有

$$P=(x_{k_0}\bar{x}_{k_0})\cdot P'=x_{k_0}\bar{x}_{k_0}x_{k_1}\cdot P'+x_{k_0}\bar{x}_{k_0}\bar{x}_{k_1}\cdot P'=P_1+P_2$$

显然 P_1 和 P_2 含有互补对 $(x_{k_0}, \bar{x}_{k_0})$ 且含全部变量，故为析取不可约元。

若 $l=2$，令 $P=(x_{k_0}\bar{x}_{k_0})\cdot P'$（$P'$ 中只缺变量 x_{k_0}、x_{k_1}、x_{k_2}），又因为

$$\begin{aligned}x_{k_0}\cdot\bar{x}_{k_0}&=(x_{k_0}\bar{x}_{k_0})\cdot(x_{k_1}+\bar{x}_{k_1})\cdot(x_{k_2}+\bar{x}_{k_2})\\&=x_{k_0}\bar{x}_{k_0}x_{k_1}x_{k_2}+x_{k_0}\bar{x}_{k_0}x_{k_1}\bar{x}_{k_2}+x_{k_0}\bar{x}_{k_0}\bar{x}_{k_1}x_{k_2}+x_{k_0}\bar{x}_{k_0}\bar{x}_{k_1}\bar{x}_{k_2}\end{aligned}$$

则有

$$\begin{aligned}P&=(x_{k_0}\bar{x}_{k_0})\cdot P'\\&=x_{k_0}\bar{x}_{k_0}x_{k_1}x_{k_2}\cdot P'+x_{k_0}\bar{x}_{k_0}x_{k_1}\bar{x}_{k_2}\cdot P'+x_{k_0}\bar{x}_{k_0}\bar{x}_{k_1}x_{k_2}\cdot P'+x_{k_0}\bar{x}_{k_0}\bar{x}_{k_1}\bar{x}_{k_2}\cdot P'\\&=P_{11}+P_{12}+P_{21}+P_{22}\\&=\sum_{i_1=1}^{2}\sum_{i_2=1}^{2}P_{i_1i_2}\end{aligned}$$

显然 $P_{i_1i_2}(i_1, i_2 \in \{1, 2\})$ 含互补对 $(x_{k_0}, \bar{x}_{k_0})$ 且含全部变量，故为析取不可约元。

以此类推，对任何有限值 $l(1\leqslant l\leqslant n-1)$，有 $P=\sum_{i_1=1}^{2}\sum_{i_l=1}^{2}P_{i_1 i_2\cdots i_l}$，$P_{i_1 i_2\cdots i_l}(i_1, i_2, \cdots, i_l\in\{1, 2\})$ 为析取不可约元。

显然 P_1 和 P_2 含有互补对 $(x_{k_0}, \overline{x}_{k_0})$ 且含全部变量，故为析取不可约元。

定理 5.8　模糊逻辑函数 $F(F\neq 0, 1)$ 存在有主析取范式。

证明

(1) 任何一个模糊逻辑函数均可转化为析取范式或合取范式。

(2) 在模糊函数的析取范式中，若有短语是析取可约元，则由引理 5.1 可将其转化为析取不可约元的析取范式。故存在模糊逻辑函数的析取范式 $F=\sum_{j=1}^{l}P_j$，其中 P_i 均为析取不可约元。

(3) 在上式中若存在 $P_{i1}\leqslant P_{i2}$，则 $\forall(x_1, x_2, \cdots, x_n)$，由

$P_{i1}(x_1, x_2, \cdots, x_n)\leqslant P_{i2}(x_1, x_2, \cdots, x_n)\Rightarrow(P_{i1}+P_{i2})(x_1, x_2, \cdots, x_n)=P_{i2}(x_1, x_2, \cdots, x_n)$

即有 $P_{i1}+P_{i2}=P_{i2}$，除去了 P_{i1}。

这样便可将上式中凡是被包含的短语全部删除(若相互包含则保留其中一个)。最后所得是短语两两互素的析取范式，即 $F=\sum_{j=1}^{l}P_j$，又因其短语均为是析取不可约元，且两两互素，故最后所得是 F 的主析取范式。

通过证明过程我们得到了一种模糊逻辑函数化简的程序：

(1) 用软代数运算公式，将模糊逻辑函数 F 写成析取范式。

(2) 对 F 中每一析取可约元 P，将所缺变量 x_k 相应的 $x_k+\overline{x}_k$ 与 P 合取 $P\cdot(x_k+\overline{x}_k)$，然后再写成析取范式。

(3) 删除那些被其他短语包含的短语。

(4) 最后所得即为 F 的主析取范式。

定理 5.9　模糊逻辑函数 $F(F\neq 0, 1)$ 存在有主合取范式。

证明　类似于定理 5.8。

可证模糊逻辑函数 F 的主析取范式同主合取范式间有如下关系：若 $\overline{F}$ 的主析取范式是 $\overline{F}=\sum_{i=1}^{k}\sum_{j=1}^{n}x_{ij}$，则 F 的主合取范式是 $F=\prod_{i=1}^{k}\sum_{j=1}^{n}\overline{x}_{ij}$。

于是只要获得主析取范式，将其做“非”运算便得与其相等的主合取范式；反之亦然。

例 5.3　化简模糊逻辑函数 $F=x(\overline{x}(y\overline{y}+z)+y\overline{x}z)+x\overline{xz}$。

解

(1) 化为析取式即

$$F=x\overline{x}y\overline{y}+x\overline{x}z+x\overline{x}yz+x\overline{xz}$$

(2) 对析取可约元 $x\overline{x}y\overline{y}$、$x\overline{x}z$、$x\overline{xz}$ 分别进行补齐，即

$$x\overline{x}y\overline{y}(z+\overline{z})=x\overline{x}y\overline{y}z+x\overline{x}y\overline{yz},$$

$$x\overline{x}z(y+\overline{y})=x\overline{x}yz+x\overline{xy}z,$$

$$x\overline{xz}(y+\overline{y})=x\overline{x}y\overline{z}+x\overline{xyz}$$

则

$$F=x\bar{x}y\bar{y}z+x\bar{x}y\overline{yz}+x\bar{x}yz+x\overline{xy}z+x\bar{x}yz+x\bar{x}y\bar{z}+x\overline{xyz}$$

(3) 因为 $x\bar{x}y\bar{y}z \leqslant x\bar{x}yz$，$x\bar{x}y\overline{yz} \leqslant x\bar{x}y\bar{z}$，合并相同项和删除被包含项后得主析取范式，即

$$F=x\bar{x}yz+x\overline{xy}z+x\bar{x}y\bar{z}+x\overline{xyz}$$

5.4 模糊语言逻辑

随着科学技术的发展，人们希望机器能模拟人脑思维，从而提高计算机的智能，让机器更多地代替人的工作。但是在人类的思维中充满着大量反映事物的模糊概念，相应地就有多种反映这些模糊概念的模糊语句，从而使人类的自然语言具有模糊性。要让计算机真正有效地代替人脑执行思维判断的任务，其重要的工作之一就是让自然语言形式化。本节用模糊集合理论从词义和文法的角度对自然语言进行描述，即用数学语言来表现自然语言，将其量化和数学化，进而转化为计算机能接受的算法语言。

模糊逻辑的核心概念是语言变量。例如，当将人的年龄作为一个语言变量时，其可有三个以术语表示的定性值：青、中、老，每个值均由隶属函数加以定义。尽管年龄作为数值变量时其变量值更简单(如“年龄”等于 25)，但其值域有许多值(如 1～100)。所以语言变量是一种形式的数据压缩(年龄只有三个定性值)。但这种压缩不同于定性物理中的量(值间隔)概念，因为语言变量的定性值是一种模糊值间隔，相互重叠，不存在用于分割连续值域的界标。

5.4.1 模糊语言及其算子

在普通的形式语言理论中，语言是定义为有限字母组成的序列的集合。但是，这个定义不能表达自然语言。所谓语言是具有某种机能的系统，这种机能把单词的序列和用这些序列叙述的对象集合或者构成概念的集合对应起来。自然语言的重要特点是具有模糊性，所以我们定义的语言应具有体现模糊性的机能。为此，我们引入模糊语言的定义。

定义 5.19 (模糊语言) 模糊语言 L 是用四元组 $L(U, T, E, N)$ 表示的系统。其中：

(1) U 是论域。

(2) T 是表现 U 中模糊子集名称的词或术语的集合，亦称为术语集合。

(3) E 是表示术语的字母和符号及它们的各种联结构成的集合，联结方式不同，就得到 E 中不同的元素，它们属于 T 的程度也不同，T 是 E 上的模糊子集。

若假定 E 是 $A=\{a, b, +\}$ 上有限序列的全体，那么对于 T，几个有代表性的序列的隶属函数为：$T(a+b)=1$，$T(a+b+b)=1$，$T(+a)=0.8$，$T(+a+b)=0.8$，$T(++a)=0.1$，$T(a++b)=0.1$。

(4) N 是从 E 到 U 的模糊关系，称为命名关系，其模糊关系为

$$N: T\times U \to [0, 1],\ t \mapsto N(t, u)=\mu_A(u)$$

其中，t 为一具体的词或术语，$t\in T$，$u\in U$，A 是 U 上的一个模糊子集；当 A 为普通集合时，t 称为“清晰的”，否则称为“模糊的”。

例 5.4 设年龄论域 $U=[0, 150]$，则 $T=\{$儿童，少年，青年，中年，老年$\}$，并用 t 表示术语“老年”，显然“老年”是 U 上的模糊子集，用 A 表示，隶属度函数可由下式给

出，即

$$\mu_A(u)=\begin{cases}0, & 0\leqslant u\leqslant 50\\ \left[1+\left(\dfrac{u-50}{5}\right)^{-2}\right]^{-1}, & 50<u<100\\ 1, & u\geqslant 100\end{cases}$$

当 $u=80$ 时，$N(t, u)=N(t, 80)=\mu_A(80)=0.97$。

在自然语言中，形容词、副词和动词等带模糊性的词最为多见，它们常作为前缀，形成许多模糊性的词组，特别是有些词，如“极”、“特别”、“大约”、“有点”、“偏向”等，将它们作为前缀会使语义发生很大的变化。我们称这类词为算子或变换，按功能不同分为三类。

1. 语气算子

在自然语言中，有些词如“很”、“有点”、“极”、“略”、“非常”、“比较”、“微”、“特别”等，把这些词作为前缀放在一个单词前面(如“很漂亮”、“有点贵”等)，调整该词词义的肯定程度，即增强或减弱语气，这类词称为语气算子。其中，增强语气的称为集中化算子，减弱语气的称为散漫化算子。语气算子的集合表示可确切地定义如下：

定义 5.20(语气算子) 设论域为 U，称映射

$$H_\lambda: \mathscr{F}(U)\rightarrow\mathscr{F}(U), \quad A\mapsto\mu_\lambda A, \quad \mu_{H_\lambda A}(u)=(\mu_A(u))^\lambda=\mu_A^\lambda(u)$$

为语气算子，其中，λ 为正实数，当 $\lambda>1$ 时，称 H_λ 为集中化算子，$\lambda<1$ 时，称 H_λ 为散漫化算子。一般有：极—H_4，很—H_2，相当—$H_{1.5}$，略—$H_{0.5}$，微—$H_{0.25}$。

例 5.5 在例 5.4 中，加前缀“很”以刻画很老，$H_\lambda=H_2$，有

$$\mu_{很老}(u)=\mu_{老年}^2(u)=\begin{cases}0, & 0\leqslant u\leqslant 50\\ \left[1+\left(\dfrac{u-50}{5}\right)^{-2}\right]^{-2}, & 50<u<100\\ 1, & u\geqslant 100\end{cases}$$

加前缀“略”以刻画“略老”，$H_\lambda=H_{0.5}$，有

$$\mu_{略老}(u)=\mu_{老年}^{1/2}(u)=\begin{cases}0, & 0\leqslant u\leqslant 50\\ \left[1+\left(\dfrac{u-50}{5}\right)^{-2}\right]^{-1/2}, & 50<u<100\\ 1, & u\geqslant 100\end{cases}$$

同样我们以 80 岁为例，其属于“很老”、“略老”的程度为

$$\mu_{很老}(80)=(0.97)^2=0.94, \mu_{略老}(80)=(0.97)^{1/2}=0.98$$

2. 模糊化算子

有一类词如“近似”、“大约”、“大概”、“可能”等是另一种算子，将其作为前缀，可使绝对肯定的描述转化为一定程度上肯定的描述，使确切的语义模糊化或使本来就不确切的语义更加模糊化，用在数值前可将一个精确的数变为一个模糊的数，我们把这类词称为模糊化算子。模糊化算子的集合表示可确切地定义如下：

定义 5.21(模糊化算子) 设论域为 U，称映射

$$F: \mathscr{F}(U)\rightarrow\mathscr{F}(U), \quad A\mapsto F(A), \quad \mu_{F(A)}(u)=\bigvee_{v\in U}(\mu_A(v)\wedge\mu_E(v, u))$$

为模糊化算子，其中模糊关系 $E\in\mathscr{F}(U\times U)$，它唯一的确定了一个模糊变化，一般 E 是 U

上的相似关系，特别地当$U=R$(实数域)有$E=\begin{cases}e^{-(v-u)^2}, & |v-u|<\delta \\ 0, & |v-u|\geqslant\delta\end{cases}$，$\delta$为一参数。

例如，设$\mu_A(u)=\begin{cases}1, & u=3 \\ 0, & u\neq 3\end{cases}$，则

$$\mu_{F(A)}(u)=\bigvee_{v\in U}(\mu_A(3)\wedge\mu_E(3, u))=\begin{cases}e^{-(3-u)^2}, & |3-u|<\delta \\ 0, & |3-u|\geqslant\delta\end{cases}$$

3. 判定化算子

有一类词如“偏向”、“倾向于”、“多半是”等是另一种算子，将其作为前缀，可使模糊的词确定化，也就是说一个模糊集合经取一定的判定值，而判定为具有某种意义的普通集合，我们把这类词称为判定化算子。判定化算子的集合表示可确切地定义如下：

定义 5.22(判定化算子) 设论域为U，称映射

$$P_\lambda: \mathscr{F}(U)\to P(U), \quad A\mapsto P_\lambda A, \quad \mu_{P_\lambda A}(u)=d_\lambda(\mu_A(u))$$

为判定化算子，其中，$\lambda\in[0, 1]$，$d_\lambda(x)=\begin{cases}1, & x<\lambda \\ 0, & x\geqslant\lambda\end{cases}$为定义在$[0, 1]$上的实函数，当然$d_\lambda(x)$也可根据实际情况做其他定义。一般描述“倾向于”取$\lambda=\frac{1}{2}$。

例 5.6 在例 5.4 中我们对“老年”做“偏向”判定，即

$$\mu_{偏向老年}(u)=d_{1/2}(\mu_{老年}(u))\begin{cases}0, & \mu_{老年}(u)<\frac{1}{2} \\ 1, & \mu_{老年}(u)\geqslant\frac{1}{2}\end{cases}=\begin{cases}0, & u<55 \\ 1, & u\geqslant 55\end{cases}$$

于是判定得，凡是大于 55 岁的人偏向老年。

模糊化算子和判定化算子常在模糊信息处理系统中用于输入信息的模糊化和输出判定。

5.4.2 模糊语言真值逻辑

从语气算子可以看出，利用不同的语气算子构成的词语，可以对一个陈述句的真假程度进行灵活、生动的描述。例如，“亚洲一号升空定会成功”或“……很可能成功”；“有了病毒，计算机系统可能被破坏，”，“……很可能被破坏”或“……几乎肯定被破坏”等。若将这些陈述句的真假程度用[0, 1]上的数值表示，则显得别扭、困难。针对这一问题，Zhadh 开创性地提出模糊语言值逻辑。

1. 语言真值

定义 5.23(语言真值) 用来表示陈述句真假程度的自然语言称为语言真值。

例如，我们经过对计算机病毒的深入分析和大量经验的基础上，认为陈述句：“有了冲击波病毒，你的计算机系统可能被破坏”的真假性程度为“略真”，“……很可能被破坏”的语言真值为“真”，“……几乎肯定被破坏”的语言真值为“很真”。

为进一步使语言真值从定性到定量化，将这些模糊的语言真值用[0, 1]上的模糊集来描述。下面是几种基本语言真值：

(1) 真 t，$\mu_t(x)=x$，$\forall x\in[0, 1]$。

(2) 假 f，$\mu_f(x)=1-\mu_t(x)=1-x$，$\forall x\in[0, 1]$。

(3) 很真 $vt—H_2t$，$\mu_{vt}(x)=\mu_{H_2t}(x)=\mu_t^2(x)=x^2$，$\forall x\in[0, 1]$。

(4) 特别真 $vvt—H_4t$，$\mu_{vvt}(x)=\mu_{H_4t}(x)=\mu_t^4(x)=x^4$，$\forall x\in[0, 1]$。

(5) 略真 $rt—H_{1/2}t$，$\mu_{rt}(x)=\mu_{H_{1/2}t}(x)=\mu_t^{1/2}(x)=x^{1/2}$，$\forall x\in[0, 1]$。

(6) 很假 $vf—H_2f$，$\mu_{vf}(x)=\mu_{H_2f}(x)=\mu_f^2(x)=(1-x)^2$，$\forall x\in[0, 1]$。

(7) 特别假 $vvf—H_4f$，$\mu_{vvf}(x)=\mu_{H_4f}(x)=\mu_f^4(x)=(1-x)^4$，$\forall x\in[0, 1]$。

(8) 略假 $rf—H_{1/2}f$，$\mu_{rf}(x)=\mu_{H_{1/2}f}(x)=\mu_f^{1/2}(x)=x^{1/2}$，$\forall x\in[0, 1]$。

(9) 有点假 $rrf—H_{1/4}f$，$\mu_{rrf}(x)=\mu_{H_{1/4}f}(x)=\mu_f^{1/4}(x)=x^{1/4}$，$\forall x\in[0, 1]$。

(10) 完全真 $ct—\lim\limits_{\lambda\to+\infty}H_\lambda t$，$\mu_{ct}(x)=\lim\limits_{\lambda\to+\infty}\mu_t^\lambda(x)=\begin{cases}1 & x=0\\ 0 & x\in[0, 1)\end{cases}$，即普通逻辑中的真。

(11) 完全假 $cf—\lim\limits_{\lambda\to+\infty}H_\lambda f$，$\mu_{cf}(x)=\lim\limits_{\lambda\to+\infty}\mu_f^\lambda(x)=\begin{cases}1 & x=0\\ 0 & x\in(0, 1]\end{cases}$，即普通逻辑中的假。

(12) 不知道 $un—\lim\limits_{\lambda\to 0+}\left(t\vee\dfrac{1}{2}\right)$，$\mu_{un}(x)=\lim\limits_{\lambda\to 0+}\left[\mu_t(x)\vee\dfrac{1}{2}\right]^\lambda=1$，$\forall x\in[0, 1]$。

设一个模糊陈述句为模糊命题 P，其语言真值记为 $p\in\mathscr{F}([0, 1])$。一些模糊命题组成的集合记 U，命题 P 的语言真值 p 及经语气算子作用后所得各命题的语言真值全体组成的集合记 L，关于语言真值的确切描述为

$$T: U\to L \quad P\mapsto T(P)=p\in L \quad L=\{p\mid p\in\mathscr{F}(0, 1), \text{条件 I}, \text{条件 II}\}$$

其中，模糊命题的语言真值为 p，其条件 I 为：p 是具有连续函数的凸模糊子集，条件 II：设 $\beta=\sup\mu_P(x)$，$\lambda\in(0, \beta)$，$p_\lambda=\{x\mid\mu_P(x)\geqslant\lambda\}$ 都是一个闭区间 $[p_\lambda^-, p_\lambda^+]$，且 $0\leqslant p_\lambda^-\leqslant p_\lambda^+\leqslant 1$。一般 $p_\lambda=[p_\lambda^-, p_\lambda^+]\subseteq[0, 1]$，满足这样条件的 p 亦称为模糊数。

当 $p_\lambda^-\geqslant q_\lambda^-$ 且 $p_\lambda^+\geqslant q_\lambda^+$，则称模糊命题 P 真于模糊命题 Q，记作 $P\geqslant Q$。

2. 语言真值的性质

模糊语言真值逻辑中许多性质都可以由 Lukasiewicz 逻辑推广而来，设模糊命题 P 与 Q 的真值对应为 p，$q\in[0, 1]$，则：

(1) 非 P 记 $\neg P$，其真值为 $\neg p=1-p$。

(2) P 与 Q 析取记 $P\cup Q$，其真值为 $p\vee q$。

(3) P 与 Q 合取记 $P\cap Q$，其真值为 $p\wedge q$。

(4) P 蕴含 Q 记 $P\to Q$，其真值为 $\neg p\oplus q=(1-p+q)\wedge 1$，其中，$\oplus$ 为有界和，$a\oplus b=(a+b)\wedge 1$。

5.4.3 模糊语言逻辑运算

设模糊命题 P 和 Q，真值对应为 p，$q\in[0, 1]$，而真值运算是模糊数的运算，有：

(1) 非 p 记 $\neg p$，其语言真值为 $\mu_{\neg p}(x)=\bigvee\limits_{1-y=x}\mu_p(y)=\mu_p(1-x)$，可见在一般情况下，$\mu_{\neg p}(x)\neq 1-\mu_p(x)$ 或 $\neg p=p$。

(2) P 与 Q 析取记 $P\cup Q$，其语言真值为 $\mu_{p\cup q}(x)=\bigvee\limits_{y\vee z=x}(\mu_p(y)\wedge\mu_q(z))$。

(3) P 与 Q 合取记 $P\cap Q$，其语言真值为 $\mu_{p\cap q}(x)=\bigwedge_{y\wedge z=x}(\mu_p(y)\vee\mu_q(z))$。

(4) P 蕴含 Q 记 $P\rightarrow Q$，其语言真值为 $\mu_{p\rightarrow q}(x)=\bigvee_{(1-y+z)\wedge 1=x}(\mu_p(y)\wedge\mu_q(z))$。

若 $\lambda\in[0,1]$，$p_\lambda=[p_\lambda^-,p_\lambda^+]$，$q_\lambda=[q_\lambda^-,q_\lambda^+]$，有下面的结论：

(1) $(\neg p)_\lambda=[1-p_\lambda^+,1-p_\lambda^-]=1-p_\lambda$。

(2) $(p\vee q)_\lambda=[p_\lambda^-\vee q_\lambda^-,p_\lambda^+\vee q_\lambda^+]=p_\lambda\vee q_\lambda$。

(3) $(p\wedge q)_\lambda=[p_\lambda^-\wedge q_\lambda^-,p_\lambda^+\wedge q_\lambda^+]=p_\lambda\wedge q_\lambda$。

(4) $(p\rightarrow q)_\lambda=t_\lambda=[1\wedge(1-p_\lambda^++q_\lambda^-),1\wedge(1-p_\lambda^-+q_\lambda^+)]=1\wedge(1-p_\lambda+q_\lambda)$。

(5) $q_\lambda=[q_\lambda^-,q_\lambda^+]=[(p_\lambda^-+t_\lambda^--1)\vee 0,1]$。

(6) $p_\lambda=[p_\lambda^-,p_\lambda^+]=[0,(q_\lambda^+-t_\lambda^-+1)\wedge 1]$。

由上面的语言真值函数可见，其基本上分为偏“真”和偏“假”两类，下面给出有关定义。

定义 5.24 可表述为：

(1) 设 p、q 为偏真型语言真值，称 p 真于 q 当且仅当 $p\geqslant q\Leftrightarrow p\vee q=p\Leftrightarrow\forall\lambda$，$p_\lambda^-\geqslant q_\lambda^-$，$p_\lambda^+\geqslant q_\lambda^+$。

(2) 设 p、q 为偏假型语言真值，称 p 假于 q 当且仅当 $p\leqslant q\Leftrightarrow p\vee q=q\Leftrightarrow\forall\lambda$，$p_\lambda^-\leqslant q_\lambda^-$，$p_\lambda^+\leqslant q_\lambda^+$。

其中，“$\geqslant$”和“$\leqslant$”符号并非包含之意，特别是将其作为模糊数来看，仅表示模糊数的大小关系。

不过，由于偏真型和偏假型语言真值附加有特殊的边界条件限制，它们的隶属函数存在着以下性质：

(1) 设 p、q 为偏真型语言真值，若 $p\geqslant q$，$\forall x\in[0,1]$，那么 $\mu_p(x)\leqslant\mu_q(x)$。

(2) 设 p、q 为偏假型语言真值，若 $p\leqslant q$，$\forall x\in[0,1]$，那么 $\mu_p(x)\leqslant\mu_q(x)$。

需要强调的是隶属函数之间的大小关系仅对同类型(真或者假)语言值而言，如 $vvf<f$，有 $\mu_{vvf}(x)=(1-x)^4<\mu_f(x)=(1-x)$；$vt>rt$，有 $\mu_{vt}(x)=x^2<\mu_{rt}(x)=x^{1/2}$。

5.5 区间值模糊逻辑

我们前面提到的模糊集通常称为点值模糊集或“1 型模糊集”，这在实际应用中往往会遇到困难，总觉得不是那么满意，有时甚至非常困难，难以实现。例如，对于模糊命题“身高 1.7 米是高个子”赋什么值作为其真值？是 0.3 还是 0.4，我们很为难。可是如果用一个区间[0.3，0.45]来表示真值的范围可能较易取得大多数人的同意。用一个数值范围——区间来描述某点对一模糊概念的相关程度，这正是人脑处理模糊信息的一种有效方法，领域专家便是习惯于用区间，即包含有充分的有用信息的数值范围来刻画一个事物。实际上，对同一个问题，甚至同一个领域内的专家，也往往很难在某一“点值”上求得一致，而是在某一区间值内统一起来。我们把区间值模糊集通常称为“2 型模糊集”，目前已得到较广泛的应用，Turksen 将其成功地应用于生产控制、危险物输送、概念的合成、金属承载力分析及不确定性推理中，李登峰、徐泽水等人将其用于优化决策中。

5.5.1 区间值模糊集的概念

设 L 是一集合，$\leqslant$ 是 L 上的二元关系，若满足自反性，反对称性及传递性，则称 $\leqslant$ 为

L 上的偏序关系，记$(L, \leqslant)$为偏序集。

定义 5.25 设 L 为偏序集，U 为论域，L-模糊集 A_L 是从 U 到 L 的一个映射，即

$$\mu_{A_L}: U \to L$$

将 L-模糊集的全体记为 $F_L(U)$。

显然，$\mathscr{F}([0, 1])$是一个偏序集，将上述定义中的 L 换为 $\mathscr{F}([0, 1])$时，得到一类特殊的模糊集。

定义 5.26 设 U 为论域，2 型模糊集 $A_{(2)}$ 是从 U 到 $\mathscr{F}([0, 1])$的一个映射，即

$$\mu_{A_{(2)}}: U \to \mathscr{F}([0, 1])$$

将 2 型模糊集的全体记为 $\mathscr{F}_{(2)}(U)$。

设 $D([0, 1]) = \{[l_1, l_2] \mid [l_1, l_2] \subset [0, 1]\}$，有 $D([0, 1]) \subset F([0, 1])$，将 $\mathscr{F}([0, 1])$限制为 $D([0, 1])$，则有以下定义。

定义 5.27 设 U 为论域，区间值模糊集 ivA 是从 U 到 $\mathscr{F}([0, 1])$的一个映射，即

$$\bar{\mu}_{ivA}: U \to \mathscr{F}([0, 1])$$

将区间值模糊集的全体记为 $\mathscr{F}_{(iv)}(U)$，那么有

$$D([0, 1]) \subset F([0, 1]) \subset \mathscr{F}_{(iv)}(U) \subset \mathscr{F}_{(2)}(U) \subset \mathscr{F}_L(U)$$

为了便于书写，我们做两点约定：

(1) 记 $\bar{\mu}_{ivA}$ 为 $\bar{\mu}_A$，$\forall x \in U$，$\bar{\mu}_A(x) = \lfloor \mu_A^L(x), \mu_A^U(x) \rfloor$，其中 $\mu_A^L(x)$，$\mu_A^U(x)$为点值对应的隶属函数，即 $\mu_A^L(x)$，$\mu_A^U(x)$：$U \to [0, 1]$，且 $\forall x \in U$，有 $\mu_A^L(x) \leqslant \mu_A^U(x)$。

(2) 记 $\bar{\mu}_A$ 所确定的区间模糊集 ivA 为 A，$A = \{(x, [\mu_A^L(x), \mu_A^U(x)]) \mid x \in U\}$，其中 $\forall x \in F_{(iv)}U$。

这样，$\forall A \in \mathscr{F}_{(iv)}U$，一个区间值模糊集 A 可由 $\bar{\mu}_A$ 的上限函数 μ_A^U 和下限函数 μ_A^L 完全确定，如图 5.1 所示。

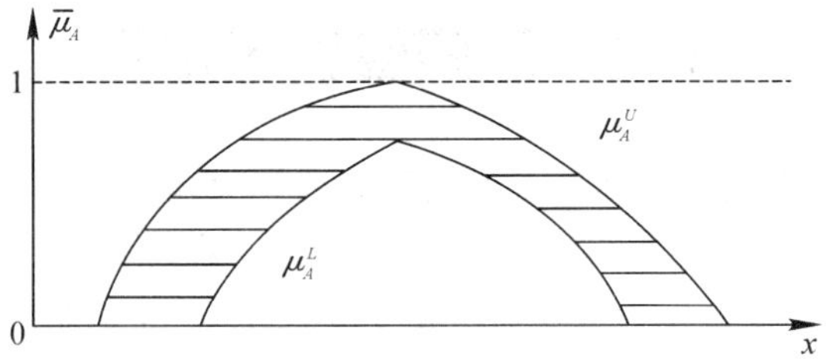

图 5.1 区间值模糊集 A

5.5.2 区间值模糊集的运算

下面给出区间值模糊集之间的运算定义。

定义 5.28 设 $A, B \in \mathscr{F}_{(iv)}(U)$，那么有：

(1) A 与 B 并，即

$$A \cup B = \{(x, \bar{\mu}_{A\cup B}(x)) \mid x \in U\}$$

其中，$\forall x \in U$，$\bar{\mu}_{A\cup B}(x) = [\mu_{A\cup B}^L(x), \mu_{A\cup B}^U(x)]$，$\mu_{A\cup B}^L(x) = \mu_A^L(x) \vee \mu_B^L(x)$，$\mu_{A\cup B}^U(x) = \mu_A^U(x) \vee \mu_B^U(x)$。

(2) A 与 B 交，即

$$A\cap B=\{(x,\bar{\mu}_{A\cap B}(x))\mid x\in U\}$$

其中，$\forall x\in U$，$\bar{\mu}_{A\cap B}(x)=[\mu_{A\cap B}^{L}(x),\mu_{A\cap B}^{U}(x)]$，$\mu_{A\cap B}^{L}(x)=\mu_{A}^{L}(x)\wedge\mu_{B}^{L}(x)$，$\mu_{A\cap B}^{U}(x)=\mu_{A}^{U}(x)\wedge\mu_{B}^{U}(x)$。

(3) A 的补，即

$$A'=\{(x,\bar{\mu}_{A'}(x))\mid x\in U\}$$

其中，$\forall x\in U$，$\bar{\mu}_{A'}(x)=[\mu_{A'}^{L}(x),\mu_{A'}^{U}(x)]$，$\mu_{A'}^{L}(x)=1-\mu_{A}^{U}(x)$，$\mu_{A'}^{U}(x)=1-\mu_{A}^{L}(x)$。

并与交的运算可以推广到 n 个区间值模糊集的情况。

定义 5.29 设 $A,B\in\mathscr{F}_{(iv)}(U)$，且 $\exists x\in U$，$\mu_{A}^{L}(x)\neq 0$，B 与 A 的相容性测度 $\overline{C}(A,B)\in D([0,1])$ 定义为(相容性符号亦常采用 φ 和 ϕ)

$$\overline{C}(A,B)=[C^{L}(A,B),C^{U}(A,B)],$$

$$C^{L}(A,B)=C_{1}(A,B)\wedge C_{2}(A,B),\ C^{U}(A,B)=C_{1}(A,B)\vee C_{2}(A,B)$$

其中

$$C_{1}(A,B)=\frac{\bigvee_{x\in U}(\mu_{A}^{L}(x)\wedge\mu_{B}^{L}(x))}{\bigvee_{x\in U}\mu_{A}^{L}(x)}$$

$$C_{2}(A,B)=\frac{\bigvee_{x\in U}(\mu_{A}^{U}(x)\wedge\mu_{B}^{U}(x))}{\bigvee_{x\in U}\mu_{A}^{U}(x)}$$

一般情况下，$\overline{C}(A,B)\neq\overline{C}(B,A)$。

定理 5.10 $\forall A,B\in\mathscr{F}_{(iv)}(U)$，若 $\mu_{A}^{L}(x)\neq 0$，$\mu_{B}^{L}(x)\neq 0$，则：

(1) $\overline{C}(A,A)=[1,1]=\{1\}$。

(2) $\overline{C}(A,B)=[0,0]=\{0\}\Leftrightarrow A\cap B=\varnothing$。

定义 5.30 设 $\Phi\in\mathscr{F}_{(iv)}(U)$，$B\in\mathscr{F}_{(iv)}(U)$，$B\neq\varnothing$，$\mu_{A}^{L}(x)\neq 0$，$\Phi$ 与 B 的正规积记为

$$\Phi\underset{N}{\cap}B=B'\in\mathscr{F}_{(iv)}(U)$$

其中，$\mu_{B'}(x)=[\mu_{B'}^{L}(x),\mu_{B'}^{U}(x)]$，$\mu_{B'}^{L}(x)=(\mu_{\Phi}^{L}\cdot\hat{\mu}_{B}^{L})\wedge\mu_{B}^{L}(x)$，$\mu_{B'}^{U}(x)=(\mu_{\Phi}^{L}\cdot\hat{\mu}_{B}^{U})\wedge\mu_{B'}^{U}(x)$，“ $\cdot$ ”为代数积，$\hat{\mu}_{B}^{L}=\bigvee_{y\in Y}\mu_{B}^{L}(y)$，$\hat{\mu}_{B}^{U}=\bigvee_{y\in Y}\mu_{B}^{U}(y)$。

习　题

1. 将下列命题用谓词符号化：

(1) 小王学过英语和法语；(2) 2 大于 3 仅当 2 大于 4；(3) 3 不是偶数；

(4) 2 或 3 是质数；(5) 除非李键是东北人，否则他一定怕冷。

2. 设谓词 $P(x,y)$ 表示“x 等于 y”，个体变元 x 和 y 的个体域都是 $D=\{1,2,3\}$。求下列各式的真值：

(1) $\exists x(P(x,3)$；(2) $\forall y(P(1,y)$；(3) $\forall x\forall yP(x,y)$；

(4) $\exists x\exists yP(x,y)$；(5) $\exists x\forall yP(x,y)$；(6) $\forall y\exists x(P(x,y)$。

3. 求下列模糊逻辑函数的最简式：

(1) $F_1=yz+x\bar{x}z+x\bar{x}y+y\bar{y}\bar{z}$；(2) $F_2=x\bar{y}z+x\bar{y}\bar{z}+xy+\bar{y}\bar{z}$。

4. 设有西瓜的论域$U=\{u_1, u_2, u_3, u_4, u_5\}$，有模糊子集“大”(A)和“熟”(B)$\in F(U)$，其中$A=0.1/u_1+0.8/u_2+1/u_3+0.5/u_4+0.2/u_5$，$B=0.5/u_1+0.2/u_2+0.8/u_3+0.4/u_4+0.9/u_5$，试计算出：

(1)“很大”、“很熟”、“比较大”、“极熟”。

(2)“大约熟”。

(3)“偏向熟”。

5. 证明下列模糊逻辑函数的真假性：

(1) $F=x+\bar{x}$；

(2) $A=x_1+\bar{x}_3+x_2+\bar{x}_4+\bar{x}_1$；

(3) $B=x_1\bar{x}_3x_2\bar{x}_4x_3$。

第6章 模糊推理

模糊推理是进行模糊信息处理和实现机器智能的重要工具，是计算机科学、控制科学和人文决策等学科的重要研究课题。模糊推理系统是模糊专家系统、模糊决策支持系统、模糊控制系统等的核心部分。本章主要讲述模糊推理的基本模式、基于模糊关系的合成推理、模糊推理的扩充模式，包括多维模糊推理、多重模糊推理及多重多维模糊推理，最后介绍了带有可信度因子的模糊推理和真值限定的模糊推理方法。

6.1 模糊推理的基本概念

6.1.1 模糊推理的概念和分类

传统的逻辑推理是基于二值逻辑的，它所处理的信息和推理的规则是精确和完备的。与此对应，还有一种不精确推理，也称为不确定性推理或近似推理，它利用不精确、不完备的知识处理不精确、不确定、不完备信息。

模糊逻辑推理是建立在模糊逻辑基础上的，它是在二值逻辑三段论基础上发展起来的一种不确定性推理方法，可简称为模糊推理。这种推理方法以模糊判断为前提，运用模糊语言规则，推导出一个近似的模糊判断结论的方法。目前，模糊推理方法尚在研究与发展中，已经提出了的典型模糊推理方法有很多种，如 Zadeh 的模糊关系合成规则(Compositional Rule of Inference，CRI)、Madamni 算法、全蕴涵三 I 算法、Tsukamoto 算法等。

已有的众多模糊推理方法可以从不同角度进行分类。根据模糊规则的条数和结构，常见的模糊推理可分为：

(1) 简单情形的模糊推理(基本模式)。

(2) 多重模糊推理。

(3) 多维模糊推理。

(4) 链式模糊推理。

根据模糊推理所渗入的模糊系统，常见的模糊推理可分为：

(1) 应用于纯模糊系统的模糊推理，常见的推理算法有：Zadeh 教授的模糊关系合成规则(Compositional Rule of Inference，CRI)、Madamni 算法、全蕴涵三 I 算法等。

(2) 应用于模糊工业过程控制系统，以输入和输出都是精确值的模糊推理算法或系统，如 Takagi-Sugeno 模糊推理算法、Tsukamoto 模糊推理算法等。

(3) 基于神经网络的模糊推理，如基于径向基函数网络的模糊推理。

(4) 模糊专家系统的模糊推理。一般是链式模糊推理。

6.1.2 模糊推理的基本模式

模糊推理有三种基本模式：模糊假言推理、模糊拒取式推理及模糊三段论推理。

1. 模糊假言推理

在普通集上的假言推理为

$$P, P \to Q => Q$$

而对模糊集，设 $\boldsymbol{A}$ 和 $\boldsymbol{B}$ 分别是 U 和 V 上的两个模糊集，且有知识

IF x is $\boldsymbol{A}$ THEN y is $\boldsymbol{B}$

若有 U 上的一个模糊集 $\boldsymbol{A}'$，且 $\boldsymbol{A}$ 可以和 $\boldsymbol{A}'$ 匹配，则可以推出 y is $\boldsymbol{B}'$，且 $\boldsymbol{B}'$ 是 V 上的一个模糊集。这种推理模式称为模糊假言推理，其表示形式为

知识：IF x is $\boldsymbol{A}$ THEN y is $\boldsymbol{B}$

证据：x is $\boldsymbol{A}'$

结论：y is $\boldsymbol{B}'$

2. 模糊拒取式推理

在普通集上的拒取式推理为

$$\neg Q, \quad P \to Q => \neg P$$

而对模糊集，设 $\boldsymbol{A}$ 和 $\boldsymbol{B}$ 分别是 U 和 V 上的两个模糊集，且有知识

IF x is $\boldsymbol{A}$ THEN y is $\boldsymbol{B}$

若有 V 上的一个模糊集 $\boldsymbol{B}'$，且 $\boldsymbol{B}$ 可以和 $\boldsymbol{B}'$ 匹配，则可以推出 x is $\boldsymbol{A}'$，且 $\boldsymbol{A}'$ 是 U 上的一个模糊集。这种推理模式称为模糊拒取式推理。它可表示为

知识：IF x is $\boldsymbol{A}$ THEN y is $\boldsymbol{B}$

证据：y is $\boldsymbol{B}'$

结论：x is $\boldsymbol{A}'$

3. 模糊三段论推理

在普通集上的假言三段论推理为

$$P \to Q, Q \to \boldsymbol{R} => P \to \boldsymbol{R}$$

而对模糊集，设 $\boldsymbol{A}$、$\boldsymbol{B}$、H 分别是 U、V、W 上的 3 个模糊集，且由知识

IF x is $\boldsymbol{A}$ THEN y is $\boldsymbol{B}$

IF y is $\boldsymbol{B}$ THEN z is H

则可推出

IF x is $\boldsymbol{A}$ THEN z is H

这种推理模式称为模糊假言三段论推理。它可表示为

知识：IF x is $\boldsymbol{A}$ THEN y is $\boldsymbol{B}$

证据：IF y is $\boldsymbol{B}$ THEN z is H

结论：IF x is $\boldsymbol{A}$ THEN z is H

需要指出，在以上的模糊假言推理、模糊拒取式推理及模糊三段论推理模式中，模糊知识为

r1： IF x is $\boldsymbol{A}$ THEN y is $\boldsymbol{B}$

r2： IF y is $\boldsymbol{B}$ THEN z is H

分别表示，在 $\boldsymbol{A}$ 与 $\boldsymbol{B}$ 之间存在着确定的因果关系，在 $\boldsymbol{B}$ 与 H 之间存在着确定的因果关系。当然，如果在知识或证据中带有可信度因子，则需要对结论的可信度因子按某种算法进行计算。

6.2 基于模糊关系的合成推理

6.2.1 模糊推理的合成规则

推理方法即解决如何由已知的证据具体地推导出模糊结论，目前已经提出了多种方法。如 Zadeh 在 1973 年提出的合成推理规则方法(Compositional Rule of Inference，CRI)，该方法首先由已知的知识求出 $\boldsymbol{A}$ 与 $\boldsymbol{B}$ 之间的模糊关系 $\boldsymbol{R}$，然后通过 $\boldsymbol{R}$ 与相应事实的合成得到模糊结论。由于该方法是通过模糊关系 $\boldsymbol{R}$ 与事实合成求出结论，因此也称为基于模糊关系的合成推理。

对于知识

IF x is $\boldsymbol{A}$ THEN y is $\boldsymbol{B}$

首先要构造出 $\boldsymbol{A}$ 与 $\boldsymbol{B}$ 之间的模糊关系 $\boldsymbol{R}$，然后通过 $\boldsymbol{R}$ 与证据的合成求出结论。如果已知证据是

x is $\boldsymbol{A}'$

且 $\boldsymbol{A}$ 与 $\boldsymbol{A}'$ 可以模糊匹配，则通过下述合成运算求出

$$\boldsymbol{B}'=\boldsymbol{A}'\circ\boldsymbol{R}(\boldsymbol{A},\ \boldsymbol{B})$$

如果已知证据是

y is $\boldsymbol{B}'$

且 $\boldsymbol{A}$ 与 $\boldsymbol{A}'$ 可以模糊匹配，则通过下述合成运算求出

$$\boldsymbol{A}'=\boldsymbol{R}(\boldsymbol{A},\ \boldsymbol{B})\circ\boldsymbol{B}'$$

显然，在这种推理方法中，关键问题是如何构造模糊关系 $\boldsymbol{R}$。

6.2.2 模糊关系的构造

1. Zadeh 方法

模糊集合理论的创立者 Zadeh 教授提出了构造模糊关系 $\boldsymbol{R}$ 的两种方法：一种称为条件命题的极大极小规则；另一种称为条件命题的算术规则，由此产生的模糊关系分别记为 $\boldsymbol{R}_m$ 和 $\boldsymbol{R}_a$。

设 $\boldsymbol{A}\in F(U)$，$\boldsymbol{B}\in F(V)$，其表示分别为

$$\boldsymbol{A}=\int_U \mu_A(x)/x,\ \boldsymbol{B}=\int_V \mu_B(y)/y$$

用×、∪、∩、－、⊕分别表示模糊集的笛卡尔乘积、并、交、补及有界和运算，则 Zadeh把 $\boldsymbol{R}_m$ 和 $\boldsymbol{R}_a$ 分别定义为

$$\boldsymbol{R}_m = (\boldsymbol{A}\times\boldsymbol{B})\cup(\overline{\boldsymbol{A}}\times V)$$
$$= \int_{U\times V}(\mu_A(x)\wedge\mu_B(y))\vee(1-\mu_A(x))/(x, y)$$
$$\boldsymbol{R}_a = (\overline{\boldsymbol{A}}\times V)\oplus(U\times\boldsymbol{B})$$
$$= \int_{U\times V}(1\wedge(1-\mu_A(x)+\mu_B(y)))/(x, y)$$

对于模糊假言推理，若已知证据为

$$x \text{ is } \boldsymbol{A}'$$

则由 $\boldsymbol{R}_m$ 和 $\boldsymbol{R}_a$，模糊假言推理的计算方法为

$$\boldsymbol{B}'_m=\boldsymbol{A}'\circ\boldsymbol{R}_m=\boldsymbol{A}'\circ[(\boldsymbol{A}\times\boldsymbol{B})\cup(\overline{\boldsymbol{A}}\times V)]$$

其隶属函数 $\mu_{B'_m}(y)=\bigvee_{x\in U}\{\mu_{A'}(x)\wedge[(\mu_A(x)\wedge\mu_B(y))\vee(1-\mu_A(x))]\}$

$$\boldsymbol{B}'_a=\boldsymbol{A}'\circ\boldsymbol{R}_a=\boldsymbol{A}'\circ[(\overline{\boldsymbol{A}}\times V)\oplus(U\times\boldsymbol{B})]$$

其隶属函数 $\mu_{B'_a}(y)=\bigvee_{x\in U}\{\mu_{A'}(x)\wedge[1\wedge(1-\mu_A(x)+\mu_B(y))]\}$

对于模糊拒取式推理，如果已知证据是

$$y \text{ is } \boldsymbol{B}'$$

则由 $\boldsymbol{R}_m$ 和 $\boldsymbol{R}_a$，模糊拒取式推理的计算方法为

$$\boldsymbol{A}_{m'}=\boldsymbol{R}_m\circ\boldsymbol{B}'=[(\boldsymbol{A}\times\boldsymbol{B})\cup(\overline{\boldsymbol{A}}\times V)]\circ\boldsymbol{B}'$$

其隶属函数 $\mu_{A'_m}(x)=\bigvee_{y\in V}\{[(\mu_A(x)\wedge\mu_B(y))\vee(1-\mu_A(x))]\wedge\mu_{B'}(y)\}$

$$\boldsymbol{A}'_a=\boldsymbol{R}_a\circ\boldsymbol{B}'=[(\overline{\boldsymbol{A}}\times V)\oplus(U\times\boldsymbol{B})]\circ\boldsymbol{B}'$$

其隶属函数 $\mu_{A'_a}(x)=\bigvee_{y\in V}\{[1\wedge(1-\mu_A(x)+\mu_B(y))]\wedge\mu_{B'}(y)\}$

例 6.1 设 $U=V=\{1, 2, 3, 4, 5, 6\}$，U，V 上的模糊子集“小”、“大”、“较小”分别给定如下：

(1)“小”$=\boldsymbol{A}=1/1+0.5/2+0.3/3+0.1/4$。

(2)“大”$=\boldsymbol{B}=0.4/3+0.6/4+0.8/5+1/6$。

(3)“较小”$=\boldsymbol{A}'=1/1+1/2+0.6/3+0.2/4$。

已知的模糊知识及模糊证据分别为

知识：IF x is “小” THEN y is “大”

证据：x is “较小”

试确定 y 的大小。

解 分别选择模糊关系 $\boldsymbol{R}_m$ 和 $\boldsymbol{R}_a$ 进行计算。

(1) 模糊关系选择 $\boldsymbol{R}_m$。由于 U 和 V 为离散论域，因此 $\boldsymbol{R}_m$ 可以用模糊矩阵来表示。根据已知的模糊知识，模糊矩阵中的每个元素均按照 $\boldsymbol{R}_m=\int_{U\times V}(\mu_A(x)\wedge\mu_B(y))\vee(1-\mu_A(x))/(x, y)$ 进行计算。例如，模糊矩阵的第一行、第二列的元素 $\boldsymbol{R}_m(1, 2)$ 和第二行第四列的元素 $\boldsymbol{R}_m(2, 4)$ 计算如下

$$\boldsymbol{R}_m(1, 2)=(\mu_A(x_1)\wedge\mu_B(y_2))\vee(1-\mu_A(x_1))$$
$$=(\mu_A(1)\wedge\mu_B(2))\vee(1-\mu_A(1))$$
$$=(1\wedge 0)\vee(1-1)$$
$$=0$$

$$\begin{aligned}\boldsymbol{R}_m(2,4)&=(\mu_A(x_2)\wedge\mu_B(y_4))\vee(1-\mu_A(x_2))\\&=(\mu_A(2)\wedge\mu_B(4))\vee(1-\mu_A(2))\\&=(0.5\wedge 0.6)\vee(1-0.5)\\&=0.5\end{aligned}$$

依次计算出所有元素，即可得到模糊矩阵 $\boldsymbol{R}_m$，有

$$\boldsymbol{R}_m=\begin{bmatrix}0&0&0.4&0.6&0.8&1\\0.5&0.5&0.5&0.5&0.5&0.5\\0.7&0.7&0.7&0.7&0.7&0.7\\0.9&0.9&0.9&0.9&0.9&0.9\\1&1&1&1&1&1\\1&1&1&1&1&1\end{bmatrix}$$

由 $\boldsymbol{R}_m$ 及证据可得到推理结果 $\boldsymbol{B}_m'$，有

$$\begin{aligned}\boldsymbol{B}_m'=\boldsymbol{A}'\circ\boldsymbol{R}_m&=\{1,1,0.6,0.2,0,0\}\circ\begin{bmatrix}0&0&0.4&0.6&0.8&1\\0.5&0.5&0.5&0.5&0.5&0.5\\0.7&0.7&0.7&0.7&0.7&0.7\\0.9&0.9&0.9&0.9&0.9&0.9\\1&1&1&1&1&1\\1&1&1&1&1&1\end{bmatrix}\\&=\{0.6,0.6,0.6,0.6,0.8,1\}\end{aligned}$$

(2) 模糊关系选择 $\boldsymbol{R}_a$。根据已知的模糊知识，模糊矩阵 $\boldsymbol{R}_a$ 中的每个元素均按照 $\boldsymbol{R}_a=\int_{U\times V}(1\wedge(1-\mu_A(x)+\mu_B(y)))/(x,y)$ 进行计算，可以得到

$$\boldsymbol{R}_a=\begin{bmatrix}0&0&0.4&0.6&0.8&1\\0.5&0.5&0.9&1&1&1\\0.7&0.7&1&1&1&1\\0.9&0.9&1&1&1&1\\1&1&1&1&1&1\\1&1&1&1&1&1\end{bmatrix}$$

由 $\boldsymbol{R}_a$ 及证据可得到推理结果 $\boldsymbol{B}_a'$，有

$$\begin{aligned}\boldsymbol{B}_a'=\boldsymbol{A}'\circ\boldsymbol{R}_a&=\{1,1,0.6,0.2,0,0\}\circ\begin{bmatrix}0&0&0.4&0.6&0.8&1\\0.5&0.5&0.9&1&1&1\\0.7&0.7&1&1&1&1\\0.9&0.9&1&1&1&1\\1&1&1&1&1&1\\1&1&1&1&1&1\end{bmatrix}\\&=\{0.6,0.6,0.9,1,1,1\}\end{aligned}$$

从以上计算结果可以看出，利用模糊关系 $\boldsymbol{R}_m$ 和 $\boldsymbol{R}_a$ 得到的结果 $\boldsymbol{B}_m'$ 与 $\boldsymbol{B}_a'$ 是不相等的。将模糊集 $\boldsymbol{B}_m'$、$\boldsymbol{B}_a'$ 分别与“大”比较，显然，$\boldsymbol{B}_m'$、$\boldsymbol{B}_a'$ 比较大。本题由模糊推理所得到的结论是与人们的思维相吻合的。

下面介绍另外一种构造模糊关系的方法——Mamdani 方法。

2. Mamdani 方法

Mamdani 提出了一个称为条件命题的最小运算规则来构造模糊关系，它被定义为

$$\boldsymbol{R}_c = \boldsymbol{A} \times \boldsymbol{B} = \int_{U\times V} (\mu_A(x) \wedge \mu_B(y))/(x, y)$$

对于模糊假言推理，若已知证据是

$$x \quad \text{is} \quad \boldsymbol{A}'$$

则结论“y is $\boldsymbol{B}'$”中的 $\boldsymbol{B}'$可计算如下

$$\boldsymbol{B}_c' = \boldsymbol{A}' \circ \boldsymbol{R}_c = \boldsymbol{A}' \circ (\boldsymbol{A} \times \boldsymbol{B})$$

它的隶属函数为

$$\mu_{\boldsymbol{B}'c}(y) = \bigvee_{x\in U} [\mu_{A'}(x) \wedge (\mu_A(x) \wedge \mu_B(y))]$$

对于模糊拒取式推理，如果已知证据是

$$y \quad \text{is} \quad \boldsymbol{B}'$$

则由 $\boldsymbol{R}_c$，模糊拒取式推理的计算方法为

$$\boldsymbol{A}_c' = \boldsymbol{R}_c \circ \boldsymbol{B}' = (\boldsymbol{A} \times \boldsymbol{B}) \circ \boldsymbol{B}'$$

其隶属函数 $\mu_{\boldsymbol{A}_m'}(x) = \bigvee_{y\in V} [(\mu_A(x) \wedge \mu_B(y)) \wedge \mu_{B'}(y)]$

仍然使用例 6.1 的数据，可以得到模糊关系矩阵如下，有

$$\boldsymbol{R}_c = \begin{bmatrix} 0 & 0 & 0.4 & 0.6 & 0.8 & 1 \\ 0 & 0 & 0.4 & 0.5 & 0.5 & 0.5 \\ 0 & 0 & 0.3 & 0.3 & 0.3 & 0.3 \\ 0 & 0 & 0.1 & 0.1 & 0.1 & 0.1 \\ 0 & 0 & 0 & 0 & 0 & 0 \\ 0 & 0 & 0 & 0 & 0 & 0 \end{bmatrix}$$

由 $\boldsymbol{R}_c$ 及证据可得到推理结果 $\boldsymbol{B}_c'$，有

$$\boldsymbol{B}_c' = \boldsymbol{A}' \circ \boldsymbol{R}_c = \{1, 1, 0.6, 0.2, 0, 0\} \circ \begin{bmatrix} 0 & 0 & 0.4 & 0.6 & 0.8 & 1 \\ 0 & 0 & 0.4 & 0.5 & 0.5 & 0.5 \\ 0 & 0 & 0.3 & 0.3 & 0.3 & 0.3 \\ 0 & 0 & 0.1 & 0.1 & 0.1 & 0.1 \\ 0 & 0 & 0 & 0 & 0 & 0 \\ 0 & 0 & 0 & 0 & 0 & 0 \end{bmatrix}$$

$$= \{0, 0, 0.4, 0.6, 0.8, 1\}$$

3. Mizumoto 方法

Mizumoto 等人根据多值逻辑中计算 $T(\boldsymbol{A} \to \boldsymbol{B})$的定义，提出了一组构造模糊关系的方法，由此构造出模糊关系分别记为 $\boldsymbol{R}_s$、$\boldsymbol{R}_g$、$\boldsymbol{R}_{sg}$、$\boldsymbol{R}_{gg}$、$\boldsymbol{R}_{gs}$、$\boldsymbol{R}_{ss}$、$\boldsymbol{R}_b$，$\boldsymbol{R}_*$、$\boldsymbol{R}_\#$、$\boldsymbol{R}_\triangle$、$\boldsymbol{R}_\blacktriangle$、$\boldsymbol{R}_\square$。

$$\boldsymbol{R}_s = \boldsymbol{A} \times V \underset{s}{\to} U \times \boldsymbol{B} = \int_{U\times V} (\mu_A(x) \underset{s}{\to} \frac{{}^s\mu_B(y))}{(x, y)}$$

其中，$\mu_A(x) \underset{s}{\to} \mu_B(y) = \begin{cases} 1, & \mu_A(x) \leqslant \mu_B(y) \\ 0, & \mu_A(x) > \mu_B(y)。\end{cases}$

$$\boldsymbol{R}_g = \boldsymbol{A} \times V \underset{g}{\rightarrow} U \times \boldsymbol{B} = \int_{U \times V} (\mu_A(x) \underset{g}{\rightarrow} \frac{\mu_B(y))}{(x, y)}$$

其中，$\mu_A(x) \underset{g}{\rightarrow} \mu_B(y) = \begin{cases} 1, & \mu_A(x) \leqslant \mu_B(y) \\ \mu_B(y), & \mu_A(x) > \mu_B(y) \end{cases}$。

$$\begin{aligned} \boldsymbol{R}_{sg} &= (\boldsymbol{A} \times V \underset{s}{\rightarrow} U \times \boldsymbol{B}) \cap (\overline{\boldsymbol{A}} \times V \underset{g}{\rightarrow} U \times \overline{\boldsymbol{B}}) \\ &= \int_{U \times V} (\mu_A(x) \underset{s}{\rightarrow} \mu_B(y)) \wedge ((1 - \mu_A(x)) \underset{g}{\rightarrow} \frac{(1 - \mu_B(y)))}{(x, y)} \end{aligned}$$

$$\begin{aligned} \boldsymbol{R}_{gg} &= (\boldsymbol{A} \times V \underset{g}{\rightarrow} U \times \boldsymbol{B}) \cap (\overline{\boldsymbol{A}} \times V \underset{g}{\rightarrow} U \times \overline{\boldsymbol{B}}) \\ &= \int_{U \times V} (\mu_A(x) \underset{g}{\rightarrow} \mu_B(y)) \wedge ((1 - \mu_A(x)) \underset{g}{\rightarrow} \frac{(1 - \mu_B(y)))}{(x, y)} \end{aligned}$$

$$\begin{aligned} \boldsymbol{R}_{gs} &= (\boldsymbol{A} \times V \underset{g}{\rightarrow} U \times \boldsymbol{B}) \cap (\overline{\boldsymbol{A}} \times V \underset{s}{\rightarrow} U \times \overline{\boldsymbol{B}}) \\ &= \int_{U \times V} (\mu_A(x) \underset{g}{\rightarrow} \mu_B(y)) \wedge ((1 - \mu_A(x)) \underset{s}{\rightarrow} \frac{(1 - \mu_B(y)))}{(x, y)} \end{aligned}$$

$$\begin{aligned} \boldsymbol{R}_{ss} &= (\boldsymbol{A} \times V \underset{s}{\rightarrow} U \times \boldsymbol{B}) \cap (\overline{\boldsymbol{A}} \times V \underset{s}{\rightarrow} U \times \overline{\boldsymbol{B}}) \\ &= \int_{U \times V} (\mu_A(x) \underset{s}{\rightarrow} \mu_B(y)) \wedge ((1 - \mu_A(x)) \underset{s}{\rightarrow} \frac{(1 - \mu_B(y)))}{(x, y)} \end{aligned}$$

$$\begin{aligned} \boldsymbol{R}_b &= (\overline{\boldsymbol{A}} \times V) \cup (U \times \boldsymbol{B}) \\ &= \int_{U \times V} [(1 - \mu_A(x)) \vee \mu_B(y)]/(x, y) \end{aligned}$$

$$\boldsymbol{R}_{\triangle} = (\boldsymbol{A} \times V) \underset{\triangle}{\rightarrow} U \times \boldsymbol{B} = \int_{U \times V} (\mu_A(x) \underset{\triangle}{\rightarrow} \frac{\mu_B(y))}{(x, y)}$$

其中，$\mu_A(x) \underset{\triangle}{\rightarrow} \mu_B(y) = \begin{cases} 1, & \mu_A(x) \leqslant \mu_B(y) \\ \dfrac{\mu_B(y)}{\mu_A(y)}, & \mu_A(x) > \mu_B(y) \end{cases}$。

$$\boldsymbol{R}_{\blacktriangle} = (\boldsymbol{A} \times V) \underset{\blacktriangle}{\rightarrow} U \times \boldsymbol{B} = \int_{U \times V} (\mu_A(x) \underset{\blacktriangle}{\rightarrow} \frac{\mu_B(y))}{(x, y)}$$

其中，$\mu_A(x) \underset{\blacktriangle}{\rightarrow} \mu_B(y) = \begin{cases} 1 \wedge \dfrac{\mu_B(y)}{\mu_A(y)} \wedge \dfrac{1 - \mu_A(y)}{1 - \mu_B(y)}, & \mu_A(x) > 0, 1 - \mu_B(y) > 0 \\ 1, & \mu_A(x) = 0 \text{ 或 } 1 - \mu_B(y) = 0 \end{cases}$。

$$\boldsymbol{R}_{*} = \boldsymbol{A} \times V \underset{*}{\rightarrow} U \times \boldsymbol{B} = \int_{U \times V} (\mu_A(x) \underset{*}{\rightarrow} \frac{\mu_B(y))}{(x, y)}$$

其中，$\mu_A(x) \underset{*}{\rightarrow} \mu_B(y) = 1 - \mu_A(x) + \mu_A(x) \times \mu_B(y)$。

$$\boldsymbol{R}_{\#} = \boldsymbol{A} \times V \underset{\#}{\rightarrow} U \times \boldsymbol{B} = \int_{U \times V} [\mu_A(x) \underset{\#}{\rightarrow} \mu_B(y)]/(x, y)$$

其中，
$$\begin{aligned} \mu_A(x) \underset{\#}{\rightarrow} \mu_B(y) &= [\mu_A(x) \wedge \mu_B(y)] \vee [(1 - \mu_A(x)) \wedge (1 - \mu_B(y))] \\ &\quad \vee [\mu_B(y) \wedge (1 - \mu_A(x))] \\ &= [(1 - \mu_A(x)) \vee \mu_B(y)] \wedge [\mu_A(x) \vee (1 - \mu_A(x))] \wedge [\mu_B(y) \vee (1 - \mu_B(y))] \end{aligned}$$

$$\boldsymbol{R}_{\square} = \boldsymbol{A} \times V \underset{\square}{\rightarrow} U \times \boldsymbol{B} = \int_{U \times V} (\mu_A(x) \underset{\square}{\rightarrow} \frac{\mu_B(y))}{(x, y)}$$

其中，$\mu_A(x) \underset{\square}{\rightarrow} \mu_B(y) = \begin{cases} 1, & \mu_A(x) < 1 \text{ 或 } \mu_B(y) = 1 \\ 0, & \mu_A(x) = 1, \mu_B(y) < 1 \end{cases}$。

仍然使用例 6.1 的数据，说明 $\boldsymbol{R}_s$、$\boldsymbol{R}_g$ 的求法。

对于 $\boldsymbol{R}_s$，由其定义可知

$$\mu_A(x)\underset{s}{\rightarrow}\mu_B(y)=\begin{cases}1, & \mu_A(x)\leqslant\mu_B(y)\\ 0, & \mu_A(x)>\mu_B(y)\end{cases}$$

模糊矩阵 $\boldsymbol{R}_s$ 的元素取值仅限于 0 和 1 两个数字，当 $\mu_A(x)\leqslant\mu_B(y)$时，取值为 1，其他情况都取值为 0。据此很容易得到模糊矩阵 $\boldsymbol{R}_s$ 如下

$$\boldsymbol{R}_s=\begin{bmatrix}0 & 0 & 0 & 0 & 0 & 1\\ 0 & 0 & 0 & 1 & 1 & 1\\ 0 & 0 & 1 & 1 & 1 & 1\\ 0 & 0 & 1 & 1 & 1 & 1\\ 1 & 1 & 1 & 1 & 1 & 1\\ 1 & 1 & 1 & 1 & 1 & 1\end{bmatrix}$$

由 $\boldsymbol{R}_s$ 及证据可得到推理结果 $\boldsymbol{B}_s'$，有

$$\begin{aligned}\boldsymbol{B}_s'&=\boldsymbol{A}'\circ\boldsymbol{R}_s\\ &=\{1,\ 1,\ 0.6,\ 0.2,\ 0,\ 0\}\circ\begin{bmatrix}0 & 0 & 0 & 0 & 0 & 1\\ 0 & 0 & 0 & 1 & 1 & 1\\ 0 & 0 & 1 & 1 & 1 & 1\\ 0 & 0 & 1 & 1 & 1 & 1\\ 1 & 1 & 1 & 1 & 1 & 1\\ 1 & 1 & 1 & 1 & 1 & 1\end{bmatrix}\\ &=\{0,\ 0,\ 0.6,\ 1,\ 1,\ 1\}\end{aligned}$$

对于 $\boldsymbol{R}_g$，由其定义可知

$$\mu_A(x)\underset{g}{\rightarrow}\mu_B(y)=\begin{cases}1, & \mu_A(x)\leqslant\mu_B(y)\\ \mu_B(y), & \mu_A(x)>\mu_B(y)\end{cases}$$

模糊矩阵 $\boldsymbol{R}_s$ 的元素取值要么是 1，要么是 $\mu_B(y)$，当 $\mu_A(x)>\mu_B(y)$时，取值为 $\mu_B(y)$，其他情况都取值为 1。据此可得模糊矩阵 $\boldsymbol{R}_s$ 如下

$$\boldsymbol{R}_s=\begin{bmatrix}0 & 0 & 0.4 & 0.6 & 0.8 & 1\\ 0 & 0 & 0.4 & 1 & 1 & 1\\ 0 & 0 & 1 & 1 & 1 & 1\\ 0 & 0 & 1 & 1 & 1 & 1\\ 1 & 1 & 1 & 1 & 1 & 1\\ 1 & 1 & 1 & 1 & 1 & 1\end{bmatrix}$$

由 $\boldsymbol{R}_s$ 及证据可得到推理结果 $\boldsymbol{B}_s'$，有

$$\begin{aligned}\boldsymbol{B}_s'&=\boldsymbol{A}'\circ\boldsymbol{R}_s\\ &=\{1,\ 1,\ 0.6,\ 0.2,\ 0,\ 0\}\circ\begin{bmatrix}0 & 0 & 0.4 & 0.6 & 0.8 & 1\\ 0 & 0 & 0.4 & 1 & 1 & 1\\ 0 & 0 & 1 & 1 & 1 & 1\\ 0 & 0 & 1 & 1 & 1 & 1\\ 1 & 1 & 1 & 1 & 1 & 1\\ 1 & 1 & 1 & 1 & 1 & 1\end{bmatrix}\\ &=\{0,\ 0,\ 0.6,\ 1,\ 1,\ 1\}\end{aligned}$$

6.2.3 15种模糊关系的性能分析

Zadeh教授提出了两种模糊关系 $\boldsymbol{R}_m$、$\boldsymbol{R}_a$，Mamdani提出了模糊关系 $\boldsymbol{R}_c$，Mizumoto等人提出了 $\boldsymbol{R}_s$、$\boldsymbol{R}_g$、$\boldsymbol{R}_{sg}$、$\boldsymbol{R}_{gg}$、$\boldsymbol{R}_{gs}$、$\boldsymbol{R}_{ss}$、$\boldsymbol{R}_b$，$\boldsymbol{R}_\#$、$\boldsymbol{R}_\triangle$、$\boldsymbol{R}_\blacktriangle$、$\boldsymbol{R}_*$、$\boldsymbol{R}_\square$，总共是15种模糊关系。对于同样的数据，根据不同的模糊关系得到的推理结果一般是不同的，这说明不同的模糊关系在模糊推理中表现出不同的性能。

Mizumot等人对基于这15种模糊关系的模糊推理方法进行了研究比较，得出了一些有用的结论。研究比较主要从两方面进行：一方面是，规定了一些人们直觉上认为合理的判断准则，然后检验各个模糊推理方法的推理结果是否符合这些准则；另一方面的比较是验证各种模糊推理方法是否满足“三段论法”和“换命题质位”。

首先看第一个方面。Mizumot等人采用的直觉判断准则列于表6.1和表6.2中。给定的知识是

$$\text{IF}\quad x\quad \text{is}\quad \boldsymbol{A}\quad \text{THEN}\quad y\quad \text{is}\quad \boldsymbol{B}$$

表6.1和表6.2中分别对模糊假言推理和模糊拒取式推理列出了若干条直觉推理的证据和相应的结论。人们直觉上认为这些准则是合理的。

表6.1 直觉准则(模糊假言推理)

原则	证据：x is $\boldsymbol{A}'$	结论：y is $\boldsymbol{B}'$	直觉判断
原则Ⅰ	x is $\boldsymbol{A}$	y is $\boldsymbol{B}$	当已知证据 $\boldsymbol{A}'$ 的与条件中的 $\boldsymbol{A}$ 相同时，推出的结论就应该是知识所指示的结论
原则Ⅱ-1	x is very $\boldsymbol{A}$	y is very $\boldsymbol{B}$	$\boldsymbol{A}$ 前面加修饰词very，推出的结论也应该具有very
原则Ⅱ-2	x is very $\boldsymbol{A}$	y is $\boldsymbol{B}$	如果在知识中“x is $\boldsymbol{A}$”与“y is $\boldsymbol{B}$”之间没有较强的因果关系，则结论也可以是 $\boldsymbol{B}$
原则Ⅲ-1	x is more or less $\boldsymbol{A}$	y is more or less $\boldsymbol{B}$	$\boldsymbol{A}$ 前面加修饰词more or less，推出的结论也应该具有more or less
原则Ⅲ-2	x is more or less $\boldsymbol{A}$	y is $\boldsymbol{B}$	如果在知识中“x is $\boldsymbol{A}$”与“y is $\boldsymbol{B}$”之间没有较强的因果关系，则结论也可以是 $\boldsymbol{B}$
原则Ⅳ-1	x is not $\boldsymbol{A}$	y is unknown	当 $\boldsymbol{A}'=\text{not}\ \boldsymbol{A}$ 时，一般来说推不出任何结论
原则Ⅳ-2	x is not $\boldsymbol{A}$	y is not $\boldsymbol{B}$	如果把“IF x is $\boldsymbol{A}$ THEN y is $\boldsymbol{B}$”理解为“IF x is $\boldsymbol{A}$ THEN y is $\boldsymbol{B}$ else y is not $\boldsymbol{B}$”，则可推出“y is not $\boldsymbol{B}$”

表 6.2　直觉准则(模糊拒取式推理)

原则	证据：y is $\boldsymbol{B}'$	结论：x is $\boldsymbol{A}'$	直觉判断
原则Ⅴ	y is not $\boldsymbol{B}$	x is not $\boldsymbol{A}$	相当于经典逻辑中否定后件的拒取式推理
原则Ⅵ	y is not very $\boldsymbol{B}$	x is not very $\boldsymbol{A}$	在原则Ⅴ的基础上，$\boldsymbol{B}$ 前面加修饰词 not very，推出的结论也应该具有 not very
原则Ⅶ	y is not more or less $\boldsymbol{B}$	x is not more or less $\boldsymbol{A}$	在原则Ⅴ的基础上，$\boldsymbol{B}$ 前面加修饰词 not more or less，推出的结论也应该具有 not more or less
原则Ⅷ-1	y is $\boldsymbol{B}$	x is unknown	当已知证据 $\boldsymbol{A}'$ 的与条件中的 $\boldsymbol{A}$ 相同时，推出的结论就应该是知识所指示的结论
原则Ⅷ-2	y is $\boldsymbol{B}$	x is $\boldsymbol{A}$	如果在知识中“x is $\boldsymbol{A}$”与“y is $\boldsymbol{B}$”之间没有较强的因果关系，则结论也可以是 $\boldsymbol{B}$

当模糊关系 $\boldsymbol{R}$ 分别采用15种不同的形式时，模糊推理结果是否符合表6.1和表6.2所列出的直觉判断准则呢?

下面分别对 $\boldsymbol{R}_m$、$\boldsymbol{R}_c$ 和 $\boldsymbol{R}_{ss}$ 进行分析，其他的只给出分析结果。

例 6.2　设 $U=V=\{1, 2, 3, 4, 5, 6, 7, 8, 9, 10\}$

$$\begin{aligned}\boldsymbol{A} &= \int_U \mu_A(x)/x \\ &= \{1, 0.8, 0.6, 0.4, 0.2, 0, 0, 0, 0, 0\} \\ \boldsymbol{B} &= \int_U \mu_B(x)/x \\ &= \{0, 0, 0, 0.2, 0.4, 0.6, 0.8, 1, 1, 1\}\end{aligned}$$

根据 $\boldsymbol{R}_m$、$\boldsymbol{R}_c$ 和 $\boldsymbol{R}_{ss}$ 的定义，由 $\boldsymbol{A}$ 与 $\boldsymbol{B}$ 的模糊集可以得到对应模糊关系的模糊矩阵，即

$$\boldsymbol{R}_m = \begin{bmatrix} 0 & 0 & 0 & 0.2 & 0.4 & 0.6 & 0.8 & 1 & 1 & 1 \\ 0.2 & 0.2 & 0.2 & 0.2 & 0.4 & 0.6 & 0.8 & 0.8 & 0.8 & 0.8 \\ 0.4 & 0.4 & 0.4 & 0.4 & 0.4 & 0.6 & 0.6 & 0.6 & 0.6 & 0.6 \\ 0.6 & 0.6 & 0.6 & 0.6 & 0.6 & 0.6 & 0.6 & 0.6 & 0.6 & 0.6 \\ 0.8 & 0.8 & 0.8 & 0.8 & 0.8 & 0.8 & 0.8 & 0.8 & 0.8 & 0.8 \\ 1 & 1 & 1 & 1 & 1 & 1 & 1 & 1 & 1 & 1 \\ 1 & 1 & 1 & 1 & 1 & 1 & 1 & 1 & 1 & 1 \\ 1 & 1 & 1 & 1 & 1 & 1 & 1 & 1 & 1 & 1 \\ 1 & 1 & 1 & 1 & 1 & 1 & 1 & 1 & 1 & 1 \\ 1 & 1 & 1 & 1 & 1 & 1 & 1 & 1 & 1 & 1 \end{bmatrix}$$

$$
\boldsymbol{R}_c = \begin{bmatrix}
0 & 0 & 0 & 0.2 & 0.4 & 0.6 & 0.8 & 1 & 1 & 1 \\
0 & 0 & 0 & 0.2 & 0.4 & 0.6 & 0.8 & 0.8 & 0.8 & 0.8 \\
0 & 0 & 0 & 0.2 & 0.4 & 0.6 & 0.6 & 0.6 & 0.6 & 0.6 \\
0 & 0 & 0 & 0.2 & 0.4 & 0.4 & 0.4 & 0.4 & 0.4 & 0.4 \\
0 & 0 & 0 & 0.2 & 0.2 & 0.2 & 0.2 & 0.2 & 0.2 & 0.2 \\
0 & 0 & 0 & 0 & 0 & 0 & 0 & 0 & 0 & 0 \\
0 & 0 & 0 & 0 & 0 & 0 & 0 & 0 & 0 & 0 \\
0 & 0 & 0 & 0 & 0 & 0 & 0 & 0 & 0 & 0 \\
0 & 0 & 0 & 0 & 0 & 0 & 0 & 0 & 0 & 0 \\
0 & 0 & 0 & 0 & 0 & 0 & 0 & 0 & 0 & 0
\end{bmatrix}
$$

$$
\boldsymbol{R}_{ss} = \begin{bmatrix}
0 & 0 & 0 & 0 & 0 & 0 & 0 & 1 & 1 & 1 \\
0 & 0 & 0 & 0 & 0 & 0 & 1 & 0 & 0 & 0 \\
0 & 0 & 0 & 0 & 0 & 1 & 0 & 0 & 0 & 0 \\
0 & 0 & 0 & 0 & 1 & 0 & 0 & 0 & 0 & 0 \\
0 & 0 & 0 & 1 & 0 & 0 & 0 & 0 & 0 & 0 \\
1 & 1 & 1 & 0 & 0 & 0 & 0 & 0 & 0 & 0 \\
1 & 1 & 1 & 0 & 0 & 0 & 0 & 0 & 0 & 0 \\
1 & 1 & 1 & 0 & 0 & 0 & 0 & 0 & 0 & 0 \\
1 & 1 & 1 & 0 & 0 & 0 & 0 & 0 & 0 & 0 \\
1 & 1 & 1 & 0 & 0 & 0 & 0 & 0 & 0 & 0
\end{bmatrix}
$$

对于表6.1和表6.2中证据 $\boldsymbol{A}'$ 的几种不同形式，有：

已知 $\boldsymbol{A} = \int_U \mu_A(x)/x = \{1, 0.8, 0.6, 0.4, 0.2, 0, 0, 0, 0, 0\}$，由 $\boldsymbol{A}$ 可得

- very $\boldsymbol{A} = \boldsymbol{A}^2 = \int_U \mu_A^2(x)/x = \{1, 0.64, 0.36, 0.16, 0.04, 0, 0, 0, 0, 0\}$
- more or less $\boldsymbol{A} = \boldsymbol{A}^{0.5} = \int_U \mu_A^{0.5}(x)/x = \{1, 0.89, 0.77, 0.63, 0.45, 0, 0, 0, 0, 0\}$
- not $\boldsymbol{A} = \overline{\boldsymbol{A}} = \int_U 1-\mu_A(x)/x = \{0, 0.2, 0.4, 0.6, 0.8, 1, 1, 1, 1, 1\}$
- not very $\boldsymbol{A} = \int_U 1-\mu_A^2(x)/x = \{0, 0.36, 0.64, 0.84, 0.96, 1, 1, 1, 1, 1\}$
- not more or less $\boldsymbol{A} = \int_U 1-\mu_A^{0.5}(x)/x = \{0, 0.11, 0.23, 0.37, 0.55, 1, 1, 1, 1, 1\}$

已知 $\boldsymbol{B} = \int_U \mu_B(x)/x = \{0, 0, 0, 0.2, 0.4, 0.6, 0.8, 1, 1, 1\}$，由 $\boldsymbol{B}$ 可得

- very $\boldsymbol{B} = \boldsymbol{B}^2 = \int_U \mu_B^2(x)/x = \{0, 0, 0, 0.04, 0.16, 0.36, 0.64, 1, 1, 1\}$
- more or less $\boldsymbol{B} = \boldsymbol{B}^{0.5} = \int_U \mu_B^{0.5}(x)/x = \{0, 0, 0, 0.45, 0.63, 0.77, 0.89, 1, 1, 1\}$
- not $\boldsymbol{B} = \overline{\boldsymbol{B}} = \int_U 1-\mu_B(x)/x = \{1, 1, 1, 0.8, 0.6, 0.4, 0.2, 0, 0, 0\}$
- not very $\boldsymbol{B} = \int_U 1-\mu_B^2(x)/x = \{1, 1, 1, 0.96, 0.84, 0.64, 0.36, 0, 0, 0\}$

• not more or less $B=\int_U 1-\mu_B^{0.5}(x)/x=\{1, 1, 1, 0.55, 0.37, 0.23, 0.11, 0, 0, 0\}$

(1) 对于模糊假言推理，合成运算取"∧－∨"。

• 当 $A'=A$ 时，有

$$A'\circ R_m=\{0.4, 0.4, 0.4, 0.4, 0.4, 0.6, 0.8, 1, 1, 1\}$$

$$A'\circ R_c=A'\circ R_{ss}=\{0, 0, 0, 0.2, 0.4, 0.6, 0.8, 1, 1, 1\}=B$$

根据原则Ⅰ及 B 可知：R_c 和 R_{ss} 的性能较好，而 R_m 得到的结果与直觉相差较大。

• 当 $A'=$ very A 时，有

$$A'\circ R_m=\{0.36, 0.36, 0.36, 0.36, 0.4, 0.6, 0.8, 1, 1, 1\}$$

$$A'\circ R_c=\{0, 0, 0, 0.2, 0.4, 0.6, 0.8, 1, 1, 1\}=B$$

$$A'\circ R_{ss}==\{0, 0, 0, 0.04, 0.16, 0.36, 0.64, 1, 1, 1\}=\text{very } B$$

根据原则Ⅱ及 B 与 very B 可知：R_c 和 R_{ss} 的性能较好，而 R_m 得到的结果与直觉相差较大。

• 当 $A'=$ more or less A 时，有

$$A'\circ R_m=\{0.6, 0.6, 0.6, 0.6, 0.6, 0.6, 0.8, 1, 1, 1\}$$

$$A'\circ R_c=\{0, 0, 0, 0.2, 0.4, 0.6, 0.8, 1, 1, 1\}=B$$

$$A'\circ R_{ss}==\{0, 0, 0, 0.45, 0.63, 0.77, 0.89, 1, 1, 1\}=\text{more or less } B$$

根据原则Ⅲ及 B 与 more or less B 可知：R_c 和 R_{ss} 的性能较好，而 R_m 性能较差。

• 当 $A'=$ not A 时，有

$$A'\circ R_m=\{1, 1, 1, 1, 1, 1, 1, 1, 1, 1\}=\text{unknown}$$

$$A'\circ R_c=\{0, 0, 0, 0.2, 0.4, 0.4, 0.4, 0.4, 0.4, 0.4\}$$

$$A'\circ R_{ss}=\{1, 1, 1, 0.8, 0.6, 0.4, 0.2, 0, 0, 0\}=\text{not } B$$

根据原则Ⅳ及 B 与 not B 与 unknown 可知：R_m 和 R_{ss} 的性能较好，而 R_c 性能较差。

综合以上四种情况，对模糊假言推理来说，就 R_m、R_c 和 R_s 这三种模糊关系，R_{ss} 性能较好，R_c 次之，R_m 较差。

(2) 对于模糊拒取式推理，合成运算取"∧－∨"。

• 当 $B'=$ not B 时，有

$$R_m\circ B'=\{0.4, 0.4, 0.4, 0.6, 0.8, 1, 1, 1, 1, 1\}$$

$$R_c\circ B'=\{0.4, 0.4, 0.4, 0.4, 0.2, 0, 0, 0, 0, 0\}$$

$$R_{ss}\circ B'=\{0, 0.2, 0.4, 0.6, 0.8, 1, 1, 1, 1, 1\}=\text{not } A$$

根据原则Ⅴ及 not A 可知：R_{ss} 的性能较好，而 R_m 和 R_c 性能较差。

• 当 $B'=$ not very B 时，有

$$R_m\circ B'=\{0.6, 0.6, 0.6, 0.6, 0.8, 1, 1, 1, 1, 1\}$$

$$R_c\circ B'=\{0.6, 0.6, 0.6, 0.4, 0.2, 0, 0, 0, 0, 0\}$$

$$R_{ss}\circ B'=\{0, 0.36, 0.64, 0.84, 0.96, 1, 1, 1, 1, 1\}=\text{not very } A$$

根据原则Ⅵ及 not very A 可知：R_{ss} 的性能较好，而 R_m 和 R_c 性能较差。

• 当 $B'=$ not more or less B 时，有

$\boldsymbol{R}_m \circ \boldsymbol{B}' = \{0.37, 0.37, 0.4, 0.6, 0.8, 1, 1, 1, 1, 1\}$

$\boldsymbol{R}_c \circ \boldsymbol{B}' = \{0.37, 0.37, 0.37, 0.37, 0.2, 1, 1, 1, 1, 1\}$

$\boldsymbol{R}_{ss} \circ \boldsymbol{B}' = \{0, 0.11, 0.23, 0.37, 0.55, 1, 1, 1, 1, 1\} = \text{not more or less } \boldsymbol{A}$

根据原则Ⅶ及 not more or less $\boldsymbol{A}$ 可知：$\boldsymbol{R}_{ss}$ 的性能较好，而 $\boldsymbol{R}_m$ 和 $\boldsymbol{R}_c$ 性能较差。

· 当 $\boldsymbol{B}' = \boldsymbol{B}$ 时，有

$$\boldsymbol{R}_m \circ \boldsymbol{B}' = \{1, 0.8, 0.6, 0.6, 0.8, 1, 1, 1, 1, 1\}$$

$$\boldsymbol{R}_c \circ \boldsymbol{B}' = \boldsymbol{R}_{ss} \circ \boldsymbol{B}' = \{1, 0.8, 0.6, 0.4, 0.2, 0, 0, 0, 0, 0\} = \boldsymbol{A}$$

根据原则Ⅷ及 $\boldsymbol{A}$ 可知：$\boldsymbol{R}_{ss}$ 的性能较好。

综合以上四种情况，对模糊拒取式推理来说，就 $\boldsymbol{R}_m$、$\boldsymbol{R}_c$ 和 $\boldsymbol{R}_s$ 这三种模糊关系，$\boldsymbol{R}_{ss}$ 性能较好，$\boldsymbol{R}_c$ 次之，$\boldsymbol{R}_m$ 最差。

表 6.3 列出了 15 种模糊关系的性能比较。

表 6.3　15 种模糊关系的性能比较

原则	证据：x is $\boldsymbol{A}'$	结论：y is $\boldsymbol{B}'$	$\boldsymbol{R}_m$	$\boldsymbol{R}_a$	$\boldsymbol{R}_c$	$\boldsymbol{R}_s$	$\boldsymbol{R}_g$	$\boldsymbol{R}_{sg}$	$\boldsymbol{R}_{gg}$	$\boldsymbol{R}_{gs}$	$\boldsymbol{R}_{ss}$	$\boldsymbol{R}_b$	$\boldsymbol{R}_\triangle$	$\boldsymbol{R}_\blacktriangle$	$\boldsymbol{R}_*$	$\boldsymbol{R}_\#$	$\boldsymbol{R}_\square$
Ⅰ	x is $\boldsymbol{A}$	y is $\boldsymbol{B}$	×	×	√	√	√	√	√	√	√	×	×	×	×	×	×
Ⅱ-1	x is very $\boldsymbol{A}$	y is very $\boldsymbol{B}$	×	×	×	√	×	√	×	×	√	×	×	×	×	×	×
Ⅱ-2	x is very $\boldsymbol{A}$	y is $\boldsymbol{B}$	×	×	√	×	√	×	√	√	×	×	×	×	×	×	×
Ⅲ-1	x is more or less $\boldsymbol{A}$	y is more or less $\boldsymbol{B}$	×	×	×	√	√	√	√	√	√	×	×	×	×	×	×
Ⅲ-2	x is more or less $\boldsymbol{A}$	y is $\boldsymbol{B}$	×	×	√	×	×	×	×	×	×	×	×	×	×	×	×
Ⅳ-1	x is not $\boldsymbol{A}$	y is unknown	√	√	×	√	√	×	×	×	×	√	√	√	√	√	√
Ⅳ-2	x is not $\boldsymbol{A}$	y is not $\boldsymbol{B}$	×	×	×	×	×	√	√	√	√	×	×	×	×	×	×
Ⅴ	x is not $\boldsymbol{A}$	y is not $\boldsymbol{B}$	×	×	×	√	×	√	×	×	√	×	×	×	×	×	×
Ⅵ	x is not very $\boldsymbol{A}$	y is not very $\boldsymbol{B}$	×	×	×	√	×	√	×	×	√	×	×	×	×	×	×
Ⅶ	x is not more or less $\boldsymbol{A}$	y is not more or less $\boldsymbol{B}$	×	×	×	√	×	√	×	×	√	×	×	×	×	×	×
Ⅷ-1	x is unknown	y is $\boldsymbol{B}$	×	√	×	√	√	×	×	×	×	√	√	√	√	√	√
Ⅷ-2	x is $\boldsymbol{A}$	y is $\boldsymbol{B}$	×	×	√	×	×	×	×	√	√	×	×	×	×	×	×

表中，"√"表示符合相应的推理原则，"×"表示不符合。

由表 6.3 可以看出，无论是对于模糊假言推理还是对于模糊拒取式推理，$\boldsymbol{R}_s$、$\boldsymbol{R}_{sg}$、$\boldsymbol{R}_{ss}$ 都是性能比较好的模糊关系，$\boldsymbol{R}_g$、$\boldsymbol{R}_{gg}$、$\boldsymbol{R}_{gs}$、$\boldsymbol{R}_c$ 次之，$\boldsymbol{R}_m$、$\boldsymbol{R}_a$、$\boldsymbol{R}_b$、$\boldsymbol{R}_\triangle$、$\boldsymbol{R}_\blacktriangle$、$\boldsymbol{R}_*$、$\boldsymbol{R}_\#$ 及 $\boldsymbol{R}_\square$ 的性能较差。

6.3 多重多维模糊推理

6.3.1 多维模糊推理

多维模糊逻辑推理是在模糊假言推理的基本模式之上，将前提条件由简单条件变为复合条件的一类推理，其逻辑结构形式如下：

知识：IF x_1 is $\boldsymbol{A}_1$ 且 x_2 is $\boldsymbol{A}_2$ 且…x_n is $\boldsymbol{A}_n$ THEN y is $\boldsymbol{B}$

证据：x_1 is $\boldsymbol{A}'_1$且 x_2 is $\boldsymbol{A}'_2$且…x_n is $\boldsymbol{A}'_n$

结论：　　　　　　　　　　　　　　　　y is $\boldsymbol{B}'$

其中，$\boldsymbol{A}_i$，$\boldsymbol{A}'_i \in F(U_i)$，$i=1, 2, \cdots, n$，$\boldsymbol{B}$，$\boldsymbol{B}' \in F(V)$，$U_i$，$V$ 是论域。上式可简记为

$$(\boldsymbol{A}_1)\text{且}(\boldsymbol{A}_2)\text{且}\cdots\text{且}(\boldsymbol{A}_n)\rightarrow(\boldsymbol{B})$$

$$(\boldsymbol{A}'_1)\text{且}(\boldsymbol{A}'_2)\text{且}\cdots\text{且}(\boldsymbol{A}'_n)$$

$$(\boldsymbol{B}')$$

1. Zadeh 方法

可以看出，知识的前件和证据不再是简单的模糊判断句，而是 n 个模糊判断句用“而且”连接起来的复合句型，它们对应了 n 个论域 U_i 上的 n 个模糊集合 $\boldsymbol{A}_i$ 和 $\boldsymbol{A}_i'$，$i=1, 2, \cdots, n$。因为 $\boldsymbol{A}_i$ 是 n 个不同论域上的模糊集合，因此复合模糊判断句$(\boldsymbol{A}_1)$且$(\boldsymbol{A}_2)$且…且$(\boldsymbol{A}_n)$的可定义为 $\boldsymbol{A}_i$ 的直积，即

$$\boldsymbol{A}_1 \times \boldsymbol{A}_2 \times \cdots \times \boldsymbol{A}_n = \int_{U_1 \times U_2 \times \cdots \times U_n} (\mu_{\boldsymbol{A}_1}(x_1) \wedge \mu_{\boldsymbol{A}_2}(x_2) \wedge \cdots \wedge \mu_{\boldsymbol{A}_n}(x_n))/(x_1, x_2, \cdots, x_n)$$

知识所表达的多维的模糊推理句，可以看成是 $\boldsymbol{A}_1 \times \boldsymbol{A}_2 \times \cdots \times \boldsymbol{A}_n$ 到 $\boldsymbol{B}$ 的模糊关系 $\boldsymbol{R}$，$\boldsymbol{R}$ 可以记为 $\boldsymbol{R}(\boldsymbol{A}_1, \boldsymbol{A}_2, \cdots, \boldsymbol{A}_n, \boldsymbol{B})$，它是一个 $n+1$ 维的模糊关系。因此，根据模糊推理的合成规则，将模糊假言推理的基本形式扩充，可以得到多维模糊推理结果。

Zadeh 方法可概括为以下四个步骤：

(1) 求出 $\boldsymbol{A}_1$，$\boldsymbol{A}_2$，…，$\boldsymbol{A}_n$ 的直积，并记为 $\boldsymbol{A}$，即

$$\begin{aligned}\boldsymbol{A} &= \boldsymbol{A}_1 \times \boldsymbol{A}_2 \times \cdots \times \boldsymbol{A}_n \\ &= \int_{U_1 \times U_2 \times \cdots \times U_n} \mu_{\boldsymbol{A}_1}(x_1) \wedge \mu_{\boldsymbol{A}_2}(x_2) \wedge \cdots \wedge \mu_{\boldsymbol{A}_n}(x_n)/(x_1, x_2, \cdots, x_n)\end{aligned}$$

其中，$\mu_{\boldsymbol{A}_i}(x_i)$是 $\boldsymbol{A}_i(i=1, 2, \cdots, n)$的隶属函数。

(2) 用前面讨论的任何一种模糊关系构造方法构造出 $\boldsymbol{A}$ 与 $\boldsymbol{B}$ 之间的模糊关系 $\boldsymbol{R}(\boldsymbol{A}, \boldsymbol{B})=\boldsymbol{R}(\boldsymbol{A}_1, \boldsymbol{A}_2, \cdots, \boldsymbol{A}_n, \boldsymbol{B})$。

(3) 求出证据中 $\boldsymbol{A}'_1$，$\boldsymbol{A}'_2$，…，$\boldsymbol{A}'_n$的直积，记为 $\boldsymbol{A}'$，即

$$\begin{aligned}\boldsymbol{A}' &= \boldsymbol{A}'_1 \times \boldsymbol{A}'_2 \times \cdots \times \boldsymbol{A}'_n \\ &= \int_{U_1 \times U_2 \times \cdots \times U_n} \mu_{\boldsymbol{A}_1'}(x_1) \wedge \mu_{\boldsymbol{A}_2'}(x_2) \wedge \cdots \wedge \mu_{\boldsymbol{A}_n'}(x_n)/(x_1, x_2, \cdots, x_n)\end{aligned}$$

(4) 由 $\boldsymbol{A}'$与 $\boldsymbol{R}(\boldsymbol{A}, \boldsymbol{B})$的合成求出 $\boldsymbol{B}'$，即

$$\boldsymbol{B}'=\boldsymbol{A}'\circ\boldsymbol{R}(\boldsymbol{A},\ \boldsymbol{B})=(\boldsymbol{A}'_1\times\boldsymbol{A}'_2\times\cdots\times\boldsymbol{A}'_n)\circ\boldsymbol{R}(\boldsymbol{A}_1,\ \boldsymbol{A}_2,\ \cdots,\ \boldsymbol{A}_n,\ \boldsymbol{B})$$

下面以二维(即 $n=2$)为例，做具体说明。

设 $\boldsymbol{A}_1\in F(U_1)$，$\boldsymbol{A}_2\in F(U_2)$，$\boldsymbol{B}\in F(V)$，其表示分别为

$$\boldsymbol{A}_1=\int_{U_1}\mu_{\boldsymbol{A}_1}(x_1)/x_1,\ \boldsymbol{A}_2=\int_{U_2}\mu_{\boldsymbol{A}_2}(x_2)/x_2,\ \boldsymbol{B}=\int_V\mu_B(y)/y$$

(1) 若采用 $\boldsymbol{R}_m$ 来构造 $\boldsymbol{R}(\boldsymbol{A}_1,\ \boldsymbol{A}_2,\ \boldsymbol{B})$，则

$$\begin{aligned}\boldsymbol{R}_m(\boldsymbol{A}_1,\ \boldsymbol{A}_2,\ \boldsymbol{B})&=[(\boldsymbol{A}_1\times\boldsymbol{A}_2)\times\boldsymbol{B}]\cup(\overline{\boldsymbol{A}_1\times\boldsymbol{A}_2}\times V)\\&=\int_{U_1\times U_2\times V}[\mu_{\boldsymbol{A}_1}(x_1)\wedge\mu_{\boldsymbol{A}_2}(x_2)\wedge\mu_B(y)]\vee(1-(\mu_{\boldsymbol{A}_1}(x_1)\\&\qquad\wedge\mu_{\boldsymbol{A}_2}(x_2)))/(x_1,\ x_2,\ y)\end{aligned}$$

此时，$\boldsymbol{B}'_m=\boldsymbol{A}'\circ\boldsymbol{R}_m=(\boldsymbol{A}'_1\cap\boldsymbol{A}'_2)\circ\boldsymbol{R}_m(\boldsymbol{A}_1,\ \boldsymbol{A}_2,\ \boldsymbol{B})$

其隶属函数为

$$\begin{aligned}\mu_{B'_m}(y)=\bigvee_{(x_1,\ x_2)\in U_1\times U_2}&\{[\mu_{\boldsymbol{A}'_1}(x_1)\wedge\mu_{\boldsymbol{A}'_2}(x_2)]\wedge[(\mu_{\boldsymbol{A}_1}(x_1)\wedge\mu_{\boldsymbol{A}_2}(x_2)\wedge\mu_B(y)\\&\vee(1-(\mu_{\boldsymbol{A}_1}(x_1)\wedge\mu_{\boldsymbol{A}_2}(x_2)))]\}\end{aligned}$$

(2) 若采用 $\boldsymbol{R}_a$ 来构造 $\boldsymbol{R}(\boldsymbol{A}_1,\ \boldsymbol{A}_2,\ \boldsymbol{B})$，则

$$\begin{aligned}\boldsymbol{R}_a(\boldsymbol{A}_1,\ \boldsymbol{A}_2,\ \boldsymbol{B})&=(\overline{\boldsymbol{A}_1\times\boldsymbol{A}_2}\times V)\oplus[(U_1\times U_2)\times\boldsymbol{B}]\\&=\int_{U_1\times U_2\times V}1\wedge[1-(\mu_{\boldsymbol{A}_1}(x_1)\wedge\mu_{\boldsymbol{A}_2}(x_2))+\mu_B(y)]/(x_1,\ x_2,\ y)\end{aligned}$$

此时，

$$\boldsymbol{B}'_a=\boldsymbol{A}'\circ\boldsymbol{R}_a=(\boldsymbol{A}'_1\times\boldsymbol{A}'_2)\circ\boldsymbol{R}_a(\boldsymbol{A}_1,\ \boldsymbol{A}_2,\ \boldsymbol{B})$$

其隶属函数为

$$\mu_{B'_a}(y)=\bigvee_{(x_1,\ x_2)\in U_1\times U_2}\{[\mu_{\boldsymbol{A}'_1}(x_1)\wedge\mu_{\boldsymbol{A}'_2}(x_2)]\wedge[1\wedge(1-(\mu_{\boldsymbol{A}_1}(x_1)\wedge\mu_{\boldsymbol{A}_2}(x_2))+\mu_B(y))]\}$$

(3) 若采用 $\boldsymbol{R}_c$ 来构造 $\boldsymbol{R}(\boldsymbol{A}_1,\ \boldsymbol{A}_2,\ \boldsymbol{B})$，则

$$\begin{aligned}\boldsymbol{R}_c(\boldsymbol{A}_1,\ \boldsymbol{A}_2,\ \boldsymbol{B})&=(\boldsymbol{A}_1\times\boldsymbol{A}_2)\times\boldsymbol{B}\\&=\int_{U_1\times U_2\times V}[(\mu_{\boldsymbol{A}_1}(x_1)\wedge\mu_{\boldsymbol{A}_2}(x_2))\wedge\mu_B(y)]/(x_1,\ x_2,\ y)\end{aligned}$$

此时，

$$\boldsymbol{B}'_c=\boldsymbol{A}'\circ\boldsymbol{R}_c=(\boldsymbol{A}'_1\times\boldsymbol{A}'_2)\circ\boldsymbol{R}_c(\boldsymbol{A}_1,\ \boldsymbol{A}_2,\ \boldsymbol{B})$$

其隶属函数为

$$\mu_{B'_c}(y)=\bigvee_{(x_1,\ x_2)\in U_1\times U_2}\{[\mu_{\boldsymbol{A}'_1}(x_1)\wedge\mu_{\boldsymbol{A}'_2}(x_2)]\wedge[(\mu_{\boldsymbol{A}_1}(x_1)\wedge\mu_{\boldsymbol{A}_2}(x_2))\wedge\mu_B(y)]\}$$

(4) 若采用 $\boldsymbol{R}_s$ 来构造 $\boldsymbol{R}(\boldsymbol{A}_1,\ \boldsymbol{A}_2,\ \boldsymbol{B})$，则

$$\begin{aligned}\boldsymbol{R}_s(\boldsymbol{A}_1,\ \boldsymbol{A}_2,\ \boldsymbol{B})&=(\boldsymbol{A}_1\times\boldsymbol{A}_2)\times V\underset{s}{\rightarrow}(U_1\times U_2)\times\boldsymbol{B}\\&=\int_{U_1\times U_2\times V}\frac{[(\mu_{\boldsymbol{A}_1}(x_1)\wedge\mu_{\boldsymbol{A}_2}(x_2))\underset{s}{\rightarrow}\mu_B(y)]}{(x_1,\ x_2,\ y)}\end{aligned}$$

此时，$\boldsymbol{B}'_s=\boldsymbol{A}'\circ\boldsymbol{R}_s=(\boldsymbol{A}'_1\times\boldsymbol{A}'_2)\circ\boldsymbol{R}_s(\boldsymbol{A}_1,\ \boldsymbol{A}_2,\ \boldsymbol{B})$

其隶属函数为

$$\mu_{B'_s}(y)=\bigvee_{(x_1,\ x_2)\in U_1\times U_2}\{[\mu_{\boldsymbol{A}'_1}(x_1)\wedge\mu_{\boldsymbol{A}'_2}(x_2)]\wedge[(\mu_{\boldsymbol{A}_1}(x_1)\wedge\mu_{\boldsymbol{A}_2}(x_2))\underset{s}{\rightarrow}\mu_B(y)]\}$$

采用其他形式的模糊关系可以类似得到相应的隶属函数及 $\boldsymbol{B}'$。

下面通过一个例子来说明。

例 6.3 设$U_1=\{a_1, a_2, a_3\}$，$U_2=\{b_1, b_2, b_3\}$，$V=\{c_1, c_2, c_3\}$，$\boldsymbol{A}_1=\{1, 0.7, 0.3\}$，$\boldsymbol{A}_2=\{1, 0.5, 0.1\}$，$\boldsymbol{B}=\{1, 0.5, 0.2\}$，$\boldsymbol{A}'_1=\{0.3, 1, 0.7\}$，$\boldsymbol{A}'_2=\{0.2, 0.6, 0.1\}$，试用$\boldsymbol{R}_c$ 构造模糊关系并求$\boldsymbol{B}'$。

解 由已知可得

$$\boldsymbol{A}_1\times\boldsymbol{A}_2=\boldsymbol{A}_1{}^T\wedge\boldsymbol{A}_2=\begin{bmatrix}1\\0.7\\0.3\end{bmatrix}\wedge\begin{bmatrix}1 & 0.5 & 0.1\end{bmatrix}=\begin{bmatrix}1 & 0.5 & 0.1\\0.7 & 0.5 & 0.1\\0.3 & 0.3 & 0.1\end{bmatrix}$$

为了便于下一步计算，可将$\boldsymbol{A}_1\times\boldsymbol{A}_2$ 的模糊矩阵表示成如下的向量，即

$$\boldsymbol{A}_1\times\boldsymbol{A}_2=\begin{bmatrix}1 & 0.5 & 0.1 & 0.7 & 0.5 & 0.1 & 0.3 & 0.3 & 0.1\end{bmatrix}$$

$$\boldsymbol{R}_c(\boldsymbol{A}_1, \boldsymbol{A}_2, \boldsymbol{B})=(\boldsymbol{A}_1\times\boldsymbol{A}_2)\times\boldsymbol{B}$$

$$=\begin{bmatrix}1\\0.5\\0.1\\0.7\\0.5\\0.1\\0.3\\0.3\\0.1\end{bmatrix}\wedge\begin{bmatrix}1 & 0.5 & 0.2\end{bmatrix}=\begin{bmatrix}1 & 0.5 & 0.2\\0.5 & 0.5 & 0.2\\0.1 & 0.1 & 0.1\\0.7 & 0.5 & 0.2\\0.5 & 0.5 & 0.2\\0.1 & 0.1 & 0.1\\0.3 & 0.3 & 0.2\\0.3 & 0.3 & 0.2\\0.1 & 0.1 & 0.1\end{bmatrix}$$

对于给定的证据$\boldsymbol{A}'_1$、$\boldsymbol{A}'_2$，有

$$\boldsymbol{A}'_1\times\boldsymbol{A}'_2=\boldsymbol{A}'^T_1\wedge\boldsymbol{A}'_2=\begin{bmatrix}0.3\\1\\0.7\end{bmatrix}\wedge\begin{bmatrix}0.2 & 0.6 & 0.1\end{bmatrix}=\begin{bmatrix}0.2 & 0.3 & 0.1\\0.2 & 0.6 & 0.1\\0.2 & 0.6 & 0.1\end{bmatrix}$$

为了便于计算，也可将$\boldsymbol{A}'_1\times\boldsymbol{A}'_2$的模糊矩阵表示成如下的向量，即

$$\boldsymbol{A}'_1\times\boldsymbol{A}'_2=\begin{bmatrix}0.2 & 0.3 & 0.1 & 0.2 & 0.6 & 0.1 & 0.2 & 0.6 & 0.1\end{bmatrix}$$

根据以上求得推理结果

$$\boldsymbol{B}'_c=\boldsymbol{A}'\circ\boldsymbol{R}_c=(\boldsymbol{A}'_1\times\boldsymbol{A}'_2)\circ\boldsymbol{R}_c(\boldsymbol{A}_1, \boldsymbol{A}_2, \boldsymbol{B})$$

$$=\begin{bmatrix}0.2 & 0.3 & 0.1 & 0.2 & 0.6 & 0.1 & 0.2 & 0.6 & 0.1\end{bmatrix}\circ\begin{bmatrix}1 & 0.5 & 0.2\\0.5 & 0.5 & 0.2\\0.1 & 0.1 & 0.1\\0.7 & 0.5 & 0.2\\0.5 & 0.5 & 0.2\\0.1 & 0.1 & 0.1\\0.3 & 0.3 & 0.2\\0.3 & 0.3 & 0.2\\0.1 & 0.1 & 0.1\end{bmatrix}$$

$$=\begin{bmatrix}0.5 & 0.5 & 0.2\end{bmatrix}$$

2. Tsukamoto 方法

与 Zadeh 方法不同，Tsukamoto 方法的基本思想是首先对复合条件中的每一个简单条件按简单的假言模糊推理求出相应的 $\boldsymbol{B}'_i$，即 $\boldsymbol{B}'_i=\boldsymbol{A}'_i\circ\boldsymbol{R}(\boldsymbol{A}_i, \boldsymbol{B})$，$i=1, 2, \cdots, n$；然后再对 $\boldsymbol{B}'_i$ 取交，从而得到 $\boldsymbol{B}'$，即 $\boldsymbol{B}'=\boldsymbol{B}'_1\cap\boldsymbol{B}'_2\cap\cdots\cap\boldsymbol{B}'_n$。

例 6.4 设 $U_1=U_2=V=\{1, 2, 3, 4, 5\}$，$\boldsymbol{A}_1=\{1, 0.6, 0, 0, 0\}$，$\boldsymbol{A}_2=\{0, 1, 0.5, 0, 0\}$，$\boldsymbol{B}=\{0, 0, 1, 0.8, 0\}$，$\boldsymbol{A}'_1=\{0.8, 0.5, 0, 0, 0\}$，$\boldsymbol{A}'_2=\{0, 0.9, 0.5, 0, 0\}$，使用 $\boldsymbol{R}_s$ 构造模糊关系，可以得到

$$\boldsymbol{R}_s(\boldsymbol{A}_1, \boldsymbol{B})=\begin{bmatrix}0&0&1&0&0\\0&0&1&1&0\\1&1&1&1&1\\1&1&1&1&1\\1&1&1&1&1\end{bmatrix}$$

$$\boldsymbol{B}'_{s1}=\boldsymbol{A}'_1\circ\boldsymbol{R}_s(\boldsymbol{A}_1, \boldsymbol{B})=\{0, 0, 0.8, 0.5, 0\}$$

$$\boldsymbol{R}_s(\boldsymbol{A}_2, \boldsymbol{B})=\begin{bmatrix}1&1&1&1&1\\0&0&1&0&0\\0&0&1&1&0\\1&1&1&1&1\\1&1&1&1&1\end{bmatrix}$$

$$\boldsymbol{B}'_{s2}=\boldsymbol{A}'_2\circ\boldsymbol{R}_s(\boldsymbol{A}_2, \boldsymbol{B})=\{0, 0, 0.9, 0.5, 0\}$$

最后可得

$$\boldsymbol{B}'_s=\boldsymbol{B}'_{s1}\cap\boldsymbol{B}'_{s2}=\{0, 0, 0.8, 0.5, 0\}$$

3. Sugeno 方法

Sugeno 方法通过递推计算求出 $\boldsymbol{B}'$，具体为

$$\boldsymbol{B}'_1=\boldsymbol{A}'_1\circ\boldsymbol{R}(\boldsymbol{A}_1, \boldsymbol{B})$$
$$\boldsymbol{B}'_2=\boldsymbol{A}'_2\circ\boldsymbol{R}(\boldsymbol{A}_2, \boldsymbol{B}'_1)$$
$$\cdots$$
$$\boldsymbol{B}'=\boldsymbol{B}'_n=\boldsymbol{A}'_n\circ\boldsymbol{R}(\boldsymbol{A}_n, \boldsymbol{B}'_{n-1})$$

例 6.5 使用例 6.4 中的数据，并用 $\boldsymbol{R}_s$ 构造模糊关系，可以得到

$$\boldsymbol{R}_s(\boldsymbol{A}_1, \boldsymbol{B})=\begin{bmatrix}0&0&1&0&0\\0&0&1&1&0\\1&1&1&1&1\\1&1&1&1&1\\1&1&1&1&1\end{bmatrix}$$

$$\boldsymbol{B}'_{s1}=\boldsymbol{A}'_1\circ\boldsymbol{R}_s(\boldsymbol{A}_1, \boldsymbol{B})=\{0, 0, 0.8, 0.5, 0\}$$

$$\boldsymbol{R}_s(\boldsymbol{A}_2, \boldsymbol{B}'_{s1})=\begin{bmatrix}1&1&1&1&1\\0&0&0&0&0\\0&0&1&1&0\\1&1&1&1&1\\1&1&1&1&1\end{bmatrix}$$

$$\boldsymbol{B}'_s=\boldsymbol{B}'_{s2}=\boldsymbol{A}'_2\circ\boldsymbol{R}_s(\boldsymbol{A}_2, \boldsymbol{B}'_{s1})=\{0, 0, 0.5, 0.5, 0\}$$

6.3.2 多重模糊推理

多重模糊推理的逻辑结构形式如下：

知识：IF x is $\boldsymbol{A}_1$ THEN y is $\boldsymbol{B}_1$ ELSE

IF x is $\boldsymbol{A}_2$ THEN y is $\boldsymbol{B}_2$ ELSE

IF x is $\boldsymbol{A}_n$ THEN y is $\boldsymbol{B}_n$

证据：x_1 is $\boldsymbol{A}'$

结论： y is $\boldsymbol{B}'$

其中，$\boldsymbol{A}_i$，$\boldsymbol{A}'\in F(U)$，$i=1,2,\cdots,n$，$\boldsymbol{B}$，$\boldsymbol{B}'\in F(V)$。上式可简记为

$(\boldsymbol{A}_1)\to(\boldsymbol{B}_1)$ ELSE

$(\boldsymbol{A}_2)\to(\boldsymbol{B}_2)$ ELSE

…

$(\boldsymbol{A}_n)\to(\boldsymbol{B}_n)$

$\boldsymbol{A}'$

$(\boldsymbol{B}')$

可以看出，多重模糊推理包含了 n 个模糊推理句“$(\boldsymbol{A}_i)\to(\boldsymbol{B}_i)$”，用“ELSE”连接，它们分别表示从 X 到 Y 的模糊关系 $\boldsymbol{R}_i(\boldsymbol{A}_i,\boldsymbol{B}_i)$。由于 $\boldsymbol{R}_i(\boldsymbol{A}_i,\boldsymbol{B}_i)$，$i=1,2,\cdots,n$，表示的 n 个模糊关系都是 $U\times V$ 的模糊关系，因此用“ELSE”连接起来的 n 个 $\boldsymbol{R}_i(\boldsymbol{A}_i,\boldsymbol{B}_i)$ 所表达的总的模糊关系 $\boldsymbol{R}$ 是这 n 个 $\boldsymbol{R}_i(\boldsymbol{A}_i,\boldsymbol{B}_i)$ 的连接。连接词“ELSE”有人解释为并运算，也有人解释为交运算。一旦得到总的模糊关系 $\boldsymbol{R}$，就可以求出 $\boldsymbol{B}'=\boldsymbol{A}'\circ\boldsymbol{R}$。

下面以二重情况为例说明多重模糊推理的相关算法。

知识：IF x is $\boldsymbol{A}$ THEN y is $\boldsymbol{B}$ ELSE y is $\boldsymbol{C}$

证据：x_1 is $\boldsymbol{A}'$

结论： y is $\boldsymbol{D}$

关于 $\boldsymbol{R}$ 的具体形式，Zadeh 等人在已提出的 $\boldsymbol{R}_m$、$\boldsymbol{R}_a$、$\boldsymbol{R}_b$，$\boldsymbol{R}_{gg}$ 等的基础上，给出了描述知识“IF x is $\boldsymbol{A}$ THEN y is $\boldsymbol{B}$ ELSE y is $\boldsymbol{C}$”中 $\boldsymbol{A}$ 与 $\boldsymbol{B}$ 及 $\boldsymbol{C}$ 之间模糊关系的 $\boldsymbol{R}'_m$、$\boldsymbol{R}'_a$、$\boldsymbol{R}'_b$，$\boldsymbol{R}'_{gg}$ 等形式。

1. $\boldsymbol{R}'_m$

$\boldsymbol{R}'_m$ 的定义为

$$\begin{aligned}\boldsymbol{R}'_m&=(\boldsymbol{A}\times\boldsymbol{B})\cup(\overline{\boldsymbol{A}}\times\boldsymbol{C})\\&=\int_{U\times V}(\mu_A(x)\wedge\mu_B(y))\vee[(1-\mu_A(x))\wedge\mu_C(x)]/(x,y)\end{aligned}$$

由此可得

$$\boldsymbol{B}'_m=\boldsymbol{A}'\circ\boldsymbol{R}'_m=\boldsymbol{A}'\circ(\boldsymbol{A}\times\boldsymbol{B})\cup(\overline{\boldsymbol{A}}\times\boldsymbol{C})$$

其隶属函数为

$$\mu_{B'_m}(y)=\bigvee_{x\in U}\{\mu_{A'}(x)\wedge[(\mu_A(x)\wedge\mu_B(y))\vee((1-\mu_A(x))\wedge\mu_C(x))]\}$$

例 6.6 设 $U=V=\{1, 2, 3, 4, 5, 6\}$，$\boldsymbol{A}=\{1, 0.8, 0.5, 0.3, 0.1, 0\}$，$\boldsymbol{B}=\{0, 0.1, 0.2, 0.4, 0.6, 0.8\}$，$\boldsymbol{C}=\{1, 0.9, 0.8, 0.6, 0.4, 0.2\}$，由 $\boldsymbol{R}'_m$ 的定义可得

$$\boldsymbol{R}'_m=\begin{bmatrix} 0 & 0.1 & 0.2 & 0.4 & 0.6 & 0.8 \\ 0.2 & 0.2 & 0.2 & 0.4 & 0.6 & 0.8 \\ 0.5 & 0.5 & 0.5 & 0.5 & 0.5 & 0.5 \\ 0.7 & 0.7 & 0.7 & 0.6 & 0.4 & 0.3 \\ 0.9 & 0.9 & 0.8 & 0.6 & 0.4 & 0.2 \\ 1 & 0.9 & 0.8 & 0.6 & 0.4 & 0.2 \end{bmatrix}$$

当 $\boldsymbol{A}'=\boldsymbol{A}=\{1, 0.8, 0.5, 0.3, 0.1, 0\}$ 时，得到

$$\boldsymbol{B}'_m=\boldsymbol{A}'\circ\boldsymbol{R}'_m=\{0.5, 0.5, 0.5, 0.5, 0.6, 0.8\}$$

当 $\boldsymbol{A}'=\text{not}\ \boldsymbol{A}=\{0, 0.2, 0.5, 0.7, 0.9, 1\}$ 时，得到

$$\boldsymbol{B}'_m=\boldsymbol{A}'\circ\boldsymbol{R}'_m=\{1, 0.9, 0.8, 0.6, 0.5, 0.5\}$$

可以看出，在利用 $\boldsymbol{R}'_m$ 构造模糊关系时，根据表 6.1 中的原则 Ⅰ，当 $\boldsymbol{A}'=\boldsymbol{A}$ 时，应有 $\boldsymbol{B}'=\boldsymbol{B}$，但是 $\boldsymbol{B}'_m$ 并不等于 $\boldsymbol{B}$。当 $\boldsymbol{A}'=\text{not}\ \boldsymbol{A}$ 时，按照知识“IF x is **A** THEN y is **B** ELSE y is **C**”，应有 $\boldsymbol{B}'=\boldsymbol{C}$，但此时的 $\boldsymbol{B}'_m$ 虽然与 $\boldsymbol{C}$ 较为接近，但仍然与 $\boldsymbol{C}$ 不相等。

2. $\boldsymbol{R}'_a$

$\boldsymbol{R}'_a$ 的定义为

$$\begin{aligned}\boldsymbol{R}'_a&=(\overline{\boldsymbol{A}}\times V\oplus U\times\boldsymbol{B})\cap(\boldsymbol{A}\times\boldsymbol{V}\oplus U\times\boldsymbol{C})\\&=\int_{U\times V}1\wedge[1-\mu_A(x)+\mu_B(y)]\wedge[\mu_A(x)+\mu_{\boldsymbol{C}}(y)]/(x, y)\end{aligned}$$

由此可得

$$\boldsymbol{B}'_a=\boldsymbol{A}'\circ\boldsymbol{R}'_a=\boldsymbol{A}'\circ[(\overline{\boldsymbol{A}}\times V\oplus U\times\boldsymbol{B})\cap(\boldsymbol{A}\times V\oplus U\times\boldsymbol{C})]$$

其隶属函数为

$$\mu_{B'_a}(y)=\bigvee_{x\in U}\{\mu_{A'}(x)\wedge[1\wedge(1-\mu_A(x)+\mu_B(y))\wedge(\mu_A(x)+\mu_{\boldsymbol{C}}(x))]\}$$

利用例 6.6 的数据，由 $\boldsymbol{R}'_a$ 的定义可得

$$\boldsymbol{R}'_a=\begin{bmatrix} 0 & 0.1 & 0.2 & 0.4 & 0.6 & 0.8 \\ 0.2 & 0.3 & 0.4 & 0.6 & 0.8 & 1 \\ 0.5 & 0.6 & 0.7 & 0.9 & 0.9 & 0.7 \\ 0.7 & 0.8 & 0.9 & 0.9 & 0.7 & 0.5 \\ 0.9 & 1 & 0.9 & 0.7 & 0.5 & 0.3 \\ 1 & 0.9 & 0.8 & 0.6 & 0.4 & 0.2 \end{bmatrix}$$

当 $\boldsymbol{A}'=\boldsymbol{A}=\{1, 0.8, 0.5, 0.3, 0.1, 0\}$ 时，得到

$$\boldsymbol{B}'_a=\boldsymbol{A}'\circ\boldsymbol{R}'_a=\{0.5, 0.5, 0.5, 0.6, 0.8, 0.8\}$$

当 $\boldsymbol{A}'=\text{not}\ \boldsymbol{A}=\{0, 0.2, 0.5, 0.7, 0.9, 1\}$ 时，得到

$$\boldsymbol{B}'_a=\boldsymbol{A}'\circ\boldsymbol{R}'_a=\{1, 0.9, 0.9, 0.7, 0.7, 0.5\}$$

可以看出，利用 $\boldsymbol{R}'_a$ 得出的结果仍然与原则 *I* 和知识本身有差异。

3. $\boldsymbol{R}'_b$

$\boldsymbol{R}'_b$的定义为

$$\boldsymbol{R}'_b=[(\overline{\boldsymbol{A}}\times V)\cup(U\times\boldsymbol{B})]\cap[(\boldsymbol{A}\times V)\cup(U\times\boldsymbol{C})]$$
$$=\int_{U\times V}[(1-\mu_A(x))\vee\mu_B(y)]\wedge[\mu_A(x)\vee\mu_{\boldsymbol{C}}(y)]/(x,\ y)$$

由此可得

$$\boldsymbol{B}'_b=\boldsymbol{A}'\circ\boldsymbol{R}'_b=\boldsymbol{A}'\circ[(\overline{\boldsymbol{A}}\times V)\cup(U\times\boldsymbol{B})]\cap[(\boldsymbol{A}\times V)\cup(U\times\boldsymbol{C})]$$

其隶属函数为

$$\mu_{B'_a}(y)=\bigvee_{x\in U}\{\mu_{A'}(x)\wedge[((1-\mu_A(x))\vee\mu_B(y)]\wedge[\mu_A(x)\vee\mu_{\boldsymbol{C}}(y))]\}$$

利用例 6.6 的数据，由 $\boldsymbol{R}'_b$的定义可得

$$\boldsymbol{R}'_b=\begin{bmatrix}0 & 0.1 & 0.2 & 0.4 & 0.6 & 0.8\\ 0.2 & 0.2 & 0.2 & 0.4 & 0.6 & 0.8\\ 0.5 & 0.5 & 0.5 & 0.5 & 0.5 & 0.5\\ 0.7 & 0.7 & 0.7 & 0.6 & 0.4 & 0.3\\ 0.9 & 0.9 & 0.8 & 0.6 & 0.4 & 0.2\\ 1 & 0.9 & 0.8 & 0.6 & 0.4 & 0.2\end{bmatrix}$$

当 $\boldsymbol{A}'=\boldsymbol{A}=\{1,\ 0.8,\ 0.5,\ 0.3,\ 0.1,\ 0\}$时，得到

$$\boldsymbol{B}'_b=\boldsymbol{A}'\circ\boldsymbol{R}'_b=\{0.5,\ 0.5,\ 0.5,\ 0.5,\ 0.6,\ 0.8\}$$

当 $\boldsymbol{A}'=\text{not }\boldsymbol{A}=\{0,\ 0.2,\ 0.5,\ 0.7,\ 0.9,\ 1\}$时，得到

$$\boldsymbol{B}'_b=\boldsymbol{A}'\circ\boldsymbol{R}'_b=\{1,\ 0.9,\ 0.8,\ 0.6,\ 0.5,\ 0.5\}$$

可以看出，利用 $\boldsymbol{R}'_b$得出的结果与利用 $\boldsymbol{R}'_m$得出的结果相同，仍然与原则 Ⅰ 和知识本身有差异。

4. $\boldsymbol{R}'_{gg}$

$\boldsymbol{R}'_{gg}$的定义为

$$\boldsymbol{R}'_{gg}=(\boldsymbol{A}\times V\underset{g}{\rightarrow}U\times\boldsymbol{B})\cap(\overline{\boldsymbol{A}}\times V\underset{g}{\rightarrow}U\times\boldsymbol{C})$$
$$=\int_{U\times V}[\mu_A(x)\underset{g}{\rightarrow}\mu_B(y)]\wedge\frac{[(1-\mu_A(x))\underset{g}{\rightarrow}\mu_{\boldsymbol{C}}(y)]}{(x,\ y)}$$

其中

$$\mu_A(x)\underset{g}{\rightarrow}\mu_B(y)=\begin{cases}1,\ \mu_A(x)\leqslant\mu_B(y)\\ \mu_B(y),\ \mu_A(x)>\mu_B(y)\end{cases}$$

由此可得

$$\boldsymbol{B}'_{gg}=\boldsymbol{A}'\circ\boldsymbol{R}'_{gg}=\boldsymbol{A}'\circ[(\boldsymbol{A}\times V\underset{g}{\rightarrow}U\times\boldsymbol{B})\cap(\overline{\boldsymbol{A}}\times V\underset{g}{\rightarrow}U\times\boldsymbol{C})]$$

其隶属函数为

$$\mu_{B'_{gg}}(y)=\bigvee_{x\in U}\{\mu_{A'}(x)\wedge[(\mu_A(x)\underset{g}{\rightarrow}\mu_B(y))\wedge((1-\mu_A(x))\underset{g}{\rightarrow}\mu_{\boldsymbol{C}}(y))]\}$$

利用例 6.6 的数据，由 $\boldsymbol{R}'_{gg}$的定义可得

$$
\boldsymbol{R}'_{gg}=\begin{bmatrix}0 & 0.1 & 0.2 & 0.4 & 0.6 & 0.8\\ 0 & 0.1 & 0.2 & 0.4 & 0.6 & 1\\ 0 & 0.1 & 0.2 & 0.4 & 0.4 & 0.2\\ 0 & 0.1 & 0.2 & 0.6 & 0.4 & 0.2\\ 0 & 1 & 0.8 & 0.6 & 0.4 & 0.2\\ 1 & 0.9 & 0.8 & 0.6 & 0.4 & 0.2\end{bmatrix}
$$

当 $\boldsymbol{A}'=\boldsymbol{A}=\{1, 0.8, 0.5, 0.3, 0.1, 0\}$时，得到

$$\boldsymbol{B}'_{gg}=\boldsymbol{A}'\circ\boldsymbol{R}'_{gg}=\{0, 0.1, 0.2, 0.4, 0.6, 0.8\}$$

当 $\boldsymbol{A}'=\text{not }\boldsymbol{A}=\{0, 0.2, 0.5, 0.7, 0.9, 1\}$时，得到

$$\boldsymbol{B}'_{gg}=\boldsymbol{A}'\circ\boldsymbol{R}'_{gg}=\{1, 0.9, 0.8, 0.6, 0.4, 0.2\}$$

可以看出，利用 $\boldsymbol{R}'_{gg}$ 得出的结果与知识本身及原则Ⅰ完全一致。当 $\boldsymbol{A}'=\boldsymbol{A}$ 时，此时得到的 $\boldsymbol{B}'_{gg}$ 满足 $\boldsymbol{B}'=\boldsymbol{B}$。当 $\boldsymbol{A}'=\text{not }\boldsymbol{A}$ 时，按照知识"IF x is $\boldsymbol{A}$ THEN y is $\boldsymbol{B}$ ELSE y is $\boldsymbol{C}$"，应有 $\boldsymbol{B}'=\boldsymbol{C}$，但此时的 $\boldsymbol{B}'_{gg}=\boldsymbol{C}$。

因此，在"IF … THEN … ELSE …"形式的模糊推理中，用 $\boldsymbol{R}'_{gg}$ 构造的模糊关系性能较好。

6.3.2 多重多维模糊推理

多重多维模糊推理是多维模糊推理和多重模糊推理的综合形式，其逻辑结构形式如下：

知识：IF x_1 is $\boldsymbol{A}_{11}$ 且 x_2 is $\boldsymbol{A}_{12}$ 且…x_n is $\boldsymbol{A}_{1n}$ THEN y is $\boldsymbol{B}_1$ ELSE

IF x_1 is A_{21} 且 x_2 is $\boldsymbol{A}_{22}$ 且…x_n is $\boldsymbol{A}_{2n}$ ELSE y is $\boldsymbol{B}_2$ ELSE

…

IF x_1 is $\boldsymbol{A}_{m1}$ 且 x_2 is $\boldsymbol{A}_{m2}$ 且…x_n is $\boldsymbol{A}_{mn}$ ELSE y is $\boldsymbol{B}_m$

证据：x_1 is $\boldsymbol{A}'_1$ 且 x_2 is $\boldsymbol{A}'_2$ 且…x_n is $\boldsymbol{A}'_n$

结论： y is $\boldsymbol{B}'$

其中，$\boldsymbol{A}_{ij}$，$\boldsymbol{A}'_j\in F(U_j)$，$i=1, 2, \cdots, m$；$i=1, 2, \cdots, n$；$\boldsymbol{B}_i$，$\boldsymbol{B}'\in F(V)$。

多重多维模糊推理的知识是有 m 个用"ELSE"连接词连接起来的多维模糊推理句，即

$$(\boldsymbol{A}_{i1})\text{且}(\boldsymbol{A}_{i2})\text{且}\cdots(\boldsymbol{A}_{in})\rightarrow\boldsymbol{B}_i \quad i=1, 2, \cdots, m$$

它表示 $U_1\times U_2\times\cdots\times U_n\times Y$ 上的一个模糊关系，即

$$\boldsymbol{R}(\boldsymbol{A}_1, \boldsymbol{A}_2, \cdots, \boldsymbol{A}_n, \boldsymbol{B})$$

$(\boldsymbol{A}_{i1})$且$(\boldsymbol{A}_{i2})$且$\cdots(\boldsymbol{A}_{in})$为直积 $\boldsymbol{A}_{i1}\times\boldsymbol{A}_{i2}\times\cdots\times\boldsymbol{A}_{in}$，如果把"ELSE"解释为并运算，则

$$\boldsymbol{B}'=(\boldsymbol{A}'_1\times\boldsymbol{A}'_2\times\cdots\times\boldsymbol{A}'_n)\circ\bigcup_{i=1}^{m}\boldsymbol{R}_i(\boldsymbol{A}_{i1}, \boldsymbol{A}_{i2}, \cdots, \boldsymbol{A}_{in}, \boldsymbol{B}_i)$$

特别地，当 $\boldsymbol{R}$ 取 $\boldsymbol{R}_c$，合成运算取"$\wedge-\vee$"运算时，有

$$
\begin{aligned}
\boldsymbol{B}'&=(\boldsymbol{A}'_1\times\boldsymbol{A}'_2\times\cdots\times\boldsymbol{A}'_n)\circ\bigcup_{i=1}^{m}\boldsymbol{R}_i(\boldsymbol{A}_{i1}, \boldsymbol{A}_{i2}, \cdots, \boldsymbol{A}_{in}, \boldsymbol{B}_i)\\
&=\bigcup_{i=1}^{m}[(\boldsymbol{A}'_1\times\boldsymbol{A}'_2\times\cdots\times\boldsymbol{A}'_n)\circ\boldsymbol{R}_i(\boldsymbol{A}_{i1}, \boldsymbol{A}_{i2}, \cdots, \boldsymbol{A}_{in}, \boldsymbol{B}_i)]\\
&=\bigcup_{i=1}^{m}[\bigcap_{i=1}^{n}(\boldsymbol{A}'_j\circ\boldsymbol{R}_{ij}(\boldsymbol{A}_{ij}, \boldsymbol{B}_i))]
\end{aligned}
$$

此时

$$\mu_{B'_a}(y)=\bigvee_{i=1}^{m}\{\bigwedge_{j=1}^{n}[\bigvee_{x_j\in X_j}(\mu_{A'_j}(x_j)\wedge\mu_{A_{ij}}(x_j)\wedge\mu_{B_i}(y))]\}$$

这样当模糊关系选择 $\boldsymbol{R}_c$，合成运算取“∧－∨”运算时，多重多维模糊推理可由上式计算，即先按简单的基本形式计算，然后再进行交、并运算，而不必建立复杂的模糊关系。

6.4 带有可信度因子的模糊推理

模糊性与随机性是现实世界中的两种主要的不确定性，它们分别表示着客观事物的两种不同特性。客观事物往往是极其复杂的，许多事物不仅具有模糊性，而且还同时具有随机性，这就要求把两种处理方法结合起来，使之既能表示和处理模糊性，又能表示和处理随机性。这里讨论的带有可信度因子的模糊推理就是用来解决此类问题的一种方法。

在这种模糊推理中，由随机性引起的不确定性用可信度因子 CF 表示，由模糊性引起的不确定性仍用模糊集的方法进行表示和处理，下面给出它们的推理模式。

对于带有可信度因子的简单模糊推理，即知识的前提条件是简单条件的情况，推理模式为：

知识： IF x is $\boldsymbol{A}$ THEN y is $\boldsymbol{B}$ CF_1

证据： x is $\boldsymbol{A}'$ CF_2

结论： y is $\boldsymbol{B}'$ CF

对于带有可信度因子的多维模糊推理，即知识的前提条件是复合条件的情况，推理模式为：

知识： IF x_1 is $\boldsymbol{A}_1$ 且 x_2 is $\boldsymbol{A}_2$ … 且 x_n is $\boldsymbol{A}_n$ THEN y is $\boldsymbol{B}$ CF_1

证据： x_1 is $\boldsymbol{A}'_1$ CF_2

x_2 is $\boldsymbol{A}'_2$ CF_3

⋮ ⋮

x_n is $\boldsymbol{A}'_n$ CF_{n+1}

结论： y is $\boldsymbol{B}'$ CF

其中，$\boldsymbol{A}$，$\boldsymbol{A}'\in F(U)$；$\boldsymbol{A}_i$，$\boldsymbol{A}'_i\in F(U_i)$，$i=1, 2, \cdots, n$；$\boldsymbol{B}$，$\boldsymbol{B}'\in F(V)$；$U$，$U_i$，$V$ 是论域；CF 及 $CF_i(i=1, 2, \cdots, n+1)$ 是可信度因子，它们既可以是[0, 1]上的确定数，也可以是用模糊集表示的模糊数或模糊语言值。

由上述推理模式可以看出，对于带有可信度因子的模糊推理需要解决两个问题：一是如何通过运用相关的知识和证据推出结论“y is $\boldsymbol{B}'$”；另一是如何对 CF_1 及 CF_2，CF_3，… CF_{n+1} 进行合适的运算求出结论的可信度因子 CF。关于第一个问题，我们可以直接使用前面几节讨论的方法。对于第二个问题，由于知识和证据的可信度因子都可以是模糊数或模糊语言值，因此其处理方法与一般的可信度因子处理方法不同。

首先讨论知识的前提条件是简单条件的情况。此时，又可分为 $\boldsymbol{A}=\boldsymbol{A}'$ 与 $\boldsymbol{A}\neq\boldsymbol{A}'$ 两种情况。

当 $\boldsymbol{A}=\boldsymbol{A}'$ 时，结论的可信度因子 CF 可用如下三种方法计算得到：

(1) $CF=CF_1 \times CF_2$。

(2) $CF=\min\{CF_1, CF_2\}$。

(3) $CF=\max\{0, CF_1+CF_2-1\}$。

如果 CF_1 与 CF_2 都是确定的数，则上述运算很容易实现，但若它们是用模糊集表示的模糊数或模糊语言值，对它们的计算就需要按模糊集的运算规则来进行。模糊数的四则运算可以用来计算结论的 CF。对于用模糊语言值表示可信度因子的情况，其计算可用与模糊数相同的方法进行。设 $\mu_{CF_1}(x)$ 与 $\mu_{CF_2}(y)$ 分别是 CF_1 与 CF_2 的模糊语言值的隶属函数，则它们的四则运算为

(1) CF_1+CF_2：$\mu_{CF_1+CF_2}(z)=\bigvee\limits_{z=x+y}(\mu_{CF_1}(x)\wedge\mu_{CF_2}(y))$。

(2) CF_1-CF_2：$\mu_{CF_1-CF_2}(z)=\bigvee\limits_{z=x-y}(\mu_{CF_1}(x)\wedge\mu_{CF_2}(y))$。

(3) $CF_1\times CF_2$：$\mu_{CF_1\times CF_2}(z)=\bigvee\limits_{z=x\times y}(\mu_{CF_1}(x)\wedge\mu_{CF_2}(y))$。

(4) $CF_1\div CF_2$：$\mu_{CF_1\div CF_2}(z)=\bigvee\limits_{z=x\div y}(\mu_{CF_1}(x)\wedge\mu_{CF_2}(y))$。

其中，"∨"与"∧"分别表示取极大与取极小运算。

例 6.7 设

$$CF_1=\{0.5/2, 1/3, 0.6/4\}$$
$$CF_2=\{0.4/1, 1/2, 0.7/3\}$$

则

$$\begin{aligned}
CF_1+CF_2 &= \left\{\frac{0.5\wedge 0.4}{2+1}+\frac{0.5\wedge 1}{2+2}+\frac{0.5\wedge 0.7}{2+3}+\frac{1\wedge 0.4}{3+1}+\frac{1\wedge 1}{3+2}+\frac{1\wedge 0.7}{3+3}\right.\\
&\quad\left.+\frac{0.6\wedge 0.4}{4+1}+\frac{0.6\wedge 1}{4+2}+\frac{0.6\wedge 0.7}{4+3}\right\}\\
&=\left\{\frac{0.4}{3}+\frac{0.5}{4}+\frac{0.5}{5}+\frac{0.4}{4}+\frac{1}{5}+\frac{0.7}{6}+\frac{0.4}{5}+\frac{0.6}{6}+\frac{0.6}{7}\right\}\\
&=\left\{\frac{0.4}{3}+\left(\frac{0.5\vee 0.4}{4}\right)+\left(\frac{0.5\vee 1\vee 10.4}{5}\right)+\left(\frac{0.7\vee 0.6}{6}\right)+\frac{0.6}{7}\right\}\\
&=\{0.4/3+0.5/4+1/5+0.7/6+0.6/7\}
\end{aligned}$$

$$\begin{aligned}
CF_1\times CF_2 &= \left\{\frac{0.5\wedge 0.4}{2\times 1}+\frac{0.5\wedge 1}{2\times 2}+\frac{0.5\wedge 0.7}{2\times 3}+\frac{1\wedge 0.4}{3\times 1}+\frac{1\wedge 1}{3\times 2}+\frac{1\wedge 0.7}{3\times 3}\right.\\
&\quad\left.+\frac{0.6\wedge 0.4}{4\times 1}+\frac{0.6\wedge 1}{4\times 2}+\frac{0.6\wedge 0.7}{4\times 3}\right\}\\
&=\left\{\frac{0.4}{2}+\frac{0.5}{4}+\frac{0.5}{6}+\frac{0.4}{3}+\frac{1}{6}+\frac{0.7}{9}+\frac{0.4}{4}+\frac{0.6}{8}+\frac{0.6}{12}\right\}\\
&=\left\{\frac{0.4}{2}+\frac{0.4}{3}+\left(\frac{0.5\vee 0.4}{4}\right)+\left(\frac{0.5\vee 1}{6}\right)+\frac{0.6}{8}+\frac{0.7}{9}+\frac{0.6}{12}\right\}\\
&=\{0.4/2+0.4/3+0.5/4+1/6+0.6/8+0.7/9+0.6/12\}
\end{aligned}$$

关于对两个模糊集取极小及取极大的运算，可用与上述四则运算类似的方法实现，下面用一个例子说明取极小"min"的方法。

例 6.8 设

$$CF_1=\{0.6/0.5, 0.7/0.3, 0.8/0.2\}$$
$$CF_2=\{0.8/1, 0.6/0.8, 0.5/0.6\}$$

则

$$
\begin{aligned}
CF &= \min\{CF_1, CF_2\}\\
&= \{0.6/0.5, 0.7/0.3, 0.8/0.2\} \wedge \{0.8/1, 0.6/0.8, 0.5/0.6\}\\
&= \left\{\frac{0.6\wedge 0.8}{0.5\wedge 1}+\frac{0.7\wedge 0.8}{0.3\wedge 1}+\frac{0.8\wedge 0.8}{0.2\wedge 1}+\frac{0.6\wedge 0.6}{0.5\wedge 0.8}+\frac{0.7\wedge 0.6}{0.3\wedge 0.8}+\frac{0.8\wedge 0.6}{0.2\wedge 0.8}\right.\\
&\quad \left.+\frac{0.6\wedge 0.5}{0.5\wedge 0.6}+\frac{0.7\wedge 0.5}{0.3\wedge 0.6}+\frac{0.8\wedge 0.5}{0.2\wedge 0.6}\right\}\\
&= \left\{\frac{0.6}{0.5}+\frac{0.7}{0.3}+\frac{0.8}{0.2}+\frac{0.6}{0.5}+\frac{0.6}{0.3}+\frac{0.6}{0.2}+\frac{0.5}{0.5}+\frac{0.5}{0.3}+\frac{0.5}{0.2}\right\}\\
&= \left\{\frac{0.6\vee 0.6\vee 0.5}{0.5}+\frac{0.8\vee 0.6\vee 0.5}{0.2}+\frac{0.7\vee 0.6\vee 0.5}{0.3}\right\}\\
&= \{0.6/0.5, 0.7/0.3, 0.8/0.2\}
\end{aligned}
$$

在上述运算中，如果出现一个确定数与一个模糊数进行运算的情况，此时需要把该确定数化为论域上的模糊数，用相应的模糊集把它表示出来。例如，在上述的第(3)种方法中，要做 CF_1+CF_2-1 的运算，此时需将“1”用模糊集表示出来。假设论域为[0, 1]，此时“1”的模糊集为{1 /1}。

当 $\boldsymbol{A}\neq\boldsymbol{A}'$，但可模糊匹配，即当满足阈值条件时，此时不仅需要考虑知识的可信度因子 CF_l 及证据的可信度因子 CF_2，而且还要考虑模糊条件与模糊证据的匹配度。设用 $\delta_{\text{match}}(\boldsymbol{A}, \boldsymbol{A}')$ 表示 $\boldsymbol{A}$ 与 $\boldsymbol{A}'$ 的匹配度，则结论的可信度因子 CF 可用如下四种方法计算得到：

(1) $CF=\delta_{\text{match}}(\boldsymbol{A}, \boldsymbol{A}')\times CF_1\times CF_2$。

(2) $CF=\delta_{\text{match}}(\boldsymbol{A}, \boldsymbol{A}')\times\min\{CF_1, CF_2\}$。

(3) $CF=\delta_{\text{match}}(\boldsymbol{A}, \boldsymbol{A}')\times\min\{0, CF_1+CF_2-1\}$。

(4) $CF=\min\{\delta_{\text{match}}(\boldsymbol{A}, \boldsymbol{A}'), CF_1, CF_2\}$。

对于复合条件，由于有多个证据与之对应，而且每个证据都有一个与相应子条件的匹配度，同时还有一个可信度因子，因此在计算结论的可信度因子 CF 之前，需先把这些证据的总匹配度和总可信度计算出来。对总可信度的计算，目前常用的方法有取极小或相乘等。例如，设 $CF_1, CF_2, \cdots, CF_n$ 分别是证据“x_1 *is* $\boldsymbol{A}'_1$”，“x_2 *is* $\boldsymbol{A}'_2$”，…，“x_n *is* $\boldsymbol{A}'_n$”的可信度因子，则总可信度为

$$CF_1\wedge CF_2\wedge\cdots\wedge CF_n \qquad \text{或} \qquad CF_1\times CF_2\times\cdots\times CF_n$$

总匹配度和总可信度求出后，复合条件就可被作为简单条件来处理，用上述方法求出结论的可信度因子 CF。

最后，我们讨论结论不确定性的合成问题。有时可能同时存在多个模糊证据，它们都可与知识的模糊条件匹配，但推出的结论却不相同或者求出的可信度因子不相同，此时就需要对它们进行合成，以便得到它们共同支持的结论及其支持程度。设有两组证据分别推出了如下两个结论

$$y \text{ is } \boldsymbol{B}'_1 \qquad CF_1$$

$$y \text{ is } \boldsymbol{B}'_2 \qquad CF_2$$

则可用如下方法得到它们合成后的结论及可信度因子，即

$$\boldsymbol{B}'=\boldsymbol{B}'_1\cap\boldsymbol{B}'_2$$

$$CF=CF_1+CF_2-CF_1\times CF_2$$

使用这种方法时，要求两个推理序列是相互独立的。

6.5 真值限定的模糊推理方法

设 $\boldsymbol{A}$，$\boldsymbol{A}' \in F(U)$，$\boldsymbol{B} \in F(V)$，在模糊假言推理中有

知识：IF x is $\boldsymbol{A}$ THEN y is $\boldsymbol{B}$

证据： x is $\boldsymbol{A}'$

结论： y is $\boldsymbol{B}'$

知识(大前提)表达了一个模糊关系 $\boldsymbol{R}(\boldsymbol{A}, \boldsymbol{B})$，要先求出 $\boldsymbol{R}(\boldsymbol{A}, \boldsymbol{B})$，然后才能合成得出结论。而真值限定的模糊推理方法则不管知识(大前提)的具体内容，而是依据 $\boldsymbol{A}'$和 $\boldsymbol{A}$ 的相容程度来推导 $\boldsymbol{B}'$。这类似在二值逻辑中，推理不管命题的具体内容，而是依赖于命题的真值。$\boldsymbol{A}'$和 $\boldsymbol{A}$ 的相容程度为 $\boldsymbol{A}'$在 $\boldsymbol{A}$ 限定下的语言真值，记为 $\boldsymbol{T}(\boldsymbol{A}/\boldsymbol{A}')$，$\boldsymbol{T}(\boldsymbol{A}/\boldsymbol{A}')$可由下式求出，即

$$T(\boldsymbol{A}/\boldsymbol{A}')(u) = \bigvee_{\mu_A(x)=u} \mu_{\boldsymbol{A}'}(x), \ \forall u \in [0, 1]$$

$T(\boldsymbol{A}/\boldsymbol{A}')$的含义是：把 $\boldsymbol{A}$ 作“真”的标准，用 $\boldsymbol{A}$ 来度量 $\boldsymbol{A}'$，看 $\boldsymbol{A}'$相当于 $\boldsymbol{A}$ 的程度，用语言真值给出。上式要求 $\mu_A(x)$取遍[0, 1]上的值。

有了 $T(\boldsymbol{A}/\boldsymbol{A}')(u)$，再由模糊关系 $\boldsymbol{R}$ 求出 $\boldsymbol{B}'$在 $\boldsymbol{B}$ 限定下的语言真值，即

$$T(\boldsymbol{B}/\boldsymbol{B}')(v) = T(\boldsymbol{A}/\boldsymbol{A}')(u) \circ \mu_{\boldsymbol{R}}(u, v), \ \forall v \in [0, 1]$$

这里的模糊关系 $\boldsymbol{R}$ 与模糊逻辑推理基本形式中知识(大前提)表达的模糊关系 $\boldsymbol{R}(\boldsymbol{A}, \boldsymbol{B})$不同，它可以看成是 $\boldsymbol{A}$ 的语言真值蕴涵 $\boldsymbol{B}$ 的语言真值的模糊关系，即 $\boldsymbol{A}$ 的语言真值→$\boldsymbol{B}$ 的语言真值，是论域[0, 1]×[0, 1]上的模糊关系。$\boldsymbol{R}(\boldsymbol{A}, \boldsymbol{B})$是 $X \times Y$ 上的模糊关系，它要依赖于具体的 $\mu_A(x)$、$\mu_B(y)$的形式，而这里的 $\boldsymbol{R}$ 则与 $\mu_A(x)$、$\mu_B(y)$的形式无关。$\boldsymbol{R}$ 可以根据不同的模糊蕴涵的定义，选取 $\boldsymbol{R}_a$、$\boldsymbol{R}_m$、$\boldsymbol{R}_c$…等各种形式。真值限定的模糊推理过程如图 6.1 所示。

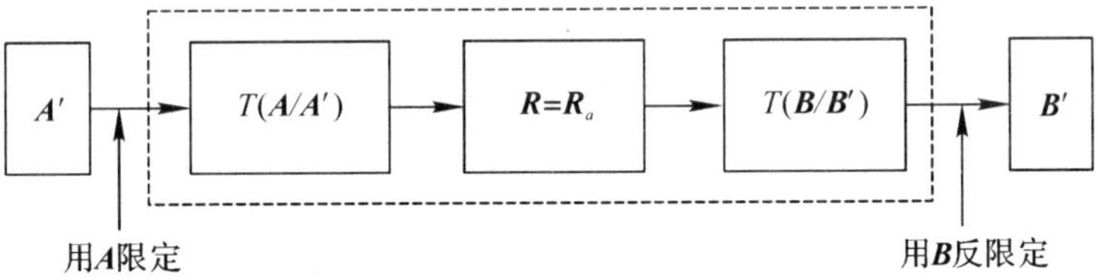

图 6.1 真值限定的模糊推理过程

有了 $T(\boldsymbol{B}/\boldsymbol{B}')$就可由 $T(\boldsymbol{B}/\boldsymbol{B}')$和 $\boldsymbol{B}$ 导出 $\boldsymbol{B}'$，即

$$\mu_{B'}(y) = T(\boldsymbol{B}/\boldsymbol{B}')(\mu_B(y)), \ \forall y \in V$$

上式是真值限定的逆运算。

以上真值限定的模糊推理过程可以用图 6.1 表示。图 6.1 中的虚线框内部分已经脱离了具体的知识(大前提)的内容，更具有抽象逻辑的特征，这是真值限定模糊推理方法的优点。

在一定条件下，真值限定的模糊推理方法与前面介绍的模糊逻辑推理的基本形式的算法在相同的前提下可得出相同的结论。

例 6.9 已知 $\boldsymbol{A}, \boldsymbol{A}' \in F(U)$，$\boldsymbol{B} \in F(V)$，$U=\{x_1, x_2, x_3, x_4, x_5\}$，$V=\{y_1, y_2, y_3, y_4, y_5, y_6\}$，且有若 x 是 $\boldsymbol{A}$，则 y 是 $\boldsymbol{B}$，求 x 是 $\boldsymbol{A}'$，y 是多少？

$$\boldsymbol{A}=0.1/x_1+0.6/x_2+1/x_3+0.6/x_4+0.1/x_5$$
$$\boldsymbol{B}=0/y_1+0.2/y_2+0.8/y_3+1/y_4+0.7/y_5+0.2/y_6$$
$$\boldsymbol{A}'=0.5/x_1+1/x_2+0.5/x_3+0.1/x_4+0/x_5$$

解 由 $T(\boldsymbol{A}/\boldsymbol{A}')(u)=\bigvee\limits_{\mu_A(x)=u}\mu_{A'}(x)$ 可得

$$T(\boldsymbol{A}/\boldsymbol{A}')(0.1)=\bigvee_{\mu_A(x)=0.1}(\mu_{A'}(x_1), \mu_{A'}(x_5))=0.5$$

同理

$$T(\boldsymbol{A}/\boldsymbol{A}')(0.6)=1$$
$$T(\boldsymbol{A}/\boldsymbol{A}')(1)=0.5$$

故

$$T(\boldsymbol{A}/\boldsymbol{A}')(u)=0.5/0.1+1/0.6+0.5/1$$

$\boldsymbol{R}$ 是 $\{0.1, 0.6, 1\}\times\{0, 0.2, 0.7, 0.8, 1\}$ 上的模糊关系，取

$$\boldsymbol{R}=\boldsymbol{R}_a=1\wedge(1-u+v)$$

有

$$\boldsymbol{R}=\begin{bmatrix}0.9 & 1 & 1 & 1 & 1\\ 0.4 & 0.6 & 1 & 1 & 1\\ 0 & 0.2 & 0.7 & 0.8 & 1\end{bmatrix}$$

那么

$$\begin{aligned}T(\boldsymbol{B}/\boldsymbol{B}')(v)&=T(\boldsymbol{A}/\boldsymbol{A}')(u)\circ\boldsymbol{R}\\ &=(0.5, 1, 0.5)\circ\begin{bmatrix}0.9 & 1 & 1 & 1 & 1\\ 0.4 & 0.6 & 1 & 1 & 1\\ 0 & 0.2 & 0.7 & 0.8 & 1\end{bmatrix}\\ &=(0.5, 0.6, 1, 1, 1)\\ &=0.5/0+0.6/0.2+1/0.7+1/0.8+1/1\end{aligned}$$

用 $\boldsymbol{B}$ 反限定，即

$$\mu_{B'}(y)=T(\boldsymbol{B}/\boldsymbol{B}')(\mu_B(y)),$$

有

$$\mu_{B'}(y_1)=T(\boldsymbol{B}/\boldsymbol{B}')(\mu_B(y_1))=T(\boldsymbol{B}/\boldsymbol{B}')(0)=0.5$$

同理

$$\mu_{B'}(y_2)=T(\boldsymbol{B}/\boldsymbol{B}')(0.2)=0.6$$
$$\mu_{B'}(y_3)=T(\boldsymbol{B}/\boldsymbol{B}')(0.8)=1$$
$$\mu_{B'}(y_4)=T(\boldsymbol{B}/\boldsymbol{B}')(1)=1$$
$$\mu_{B'}(y_5)=T(\boldsymbol{B}/\boldsymbol{B}')(0.7)=1$$
$$\mu_{B'}(y_6)=T(\boldsymbol{B}/\boldsymbol{B}')(0.2)=0.6$$

故

$$\boldsymbol{B}'=(0.5, 0.6, 1, 1, 1, 0.6)$$

用模糊逻辑推理基本形式的算法求 $\boldsymbol{B}'$。

$$\boldsymbol{R}(\boldsymbol{A},\boldsymbol{B})=\boldsymbol{R}_a(\boldsymbol{A},\boldsymbol{B})=\begin{bmatrix}0.9 & 1 & 1 & 1 & 1 & 1\\0.4 & 0.6 & 1 & 1 & 1 & 0.6\\0 & 0.2 & 0.8 & 1 & 0.7 & 0.2\\0.4 & 0.6 & 1 & 1 & 1 & 0.6\\0.9 & 1 & 1 & 1 & 1 & 1\end{bmatrix}$$

$$\boldsymbol{B}'=\boldsymbol{A}'\circ\boldsymbol{R}=(0.5,1,0.5,0.1,0)\circ\begin{bmatrix}0.9 & 1 & 1 & 1 & 1 & 1\\0.4 & 0.6 & 1 & 1 & 1 & 0.6\\0 & 0.2 & 0.8 & 1 & 0.7 & 0.2\\0.4 & 0.6 & 1 & 1 & 1 & 0.6\\0.9 & 1 & 1 & 1 & 1 & 1\end{bmatrix}=(0.5,0.6,1,1,1,0.6)$$

若选 $\boldsymbol{R}_c$，用真值限定方法，即

$$T(\boldsymbol{A}/\boldsymbol{A}')(u)=(0.5,1,0.5)$$

$$\boldsymbol{R}=\begin{bmatrix}0 & 0.1 & 0.1 & 0.1 & 0.1\\0 & 0.2 & 0.6 & 0.6 & 0.6\\0 & 0.2 & 0.7 & 0.8 & 1\end{bmatrix}$$

$$T(\boldsymbol{B}/\boldsymbol{B}')(v)=T(\boldsymbol{A}/\boldsymbol{A}')(u)\circ\boldsymbol{R}=(0,0.2,0.6,0.6,0.6)$$

$$\boldsymbol{B}'=(0,0.2,0.6,0.6,0.6,0.2)$$

用模糊逻辑推理的基本形式的算法，即

$$\boldsymbol{R}=\boldsymbol{R}_c=\begin{bmatrix}0 & 0.1 & 0.1 & 0.1 & 0.1 & 0.1\\0 & 0.2 & 0.6 & 0.6 & 0.6 & 0.2\\0 & 0.2 & 0.8 & 1 & 0.7 & 0.2\\0 & 0.2 & 0.6 & 0.6 & 0.6 & 0.2\\0 & 0.1 & 0.1 & 0.1 & 0.1 & 0.1\end{bmatrix}$$

$$\boldsymbol{B}'=\boldsymbol{A}'\circ\boldsymbol{R}=(0.5,1,0.5,0.1,0)\circ\boldsymbol{R}=(0,0.2,0.6,0.6,0.6,0.2)$$

基于模糊逻辑的模糊推理是不确定性推理的重要方法之一，它在人工智能的诸多领域(如智能控制、模式识别及专家系统等)中都有着广阔的应用前景，其重要性是不言而喻的。上面我们用较多的篇幅讨论了模糊推理的基本原理和方法：包括基本模式、基于模糊关系的合成推理方法、多重多维模糊推理的处理方法、带有可信度因子的模糊推理及真值限定的模糊推理方法。随着模糊理论的发展，不断有学者对已有的经典模糊推理方法进行改进和完善，提出很多新的模糊推理方法，感兴趣的读者可自行查阅相关文献进行分析研究。

除此之外，人们还提出了其他的一些不确定性推理方法，如基于概率论的主观 Bayes 方法、基于确定性理论的不确定性推理及基于证据理论的不确定性推理等，这些不确定性推理方法具有不同的着眼点，都解决了不确定性推理中的某一类问题，它们的综合应用也是未来发展的一个重要方向。

习　题

1. 设 $U=V=\{1, 2, 3, 4, 5\}$，且设有如下模糊规则，即

$$\text{IF} \quad x \quad \text{is} \quad \text{“低”} \quad \text{THEN} \quad y \quad \text{is} \quad \text{“高”}$$

其中，“低”与“高”分别是 U 与 V 上的模糊集，分别定义为

$$\text{“低”}=\boldsymbol{A}=0.9/1+0.7/2,$$
$$\text{“高”}=\boldsymbol{B}=0.3/3+0.7/4+0.9/5$$

已知事实为

$$x \quad \text{is} \quad \text{“较低”}$$
$$\text{“较低”}=\boldsymbol{A}'=0.8/1+0.5/2+0.3/3$$

请用 Zadeh 定义的 $\boldsymbol{R}_m$ 和 $\boldsymbol{R}_a$ 确定模糊结论。

2. 设 $U=V=\{1, 2, 3, 4, 5, 6\}$，且设有如下模糊规则，即

$$\text{IF} \quad x \quad \text{is} \quad \boldsymbol{A} \quad \text{THEN} \quad y \quad \text{is} \quad \boldsymbol{B}$$

已知事实为

$$x \quad \text{is} \quad \boldsymbol{A}'$$

其中，$\boldsymbol{A}$、$\boldsymbol{B}$、$\boldsymbol{A}'$ 的模糊集分别为

$$\boldsymbol{A}=1/1+0.8/2+0.6/3+0.3/4$$
$$\boldsymbol{B}=0.5/3+0.7/4+0.9/5+1/6$$
$$\boldsymbol{A}'=0.9/1+0.8/2+0.5/3+0.2/4$$

请用模糊关系 $\boldsymbol{R}_c$、$\boldsymbol{R}_s$、$\boldsymbol{R}_g$、$\boldsymbol{R}_{sg}$、$\boldsymbol{R}_{gg}$、$\boldsymbol{R}_{gs}$、$\boldsymbol{R}_{ss}$、$\boldsymbol{R}_b$，$\boldsymbol{R}_{\#}$、$\boldsymbol{R}_{\triangle}$、$\boldsymbol{R}_{\blacktriangle}$、$\boldsymbol{R}_{*}$、$\boldsymbol{R}_{\square}$ 分别确定模糊结论，并对这些模糊关系进行性能分析。

3. 设 $U=V=W=\{1, 2, 3, 4, 5\}$，且设有如下模糊规则，即

$$\text{IF } x_1 \text{ is } \boldsymbol{A}_1 \text{ 且 } x_2 \text{ is } \boldsymbol{A}_2 \quad \text{THEN } y \text{ is } \boldsymbol{B}$$

已知事实为

$$x_1 \text{ is } \boldsymbol{A}_1{}' \text{ 且 } x_2 \text{ is } \boldsymbol{A}_2{}'$$

其中，$\boldsymbol{A}_1$、$\boldsymbol{A}_2$、$\boldsymbol{B}$、$\boldsymbol{A}_1{}'$及$\boldsymbol{A}_2{}'$的模糊集分别为

$\boldsymbol{A}_1=\{1, 0.8, 0.6, 0.4, 0\}$，$\boldsymbol{A}_2=\{0.2, 0.4, 0.6, 0.8, 1\}$，$\boldsymbol{B}=\{0, 0, 0.5, 0.7, 0\}$

$\boldsymbol{A}'_1=\{0.8, 0.7, 0.5, 0.3, 0\}$，$\boldsymbol{A}'_2=\{0.2, 0.3, 0.5, 0.7, 0.9\}$

请分别用 $\boldsymbol{R}_a$ 和 $\boldsymbol{R}_s$ 构造模糊关系，并用 Zadeh 方法求出 $\boldsymbol{B}'_a$ 和 $\boldsymbol{B}'_s$。

4. 对上题给出的数据用 Mizumoto 方法求出 $\boldsymbol{B}'_s$。

5. 设 $U=V=\{1, 2, 3, 4, 5\}$，有如下模糊规则，即

$$\text{IF } x \text{ is } \boldsymbol{A} \text{ THEN } y \text{ is } \boldsymbol{B} \text{ ELSE } y \text{ is } \boldsymbol{C}$$

已知事实为 x_1 is $\boldsymbol{A}'$

其中，$\boldsymbol{A}$，$\boldsymbol{B}$，$\boldsymbol{C}$，$\boldsymbol{A}'$的模糊集分别为

$$\boldsymbol{A}=\{1, 0.8, 0.6, 0.4, 0.2\}, \boldsymbol{B}=\{0.1, 0.3, 0.5, 0.7, 0.9\},$$
$$\boldsymbol{C}=\{1, 0.9, 0.7, 0.5, 0.1\}, \boldsymbol{A}'=\{1, 0.7, 0.5, 0.3, 0.1\}$$

分别用模糊关系 $\boldsymbol{R}'_m$ 和 $\boldsymbol{R}'_{gg}$ 求出模糊结论 $\boldsymbol{D}$ 的模糊集。

6. 设 $U=V=\{1, 2, 3, 4, 5\}$，设有如下带可信度因子的模糊规则，即

$$\text{IF } x \text{ is } \boldsymbol{A} \text{ THEN } y \text{ is } \boldsymbol{B} \quad CF_1$$

已知事实为

$$x \text{ is } \boldsymbol{A}' \ CF_2$$

其中，$\boldsymbol{A}$、$\boldsymbol{B}$、$\boldsymbol{A}'$的模糊集分别为

$$\boldsymbol{A}=\boldsymbol{A}'=\{0.8, 0.6, 0.2, 0, 0\}, \boldsymbol{B}=\{0, 0, 0.4, 0.7, 0.9\}$$

可信度因子 CF_1 及 CF_2 的模糊集分别为

$$CF_1=0.4/0.6+0.5/0.7+0.6/0.8+0.7/0.9$$

$$CF_2=0.3/0.5+0.4/0.6+0.5/0.7+0.7/0.8+0.8/0.9$$

请分别按

(1) $CF=CF_1\times CF_2$。

(2) $CF=\min\{CF_1, CF_2\}$。

(3) $CF=\max\{0, CF_1+CF_2-1\}$。

求出结论的可信度。

第7章 模糊控制系统

模糊逻辑系统是模拟大脑左半球模糊逻辑思维形式和模糊逻辑推理功能的一种符号计算模型，它通过“若—则(IF－THEN)”等规则形式表现人的经验、知识，在符号水平上表现智能，这种符号的最基本形式就是描述模糊概念的模糊集合。模糊集合、模糊关系和模糊推理构成模糊控制的数学基础。本章在前述章节模糊逻辑推理的基础上，阐述模糊控制系统的基本概念、形式、组成和结构及基本设计原理等内容。

7.1 模糊控制概述

7.1.1 模糊控制的基本概念

模糊控制又称为模糊逻辑控制、模糊逻辑推理控制等。它是一种智能控制的重要形式。模糊控制中的智能是靠计算机模拟人的左脑模糊逻辑思维过程产生的，属于模拟智能的符号主义。模糊控制的数学基础是模糊数学(模糊集合论)，模糊控制的逻辑基础是模糊逻辑，模糊控制的实现工具是计算机(如系统机、模糊芯片等)。模糊控制的主要特点是模拟人在控制复杂对象中采用语言变量描述模糊概念，采用基于经验的控制规则描述对象输入-输出间的模糊关系(模型)，进而实现模糊逻辑推理的一种计算机数字控制。模糊控制是一种用微机实现的不依赖被控对象的精确数学模型的非线性的智能控制。这是因为：从线性控制和非线性控制的角度看，模糊控制属于非线性控制(模糊语言变量、模糊控制规则及模糊推理均为非线性)；从控制器具有智能性高低的角度看，模糊控制属于智能控制(模拟人在控制过程中的智能控制决策)；从对被控对象模型依赖性的角度看，模糊控制不依赖于被控对象的精确数学模型(依赖于被控对象输入与输出的因果关系，依赖于对象的模糊语言模型)。

模糊集合论的创始人 Zadeh 教授曾指出，模糊控制方法与通常分析系统所用的定量方法本质是不同的，它有三个主要特点：

(1) 用所谓语言变量代替或符合于数学(字)变量。

(2) 用模糊条件语句来刻画变量间的简单关系。

(3) 用模糊算法来刻画复杂关系。

模糊控制规则属于知识表示方法中的 IF－THEN 规则形式，更接近人的思维形式。因此，模糊控制规则易于总结，表达方便，便于理解，微机实现简单，且控制效果好。目前，模糊控制已经成为实现智能控制的最重要、最有效、应用最广泛的一种形式。应用领域从日常模糊控制指式血压计、模糊控制防抖动摄像机到工业过程、运载工具、地铁、机器人的模糊控制以及导弹模糊制导等。

7.1.2 模糊控制的创立与发展

1965年Zadeh创立模糊集合论，1972年他提出模糊控制的基本原理。1974年英国Mamdani等研制了世界上第一个模糊控制器，成功用于实验室小型蒸汽机控制。1978年丹麦Holmblad等开发了水泥窑模糊控制等。20世纪80年代初，日立公司开发仙台地铁模糊控制系统，于1987年投入使用。20世纪90年代初，日本松下公司推出第一个模糊控制全自动洗衣机，1992年三菱公司开发了汽车模糊控制多用途系统。

在模糊控制的研究方面，有几个重要研究成果对于模糊控制的发展起了重要作用。

(1) Mamdani等(1974)年提出的模糊控制器，开创了应用模糊逻辑推理控制器的先河，这类模糊控制器属于根据规则在线推理的模糊控制器。李宝绥和刘志俊(1980)用模糊集合理论设计了一类查询表式模糊控制器，而后又将其推广应用于系统辨识。上述两种类型模糊控制可归为一类，基本原理是相同的，前者是在线进行模糊控制推理，而后者根据输入输出数据离线推理后制成一个模糊控制表供在线控制时查询使用。

(2) 龙升照、汪培庄(1982)提出解析描述模糊控制规则及自调整问题；Yager(1993)提出了模糊控制器模型结构，其模糊控制输出即为解析描述形式；Ying(1994)提出了双输入/双输出模糊控制器的解析结构。

(3) Procyk和Mamdani(1979)提出了自组织模糊控制语言控制器，为自适应模糊控制研究奠定了基础。

(4) 日本学者Takagi和Sugeno(1985)提出了一种描述动态系统的模糊关系模型，被称为T－S模糊模型。这种模糊规则的特点是：条件部分的变量用模糊语言变量表示，结论部分由各变量的线性组合表示。

(5) 王立新和Mendel(1992)证明了一类模糊系统是万能逼近器，为模糊控制的工程应用提供了理论依据。后来，王立新又出版了《自适应模糊系统与控制：设计与稳定性分析》(1994)及《模糊系统与模糊控制教程》(1997)两本英文著作，对于推动模糊控制的研究发挥了重要作用。

7.1.3 模糊控制器的基本形式

根据模糊控制器的基本原理、结构及应用情况，这里将模糊控制器的基本形式归为以下三大类。

1. 经典Mamdani型模糊控制器

(1) 在线推理的模糊控制器。在线推理的模糊控制器控制规则、隶属函数等参数可以灵活设计，但在线推理速度一般难以满足实时控制的需要。

(2) 查询表式模糊控制器。查询表式模糊控制器控制规则比较固定，不便灵活调整，但使用较简单，运行实时性好。

(3) 解析形式的模糊控制器。这种控制器通过解析描述来近似查询表式的模糊控制规则，尽管规则解析描述，但它使用模糊语言变量，且是非线性控制形式，其特点是运行速度快，控制规则通过引进加权因子可以自调整，便于实现自适应控制，具有较好的自适应能力。

2. T-S型模糊控制器

所谓T-S模糊模型是指日本学者Takagi和Sugeno在1985年提出的一种描述动态系统的模糊关系模型，即为一组模糊条件语句。这种模糊规则的特点是：条件部分的变量用模糊集合的隶属函数表示，而结论部分的变量隶属函数用分段线性函数来表示。应用T-S型模糊控制器便于将线性系统控制理论和模糊控制相结合。

3. 自适应模糊控制器

自适应模糊控制是在基本模糊控制器上增加了自适应机构，该机构实现对基本模糊控制器自身控制性能的负反馈控制，以不断地调整和改善控制器的性能。自适应模糊控制可分为直接自适应模糊控制和间接自适应模糊控制。间接自适应模糊控制可分为模型参考自适应模糊控制和自校正模糊控制。模型参考自适应模糊控制的目的是要求系统的输出尽可能跟踪参考模型的期望输出，它一般是在控制子系统基础上增加了参考模型和自适应机构两个环节。自校正模糊控制器是在原控制子系统上增加参数估计器(参数辨识)和参数校正两个环节。参数估计器用以在线对被控对象不断进行参数辨识，其结果送给参数校正环节，通过负反馈对控制器参数不断进行校正，以使系统达到期望的控制性能。

7.2 模糊控制系统的基本结构

模糊控制作为结合传统的基于规则的专家系统、模糊集理论和控制理论的成果而诞生，使其与基于被控过程数学模型的传统控制理论有很大的区别。在模糊控制中，并不是像传统控制那样需要对被控过程进行定量的数学建模，而是试图通过从能成功控制被控过程的领域专家那里获取知识，即专家行为和经验。当被控过程十分复杂甚至“病态”时，建立被控过程的数学模型或者不可能，或者需要高昂的代价，此时模糊控制就显得具有吸引力和实用性。由于人类专家的行为是实现模糊控制的基础，因此，必须用一种容易且有效的方式来表达人类专家的知识。IF-THEN规则格式是这种专家控制知识最合适的表示方式之一，即IF“条件”THEN“结果”，这种表示方式有两个显著的特征：它们是定性的而不是定量的；它们是一种局部知识，这种知识将局部的“条件”与局部的“结果”联系起来。前者可用模糊子集表示，而后者需要模糊蕴涵或模糊关系来表示。然而，当用计算机实现时，这种规则最终需具有数值形式，隶属函数和近似推理为数值表示集合模糊蕴涵提供了一种有利工具。

一个实际的模糊控制系统实现时需要解决三个问题：知识表示、推理策略和知识获取。知识表示是指如何将语言规则用数值方式表示出来；推理策略是指如何根据当前输入“条件”产生一个合理的“结果”；知识的获取解决如何获得一组恰当的规则。由于领域专家提供的知识常常是定性的，包含某种不确定性，因此，知识的表示和推理必须是模糊的或近似的，近似推理理论正是为满足这种需要而提出的。近似推理可看成是根据一些不精确的条件推导出一个精确结论的过程，许多学者对模糊表示、近似推理进行了大量的研究，在近似推理算法中，最广泛使用的是关系矩阵模型，它基于Zadeh的合成推理规则，首次由Mamdani采用。由于规则可被解释成逻辑意义上的蕴涵关系，因此，大量的蕴涵算子已被提出并应用于实际中。

由此可见，模糊控制是以模糊集合论、模糊语言变量及模糊逻辑推理为基础的一种计算机控制。从线性控制与非线性控制的角度分类，模糊控制是一种非线性控制。从控制器智能性看，模糊控制属于智能控制的范畴，而且它已成为目前实现智能控制的一种重要而又有效的形式。尤其是模糊控制和神经网络、预测控制、遗传算法和混沌理论等新学科的相结合，正在显示出其巨大的应用潜力。

7.2.1　模糊控制系统的组成

模糊控制系统由模糊控制器和控制对象组成，如图 7.1 所示。

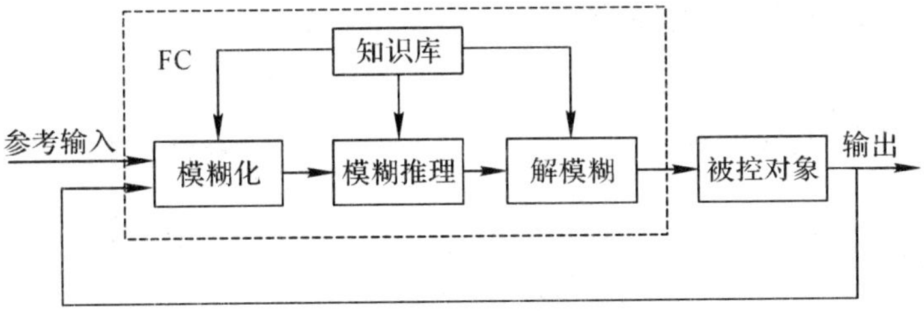

图 7.1　模糊控制系统的组成

7.2.2　模糊控制器的基本结构

模糊控制器的基本结构，如图 7.1 所示的虚线框，它主要包括以下四部分。

1. 模糊化

模糊化的作用是将输入的精确量转换成模糊化量。其中输入量包括外界的参考输入、系统的输出或状态等。模糊化的具体过程如下：

(1) 首先对这些输入量进行处理，以变成模糊控制器要求的输入量。例如，常见的情况是计算 $e=r-y$ 和 $\dot{e}=\mathrm{d}e/\mathrm{d}t$，其中 r 表示参考输入，y 表示系统输出，e 表示误差。有时为了减小噪声的影响，常常对 $\dot{e}$ 进行滤波后再使用，如可取 $\dot{e}=[s/(Ts+1)]e$。

(2) 将上述已经处理过的输入量进行尺度变换，使其变换到各自的论域范围。

(3) 将已经变换到论域范围的输入量进行模糊处理，使原先精确的输入量变成模糊量，并用相应的模糊集合来表示。

2. 知识库

知识库中包含了具体应用领域中的知识和要求的控制目标。它通常由数据库和模糊控制规则库两部分组成：

(1) 数据库主要包括各语言变量的隶属函数，尺度变换因子以及模糊空间的分级数等。

(2) 模糊控制规则库包括了用模糊语言变量表示的一系列控制规则。它们反映了控制专家的经验和知识。

3. 模糊推理

模糊推理是模糊控制器的核心，它具有模拟人的基于模糊概念的推理能力。该推理过程是基于模糊逻辑中的蕴涵关系及推理规则来进行的。

4. 清晰化

清晰化的作用是将模糊推理得到的控制量(模糊量)变换为实际用于控制的清晰量。它包含以下两部分内容:

(1) 将模糊的控制量经清晰化变换，变成表示在论域范围的清晰量。

(2) 将表示在论域范围的清晰量经尺度变换，变成实际的控制量。

7.2.3 模糊控制器的维数

通常，将模糊控制器输入变量的个数称为模糊控制器的维数。下面以单输入单输出控制系统为例，给出几种结构形式的模糊控制器，如图 7.2 所示。

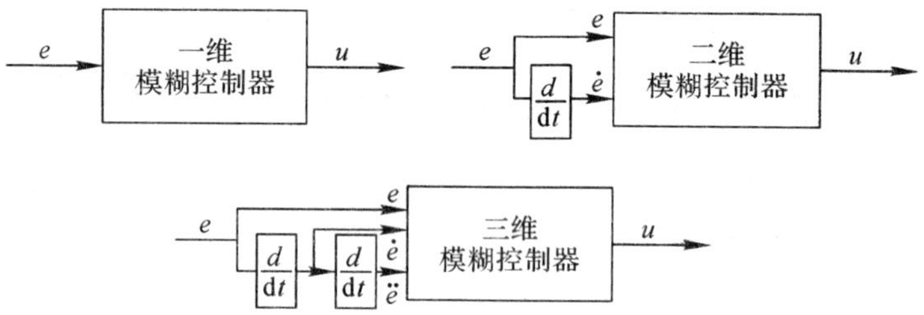

图 7.2 模糊控制器的结构

一般情况下，一维模糊控制器用于一阶被控对象，由于这种控制器输入变量只选一个误差，它的动态控制性能不佳。所以，目前被广泛采用的均为二维模糊控制器，这种模糊控制器以误差和误差的变化为输入量，以控制量的变化为输出变量。从理论上讲，模糊控制器的维数越高，控制越精细。但是维数过高，模糊控制规则变得过于复杂，控制算法的实现相当困难。

7.3 模糊控制系统的基本原理

7.3.1 模糊化运算

模糊化运算是指将输入空间的观测量映射为输入论域上的模糊集合。模糊化在处理不确定信息方面具有重要的作用。在模糊控制中，观测到的数据常常是清晰量。由于模糊控制器对数据进行处理是基于模糊集合的方法，因此对输入数据进行模糊化是必不可少的一步。在进行模糊化运算之前，首先需要对输入量进行尺度变换，使其变换到相应的论域范围。下面所讨论的模糊化运算中的输入量均假定为已经过尺度变换的量。

在模糊控制中，主要采用以下两种模糊化方法。

1. 单点模糊集合

如果输入量数据 x_0 是准确的，则通常将其模糊化为单点模糊集合。设该模糊集合用 A 表示，则有

$$\mu_A(x)=\begin{cases}1, & x=x_0\\0, & x\neq x_0\end{cases}$$

其隶属函数如图 7.3 所示。

这种模糊化方法只是形式上将清晰量转变成了模糊量，而实质上它表示的仍是准确量。在模糊控制中，当测量数据准确时，采用这样的模糊化方法是十分自然和合理的。

2. 三角形模糊集合

如果输入量数据存在随机测量噪声，则这时的模糊化运算相当于将随机量变换为模糊量。

对于这种情况，可以取模糊量的隶属函数为等腰三角形，如图 7.4 所示。三角形的顶点相应于该随机数的均值，底边的长度等于 2σ，σ 表示该随机数据的标准差。隶属函数取为三角形，主要是考虑其表示方便，计算简单。

另一种常用的方法是取隶属函数为高斯型形函数，即

$$\mu_A(x)=\mathrm{e}^{-\frac{(x-x_0)^2}{2\sigma^2}}$$

它也就是正态分布的函数，式中，x_0 是隶属函数的中心值；σ^2 是方差。

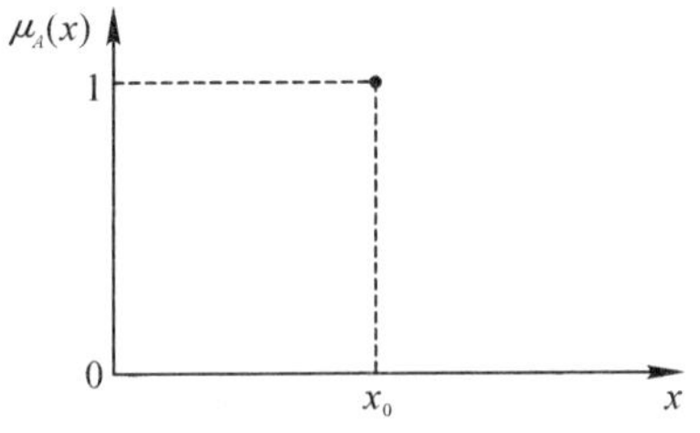

图 7.3　单点模糊集合的隶属函数

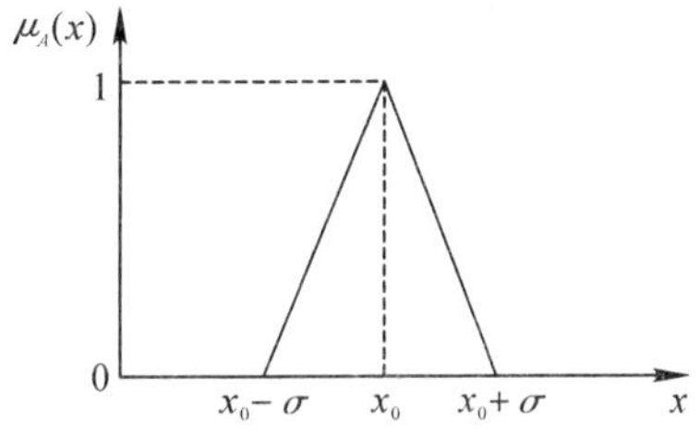

图 7.4　三角形模糊集合的隶属函数

7.3.2　数据库

如前所述，模糊控制器中的知识库由两部分组成：数据库和模糊控制规则库。首先讨论数据库。数据库中包含了与模糊控制规则及模糊数据处理有关的各种参数，其中包括尺度变换参数、模糊空间分割和隶属函数的选择等。

1. 输入量变换

对于实际的输入量，第一步首先需要进行尺度变换，将其变换到要求的论域范围。变换的方法可以是线性的，也可以是非线性的。例如，若实际的输入量为 x_0^*，其变化范围为 $[x_{\min}^*, x_{\max}^*]$，若要求的论域为 $[x_{\min}, x_{\max}]$，若采用线性变换，则

$$x_0=\frac{x_{\min}+x_{\max}}{2}+k\left(x_0^*-\frac{x_{\min}^*+x_{\max}^*}{2}\right)$$

$$k=\frac{x_{\max}-x_{\min}}{x_{\max}^*-x_{\min}^*}$$

式中，k 称为比例因子。

论域可以是连续的，也可以是离散的。如果要求离散的论域，则需要将连续的论域离散化或量化。量化可以是均匀的，也可以是非均匀的。表 7.1 和表 7.2 中分别给出了均匀量化和非均匀量化的情况。

表 7.1 均匀量化

量化等级	变化范围
−6	≤−5.5
−5	(−5.5, −4.5)
−4	(−4.5, −3.5]
−3	(−3.5, −2.5]
−2	(−2.5, −1.5]
−1	(−1.5, −0.5]
0	(−0.5, 0.5]
1	(0.5, 1.5]
2	(1.5, 2.5]
3	(2.5, 3.5]
4	(3.5, 4.5]
5	(4.5, 5.5]
6	>5.5

表 7.2 非均匀量化

量化等级	变化范围
−6	≤−3.2
−5	(−3.2, −1.6)
−4	(−1.6, −0.8]
−3	(−0.8, −0.4]
−2	(−0.4, −0.2]
−1	(−0.2, −0.1]
0	(−0.1, 0.1]
1	(0.1, 0.2]
2	(0.2, 0.4]
3	(0.4, 0.8]
4	(0.8, 1.6]
5	(1.6, 3.2]
6	>3.2

2. 输入和输出空间的模糊分割

模糊控制规则中的输入和前提的语言变量构成模糊输入空间，结论的语言变量构成模糊输出空间。每个语言变量的取值为一组模糊语言名称，它们构成了语言名称的集合。每个模糊语言名称相应一个模糊集合。对于每个语言变量，其取值的模糊集合具有相同的论域。模糊分割是要确定对于每个语言变量取值的模糊语言名称的个数，模糊分割的个数决定了模糊控制精细化的程度。这些语言名称通常均具有一定的含义。例如，NB—负大(Negative Big)；NM—负中(Negative Medium)；NS—负小(Negative Small)；ZE—零(Zero)；PS—正小(Positive Small)；PM—正中(Positive Medium)；PB—正大(Positive Big)。图 7.5 给出了两个模糊分割的例子，论域均为[−1, 1]，隶属函数的形状为三角形或梯形。图 7.5(a)为模糊分割较粗的情况，图 7.5(b)为模糊分割较细的情况。图中所示的论域为正则化(Normalization)的情况，即 $x\in[-1, 1]$，且模糊分割是完全对称的。这里假设尺度变换时已经做了预处理而变换成这样的标准情况。一般情况下，模糊语言名称也可为非对称和非均匀的分布。

模糊分割的个数也决定了最大可能的模糊规则的个数。例如，对于两输入单输出的模糊系统，若 x 和 y 的模糊分割数分别为 3 和 7，则最大可能的规则数为 21。可见，模糊分割数越多，控制规则数也越多，所以模糊分割不可太细，否则需要确定太多的控制规则，这也是很困难的一件事。当然，模糊分割数太小将导致控制太粗略，难以对控制性能进行精心的调整。目前，尚没有一个确定模糊分割数的指导性的方法和步骤，它仍主要依靠经验和试凑。

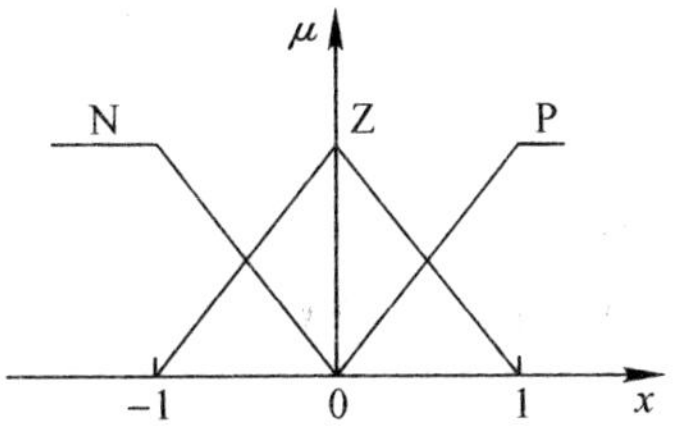

（a）粗分

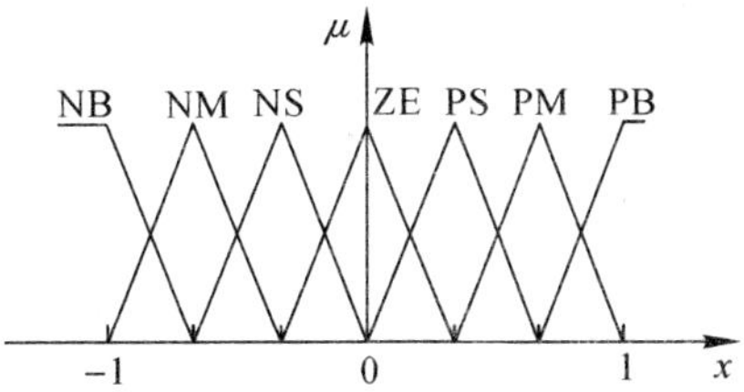

（b）细分

图 7.5 模糊分割的图形表示

3. 完备性

对于任意的输入，模糊控制器均应给出合适的控制输出，这个性质称为完备性。模糊控制的完备性取决于数据库或规则库。

1）*数据库方面*

对于任意的输入，若能找到一个模糊集合，使该输入对于该模糊集合的隶属函数不小于 ε，则称该模糊控制器满足 ε 的完备性。图 7.5 所示即为 $\varepsilon=0.5$ 的情况，它也是最常见的选择。

2）*规则库方面*

模糊控制的完备性对于规则库的要求是，对于任意的输入应确保至少有一个可适用的规则，而且规则的适用度应大于某个数，如 0.5。根据完备性的要求，控制规则数不可太少。

4. 模糊集合的隶属函数

根据论域为离散和连续的不同情况，隶属函数的描述也有如下两种方法。

1）*数值描述方法*

当论域为离散且元素个数为有限时，模糊集合的隶属函数可以用向量或者表格的形式来表示。表 7.3 给出了数值描述方法的隶属度。

表 7.3 数值描述方法的隶属度

元素 模糊集	−6	−5	−4	−3	−2	−1	0	1	2	3	4	5	6
NB	1.0	0.7	0.3	0.0	0.0	0.0	0.0	0.0	0.0	0.0	0.0	0.0	0.0
NM	0.3	0.7	1.0	0.7	0.3	0.0	0.0	0.0	0.0	0.0	0.0	0.0	0.0
NS	0.0	0.0	0.3	0.7	1.0	0.7	0.3	0.0	0.0	0.0	0.0	0.0	0.0
ZE	0.0	0.0	0.0	0.0	0.3	0.7	1.0	0.7	0.3	0.0	0.0	0.0	0.0
PS	0.0	0.0	0.0	0.0	0.0	0.0	0.3	0.7	1.0	0.7	0.3	0.0	0.0
PM	0.0	0.0	0.0	0.0	0.0	0.0	0.0	0.0	0.3	0.7	1.0	0.7	0.3
PB	0.0	0.0	0.0	0.0	0.0	0.0	0.0	0.0	0.0	0.0	0.3	0.7	1.0

在上面的表格中，每一行表示一个模糊集合的隶属函数。例如

$$\mathrm{NS}=\frac{0.3}{-4}+\frac{0.7}{-3}+\frac{1}{-2}+\frac{0.7}{-1}+\frac{0.3}{0}$$

2）函数描述方法

对于论域为连续的情况，隶属度常常用函数的形式来描述，最常见的有高斯型函数、三角形函数、梯形函数等。

隶属函数的形状对模糊控制器的性能有很大影响。当隶属函数比较窄瘦时，控制较灵敏；反之，控制较粗略和平稳。通常，当误差较小时，隶属函数可取得较为窄瘦，误差较大时，隶属函数可取得宽胖些。

7.3.3 规则库

模糊控制规则库是由一系列"IF - THEN"型的模糊条件句所构成。条件句的前件为输入和状态，后件为控制变量。

1. 模糊控制规则的前件和后件变量的选择

模糊控制规则的前件和后件变量是指模糊控制器的输入和输出的语言变量。输出量即为控制量，它一般比较容易确定。输入量选什么以及选几个则需要根据要求来确定。输入量比较常见的是误差 e 和它的导数 $\dot{e}$，有时还可以包括它的积分等。输入和输出语言变量的选择以及它们隶属函数的确定，对于模糊控制器的性能有着十分关键的作用。它们的选择和确定主要依靠经验和工程知识。

2. 模糊控制规则的建立

模糊控制规则是模糊控制的核心。因此，如何建立模糊控制规则也就成为一个十分关键的问题。下面将讨论四种建立模糊控制规则的方法。它们之间并不是互相排斥的；相反，若能结合这几种方法则可以更好地帮助建立模糊规则库。

1）基于专家的经验和控制工程知识

模糊控制规则具有模糊条件句的形式，它建立了前件中的状态变量与后件中的控制变量之间的联系。在日常生活中，用于决策的大部分信息主要是基于语义的方式而非数值的方式。因此，模糊控制规则是对人类行为和进行决策分析过程的最自然的描述方式。这也就是它为什么采用 IF - THEN 形式的模糊条件句的主要原因。

例如，电加热炉系统在阶跃输入 $y_r(t)$作用下，其输出 $y(t)$的过渡过程曲线（单位阶跃响应曲线）如图 7.6 所示。若借助专家对恒温控制的经验知识，则被调量 $y(t)$的调节过程大致是：当 $y(t)$远小于 $y_r(t)$时，则大大增加控制量 $u(t)$；当 $y(t)$远大于 $y_r(t)$时，则大大减小控制量 $u(t)$；当 $y(t)$和 $y_r(t)$正负偏差不太大时，则根据 $y(t)$的变化趋势来确定控制量的大小。即若 $y(t)<y_r(t)$，被调量远离给定值（AB 段）时，增加控制量；若 $y(t)<y_r(t)$，被调量的变化有减小偏差的好趋势（BC 段）时，则综合考虑偏差大小和偏差变化率情况确定是稍增加、保持或减小控制量；若 $y(t)>y_r(t)$，被调量的变化有增加偏差的坏趋势（CD 段）时，则较多减少控制量；若 $y(t)>y_r(t)$，被调量变化平稳（DE 段）时，则减小控制量；若 $y(t)>y_r(t)$，被调量有减小偏差的好趋势（EF 段）时，则应综合考虑偏差大小和偏差变化率情况确定是减少、保持或稍增加控制量；若 $y(t)<y_r(t)$，被调量的变化有增加偏差的

坏趋势(FG 段)时，则较大增加控制量。

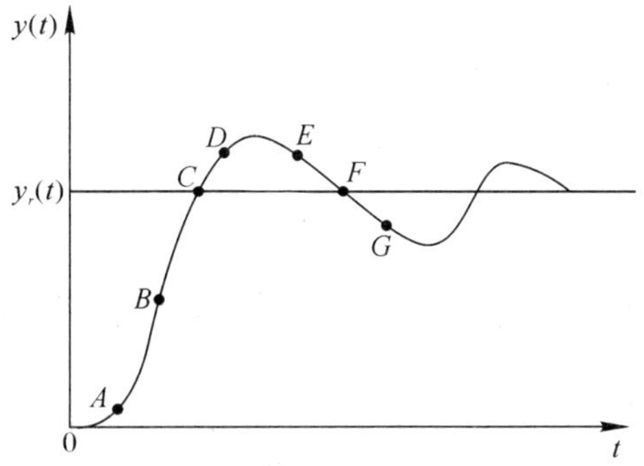

图 7.6 电加热炉系统单位阶跃响应曲线

基于上面的讨论，通过总结人类专家的经验，并用适当的语言来加以表述，最终可表示成模糊控制规则的形式。另一种方式是通过向有经验的专家和操作人员咨询，从而获得特定应用领域模糊控制规则的原型。在此基础上，再经一定的试凑及调整，可获得具有更好性能的控制规则。

2) 基于操作人员的实际控制过程

在许多人工控制的工业系统中，很难建立控制对象的模型，因此用常规的控制方法来对其进行设计和仿真比较困难。而熟练的操作人员却能成功地控制这样的系统。事实上，操作人员有意或无意地使用了一组 IF－THEN 规则来进行控制。但是他们往往并不能用语言明确地将它们表达出来，因此可以通过记录操作人员实际控制过程时的输入/输出数据，并从中总结出模糊控制规则。

3) 基于过程的模糊模型

控制对象的动态特性通常可用微分方程、传递函数、状态方程等数学方法来加以描述，这样的模型称为定量模型或清晰化模型。控制对象的动态特性也可以用语言的方法来描述，这样的模型称为定性模型或模糊模型。基于模糊模型，也能建立起相应的模糊控制规律。这样设计的系统是纯粹的模糊系统，即控制器和控制对象均是用模糊的方法来加以描述的，因而它比较适合于采用理论的方法来进行分析和控制。

4) 基于学习

许多模糊控制主要是用来模仿人的决策行为，但很少具有类似于人的学习功能，即根据经验和知识产生模糊控制规则并对它们进行修改的能力。Mamdani 于 1979 年首先提出了模糊自组织控制，它便是一种具有学习功能的模糊控制。该自组织控制具有分层递阶的结构，它包含有两个规则库。第一个规则库是一般的模糊控制的规则库，第二个规则库由宏规则组成，它能够根据对系统的整体性能要求来产生并修改一般的模糊控制规则，从而显示了类似人的学习能力。自 Mamdani 的工作之后，近来又有不少人在这方面做了大量的研究工作。最典型的例子是 Sugeno 的模糊小车，它是具有学习功能的模糊控制车，经过训练后它能够自动地停靠在要求的位置。

3. 模糊控制规则的类型

在模糊控制中，目前主要应用如下两种形式的模糊控制规则。

1）状态评估模糊控制规则

典型的形式如下

$\boldsymbol{R}_1$：如果 x 是 $\boldsymbol{A}_1$ and y 是 $\boldsymbol{B}_1$，则 z 是 $\boldsymbol{C}_1$；

also $\boldsymbol{R}_2$：如果 x 是 $\boldsymbol{A}_2$ and y 是 $\boldsymbol{B}_2$，则 z 是 $\boldsymbol{C}_2$；

…

also $\boldsymbol{R}_n$：如果 x 是 $\boldsymbol{A}_n$ and y 是 $\boldsymbol{B}_n$，则 z 是 $\boldsymbol{C}_n$。

在现有的模糊控制系统中，大多数情况均采用这种形式。前面所讨论的也都是这种情形。

对于更一般的情形，模糊控制规则的后件可以是过程状态变量的函数，即

$\boldsymbol{R}_i$：如果 x 是 $\boldsymbol{A}_i\cdots$ and y 是 $\boldsymbol{B}_i$，则 $z=f_i(x, \cdots, y)$

它根据对系统状态的评估，按照一定的函数关系计算出控制作用 z。

2）目标评估模糊控制规则

典型的形式如下

$\boldsymbol{R}_i$：如果[u 是 $\boldsymbol{C}_i\rightarrow$($x$ 是 $\boldsymbol{A}_i$ and y 是 $\boldsymbol{B}_i$)]，则 u 是 $\boldsymbol{C}_i$

其中，u 是系统的控制量；x 和 y 表示要求的状态和目标或者是对系统性能的评估，因而 x 和 y 的取值常常是“好”、“差”等模糊语言。对于每个控制命令 $\boldsymbol{C}_i$，通过预测相应的结果（x，y），从中选用最适合的控制规则。

上面的规则可进一步解释为：当控制命令选择 $\boldsymbol{C}_i$ 时，如果性能指标 x 是 $\boldsymbol{A}_i$，y 是 $\boldsymbol{B}_i$，那么选用该条规则且将 $\boldsymbol{C}_i$ 取为控制器的输出。例如，在日本仙台的地铁模糊自动列车运行系统中，就采用了这种类型的模糊控制规则。列出其中典型的一条，如“如果控制标志不改变，则火车停在预定的容许区域，那么控制标志不改变”。

采用目标评估模糊控制规则，对控制的结果加以预测，并根据预测的结果来确定采取的控制行动。因此，它本质上是一种模糊预测控制。

4. 模糊控制规则的其他性能要求

1）模糊控制规则数

若模糊控制器的输入有 m 个，每个输入的模糊分级数分别为 n_1，n_2，…，n_m，则最大可能的模糊规则数为 $N_{\max}=n_1$，n_2，…，n_m。实际的模糊控制数应该取多少取决于很多因素，目前尚无普遍适用的一般步骤。总的原则是，在满足完备性的条件下，尽量取较少的规则数，以简化模糊控制器的设计和实现。

2）模糊控制规则的一致性

模糊控制规则主要基于操作人员的经验，它取决于对多种性能的要求，而不同的性能指标要求往往互相制约，甚至是互相矛盾的。这就要求按这些指标要求确定的模糊控制不能出现互相矛盾的情况。

7.3.4 模糊推理

模糊控制中的规则通常来源于专家的知识，在模糊控制中，通过用一组语言描述的规则来表示专家的知识，通常具有如下的形式，即

IF(满足一组条件)THEN(可以推出一组结论)

在 IF－THEN 规则中的输入和前提条件及结论均是模糊的概念。如"若温度偏高，则加入较多的冷却水"，其中，"偏高"和"较多"均为模糊量。常常称这样的 IF－THEN 规则为模糊条件句。因此，在模糊控制中，模糊控制规则也就是模糊条件句。其中前提条件为具体应用领域中的条件，结论为要采取的控制行动。IF－THEN 的模糊控制规则为表示控制领域的专家知识提供了方便的工具。对于多输入多输出(MIMO)模糊系统，则有多个输入和前提条件以及多个结论。

对于多输入多输出(MIMO)模糊控制器，其规则库具有如下的形式，即

$$\boldsymbol{R}=\{\boldsymbol{R}_{\mathrm{MIMO}}^{1},\ \boldsymbol{R}_{\mathrm{MIMO}}^{2},\ \cdots,\ \boldsymbol{R}_{\mathrm{MIMO}}^{n}\}$$

式中，$\boldsymbol{R}_{\mathrm{MIMO}}^{i}$：如果($x$ 是 $\boldsymbol{A}_i$ and… and y 是 $\boldsymbol{B}_i$)，则(z_1 是 $\boldsymbol{C}_{i1}$，…，z_q 是 $\boldsymbol{C}_{iq}$)。

$\boldsymbol{R}_{\mathrm{MIMO}}^{i}$的前件(输入和前提条件)是直积空间 $X\times\cdots\times Y$ 上的模糊集合，后件(结论)是 q 个控制作用的并，它们之间是互相独立的。因此，第 i 条规则 $\boldsymbol{R}_{\mathrm{MIMO}}^{i}$可以表示为如下的模糊蕴涵关系，即

$$\boldsymbol{R}_{\mathrm{MIMO}}^{i}:\ (\boldsymbol{A}_i\times\cdots\times\boldsymbol{B}_i)\rightarrow(\boldsymbol{C}_{i1}+\cdots+\boldsymbol{C}_{iq})$$

于是规则 $\boldsymbol{R}_{\mathrm{MIMO}}^{i}$可以表示为

$$\begin{aligned}\boldsymbol{R}_{\mathrm{MIMO}}^{i}&=\{(\boldsymbol{A}_i\times\cdots\times\boldsymbol{B}_i)\rightarrow(\boldsymbol{C}_{i1}+\cdots+\boldsymbol{C}_{iq})\}\\&=\{[(\boldsymbol{A}_i\times\cdots\times\boldsymbol{B}_i)\rightarrow\boldsymbol{C}_{i1}],\ \cdots,\ [(\boldsymbol{A}_i\times\cdots\times\boldsymbol{B}_i)\rightarrow\boldsymbol{C}_{iq}]\}\\&-\{\boldsymbol{R}_{\mathrm{MISO}}^{i1},\ \boldsymbol{R}_{\mathrm{MISO}}^{i2},\ \cdots,\ \boldsymbol{R}_{\mathrm{MISO}}^{iq}\}\end{aligned}$$

规则库 $\boldsymbol{R}$ 可以表示为

$$\begin{aligned}\boldsymbol{R}&=\{\bigcup_{i=1}^{n}\boldsymbol{R}_{\mathrm{MIMO}}^{i}\}-\{\bigcup_{i=1}^{n}[(\boldsymbol{A}_i\times\cdots\times\boldsymbol{B}_i)\rightarrow(\boldsymbol{C}_{i1}+\cdots+\boldsymbol{C}_{iq})]\}\\&-\{\bigcup_{i=1}^{n}[(\boldsymbol{A}_i\times\cdots\times\boldsymbol{B}_i)\rightarrow\boldsymbol{C}_{i1}],\ \cdots,\ \bigcup_{i=1}^{n}[(\boldsymbol{A}_i\times\cdots\times\boldsymbol{B}_i)\rightarrow\boldsymbol{C}_{iq}]\}\\&=\{\boldsymbol{R}_{\mathrm{MISO}}^{1},\ \boldsymbol{R}_{\mathrm{MISO}}^{2},\ \cdots,\ \boldsymbol{R}_{\mathrm{MISO}}^{q}\}\end{aligned}$$

可见，规则库 $\boldsymbol{R}$ 可看成由 q 个子规则库所组成，每一个子规则库由 n 个多输入单输出(MISO)的规则所组成。由于各子规则是互相独立的，因此下面只考虑 MIMO 中一个子规则库的模糊推理问题，即只考虑 MISO 子系统的模糊推理问题。其中，第 i 条规则 $\boldsymbol{R}_{\mathrm{MIMO}}^{i}$是由 q 个独立的 MISO 规则组成的，即

$$\boldsymbol{R}_{\mathrm{MIMO}}^{i}=\{\boldsymbol{R}_{\mathrm{MISO}}^{i1},\ \boldsymbol{R}_{\mathrm{MISO}}^{i2},\ \cdots,\ \boldsymbol{R}_{\mathrm{MISO}}^{iq}\}$$

式中，$\boldsymbol{R}_{\mathrm{MISO}}^{ij}$：如果($x$ 是 $\boldsymbol{A}_i$ and … and y 是 $\boldsymbol{B}_i$)，则(z_j 是 $\boldsymbol{C}_{ij}$)。

不失一般性，考虑两个输入一个输出的模糊控制器。设已建立的模糊控制规则库如下

$\boldsymbol{R}_1$：如果 x 是 $\boldsymbol{A}_1$ and y 是 $\boldsymbol{B}_1$，则 z 是 $\boldsymbol{C}_1$

also $\boldsymbol{R}_2$：如果 x 是 $\boldsymbol{A}_2$ and y 是 $\boldsymbol{B}_2$，则 z 是 $\boldsymbol{C}_2$

…

also $\boldsymbol{R}_n$：如果 x 是 $\boldsymbol{A}_n$ and y 是 $\boldsymbol{B}_n$，则 z 是 $\boldsymbol{C}_n$。

其中，x、y 和 z 是代表系统状态和控制量的语言变量，x 和 y 为输入量，z 为控制量。$\boldsymbol{A}_i$、$\boldsymbol{B}_i$ 和 $\boldsymbol{C}_i$($i=1$，2，…，n)分别是语言变量 x、y、z 在其论域 X、Y、Z 上的语言变量值，所有规则组合在一起构成了规则库。

对于第 i 条规则"如果 x 是 $\boldsymbol{A}_i$ and y 是 $\boldsymbol{B}_i$，则 z 是 $\boldsymbol{C}_i$"的模糊蕴涵关系 $\boldsymbol{R}_i$ 定义为

$$\boldsymbol{R}_i=(\boldsymbol{A}_i\ \text{and}\ \boldsymbol{B}_i)\rightarrow\boldsymbol{C}_i$$

即

$$\mu_{R_i}=\mu_{(A'\text{ and }B')\to C_i}(x,\ y,\ z)=[\mu_{A_i}(x)\text{ and }\mu_{B_i}(y)]\to\mu_{C_i}(z)$$

式中，“$\boldsymbol{A}_i$ and $\boldsymbol{B}_i$”是定义在 $X\times Y$ 上的模糊集合 $\boldsymbol{A}_i\times\boldsymbol{B}_i$，$\boldsymbol{R}_i=(\boldsymbol{A}_i\text{ and }\boldsymbol{B}_i)\to\boldsymbol{C}_i$ 是定义在 $X\times Y\times Z$上的模糊蕴涵关系。

所有 n 条模糊控制规则的总模糊蕴涵关系为(取连接词“also”为求并运算)

$$\boldsymbol{R}=\bigcup_{i=1}^{n}\boldsymbol{R}_i$$

设已知模糊控制器的输入模糊量为：x 是 $\boldsymbol{A}'$ and y 是 $\boldsymbol{B}'$，则根据模糊控制规则进行模糊推理，可以得出输出模糊量 z(用模糊集合 $\boldsymbol{C}'$表示)为

$$\boldsymbol{C}'=(\boldsymbol{A}'\text{ and }\boldsymbol{B}')\cdot\boldsymbol{R}$$

式中，$\mu_{(A'\text{ and }B')}(x,\ y)=\mu_{A'}(x)\wedge\mu_{B'}(y)$或 $\mu_{(A'\text{ and }B')}(x,\ y)=\mu_{A'}(x)\cdot\mu_{B'}(y)$。

以上运算包括了三种主要的模糊逻辑运算：and 运算，合成运算“。”，蕴涵运算“→”。在模糊控制中，通常 and 运算采用求交(取小)或求积(代数积)的方法；合成运算“。”采用最大-最小或最大-积(代数积)的方法；蕴涵运算“→”采用求交($\boldsymbol{R}_c$)或求积($\boldsymbol{R}_P$)的方法。

7.3.5 清晰化计算

以上通过模糊推理得到的是模糊量，而对于实际的控制则必须为清晰量，因此需要将模糊量转换成清晰量，这就是清晰化计算所要完成的任务。清晰化计算通常有以下几种方法。

1. 平均最大隶属度法(Mom)

若输出量模糊集合 $\boldsymbol{C}'$的隶属函数只有一个峰值，则取隶属函数的最大值为清晰值，即

$$\mu_{C'}(z_0)\geqslant\mu_{C'}(z)\qquad z\in Z$$

式中，z_0 表示清晰值。若输出量的隶属函数有多个极值，则取这些极值的平均值为清晰值。

例 7.1 已知输出量 z_1 模糊集合为

$$\boldsymbol{C}_1'=\frac{0.1}{2}+\frac{0.4}{3}+\frac{0.7}{4}+\frac{1.0}{5}+\frac{0.7}{6}+\frac{0.3}{3}$$

z_2 的模糊集合为

$$\boldsymbol{C}_2'=\frac{0.3}{-4}+\frac{0.8}{-3}+\frac{1}{-2}+\frac{1}{-1}+\frac{0.8}{0}+\frac{0.3}{1}+\frac{0.1}{2}$$

求相应的清晰量 z_{10} 和 z_{20}。

解 根据最大隶属度法，很容易求得

$$z_{10}=\mathrm{df}(z_1)=5$$

$$z_{20}=\mathrm{df}(z_2)=(-2-1)/2=-1.5$$

2. 最大隶属度取最小值方法(Som)

该方法取模糊集合中具有最大隶属度的所有点中的最小的一个作为去模糊化的结果。

3. 最大隶属度取最大值方法(Lom)

该方法取模糊集合中具有最大隶属度的所有点中的最大的一个作为去模糊化的结果。

4. 中位数法(面积平分法 Bisector)

中位数法是取 $\mu_{C'}(z)$的中位数作为 z 的清晰量，即 $z_0=\mathrm{df}(z)=\mu_{C'}(z)$的中位数，它

满足

$$\int_{a}^{z_0} \mu_{C'}(z)\mathrm{d}z = \int_{z_0}^{b} \mu_{C'}(z)\mathrm{d}z$$

也就是说，以 z_0 为分界，a 为下界，b 为上界，$\mu_{C'}(z)$与 z 轴之间面积两边相等，如图 7.7 所示。

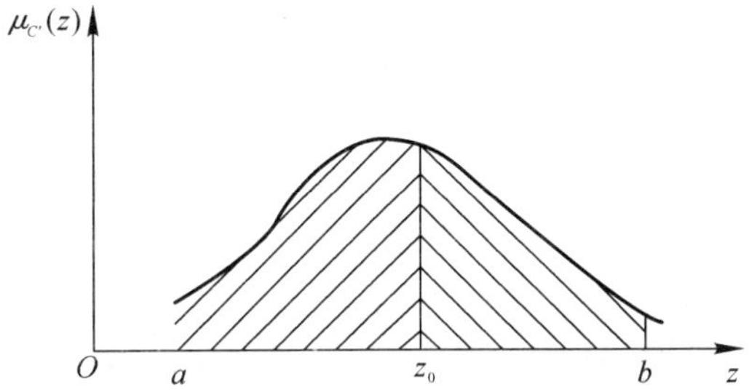

图 7.7　清晰化计算的中位数法

5. 加权平均法(面积重心法 Centroid)

加权平均法取 $\mu_{C'}(z)$的加权平均值为 z 的清晰值，即

$$z_0 = \mathrm{df}(z) = \frac{\int z \cdot \mu_{C'}(z)\mathrm{d}z}{\int \mu_{C'}(z)\mathrm{d}z}$$

它类似于重心的计算，所以也称为重心法。对于论域为离散的情况，则有

$$z_0 = \mathrm{df} = \frac{\sum_{i=1}^{n} z_i \mu_{C'}(z_i)}{\sum_{i=1}^{n} \mu_{C'}(z_i)}$$

例 7.2　题设条件同例 7.1，用加权平均法计算清晰值 z_{10} 和 z_{20}。

解　$z_{10} = \dfrac{0.1\times2+0.4\times3+0.7\times4+1\times5+0.7\times6+0.3\times7}{0.3+0.8+1+1+0.8+0.3+0.1} = 4.84$

$$z_{20} = \frac{0.3\times(-4)+0.8\times(-3)+1\times(-2)+1\times(-1)+0.8\times0+0.3\times1+0.1\times2}{0.3+0.8+1+1+0.8+0.3+0.1}$$

$= -1.42$

在以上各种清晰化方法中，加权平均法应用最为普遍。

在求得清晰值 z_0 后，还需经尺度变换变为实际的控制量。变换的方法可以是线性的，也可以是非线性的。若 z_0 的变化范围为$[z_{\min}, z_{\max}]$，实际控制量的变化范围为$[u_{\min}, u_{\max}]$，采用线性变换，则

$$u = \frac{u_{\min}+u_{\max}}{2} + k\left(z_0 - \frac{z_{\min}+z_{\max}}{2}\right)$$

$$k = \frac{u_{\max}-u_{\min}}{x_{\max}-x_{\min}}$$

式中，k 为比例因子。

7.4 离散论域的模糊控制系统的设计

当论域为离散时，经过量化后的输入量的个数是有限的。因此可以针对输入情况的不同组合离线计算出相应的控制量，从而组成一张控制表，实际控制时只要直接查这张控制表即可，在线的运算量是很少的。这种离线计算、在线查表的模糊控制方法比较容易满足实时控制的要求。图 7.8 表示了这种模糊控制系统的结构，图中假设采用误差 e 和误差导数 e' 作为模糊控制器的输入量，这是最常使用的情况。

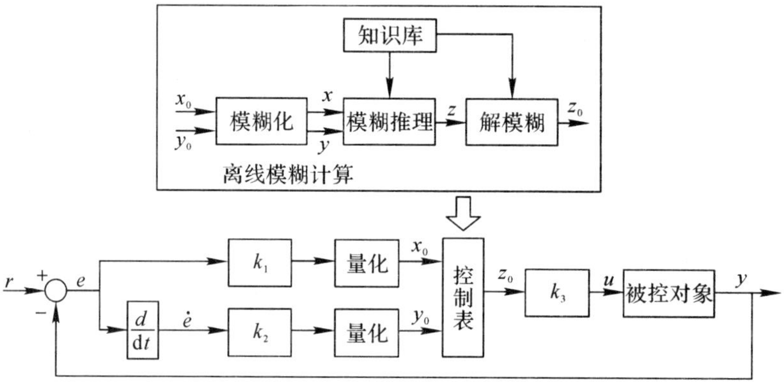

图 7.8 论域为离散时的模糊控制系统结构

图中，k_1、k_2 和 k_3 为尺度变换的比例因子。设 e、e' 和 u 的实际变化范围分别为 $[-e_m, e_m]$，$[-e_m', e_m']$和$[-u_m, u_m]$，并设 x、y 和 z 的论域分别为

$$\{-n_i, \cdots, -1, 0, 1, \cdots, n_i\} \qquad i=1, 2, 3$$

则

$$k_1=n_1/e_m;\ k_2=n_2/e_m';\ k_3=u_3/n_3$$

图中量化的功能是将比例变换后的连续值经四舍五入变为整数量。

从 x_0、y_0 到 z_0 的模糊推理计算过程采用前面已经讨论过的方法进行。由于 x_0、y_0 的个数是有限的，因此可以将它们的所有可能的组合情况先计算出来(即图中的离线模糊计算部分)，将计算的结果列成一张控制表。实际控制时只需查询该控制表即可由 x_0、y_0 求得 z_0。求得 z_0 后再经比例变换，变成实际的控制量。

在该例中控制器的输入量为 e 和 e'，因此它相当于是非线性的 PD 控制，k_1、k_2 分别是比例项和导数项前面的比例系数，它们对系统性能有很大影响，要仔细地加以选择。k_3 串联于系统的回路中，它直接影响整个回路的增益，因此 k_3 也对系统的性能有很大影响，一般说来 k_3 选得大，系统反应快。但过大有可能使系统不稳定。

下面通过一个具体例子来说明离线模糊计算的过程。

例 7.3 设语言变量为

$$X, Y, Z \in \{-6, -5, -4, -3, -2, -1, 0, 1, 2, 3, 4, 5, 6\}$$

$T(x)=\{$NB(负大)，NM(负中)，NS(负小)，NZ(负零)，

PZ(正零)，PS(正小)，PM(正中)，PB(正大)$\}$

$T(y)=T(z)=\{$NB，NM，NS，ZE(零)，PS，PM，PB$\}$

表7.4表示语言变量 x 的隶属度函数。y 和 z 的隶属度函数同表7.3。

表7.4 语言变量 x 的隶属度函数

模糊集合 \ x	−6	−5	−4	−3	−2	−1	0	1	2	3	4	5	6
NB	1.0	0.8	0.7	0.4	0.1	0.0	0.0	0.0	0.0	0.0	0.0	0.0	0.0
NM	0.2	0.7	0.1	0.7	0.3	0.0	0.0	0.0	0.0	0.0	0.0	0.0	0.0
NS	0.0	0.1	0.3	0.7	1.0	0.7	0.2	0.0	0.0	0.0	0.0	0.0	0.0
NZ	0.0	0.0	0.0	0.0	0.1	0.6	1.0	0.0	0.0	0.0	0.0	0.0	0.0
PZ	0.0	0.0	0.0	0.0	0.0	0.0	1.0	0.6	0.1	0.0	0.0	0.0	0.0
PS	0.0	0.0	0.0	0.0	0.0	0.0	0.2	0.7	1.0	0.7	0.3	0.1	0.0
PM	0.0	0.0	0.0	0.0	0.0	0.0	0.0	0.0	0.2	0.7	1.0	0.7	0.3
PB	0.0	0.0	0.0	0.0	0.0	0.0	0.0	0.0	0.1	0.4	0.7	0.8	1.0

表7.4和表7.3是一种表示离散论域的模糊集合及其隶属度函数的简洁形式。例如，对于表7.4，它表示为

$$\mathrm{NB}=\frac{1.0}{-6}+\frac{0.8}{-5}+\frac{0.7}{-4}+\frac{0.4}{-3}+\frac{0.1}{-2},\ \mathrm{NM}=\frac{0.2}{-6}+\frac{0.7}{-5}+\frac{1.0}{-4}+\frac{0.7}{-3}+\frac{0.3}{-2},$$

$$\cdots,\ \mathrm{PB}=\frac{0.1}{2}+\frac{0.4}{3}+\frac{0.7}{4}+\frac{0.8}{5}+\frac{1.0}{6}$$

表7.5列出了该模糊控制器所采用的模糊控制规则。

表7.5 模糊控制规则

x \ y	NB	NM	NS	ZE	PS	PM	PB
NB	NB	NB	NB	NB	NM	ZE	ZE
NM	NB	NB	NB	NB	NM	ZE	ZE
NS	NM	NM	NM	NM	ZE	PS	PS
NZ	NM	NM	NS	ZE	PS	PM	PM
PZ	NM	NM	NS	ZE	PS	PM	PM
PS	NS	NS	ZE	PM	PM	PM	PM
PM	ZE	ZE	PM	PB	PB	PB	PB
PB	ZE	ZE	PM	PB	PB	PB	PB

表7.5是表示模糊控制规则的简洁形式。该表中共包含56条规则，由于 x 的模糊分割数为8，y 的模糊分割数为7，所以该表包含了最大可能的规则数。一般情况下规则数可以少于56，这时表中相应栏内可以为空。表7.5中所表示的规则依次为

$\boldsymbol{R}_1$：如果 x 是 NB and y 是 NB 则 z 是 NB；

$\boldsymbol{R}_2$：如果 x 是 NB and y 是 NM 则 z 是 NB；

…

$\boldsymbol{R}_{56}$：如果 x 是 PB and y 是 PB 则 z 是 PB。

设已知输入为 x_0 和 y_0，模糊化运算采用单点模糊集合，则相应的输入量模糊集合 $\boldsymbol{A}'$ 和 $\boldsymbol{B}'$ 分别为

$$\mu_{A'}(x)=\begin{cases}1, & (x=x_0)\\ 0, & (x\neq x_0)\end{cases},\quad \mu_{B'}(y)=\begin{cases}1, & (y=y_0)\\ 0, & (y\neq y_0)\end{cases}$$

根据前面介绍的模糊推理方法及性质，可求得输出量的模糊集合 $\boldsymbol{C}'$ 为（假设 and 用求交法，also 用求并法，合成用最大-最小法，模糊蕴含用求交法）

$$\begin{aligned}\boldsymbol{C}' &= (\boldsymbol{A}'\times\boldsymbol{B}')\circ\boldsymbol{R}=(\boldsymbol{A}'\times\boldsymbol{B}')\circ\bigcup_{i=1}^{56}\boldsymbol{R}_i=(\boldsymbol{A}'\times\boldsymbol{B}')\circ\boldsymbol{R}\\ &=\bigcup_{i=1}^{56}(\boldsymbol{A}'\times\boldsymbol{B}')\circ[(\boldsymbol{A}_i\times\boldsymbol{B}_i)\rightarrow\boldsymbol{C}_i]=\bigcup_{i=1}^{56}[\boldsymbol{A}'\circ(\boldsymbol{A}_i\rightarrow\boldsymbol{C}_i)]\cap[\boldsymbol{B}'\circ(\boldsymbol{B}_i\rightarrow\boldsymbol{C}_i)]\\ &=\bigcup_{i=1}^{56}\boldsymbol{C}'_{iA}\cap\boldsymbol{C}'_{iB}=\bigcup_{i=1}^{56}\boldsymbol{C}'_i\end{aligned}$$

下面以 $x_0=-6$，$y_0=-6$ 为例说明计算过程。此时有

$$\boldsymbol{A}'=[1\quad 0\quad \cdots\quad 0]_{1\times13},\ \boldsymbol{B}'=[1\quad 0\quad \cdots\quad 0]_{1\times13}$$

(1) 对于表 7.5 第 1 行第 1 列的规则：如果 x 为 NB and y 为 NB，则 z 为 NB。

根据表 7.4 和表 7.3 可得

$\boldsymbol{A}_{\mathrm{NB}}=[1\quad 0.8\quad 0.7\quad 0.4\quad 0.1\quad 0\quad \cdots\quad 0]_{1\times13}$

$\boldsymbol{B}_{\mathrm{NB}}=[1\quad 0.7\quad 0.3\quad 0\quad \cdots\quad 0]_{1\times13}$

$\boldsymbol{C}_{\mathrm{NB}}=[1\quad 0.7\quad 0.3\quad 0\quad \cdots\quad 0]_{1\times13}$

$$\boldsymbol{R}_{1A}=\boldsymbol{A}_1\rightarrow\boldsymbol{C}_1=\boldsymbol{A}_{\mathrm{NB}}\rightarrow\boldsymbol{C}_{\mathrm{NB}}=\begin{bmatrix}1\\0.8\\0.7\\0.4\\0.1\\0\\\vdots\\0\end{bmatrix}\wedge[1\quad 0.7\quad 0.3\quad 0\quad \cdots\quad 0]=\begin{bmatrix}1 & 0.7 & 0.3 & \\ 0.8 & 0.7 & 0.3 & \\ 0.7 & 0.7 & 0.3 & 0\\ 0.4 & 0.4 & 0.3 & \\ 0.1 & 0.1 & 0.1 & \\ & 0 & & 0\end{bmatrix}_{13\times13}$$

$$\boldsymbol{C}'_{1A}=\boldsymbol{A}'\circ(\boldsymbol{A}_1\rightarrow\boldsymbol{C}_1)=[1\quad 0\quad \cdots\quad 0]_{1\times13}\circ\boldsymbol{R}_{1A}=[1\quad 0.7\quad 0.3\quad 0\quad \cdots\quad 0]_{1\times13}$$

$$\boldsymbol{R}_{1B}=\boldsymbol{B}_1\rightarrow\boldsymbol{C}_1=\boldsymbol{B}_{\mathrm{NB}}\rightarrow\boldsymbol{C}_{\mathrm{NB}}=\begin{bmatrix}1\\0.7\\0.3\\0\\\vdots\\0\end{bmatrix}\wedge[1\quad 0.7\quad 0.3\quad 0\quad \cdots\quad 0]=\begin{bmatrix}1 & 0.7 & 0.3 & \\ 0.7 & 0.7 & 0.3 & \\ 0.3 & 0.3 & 0.3 & 0\\ 0 & 0 & 0 & \\ 0 & 0 & 0 & \\ & 0 & & 0\end{bmatrix}_{13\times13}$$

$$\boldsymbol{C}'_{1B}=\boldsymbol{B}'\circ(\boldsymbol{B}_1\rightarrow\boldsymbol{C}_1)=[1\quad 0\quad \cdots\quad 0]_{1\times13}\circ\boldsymbol{R}_{1B}=[1\quad 0.7\quad 0.3\quad 0\quad \cdots\quad 0]_{1\times13}$$

$$\boldsymbol{C}'_1=\boldsymbol{C}'_{1A}\cap\boldsymbol{C}'_{1B}=[1\quad 0.7\quad 0.3\quad 0\quad \cdots\quad 0]_{1\times13}$$

(2) 对于表 7.5 第一行第二列的规则：如果 x 为 NB and y 为 NM，则 z 为 NB。

根据表 7.4 和表 7.3 可得

$\boldsymbol{A}_{\mathrm{NB}}=[1\quad 0.8\quad 0.7\quad 0.4\quad 0.1\quad 0\quad \cdots\quad 0]_{1\times13}$

$\boldsymbol{B}_{\mathrm{NM}}=[0.3\quad 0.7\quad 1\quad 0.7\quad 0.3\quad 0\quad \cdots\quad 0]_{1\times13}$

$$\boldsymbol{C}_{\mathrm{NB}}=[1\quad 0.7\quad 0.3\quad 0\quad \cdots\quad 0]_{1\times 13}$$

$$\boldsymbol{C}_{\mathrm{NB}}=[1\quad 0.7\quad 0.3\quad 0\quad \cdots\quad 0]_{1\times 13}$$

$$\boldsymbol{R}_{2A}=\boldsymbol{A}_2\rightarrow\boldsymbol{C}_2=\boldsymbol{A}_{\mathrm{NB}}\rightarrow\boldsymbol{C}_{\mathrm{NB}}=\boldsymbol{R}_{1A}$$

$$\boldsymbol{C}'_{2A}=\boldsymbol{A}'\circ(\boldsymbol{A}_2\rightarrow\boldsymbol{C}_2)=\boldsymbol{A}'\circ(\boldsymbol{A}_{\mathrm{NB}}\rightarrow\boldsymbol{C}_{\mathrm{NB}})=\boldsymbol{C}'_{1A}=[1\quad 0.7\quad 0.3\quad 0\quad \cdots\quad 0]_{1\times 13}$$

$$\boldsymbol{R}_{2B}=\boldsymbol{B}_2\rightarrow\boldsymbol{C}_2=\boldsymbol{B}_{\mathrm{NM}}\rightarrow\boldsymbol{C}_{\mathrm{NB}}=\begin{bmatrix}0.3\\0.7\\1\\0.7\\0.3\\0\\\vdots\\0\end{bmatrix}\wedge[1\quad 0.7\quad 0.3\quad 0\quad \cdots\quad 0]=\begin{bmatrix}0.3 & 0.3 & 0.3 & \\ 0.7 & 0.7 & 0.3 & \\ 1 & 0.7 & 0.3 & 0\\ 0.7 & 0.7 & 0.3 & \\ 0.3 & 0.3 & 0.3 & \\ & 0 & & 0\end{bmatrix}_{13\times 13}$$

$$\boldsymbol{C}'_{2B}=\boldsymbol{B}'\circ(\boldsymbol{B}_2\rightarrow\boldsymbol{C}_2)=[1\quad 0\quad \cdots\quad 0]_{1\times 13}\circ\boldsymbol{R}_{2B}=[0.3\quad 0.3\quad 0.3\quad 0\quad \cdots\quad 0]_{1\times 13}$$

$$\boldsymbol{C}'_2=\boldsymbol{C}'_{2A}\cap\boldsymbol{C}'_{2B}=[0.3\quad 0.3\quad 0.3\quad 0\quad \cdots\quad 0]_{1\times 13}$$

按同样的方法依次求出 $\boldsymbol{C}'_3$，$\boldsymbol{C}'_4\cdots$，$\boldsymbol{C}'_{56}$，最终求得

$$\boldsymbol{C}'=\bigcup_{i=1}^{56}\boldsymbol{C}'_i=[1\quad 0.7\quad 0.3\quad 0\quad \cdots\quad 0]_{1\times 13}$$

对所求得的输出量模糊集合进行清晰化计算(用加权平均法)得

$$z'_0=\mathrm{d}f(z)=\frac{1\times(-6)+0.7\times(-5)+0.3\times(-4)}{1+0.7+0.3}=-5.35$$

按照同样的步骤，可以计算出当 x_0，y_0 为其他组合时的输出量 z_0。最后可列出如表 7.6 所示的实际查询的控制表。

表 7.6　实际查询的控制表

x_0 \ y_0	−6	−5	−4	−3	−2	−1	0	1	2	3	4	5	6
−6	−5.35	−5.24	−5.35	−5.24	−5.35	−5.24	−4.69	−4.26	−2.71	−2.00	−1.29	0.00	0.00
−5	−5.00	−4.95	−5.00	−4.95	−5.00	−4.95	−3.86	−3.71	−2.36	−1.79	−1.12	0.24	0.23
−4	−4.69	−4.52	−4.69	−4.52	−4.69	−4.52	−3.05	−2.93	−1.94	−1.42	−0.69	0.64	0.58
−3	−4.26	−4.26	−4.26	−4.26	−4.26	−4.26	−2.93	−2.29	−1.42	−0.94	−0.25	1.00	1.00
−2	−4.00	−4.00	−3.78	−3.76	−3.47	−3.42	−2.43	−1.79	−0.44	−0.04	0.16	1.60	1.63
−1	−4.00	−4.00	−3.36	−3.08	−2.47	−2.12	−1.50	−1.05	0.26	1.91	2.33	2.92	2.92
0	−3.59	−3.55	−2.93	−2.60	−0.96	−0.51	0.00	0.51	0.96	2.60	2.93	3.55	3.59
1	−2.92	−2.92	−2.33	−1.91	−0.26	1.05	1.50	2.12	2.47	3.08	3.36	4.00	4.00
2	−1.81	−1.79	−0.57	−0.31	0.44	1.79	2.43	3.42	3.47	3.76	3.78	4.00	4.00
3	−1.00	−1.00	0.25	0.94	1.42	2.29	2.93	4.26	4.26	4.26	4.26	4.26	4.26
4	−0.58	−0.64	0.69	1.42	1.94	2.93	3.05	4.52	4.69	4.52	4.69	4.52	4.69
5	−0.23	−0.24	1.12	1.79	2.36	3.71	3.86	4.95	5.00	4.95	5.00	4.95	5.00
6	0.00	0.00	1.29	2.00	2.71	4.26	4.69	5.24	5.35	5.24	5.35	5.24	5.35

对于如图 7.8 所示的模糊控制系统，可以利用 Simulink 对其进行仿真，其系统仿真框图如图 7.9 所示。

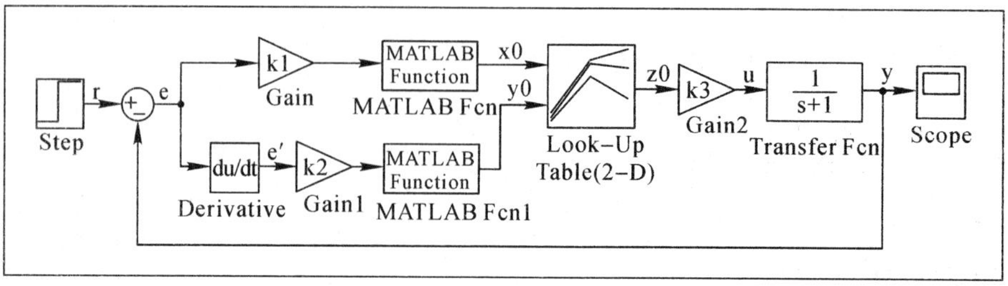

图 7.9 Simulink 系统仿真框图

将图 7.9 中两个 MATLAB Function 模块的 MATLAB Function 对话框中均改为四舍五入 Round 函数；二维表格 Look－Up Table(2－D)中的值根据表 7.6 的内容来填写；传递函数(Transfer Fcn)根据被控系统的模型进行设置；放大器的参数 k_1、k_2、k_3的值根据前面介绍的方法可得。

量化因子 k_1和 k_2的大小对控制系统的动态性能影响很大。k_1选的较大时，系统的超调较大，过渡过程较长。这一点也不难理解，因为从理论上讲，k_1增大，相当于缩小了误差的基本论域，增大了误差变量的控制作用，因此导致上升时间变短，但由于出现超调，使得系统的过渡过程变长。k_2选择较大时，超调量减小，k_2选择越大，超调量越小，但系统的响应速度变慢。k_2对超调的遏制作用十分明显。

量化因子 k_1和 k_2的大小意味着对输入变量误差和误差变化的不同加权程度，k_1和 k_2二者之间也相互影响，在选择量化因子 k_1和 k_2时要充分考虑到这一点。

输出比例因子 k_3的大小也影响着模糊控制系统的特性。k_3选择过小会使系统动态响应过程变长，而 k_3选择过大会导致系统振荡。输出比例因子 k_3作为模糊控制器的总的增益，它的大小影响着控制器的输出，通过调整 k_3可以改变对被控对象输入的大小。

应该指出的是，量化因子和比例因子的选择并不是唯一的，可能有几组不同的值，都能使系统获得较好的响应特性。对于比较复杂的被控过程，有时采用一组固定的量化因子和比例因子难以收到预期的控制效果，可以在控制过程中采用改变量化因子和比例因子的方法，来调整整个控制过程中的不同阶段上的控制特性，以使对复杂过程控制得到满意的控制效果。这种形式的控制称为自调整比例因子模糊控制器。

习　　题

1. 模糊控制器由哪些部分组成，各部分的作用是什么，有哪些设计方法？
2. 模糊控制器控制规则的形式如何？试举例建立模糊规则。
3. 模糊控制与专家系统有何相同与不同之处？
4. 设模糊控制系统经过模糊逻辑推理后得到的输出模糊集为

$$A=0.1/-7+0.3/-6+0.8/-5+1/-4+0.7/-3+0.5/-2+0.2/-1$$

试用面积重心法和最大隶属度法算出推理结果的精确值。

5. 某个模糊逻辑控制器具有以下三条模糊控制规则：

规则 1：IF x is $\boldsymbol{A}_1$ and y is $\boldsymbol{B}_1$ THEN z is $\boldsymbol{C}_1$。

规则 2：IF x is $\boldsymbol{A}_2$ and y is $\boldsymbol{B}_2$ THEN z is $\boldsymbol{C}_2$。

规则 3：IF x is $\boldsymbol{A}_n$ and y is $\boldsymbol{B}_3$ THEN z is $\boldsymbol{C}_3$。

各输入和输出的隶属函数如下：

$$\mu_{A_1}(x)=\begin{cases}\dfrac{3+x}{3} & -3\leqslant x\leqslant 0\\ 1 & 0\leqslant x\leqslant 3\\ \dfrac{6-x}{3} & 3\leqslant x\leqslant 6\end{cases},\quad \mu_{A_2}(x)=\begin{cases}\dfrac{x-2}{3} & 2\leqslant x\leqslant 5\\ \dfrac{9-x}{4} & 5\leqslant x\leqslant 9\end{cases},$$

$$\mu_{A_3}(x)=\begin{cases}\dfrac{x-6}{4} & 6\leqslant x\leqslant 10\\ \dfrac{13-x}{3} & 0\leqslant x\leqslant 13\end{cases},\quad \mu_{B_1}(x)=\begin{cases}\dfrac{y-6}{4} & 1\leqslant y\leqslant 5\\ \dfrac{7-y}{4} & 5\leqslant y\leqslant 7\end{cases},$$

$$\mu_{B_2}(x)=\begin{cases}\dfrac{y-5}{3} & 5\leqslant y\leqslant 8\\ \dfrac{12-y}{4} & 8\leqslant y\leqslant 12\end{cases},\quad \mu_{B_3}(x)=\begin{cases}\dfrac{y-8}{4} & 8\leqslant y\leqslant 12\\ \dfrac{15-y}{3} & 12\leqslant y\leqslant 15\end{cases},$$

$$\mu_{C_1}(x)=\begin{cases}\dfrac{3+z}{2} & -3\leqslant z\leqslant -1\\ 1 & -1\leqslant z\leqslant 1\\ \dfrac{3-z}{2} & 1\leqslant z\leqslant 3\end{cases},\quad \mu_{C_2}(x)=\begin{cases}\dfrac{z-1}{3} & 1\leqslant z\leqslant 4\\ \dfrac{7-z}{3} & 4\leqslant z\leqslant 7\end{cases},$$

$$\mu_{C_3}(x)=\begin{cases}\dfrac{z-5}{2} & 5\leqslant z\leqslant 7\\ 1 & 7\leqslant z\leqslant 9\\ \dfrac{11-z}{2} & 9\leqslant z\leqslant 11\end{cases}$$

设模糊变量 x 和 y 的传感器的读数分别为 x_0 和 y_0，并设 $x_0=3$，$y_0=6$，x 和 y 及 z 是离散论域，即 x，y，$z=1$，2，…，试求：

(1) 合成运算采用 max - min，模糊关系采用 $\boldsymbol{R}_c$，求合成控制动作。

(2) 求出最终输出的隶属度函数。

第 8 章　模糊模式识别

模式识别是一门新兴的边缘学科，很多问题都与模式识别有关。模式识别从一开始就是模糊技术应用研究的一个活跃领域，一方面，人们针对一些模糊识别问题设计了相应的模糊识别系统；另一方面，对系统模式识别中的一些方法，人们用模糊数学对它们进行了很多改进。这些研究逐渐形成了模糊模式识别这一新的学科分支。本章将对模糊模式识别的一些典型方法进行介绍。

8.1　模糊模式识别概述

模糊识别具有这样一些独特的优点：客体信息模型表达合理，信息利用充分；方法灵活简捷，分类过程易理解，透明度高，具有识别的稳健性；推理能力强，综合分析概念，形成概念样本；可按人的感官识别过程的各层次，适应面广。

当前模糊模式识别(有监督)的主要研究内容有：隶属函数确定、模糊模式识别匹配(分类)、模糊推理、模糊方法与统计方法的结合、模糊方法与人工神经网络的结合、模糊动态识别等。

模糊模式识别过程一般也同前面所述一样，经历从多维客体世界，经模式空间，特征空间，到分类空间。但其特点表现在：

(1) 数据获取：采样的前端具有人类感觉(反映)的分辨能力，模糊模式主要反应在人脑对客体的特征在概念层的映像，即获取一些概念层次的语言标记。

(2) 特征提取：按照领域专家观察的焦点及其信息转化机理，将模式空间的低层信息转换并描述为专家认识中概念层的特征，即目标类属性在其头脑中的客观反映。这样的特征应具有典型性、稳定性和可靠性。

(3) 分类：传统统计分类法有良好定义的明确结构，但因以静态处理而忽略了客体存在的各种不确定性问题，其分类结果可靠性降低，并且事实上仍存在着不确定性；而模糊模式分类从一开始就针对问题论域中客观存在的，用自然语言表达的不确定性进行系统的处理。模拟人类的智能处理特性——重构/联想出来，具有充分的冗余性。

(4) 模糊模式识别常常是基于少量样本训练的结果，与专家经验估计信息相融合而分析确定；而传统模式识别主要基于概率统计论思想，其论域目标模型及识别过程结构，均是由大量重复性的数据统计分析而建立的。

模糊模式识别过程如图 8.1 所示。

这里的学习对于一个模式识别系统是非常重要的，应当充分挖掘和利用尽可能多的已知类别的样本模式和先验信息，由此而构造出类别判别模型，这就是所谓的有监督分类；

而在很多识别问题中没有或难以获得先验知识，即没有训练样本。这样一来只能根据类别未知的输入样本与各模式向量间的“距离”，或相似度来进行分类，即无监督分类。

对于从信息源适当选出的样本集信息，通过选择、变换提取获得特征量的过程是一个模糊化过程。特征信息以模糊集表征的合理的语言标记，与概念层原理相对应；系统运行过程的反馈部分，是针对识别结果无法获得充足的类别决策信息等情况。决策器控制系统重复，以获得更多的决策信息。

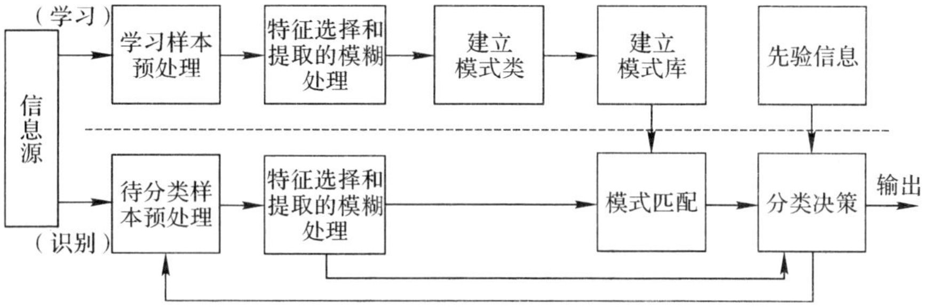

图 8.1 模糊模式识别过程

8.2 模糊模式识别的直接方法

模糊识别的直接方法是将被识别的对象作为元素，判断它属于哪一个模糊子集，其基本方法是最大隶属原则。

当模式是模糊的，被识别对象是明确的时，问题可以描述成：设 $\tilde{A}_1$，$\tilde{A}_2$，…，$\tilde{A}_n$ 是论域 U 中的 n 个模糊子集表示的 n 个模糊模式，u_0 是 U 中的一个元素，若有 $i\in\{1, 2, \cdots, n\}$，使

$$\mu_{\tilde{A}_i}(u_0)=\max_{1\leqslant j\leqslant n}\{\mu_{\tilde{A}_j}(u_0)\}$$

则认为 u_0 相对隶属于模式 $\tilde{A}_i$，并称这种识别方法为最大隶属原则。

例 8.1 将人分为老、中、青三类，他们分别对应于三个模糊集合 A_1、A_2、A_3，其隶属函数分别为

$$\mu_{A_1}(x)=\begin{cases}0, & x\leqslant 50\\ 2\left[(x-50)/20\right]^2, & 50<x\leqslant 60\\ 1-2\left[(x-70)/20\right]^2, & 60<x\leqslant 70\\ 1, & x>70\end{cases}$$

$$\mu_{A_2}(x)=\begin{cases}0, & x\leqslant 20\\ 2\left[(x-20)/20\right]^2, & 20<x\leqslant 30\\ 1-2\left[(x-40)/20\right]^2, & 30<x\leqslant 50\\ 1-2\left[(x-50)/20\right]^2, & 50<x\leqslant 60\\ 2\left[(x-70)/20\right]^2, & 60<x\leqslant 70\\ 0, & x>70\end{cases}$$

$$\mu_{A_3}(x)=\begin{cases}1, & x\leqslant 20\\ 1-2\left[(x-50)/20\right]^2, & 20<x\leqslant 30\\ 2\left[(x-40)/20\right]^2, & 30<x\leqslant 40\\ 0, & x>40\end{cases}$$

(1) 当 $x=45$ 岁时，因为 $\mu_{A_1}(45)=0$，$\mu_{A_2}(45)=1$，$\mu_{A_3}(45)=0$，故有

$$\max\{\mu_{A_1}(45),\ \mu_{A_2}(45),\ \mu_{A_3}(45)\}=\mu_{A_2}(45)$$

即此人应属中年人。

(2) 当 $x=30$ 岁时，因 $\mu_{A_1}(30)=0$，$\mu_{A_2}(30)=0.5$，$\mu_{A_3}(30)=0.5$，故有

$$\max\{\mu_{A_1}(30),\ \mu_{A_2}(30),\ \mu_{A_3}(30)\}=\mu_{A_2}(30)=\mu_{A_3}(30)$$

即对于 30 岁的人，既可以认为是青年人，也可以认为是中年人。

在实际应用中，模式识别还有另一类问题。例如，张三、李四、王五的年龄分别为 30、35、40，即 $u_1=30$、$u_2=35$、$u_3=40$，那么他们三个哪个更属于中年人呢？我们将 u_1、u_2、u_3 分别代入中年人的隶属函数 $\mu_{A_2}(x)$，$\mu_{A_2}(30)=0.5$、$\mu_{A_2}(35)=0.875$、$\mu_{A_2}(40)=1$，可以看出，王五属于中年人的程度最高。

由此我们又总结出另外一个原则。设 $\tilde{A}$ 是论域 U 中的一个模糊模式，u_1、u_2、…、$u_n\in U$ 为 n 个待录取对象，如果 $u_i(i\in\{1, 2, \cdots, n\})$满足条件，使

$$\mu_{\tilde{A}}(u_i)=\max_{1\leqslant i\leqslant n}\{\mu_{\tilde{A}}(u_i)\}$$

则优先录取。

通过前面举例我们可以看出，对于最大隶属原则方法可分为以下三个步骤：

(1) 选取模式的特征因子集合 $U=(U_1, U_2, \cdots, U_n)$，$u_i\in U_i$，$i=1, 2, \cdots, n$。

(2) 建立模糊模式的隶属函数 $\mu_{\tilde{A}}(u)$，$\tilde{A}\in\mathscr{F}\left(\prod_{i=1}^{n}U_i\right)$。

(3) 利用最大隶属原则对被识别对象 $u_0\in\left(\prod_{i=1}^{n}U_i\right)$ 进行归属判决。

特征因子 $U_i(i=1, 2, \cdots, n)$的选取直接影响识别的效果，它取决于识别者的知识和技巧，很难做一般性讨论。而这种识别方法的重点是建立模式的数学结构(隶属函数)，也是最困难的，人们还没有从理论上彻底解决隶属函数的确定问题，通常是根据人的实践经验去建立。

通过下面的例子，我们可以对模糊模式识别的直接方法有更深刻的了解。

例 8.2 三角形的识别。利用机器自动识别图形是个很有意义的课题。譬如，在医学上，可以利用机器自动识别染色体、癌细胞或白血球分类，在气象工作中，利用机器自动识别较复杂的天气图，进行环流分辨等。我们以几何图形中最基本的三角形为例，来说明最大隶属原则在图形识别中的应用。

取特征因子集 $U=\{(A, B, C)\,|\,A+B+C=180°, A\geqslant B\geqslant C\geqslant 0\}$，其中 A、B、C 分别表示三角形的三个内角。

根据三角形的特征，在 U 中规定 5 个具体的三角形：(1) 等腰三角形 $\tilde{I}$；(2) 直角三角形 $\tilde{R}$；(3) 正三角形 $\tilde{E}$；(4) 等腰直角三角形 $\widetilde{IR}$；(5) 非典型三角形 $\tilde{O}$，其各自的隶属函

数为

$$\mu_{\underset{\sim}{I}}(A, B, C)=1-\frac{1}{60}\min(A-B, B-C)$$

这样规定的理由是：当 $A=B$ 或 $B=C$(真正等腰)，有 $\mu_{\underset{\sim}{I}}(A, B, C)=1$；当 $A=120°$，$B=60°$，$C=0°$(最不等腰)时，有 $\mu_{\underset{\sim}{I}}(A, B, C)=0$。

$$M_{\underset{\sim}{R}}(A, B, C)=1-\frac{1}{90}|A-90|$$

容易看出，当 $A=90°$时，$\mu_{\underset{\sim}{R}}(A, B, C)=1$，当 $A=180°$时，$\mu_{\underset{\sim}{R}}(A, B, C)=0$。

$$M_{\underset{\sim}{E}}(A, B, C)=1-\frac{1}{180}\max(A-B, A-C)$$

当 $A=B=C=60°$时，有 $\mu_{\underset{\sim}{E}}(A, B, C)=0$。

因为 $\widetilde{I R}=\widetilde{I}\cap\widetilde{R}$，所以

$$\begin{aligned}\mu_{\widetilde{IR}}(A, B, C)&=\mu_{\underset{\sim}{I}}(A, B, C)\wedge\mu_{\underset{\sim}{R}}(A, B, C)\\&=\min\left[1-\frac{1}{60}\min(A-B, B-C), 1-\frac{1}{90}|A-90|\right]\end{aligned}$$

因为 $\widetilde{O}=\widetilde{I}^C\cap\widetilde{E}^C\cap\widetilde{R}^C$，所以

$$\begin{aligned}\mu_{\underset{\sim}{O}}(A, B, C)&=\mu_{\underset{\sim}{I}}(A, B, C)\wedge\mu_{\underset{\sim}{E}}(A, B, C)\wedge\mu_{\underset{\sim}{R}}(A, B, C)\\&=\min[1-\mu_{\underset{\sim}{I}}(A, B, C), 1-\mu_{\underset{\sim}{E}}(A, B, C), 1-\mu_{\underset{\sim}{R}}(A, B, C)]\\&=\frac{1}{180}\min[3(A-B), 3(B-C), 2|A-90|, \max(A-B, A-C)]\end{aligned}$$

设给定一个具体的三角形$(A_0, B_0, C_0)=(95°, 45°, 40°)$，为判断这个三角形属于哪一类型，先将 A_0、B_0、C_0 分别代入各隶属函数，得出

$$\mu_{\underset{\sim}{I}}(A_0, B_0, C_0)=0.92,\ \mu_{\underset{\sim}{R}}(A_0, B_0, C_0)=0.94,\ \mu_{\underset{\sim}{E}}(A_0, B_0, C_0)=0.69$$

$$\mu_{\underset{\sim}{IR}}(A_0, B_0, C_0)=\mu_{\underset{\sim}{I}}(A_0, B_0, C_0)\wedge\mu_{\underset{\sim}{R}}(A_0, B_0, C_0)=0.92$$

$$\mu_{\underset{\sim}{O}}(A_0, B_0, C_0)=\mu_{\underset{\sim}{I}}(A_0, B_0, C_0)\wedge\mu_{\underset{\sim}{E}}(A_0, B_0, C_0)\wedge\mu_{\underset{\sim}{R}}(A_0, B_0, C_0)=0.06$$

按照最大隶属原则，判它为近似直角三角形。

如果遇到最大隶属函数不唯一，可以规定：$\mu_{\underset{\sim}{I}}=\mu_{\underset{\sim}{E}}$ 为最大，则归入 $\widetilde{E}$ 类；若 $\mu_{\underset{\sim}{I}}=\mu_{\underset{\sim}{R}}$ 为最大，则归入 $\widetilde{IR}$ 类。

8.3 贴近度分类法

在 8.2 节中，待识别的对象 u 是确定的单个元素，即所要识别的对象 u 是清楚的。但在现实生活中，有时待识别的对象并不是确定的单个元素，而是论域 U 上的模糊子集，并且已知模式也是论域 U 上的模糊子集。这时我们所讨论的模糊识别问题，需要采用与前一节介绍的不同的方法，即所谓的模糊模式识别的贴近度分类法，也称为间接分类法。

模糊模式识别的贴近度分类法分为两种情况。

(1) 设U上的模糊子集$\tilde{A}_1$, $\tilde{A}_2$, …, $\tilde{A}_n$代表n个目标模糊模式，另一模糊子集$\tilde{B}$为被识别对象。若有$1\leqslant i\leqslant n$，使得

$$\sigma(\tilde{B},\ \tilde{A}_i)=\max_{1\leqslant j\leqslant n}\sigma(\tilde{B},\ \tilde{A}_j)$$

其中，$\sigma(\tilde{B},\ \tilde{A}_i)$表示贴近度，即$\tilde{B}$与$n$个模糊模式$\tilde{A}_1$, $\tilde{A}_2$, …, $\tilde{A}_n$中的$\tilde{A}_i$最贴近，称$\tilde{B}$相对合于模式$\tilde{A}_i$，这种识别方法称为择近原则。我们通过找出被识别对象样本与那些模糊模式类之间的贴近度，从而判决它属于哪一类。

(2) 不仅目标模式及待识样本是模糊子集，而且在进一步获取的特征空间，目标模式及待识样本的模式中，每一特征都是其特征域$Y_j(1\leqslant j\leqslant m)$上的模糊子集，目标模式$\tilde{A}_i=\{\tilde{A}_{i1},\ \tilde{A}_{i2},\ \cdots,\ \tilde{A}_{im}\}$，待识样本$\tilde{B}=\{\tilde{B}_1,\ \tilde{B}_2,\ \cdots,\ \tilde{B}_m\}$，那么有多因素择近原则：

① 求出各已知模式类同B的贴近度$\sigma(\tilde{B},\ \tilde{A}_i)=\min\limits_{1\leqslant j\leqslant m}\sigma(\tilde{B}_j,\ \tilde{A}_{ij})$。

② 取最大贴近度$\sigma(\tilde{B},\ \tilde{A}_j)=\max\limits_{1\leqslant i\leqslant n}\sigma(\tilde{B},\ \tilde{A}_i)$，$1\leqslant j\leqslant m$。

那么将B归为模式A_j。

通过分析，模糊模式识别的贴近度分类法的步骤为：

(1) 识别对象的特性指标抽取。

(2) 构造模糊模式的隶属函数组。

(3) 构造待识别对象B的隶属函数。

(4) 确定B与每个A_i的贴近度。

(5) 按择近原则识别判断。

例 8.3 设X为6个元素的集合，并设标准模型由以下模糊向量组成：

$$\boldsymbol{A}_1=(1,\ 0.8,\ 0.5,\ 0.4,\ 0,\ 0.1),\boldsymbol{A}_2=(0.5,\ 0.1,\ 0.8,\ 1,\ 0.6,\ 0)$$

$$\boldsymbol{A}_3=(0,\ 1,\ 0.2,\ 0.7,\ 0.5,\ 0.8),\ \boldsymbol{A}_4=(0.4,\ 0,\ 1,\ 0.9,\ 0.6,\ 0.5)$$

$$\boldsymbol{A}_5=(0.8,\ 0.2,\ 0,\ 0.5,\ 1,\ 0.7),\ \boldsymbol{A}_6=(0.5,\ 0.7,\ 0.8,\ 0,\ 0.5,\ 1)$$

现给定一个待识别的模糊向量$\boldsymbol{B}=(0.7,\ 0.2,\ 0.1,\ 0.4,\ 1,\ 0.8)$，请问$\boldsymbol{B}$与哪个标准模型最相似?

贴近度采用以下公式计算，即

$$\sigma(\boldsymbol{A},\ \boldsymbol{B})=\sum_{i=1}^{n}\min(\boldsymbol{A}(x_i),\ \boldsymbol{B}(x_i))/\sum_{i=1}^{n}\max(\boldsymbol{A}(x_i),\ \boldsymbol{B}(x_i))$$

则有

$$\sigma(\boldsymbol{A}_1,\ \boldsymbol{B})=0.3333,\ \sigma(\boldsymbol{A}_2,\ \boldsymbol{B})=0.3778,\ \sigma(\boldsymbol{A}_3,\ \boldsymbol{B})=0.4545,$$

$$\sigma(\boldsymbol{A}_4,\ \boldsymbol{B})=0.4348,\ \sigma(\boldsymbol{A}_5,\ \boldsymbol{B})=0.8824,\ \sigma(\boldsymbol{A}_6,\ \boldsymbol{B})=0.4565$$

其中，$\sigma(\boldsymbol{A}_5,\ \boldsymbol{B})$的值最大，依择近原则得$\boldsymbol{B}$与$\boldsymbol{A}_5$最相似。

例 8.4 小麦亲本识别。以每株小麦x作为讨论对象，全体小麦构成论域U，今有五个优良小麦亲本类型，在U上表现为五个模糊子集。$A_i\in F(U)$，$i=1,\ 2,\ \cdots,\ 5$。它们分别对应于：A_1：早熟型，A_2：矮杆型，A_3：大粒型，A_4：高肥丰产型，A_5：中肥丰产型。

考察每株小麦x经抽取出来的五种性状特征$X=\{x_1,\ x_2,\ x_3,\ x_4,\ x_5\}$。$x_1$：抽穗期，

x_2：株高，x_3：有效穗数，x_4：主穗粒数，x_5：百粒重。其中，每一特征都是该特征域 Y_j(j=1，2，3，4，5)上的模糊子集，即 $A_{ij} \in F(Y_j)$，i=1，2，3，4，5 为亲本数，j=1，2，3，4，5 为性状特征数。待识样本在各特征域 Y_j 上亦表现为模糊子集。

根据统计，各特征模糊子集的隶属函数大多采用中间型正态分布，即

$$\mu_{A_{ij}}(y_j)=\begin{cases} e^{-\left(\frac{y_j-a_{ij}}{\sigma_{ij}}\right)^2}, & y_j<a_{ij} \\ 1, & a_{ij}\leqslant y_j\leqslant b_{ij} \\ e^{-\left(\frac{y_j-b_{ij}}{\sigma_{ij}}\right)^2} & y_j>b_{ij} \end{cases}$$

参数 a_{ij}、b_{ij}、σ_{ij} 由统计法确定，如表 8.1 所示。

表 8.1 参 数 值

亲本 / 性状	早熟			矮杆			大粒			高肥丰产			中肥丰产		
	a_{1j}	b_{1j}	σ_{1j}	a_{2j}	b_{2j}	σ_{2j}	a_{3j}	b_{3j}	σ_{3j}	a_{4j}	b_{4j}	σ_{4j}	a_{5j}	b_{5j}	σ_{5j}
抽穗期	1	6.7	1.1	5.5	9.6	1.0	5.8	11.9	1.2	5.2	11.3	0.9	5.1	8.9	1.2
株高	67.7	87.7	50.1	1	70.0	72.4	67.9	90.9	52.2	67.9	81.2	35.9	76.5	84.5	57.6
有效穗期	9.1	11.2	18.1	8.3	18.2	10.8	9.4	13.2	15.6	9.8	13.2	11.3	7.2	13.2	5.8
主穗粒数	40.2	55.0	92.0	37.5	52.5	80.7	44.2	54.5	121.2	41.2	51.0	113.3	37.6	48.3	93.9
百粒重	3.0	4.4	0.3	2.4	3.1	0.3	4.0	6.0	0.3	3.6	4.2	0.3	3.3	4.0	0.2

个别隶属函数采用偏小型正态分布，即

$$\mu_{A_{ij}}(y_j)=\begin{cases} 1 & y_j\leqslant b_{ij} \\ e^{-\left(\frac{y_j-b_{ij}}{\sigma_{ij}}\right)^2} & y_j>b_{ij} \end{cases}$$

待识样本 B，在第 j 种性状上表现为模糊子集 $B_j \in F(Y_j)$，其隶属函数为

$$\mu_{B_j}(y_j)=\begin{cases} e^{-\left(\frac{y_j-a_j}{\sigma_j}\right)^2} & y_j<a_j \\ 1 & a_j\leqslant y_j\leqslant b_j \\ e^{-\left(\frac{y_j-b_j}{\sigma_j}\right)^2} & y_j>b_j \end{cases}$$

采用格贴近度求出待识别样本同某个品种亲本关于单一性状特征的贴近度如下所示：

	第一特征 (A_{i1}, B_1)	第二特征 (A_{i2}, B_2)	第三特征 (A_{i3}, B_3)	第四特征 (A_{i4}, B_4)	第五特征 (A_{i5}, B_5)
早熟(A_1)	0.25	0.50	0.50	0.12	0.50
矮杆(A_2)	0.50	0.30	0.44	0.49	0.50
大粒(A_3)	0.50	0.50	0.39	0.45	0.49
高肥(A_4)	0.50	0.38	0.32	0.42	0.52
中肥(A_5)	0.50	0.49	0.48	0.49	0.50

其中，i=1，2，3，4，5。

再根据多因素(特征)择近原则有

(1) 求出各 A_i 与 B 的贴近度，$i=1, 2, 3, 4, 5$。

$$(A_1, B)=\bigwedge_{j=1}^{5}(A_{1j}, B_j)=0.12, (A_2, B)=\bigwedge_{j=1}^{5}(A_{2j}, B_j)=0.30,$$

$$(A_3, B)=\bigwedge_{j=1}^{5}(A_{3j}, B_j)=0.39, (A_4, B)=\bigwedge_{j=1}^{5}(A_{4j}, B_j)=0.32,$$

$$(A_5, B)=\bigwedge_{j=1}^{5}(A_{5j}, B_j)=0.48$$

(2) 再按最大贴近度判决，有

$$\bigvee_{i=1}^{5}(A_i, B)=0.48=(A_5, B)$$

得识别结论：此小麦品种应属于“中肥丰产型”。

8.4 模糊积分分类法

从数学角度讲，积分是一种泛函，这种泛函依赖于测度。当测度具有可加性时，相应的积分一般具有线性可加性，即一列函数的线性组合的积分等于积分的线性组合，这样的积分通常称为线性积分(泛函)。当测度不具有可加性时，相应的积分一般不具有线性可加性，通常称之为非线性积分(模糊积分)。

模糊积分是一种基于特征层次并结合主观经验的非线性分类器。其中，主观性包含在模糊测度中，模糊积分是一种非线性单调函数。

8.4.1 模糊积分定义及性质

所谓积分，无论是黎曼积分还是勒贝格积分都不外乎是被积函数和测度函数的一种内积，不同的只是以不同的测度为基础。因此研究模糊积分要从研究模糊测度开始。

定义 8.1(模糊测度) 令 X 为一非空集，β 是 X 的 σ 代数，模糊测度是定义在 β 上的一实值集函数 g，g 满足如下性质：

(1) $g(\varnothing)=0$, $g(X)=1$；(有界非负性)。

(2) 若 A, $B\in\beta$, 且 $A\subseteq B$, 则 $g(A)\leqslant g(B)$；(单调性)。

(3) 若 $\{A_n\}\in\beta$, 有 $A_1\subseteq A_2\subseteq\cdots$ 为单调列；(连续性)。

则

$$g\left(\bigcup_{i=1}^{\infty}A_i\right)=\lim_{i\to\infty}g(A_i)$$

模糊测度有多种解释，M. Sugeno 对模糊测度做了这样的解释：设有某个元素 $x\in X$，我们猜想 x 可能属于 $\mathscr{A}$ 的某个元素 A(即 $A\in\mathscr{A}$，且 $x\in A$)。这种猜想是不确定的，是模糊的，g 就是这种不确定性(模糊性)的一个度量。

因此，若 $A=\varnothing$，可以肯定 $x\notin A$，从而 $g(\varnothing)=0$；若 $A=X$，则必有 $x\in X$，从而 $g(X)=1$；若 $A\subseteq B$，$x\in A$ 的可能性自然比 $x\in B$ 的可能性小，$g(A)\leqslant g(B)$。综上所述，模糊测度 $g(A)$ 可看成是 $x\in X$ 的程度。

一个确定的点对于一个模糊集合的隶属程度，是经典集合论中点对集合属于关系的一种推广。模糊测度是普通属于关系的另一种推广，即一个尚未确定的点(信息不充分条件下)对于经典集合的属于关系。可能性测度在实际问题中是最常见的模糊测度，如海底矿藏测量。用 $g(A)$表示在区域 A 中储藏某矿的最大可能度，x 为测量点，$h(x)$表示根据测量点 x 得出的储藏某矿的估计值(取值范围为[0，1])，那么 $g(A)=\sup_{x\in A} h(x)$，且不难验证 g 符合模糊测度条件。

定理 8.1　设 g 是可测空间$(X, \mathscr{A})$上的模糊测度，$\forall A, B\in\mathscr{A}$，则有

(1) $g(A\cup B)\geqslant g(A)\vee g(B)$。

(2) $g(A\cap B)\leqslant g(A)\wedge g(B)$。

为了研究模糊测度的结构和模糊积分的计算，日本著名学者 M. Sugeno 于 1974 年提出 g_λ 测度的概念，其核心思想是将概率测度的可加性放宽。

定义 8.2　(λ 模糊测度)令 g_λ 是一种模糊测度，并满足如下性质：若 $A\cap B=\varnothing$，则有

$$g_\lambda(A\cup B)=g_\lambda(A)+g_\lambda(B)+\lambda g_\lambda(A)g_\lambda(B)\qquad(\lambda>-1)$$

称 g_λ 为 Sugeno 测度，亦称为 λ 模糊测度。

易证：Sugeno 测度是模糊测度，而当 $\lambda=0$ 时 Sugeno 测度就是概率测度。

假设 X 是一有限集，$X=\{x_1, x_2, \cdots, x_n\}$，并令 $g^i=g_\lambda(\{x_i\})$。则称集合 $\{g^1, \cdots, g^n\}$为 g_λ 的模糊密度函数。这样，X 的任意子集 A 的 g_λ 测度值，可以通过模糊密度函数求得。即

$$g_\lambda(A)=\frac{\left[\prod_{x_i e A}(1+\lambda g^i)-1\right]}{\lambda}\tag{8.1}$$

又 $X=\bigcup_{i=1}^{n}\{x_i\}$，$g(x)=1$，故 λ 可由下面的方程确定

$$1=\frac{\left[\prod_{i=1}^{n}(1+\lambda g^i)-1\right]}{\lambda}\tag{8.2}$$

引入模糊积分的概念之前，先看一个例子。

例 8.5　在对一个中学的评估中，令 x_1表示学习成绩，x_2表示思想教育，x_3表示体育水平，x_4表示校园环境。用下述办法对此中学进行评估：

取 $X=\{x_1, x_2, x_3, x_4\}$为因素集，设评价人对各种因素的满意度为 $h=(0.9, 0.7, 0.5, 0.3)$。

注意 h 有下面的性质：

(1) $h(x_1)\geqslant h(x_2)\geqslant h(x_3)\geqslant h(x_4)$。

(2) $h_{0.9}=\{x_1\}$，$h_{0.7}=\{x_1, x_2\}$，$h_{0.5}=\{x_1, x_2, x_3\}$，$h_{0.3}=\{x_1, x_2, x_3, x_4\}=X$。

取单调集列 $A_i=\{x_1, \cdots, x_i\}$，$i=1, 2, 3, 4$。设评价人对 A_i的重视度(权重)为 g，并给定

$$g(A_1)=0.6,\ g(A_2)=0.8,\ g(A_3)=0.9,\ g(A_4)=1$$

则综合评价为

$$\mu=\bigvee_{i=1}^{4}(h(x_i)\wedge g(A_i))=(0.9\wedge 0.6)\vee(0.7\wedge 0.8)\vee(0.5\wedge 0.9)\vee(0.3\wedge 1)=0.7$$

μ 值的实际意义可理解为人们对客体各因素的满意度和重视度之间的相容性程度。μ 值越大，表明客体的特征同人们对它的要求越接近。

积分是被积函数和测度函数的一种内积，上述 μ 值的计算式也是一种内积，它是模糊

集的隶属函数 h 与模糊测度函数 g 的一种广义内积。

定义 8.3(模糊积分) 设 h: $X\to[0, 1]$，h 在 X 上关于 g_λ 的模糊积分为

$$\int_X h(x)\circ g_\lambda = \sup_{\alpha\in[0, 1]}(\alpha \wedge g_\lambda(F_\alpha)) \tag{8.3}$$

式中，$F_\alpha=\{x\in X|\ h(x)\geqslant\alpha\}$。

若 X 为一有限集，$X=\{x_1, x_2, \cdots, x_n\}$，且使得 $h(x_1)\geqslant h(x_2)\geqslant\cdots\geqslant h(x_n)$，则式(8.3)可记为

$$\int_X h(x)\circ g_\lambda = \bigvee_{i=1}^{n}[h(x_i)\wedge g_\lambda(x_i)] \tag{8.4}$$

式中，$X_i=\{x_1, x_2, \cdots, x_i\}$。

模糊积分有如下性质：

(1) $0\leqslant\int_A h(x)\circ g(\cdot)\leqslant 1$。

(2) $\forall x\in X$，若 $h_1(x)\leqslant h_2(x)$，则$\int_A h_1(x)\circ g(\cdot)\leqslant\int_A h_2(x)\circ g(\cdot)$。

(3) 若 $A\subseteq B$，则$\int_A h(x)\circ g(\cdot)\leqslant\int_B h(x)\circ g(\cdot)$。

(4) 若 $g(A)=0$，则$\int_A h(x)\circ g(\cdot)=0$。

(5) $\int_A c\circ g(\cdot)=c\wedge g(A)$，$0\leqslant c\leqslant 1$。

(6) $\int_A (h_1\vee h_2)(x)\circ g(\cdot)\geqslant\int_A h_1(x)\circ g(\cdot)\vee\int_A h_2(x)\circ g(\cdot)$。

(7) $\int_A (h_1\wedge h_2)(x)\circ g(\cdot)\leqslant\int_A h_1(x)\circ g(\cdot)\vee\int_A h_2(x)\circ g(\cdot)$。

8.4.2 模糊积分分类

对于一个待识别对象(样本)X，它由 n 个特征来刻画，即模式为：$X=\{x_1, x_2, \cdots, x_n\}$，其中每一特征为一确定值，对任一模式类 P_j，令 $h_j=\mu_j$，有 μ_j：$\to[0, 1]$。则表示从单个特征值的角度来衡量 X 在 P_j 类中的隶属度，它表征一种客观的评价。同样对于模式 P_j 类，有主观测度 $g_{\lambda j}(x_i)$，其中

$$g_{\lambda j}(X_i)=g_{\lambda j}(\{x_1, x_2, \cdots, x_n\}) \tag{8.5}$$

表示特征集$\{x_1, x_2, \cdots, x_n\}$在识别 X 属于 P_j 类时的支持力度(贡献程度，重要程度)。于是待识别(客体)目标 X 属于 P_j 类的程度的非线性估计，用以下模糊积分表示

$$e_j=\bigvee_{i=1}^{n}[\mu_j(x_i)\wedge g_{\lambda j}(X_i)] \tag{8.6}$$

式中，λ 运用式(8.2)求出，模糊测度 $g_{\lambda j}$ 可以通过模糊密度函数经递推公式获得

$$g_\lambda(X_1)=g_\lambda(\{x_1\})=g^1 \tag{8.7}$$

$$g_\lambda(X_i)=g^i+g_\lambda(X_{i-1})+\lambda g^i g_\lambda(X_{i-1}) \qquad 1\leqslant i\leqslant n \tag{8.8}$$

式中，第 i 个模糊密度函数 g^i 可以看成是 $x_i(i=1, 2, \cdots, n)$的重要程度。在实际模式识别问题中，模糊密度的主观确定有多种途径。例如，由领域专家经验获取，参照样本特征的模糊划分图确定。一般地，特征域上不同类目标的模糊划分重叠少，特征就越典型，相应的模

糊密度就越大；反之亦然。其他还有诸如学习法等。

另一种情况是，用来刻画待识别样本 X 的模式特征 x_i 本身也是一个模糊数，如果用 $\mu_{x_i}(y)\in\mathscr{F}(Y)$ 来描述，则可设模式 P_j 类在特征 Y 上的隶属函数为 $\mu_j(y)$。于是，这一模糊特征 x_i 属于目标类 P_j 的可能性程度为

$$\mu_j(x_i)=\vee[\mu_j(y)\wedge g_{x_i}(y)] \tag{8.9}$$

实际上模糊积分法在运用时是一个匹配过程。它不一定非得对每一类目标进行完全的模糊积分运算。对于一些样本 X 对 P_j 类表现出明显弱特征的情况下，例如，$\mu_j(x_i)$ 均偏小(小于某一个阈值 τ)，可免去样本 X 与该 P_j 类的匹配。

此外，与各模式类的匹配结果最后还要进行选择，通常按最大原则来选定样本 X 属于哪一模式类，有

$$\mu'=\max(\mu_1,\ \mu_2,\ \cdots,\ \mu_j,\ \cdots,\ \mu_m) \tag{8.11}$$

式中，m 为已知类目标个数。如果出现有两个以上模式类匹配结果相当的情形，则采用冲突消解策略，利用其他特征信息做进一步的分析等。

8.5 模糊关系聚类方法

聚类分析原是数理统计多元分析的一个分支，是统计模式识别的一种重要方法，它根据事物的特性并按照预定的标准对事物进行分类。其基本原理是在无先验知识的情况下，按照“物以类聚”原则，分析各模式向量之间的距离及分散情况，以样本的距离远近划分类别，属于无监督分类范畴。

在对模式信息进行处理与识别过程中，模式信息中出现模糊信息时，可采用模糊聚类方法。这是利用模糊等价关系将给定的对象分为一些等价类，以确定样本亲疏程度的分类方法。

8.5.1 特征数据正规化

设 $U=\{u_1,\ u_2,\ \cdots,\ u_n\}$ 为被分类对象(样本)全体构成的模式空间。要考虑的因素(物理、化学、社会、生态等方面的属性)有 m(维)个，构成特征空间，则每一个对象(样本)有一组(m 个)数据来刻画其特征，即

$$u_i:\ \{u'_{i1},\ u'_{i2},\ \cdots,\ u'_{im}\}\qquad i=1,\ 2,\ \cdots,\ n$$

通常在进行下一步处理之前，还要将数据正规化，即取出各样本关于某因素(第 k 个特征)的数据：

$$u'_{1k},\ u'_{2k},\ \cdots,\ u'_{nk}\qquad k=1,\ 2,\ \cdots,\ m$$

方法一：

(1) 求平均值，即

$$\overline{u'_k}=\frac{1}{n}\sum_{i=1}^{n}u'_{ik}\qquad k=1,\ 2,\ \cdots,\ m$$

(2) 求标准差，即

$$S_k=\sqrt{\frac{1}{n}\sum_{i=1}^{n}(u'_{ik}-\overline{u'_k})^2}\qquad k=1,\ 2,\ \cdots,\ m$$

(3) 求标准比值，即

$$u_{ik}=\frac{u'_{ik}-\overline{u}'_{k}}{S_{k}} \qquad k=1, 2, \cdots, m$$

方法二：

$$u_{ik}=\frac{u'_{ik}-u'_{k\min}}{u'_{k\max}-u'_{k\min}} \qquad i=1, 2, \cdots, n; k=1, 2, \cdots, m$$

其中，$u'_{k\max}$和$u'_{k\min}$分别为u'_{1k}，u'_{2k}，…，u'_{nk}中的最大值和最小值。这样便得各对象的一组标准化特征数据，有

$$u_i: \{u^{i1}, u^{i2}, \cdots, u^{im}\} \qquad i=1, 2, \cdots, n$$

8.5.2 标定相似系数

这是借用普通聚类分析中确定相似系数的方法，来建立反映对象间相似关系的模糊相似矩阵，即

$$\boldsymbol{R}=(r_{ij})_{n\times n}=\begin{bmatrix} r_{11} & r_{12} & \cdots & r_{1n} \\ r_{21} & r_{22} & \cdots & r_{2n} \\ \vdots & \vdots & & \vdots \\ r_{n1} & r_{n2} & \cdots & r_{nn} \end{bmatrix}$$

其中，r_{ij}为对象u_i与u_j之间的相似系数，常见确定方法有以下几种。

(1) 最大最小法，即

$$r_{ij}=\frac{\sum_{k=1}^{m}(u_{ik}\wedge u_{jk})}{\sum_{k=1}^{m}(u_{ik}\vee u_{jk})}$$

(2) 算数平均最小法，即

$$r_{ij}=\frac{2\sum_{k=1}^{m}(u_{ik}\wedge u_{jk})}{\sum_{k=1}^{m}(u_{ik}+u_{jk})}$$

(3) 几何平均最小法，即

$$r_{ij}=\frac{\sum_{k=1}^{m}(u_{ik}\wedge u_{jk})}{\sum_{k=1}^{m}\sqrt{u_{ik}u_{jk}}}$$

(4) 指数相关系数法，即

$$r_{ij}=\frac{1}{m}\sum_{k=1}^{m}e^{\frac{3(u_{ik}-u_{jk})^2}{4S_k^2}}$$

其中，S_k为适当选择的正数，可为

$$S_k=\sqrt{\frac{1}{n}\sum_{i=1}^{n}(u_{ik}-\overline{u}_k)^2}, \quad \overline{u}_k=\frac{1}{n}\sum_{i=1}^{n}u_{ik}$$

(5) 相关系数法，即

$$r_{ij} = \frac{\sum_{k=1}^{m} |u_{ik} - \bar{u}_i| \, |u_{jk} - \bar{u}_j|}{\sqrt{\sum_{k=1}^{m} (u_{ik} - \bar{u}_i)^2} \sqrt{\sum_{k=1}^{m} (u_{jk} - \bar{u}_j)^2}}$$

其中

$$\bar{u}_i = \frac{1}{m} \sum_{k=1}^{m} u_{ik}, \quad \bar{u}_j = \frac{1}{m} \sum_{k=1}^{m} u_{jk}$$

(6) 夹角余弦法，即

$$r_{ij} = \frac{\sum_{k=1}^{m} u_{ik} u_{jk}}{\sqrt{\sum_{k=1}^{m} u_{ik}{}^2} \sqrt{\sum_{k=1}^{m} u_{jk}{}^2}}$$

(7) 模糊度法。总可以做到使分类样本的所有特征数据 u_{ik}，$u_{jk} \in [0, 1](k=1, 2, \cdots, m)$，则 u_i，u_j 可看成是模糊向量 $u_i = \{u_{i1}, u_{i2}, \cdots, u_{im}\}$，$u_j = \{u_{j1}, u_{j2}, \cdots, u_{jm}\}$，于是可将模糊集间的距离，贴近度作为相似程度。

① 距离法，即

$$r_{ij} = 1 - c\,(d(u_i, u_j))^{\alpha}$$

其中，c 和 α 是适当选择的常数，使 $0 \leqslant r_{ij} \leqslant 1$，$d(u_i, u_j)$为各种距离，有

A. 闵科夫斯基距离，即

$$d(u_i, u_j)(P) = \left(\sum_{k=1}^{m} |u_{ik} - u_{jk}|^{p} \right)^{1/p}$$

当 $p=1$ 时，有海明距离为

$$d(u_i, u_j)(1) = \sum_{k=1}^{m} |u_{ik} - u_{jk}|$$

需要注意的是，若将上面 α 取为 1，则与后面的绝对值数一致。

当 $p=2$ 时，有欧几里得(欧氏)距离为

$$d(u_i, u_j)(2) = \sqrt{\sum_{k=1}^{m} (u_{ik} - u_{jk})^2}$$

B. 兰氏距离，即

$$d(u_i, u_j) = \sum_{k=1}^{m} \frac{|u_{ik} - u_{jk}|}{|u_{ik} + u_{jk}|}$$

C. 切比雪夫距离，即

$$d(u_i, u_j) = \bigvee_{k=1}^{m} |u_{ik} - u_{jk}|$$

② 贴近度法。

格贴近度为

$$r_{ij} = \begin{cases} 1, & i=j \\ (u_i, u_j) = \left(\bigvee_{k=1}^{m} (u_{ik} \wedge u_{jk}) \right) \wedge \left(1 - \bigwedge_{k=1}^{m} (u_{ik} \vee u_{jk}) \right), & i \neq j \end{cases}$$

(8) 数量积法，即

$$r_{ij}=\begin{cases}1, & i=j\\ \dfrac{1}{m}\sum\limits_{k=1}^{m}u_{ik}u_{jk}, & i\neq j\end{cases}$$

其中，M 为适当选择的正数，满足

$$M\geqslant \max_{i\neq j}\left(\sum_{k=1}^{m}u_{ik}u_{jk}\right)$$

这样的$|r_{ij}|\in[0, 1]$，不过若出现负值，则需将全体 r_{ij} 做调整，方法有

① $r'_{ij}=\dfrac{r_{ij}+1}{2}$，则 $r'_{ij}\in[0, 1]$。

② $r'_{ij}=\dfrac{r_{ij}-m}{M-m}(i\neq j)$，则 $r'_{ij}\in[0, 1]$。

其中，$m=\min\limits_{i\neq j}r_{ij}$，$M=\max\limits_{i\neq j}r_{ij}$。

(9) 非参数法。令 $u'_{ik}=u_{ik}-\bar{u}_i$，$u'_{jk}=u_{jk}-\bar{u}_j$。记 n^+，n^- 各为$\{u'_{i1}, u'_{j1}, u'_{i2}, u'_{j2}, \cdots, u'_{im}, u'_{jm}\}$中正数个数和负数个数，则

$$r_{ij}=\frac{n^+}{n^++n^-}\quad 或\quad r_{ij}=\frac{|n^+-n^-|}{n^++n^-}$$

(10) 绝对值指数法，即

$$r_{ij}=e^{-\sum\limits_{k=1}^{m}|u_{ik}-u_{jk}|}$$

(11) 绝对值倒数法，即

$$r_{ij}=\begin{cases}1, & i=j\\ \dfrac{M}{\sum\limits_{k=1}^{m}|u_{ik}-u_{jk}|}, & i\neq j\end{cases}$$

其中，M 为适当选取的正数，使 r_{ij} 在[0, 1]中并分散开，一般有

$$M\leqslant \min\left(\sum_{k=1}^{m}|u_{ik}-u_{jk}|\right)$$

(12) 绝对值减数法，即

$$r_{ij}=\begin{cases}1, & i=j\\ 1-M\sum\limits_{k=1}^{m}|u_{ik}-u_{jk}|, & i\neq j\end{cases}$$

其中，M 适当选取，使 r_{ij} 在[0, 1]中并分散开。

(13) 主观评定法。请有实际经验者或者专家直接对 u_i 和 u_j 之间的相似程度评分，作为 $r_{ij}\in[0, 1]$。

在实际应用中，要根据问题的特点来选择比较好的方法，可以多选几种方法来比较。

8.5.3 聚类方法

在普通集合中，设 $\boldsymbol{R}$ 是 U 上的等价关系，对任意 $u\in U$，在 U 中一切与 u 有等价关系 $\boldsymbol{R}$ 的元素组成的集合，称为由 u 生产关于 $\boldsymbol{R}$ 的等价类，亦 u 的等价类。

设有等价类 S_i($i\in k$,k 或为有限或为无限)均是 U 中的非空子集,若

$$\bigcup_{i\in K} S_i=U \quad 且 \quad S_i\cap S_j=\varnothing \quad (i\neq j)$$

则称集合 $\{S_i\}_{i\in K}$ 为论域 U 的一个分划,每个集合 S_i($i\in k$)称为这个分划的一个类。

由于建立在论域 U 上的模糊等价关系 $\boldsymbol{R}$ 的每一个 λ 截关系 $\boldsymbol{R}_\lambda$ 都是一个普通的等价关系,因此可得一个论域 U 上的分划。

设有 $0\leqslant\lambda<\beta\leqslant1$,则由 $\boldsymbol{R}_\beta$ 所分出的每类,必为 $\boldsymbol{R}_\lambda$ 所分出的某一类的子类,我们说 $\boldsymbol{R}_\beta$ 的分法较 $\boldsymbol{R}_\lambda$ 的分法细。

分类方法:在 λ 水平上,u_i 和 u_j 为同类 $\Leftrightarrow r_{ij}^{(\lambda)}=1$。

例 8.6 设被分类对象集 $U=\{u_1, u_2, u_3, u_4, u_5\}$,通过大量工作后得等价矩阵 $\boldsymbol{R}\in F(U\times U)$,即

$$\begin{array}{c} \\ \boldsymbol{R}= \end{array}\begin{array}{c} \begin{array}{ccccc} u_1 & u_2 & u_3 & u_4 & u_5 \end{array} \\ \begin{bmatrix} 1 & 0.4 & 0.8 & 0.5 & 0.5 \\ 0.4 & 1 & 0.4 & 0.4 & 0.4 \\ 0.8 & 0.4 & 1 & 0.5 & 0.5 \\ 0.5 & 0.4 & 0.5 & 1 & 0.6 \\ 0.5 & 0.4 & 0.5 & 0.6 & 1 \end{bmatrix} \end{array}\begin{array}{c} \\ u_1 \\ u_2 \\ u_3 \\ u_4 \\ u_5 \end{array}$$

逐次取 $\lambda=1, 0.8, 0.6, 0.5, 0.4$,有

$$\boldsymbol{R}_1=\begin{bmatrix} 1 & 0 & 0 & 0 & 0 \\ 0 & 1 & 0 & 0 & 0 \\ 0 & 0 & 1 & 0 & 0 \\ 0 & 0 & 0 & 1 & 0 \\ 0 & 0 & 0 & 0 & 1 \end{bmatrix},\text{得分类}\{u_1\},\{u_2\},\{u_3\},\{u_4\},\{u_5\}$$

$$\boldsymbol{R}_{0.8}=\begin{bmatrix} 1 & 0 & 1 & 0 & 0 \\ 0 & 1 & 0 & 0 & 0 \\ 1 & 0 & 1 & 0 & 0 \\ 0 & 0 & 0 & 1 & 0 \\ 0 & 0 & 0 & 0 & 1 \end{bmatrix},\text{得分类}\{u_1, u_3\},\{u_2\},\{u_4\},\{u_5\}$$

$$\boldsymbol{R}_{0.6}=\begin{bmatrix} 1 & 0 & 1 & 0 & 0 \\ 0 & 1 & 0 & 0 & 0 \\ 1 & 0 & 1 & 0 & 0 \\ 0 & 0 & 0 & 1 & 1 \\ 0 & 0 & 0 & 1 & 1 \end{bmatrix},\text{得分类}\{u_1, u_3\},\{u_2\},\{u_4, u_5\}$$

$$\boldsymbol{R}_{0.5}=\begin{bmatrix} 1 & 0 & 1 & 1 & 1 \\ 0 & 1 & 0 & 0 & 0 \\ 1 & 0 & 1 & 1 & 1 \\ 1 & 0 & 1 & 1 & 1 \\ 1 & 0 & 1 & 1 & 1 \end{bmatrix},\text{得分类}\{u_1, u_3, u_4, u_5\},\{u_2\}$$

$$R_{0.4}=\begin{bmatrix}1&1&1&1&1\\1&1&1&1&1\\1&1&1&1&1\\1&1&1&1&1\\1&1&1&1&1\end{bmatrix}，得分类\{u_1，u_2，u_3，u_4，u_5\}$$

在实际模式识别中经过特征选择和特征抽取后，往往得到的是模糊相似矩阵，基于模糊相似矩阵的分类可采用三种方法。

1. 传递闭包法

我们知道模糊相似矩阵 $\boldsymbol{R}$ 的传递闭包 $t(\boldsymbol{R})$ 是一个包含 $\boldsymbol{R}$ 的最小模糊等价矩阵。故只需求出 $t(\boldsymbol{R})$，再按模糊等价矩阵聚类。

例 8.7 设有某市市郊环境单元样本集合 $U=\{u_1，u_2，u_3，u_4，u_5\}$，如果要考察这 5 个环境单元受污染物的情况，并考虑将它们分类。通过对这一模式空间大量信息的选择提取，重点考察污染物在空气、水分、土壤、作物这些特征因素中的含量情况。污染的测量数据如表 8.2 所示。

表 8.2 测 量 数 据

	空气(u_{i1})	水分(u_{i2})	土壤(u_{i3})	作物(u_{i4})
u_1	5	5	3	2
u_2	2	3	4	5
u_3	5	5	2	3
u_4	1	5	3	1
u_5	2	4	5	1

其中，$i=1，2，3，4，5$。

按绝对值减数法标定，取 $M=0.1$，则

$$r_{ij}=1-0.1\sum_{k=1}^{4}|u_{ik}-u_{jk}|$$

得模糊相似矩阵

$$\boldsymbol{R}=\begin{bmatrix}1&0.1&0.8&0.5&0.3\\0.1&1&0.1&0.2&0.4\\0.8&0.1&1&0.3&0.1\\0.5&0.2&0.3&1&0.6\\0.3&0.4&0.1&0.6&1\end{bmatrix}$$

用平方法找到传递闭包 $t(\boldsymbol{R})=\boldsymbol{R}^4$，即

$$t(\boldsymbol{R})=\begin{bmatrix}1&0.4&0.8&0.5&0.5\\0.4&1&0.4&0.4&0.4\\0.8&0.4&1&0.5&0.5\\0.5&0.4&0.5&1&0.6\\0.5&0.4&0.5&0.6&1\end{bmatrix}$$

然后借用例 8.6 的分类结果，在不同程度下将这 5 个环境单元样本进行分类：

(1) 当 $0\leqslant\lambda<0.4$ 时，有 $\{u_1, u_2, u_3, u_4, u_5\}$。

(2) 当 $0.4<\lambda\leqslant0.5$ 时，有 $\{u_1, u_3, u_4, u_5\}$，$\{u_2\}$。

(3) 当 $0.5<\lambda\leqslant0.6$ 时，有 $\{u_1, u_3\}$，$\{u_4, u_5\}$，$\{u_2\}$。

(4) 当 $0.6<\lambda\leqslant0.8$ 时，有 $\{u_1, u_3\}$，$\{u_2\}$，$\{u_4\}$，$\{u_5\}$。

(5) 当 $0.8<\lambda\leqslant1$ 时，有 $\{u_1\}$，$\{u_2\}$，$\{u_3\}$，$\{u_4\}$，$\{u_5\}$。

2. 编网法

设 $\boldsymbol{R}\in M_{n\times n}$ 是一相似矩阵，$\lambda\in[0, 1]$，在水平上的分类过程为：取矩阵 $\boldsymbol{R}_\lambda$，将对角线填入相应样本符号，在对角线下方以"$*$"取代 1，以空格取代 0，将"$*$"所在的位置称为结点，从结点出发向对角线引竖线和横线扎起来。如此通过打结而能相互连接的样本元素属于同类。

例 8.8 将例 8.7 中所得相似矩阵用编网法分类，则有

$$\boldsymbol{R}_{0.6}=\begin{bmatrix} u_1 & & & & \\ \vdots & u_2 & & & \\ * & \cdots & u_3 & & \\ & & & u_4 & \\ & & & * & u_5 \end{bmatrix}$$

得分类 $\{u_1, u_3\}$，$\{u_2\}$，$\{u_4, u_5\}$。

同理，可采用 $\lambda=0.4, 0.5, 1$ 时的分类，其结果均与例 8.7 相同。

3. 最大(生成)树法

设 $\boldsymbol{R}\in M_{n\times n}$，$\boldsymbol{R}=(r_{ij})_{n\times n}$ 是一相似矩阵，用最大生成树法分类步骤如下：

(1) 将 $r_{ij}(i, j=1, 2, \cdots, n)$ 从大到小排序，即

$$\alpha_1>\alpha_2>\cdots>\alpha_l>\cdots>\alpha_k$$

其中，α_l 为某个 r_{ij}；$l=1, 2, \cdots, k$。

(2) 将相关程度为 α_l 的样本用线连接，并在线上标出 α_l 值(注意不要出现相交线，也没有必要形成封闭曲线)；再逐个对 α_2，α_3，…，重复上述连接工作，若在进行中前面已将某两样本连接，则不必再连。直至所有样本被连通，连接工作便停止。

可证，这样将所有样本连通后所得图形是一棵模糊最大(生成)树。

(3) 取定 λ，截断 $\alpha_l(i=1, 2, \cdots, k)$ 值低于 λ 的连线，结果互相仍连接的对象在 λ 水平上就归为一类。

例 8.9 以例 8.7 中所得相似矩阵 $\boldsymbol{R}$ 为例，排序：$1>0.8>0.6>0.5>0.4>0.3>0.2>0.1$，连接如图 8.2 所示。

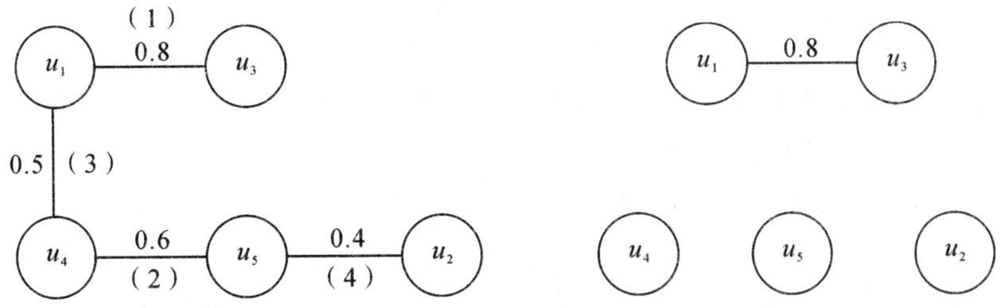

(a) 最大生成树法　　(b) $\lambda=0.8$ 分类

图 8.2 最大生成树法

(1) 先找出关系为 0.8 的对象 u_1 和 u_3 连接，注上 0.8。

(2) 再找出关系为 0.6 的对象 u_4 和 u_5 连接，连线标注 0.6。

(3) 找关系为 0.5 的对象 u_1 和 u_4 连接，注上 0.5，至此 u_1，u_3，u_4，u_5 连通。

(4)由 0.4 将 u_2 和 u_5 连接，这样所有样本连通，后面就不再连接了。

分类：若取 $\lambda=0.8$，断开 0.6，0.5，0.4，连线，可得到如图 8.2(b)所示的分类，写出分类为

$$\{u_1, u_3\}, \{u_2\}, \{u_4\}, \{u_5\}$$

其结果与前面两种方法相同，另外几个 λ 值的分类如法炮制。

8.6 模糊 ISODATA 动态聚类方法

8.6.1 普通动态聚类方法

动态聚类法的特点在于两个方面：一是所要求的类别数 c，即把已知的 N 个模式集合划分成 c 类，这里 $c \ll N$ 可以变动，划分方法通常对模式矩阵或模式向量进行运算并产生一个单一划分；二是动态聚类法允许模式样本从一个聚合类移到另一个聚合类，使初始的不准确的划分逐步得到改进，大多数划分方法得到的是一些准则函数取极值的划分。

动态聚类法采用一些启发式方法，争取以最优的划分(常常只能给出局部最优的划分)，减少计算量(如将 19 个模式归入 3 个聚合类有 1.93×10^8 种不同的划分)。在动态聚类划分中最常用的是均方差准则。动态聚类法操作主要包括下面几个步骤：

(1) 初始化聚类中心或建立第一次划分。

(2) 修改聚合类成员，重新分配模式至聚合类内。

(3) 删除和合并聚合类并认定远离点。

(4) 当误差小于一门限或迭代的数目超出预先设置的数时停止。

ISODATA(Iterative Self-Organizing Data Analysis Techniques Algorithm)是一种自适应算法。它不仅能调整样本所属类别完成聚类分析，而且还能自动地进行类的“合并”和“分裂”，从而得到类别数更加合理的各个聚类。该算法具有人机交互和启发式的特点。

ISODATA 算法的基本程序如下：

(1) 选择某些初始值(预选 N_c 个初始聚类中心 $\{z_1, z_2, \cdots, z_{N_c}\}$ 及初始聚类中心数 C)——可选不同指标，也可在迭代运算过程中人为修改，以将 $N(x_i, i=1, 2, \cdots, N)$ 个模式样本按指标分配到各个聚类中心。

(2) 计算各类中诸样本的距离函数等指标。

(3) 按给定的要求，将前一次所获得的聚类进行分裂和合并处理，以获得新的聚类中心。

(4) 再次迭代运算，重新计算各项指标，判别聚类结果是否符合要求，经过多次迭代运算以后，结果收敛则运算结束。

将上述过程示于图 8.3 中，有：

(1) 基本参数。

① 初始化：输入 N 个样本 $\{x_1, x_2, \cdots, x_n\}$。

② (任意)预选：N_c 个聚类中心 $\{z_1, z_2, \cdots, z_{N_c}\}$，$C$ 个预期聚类中心。

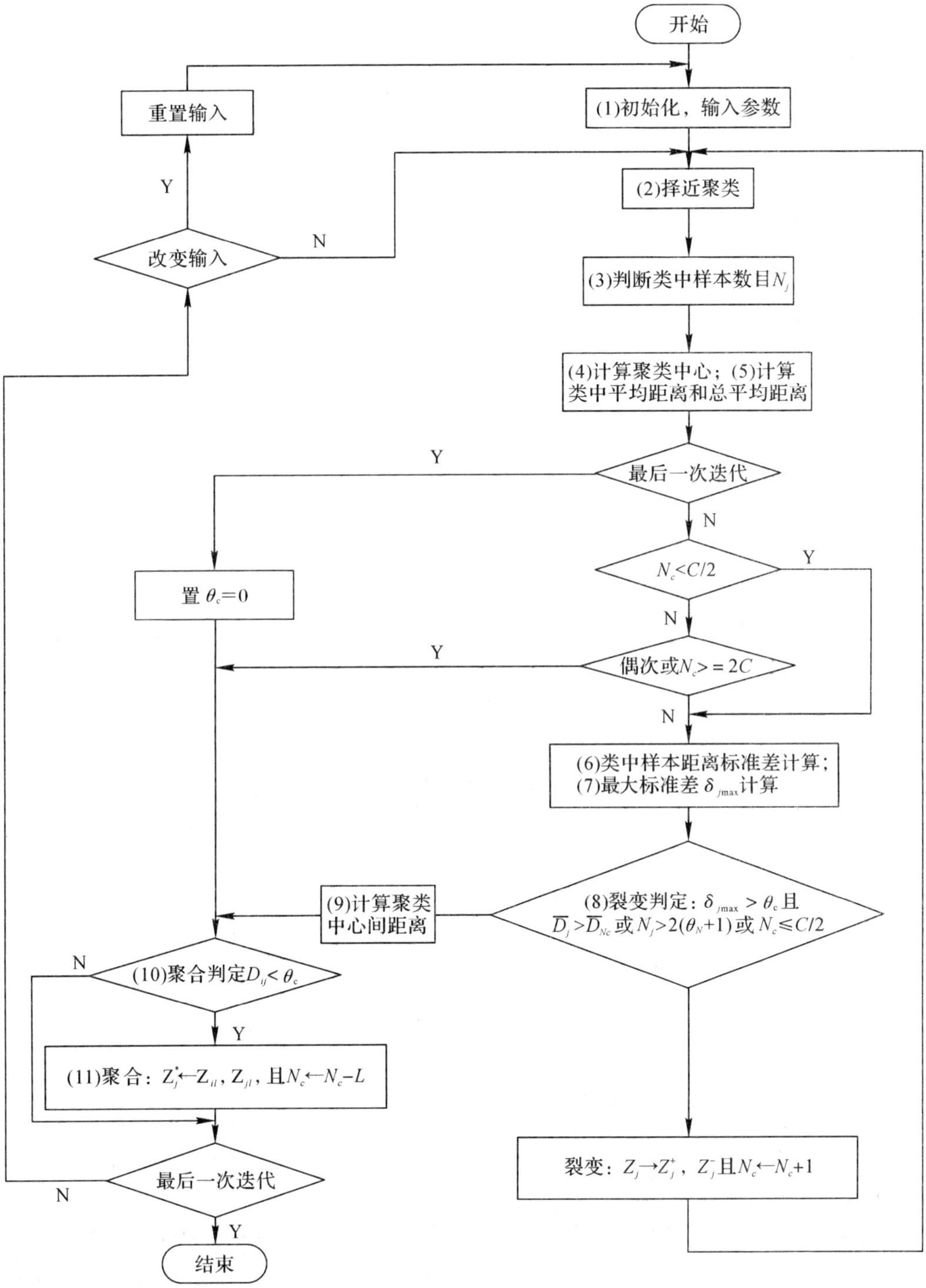

图 8.3　ISODATA 动态聚类过程

③ θ_N：每个聚类域中最少样本数目。

④ θ_s：聚类域中样本距离分布标准差。

⑤ θ_c：两聚类中心最小距离，聚合条件。

⑥ L：一次迭代中可聚合之聚类中心的最多对数。

⑦ I：迭代次数。

(2) $D_j=\min(\|x-z_i\|, i=1, 2, \cdots, N_c)$，$x\in w_j$。

(3) 类 w_j 中样本数 $N_j<\theta_N$，则撤销 w_j，$N_c\leftarrow N_c-1$。

(4) 聚类中心计算，即

$$z_j=\frac{1}{N_j}\sum_{x\in w_j}x \qquad j=1, 2, \cdots, N_c$$

(5) 各类中平均距离，即

$$\overline{D_j}=\frac{1}{N_j}\sum_{x\in w_j}\|x-z_j\| \qquad j=1, 2, \cdots, N_c$$

系统总平均距离为

$$\overline{D}=\frac{1}{N_j}\sum_{j=1}^{N_c}N_j\overline{D_j}$$

(6) 每类中样本距离的标准差向量，即

$$\delta_j=(\delta_{1j}, \delta_{2j}, \cdots, \delta_{nj})^{\mathrm{T}}$$

$$\delta_{ij}=\sqrt{\frac{1}{N_j}\sum_{x\in w_j}(x_{ij}-z_{ij})^2}$$

其中，$i=1, 2, \cdots, n$ 是维数；$j=1, 2, \cdots, N_c$是类数。

(7) 找出各类标准差向量(δ_j, $j=1, 2, \cdots, N_c$)，向量中的最大标准差分量 $\delta_{j\max}$，即

$$\delta_{j\max}=\max(\delta_{ij}, i=1, 2, \cdots, n, j=1, 2, \cdots, N_c)$$

(8) 两个裂变(由 z_j)中心 Z_j^+，Z_j^- 的计算，即

$$\begin{cases}Z_j^+ \text{ 中与 } \delta_{j\max}\text{对应的特征项(分量)加 } k\delta_{j\max} & (0<k\leqslant 1)\\ Z_j^- \text{ 中与 } \delta_{j\max}\text{对应的特征项(分量)加 } k\delta_{j\max} & (0<k\leqslant 1)\end{cases}$$

(9) 系统所有聚类中心间距离，即

$$D_{ij}=\|z_i-z_j\| \qquad i=1, 2, \cdots, N_c-1, j=i+1, \cdots, N_c$$

(10) $D_{ij}<\theta_c$ 的 $D_{i_lj_l}$ 排序，取前 L 个，即

$$D_{i_1j_1}<D_{i_2j_2}<\cdots<D_{i_lj_l}$$

(11) 计算聚合新中心，距离为 $D_{i_lj_l}$ 的两个中心 Z_{i_l}，Z_{j_l} 合二为一，即

$$Z_l^*=\frac{1}{N_{i_l}N_{j_l}}[N_{i_l}z_{i_l}+N_{j_l}z_{j_l}] \qquad l=1, 2, \cdots, L$$

8.6.2 模糊 ISODATA 动态聚类

下面的模糊 ISODATA 动态聚类实际上是对前面 ISODATA 动态聚类的模糊化。其他(包括定义的符号、流程等)不变。

(1) 设样本集中每一个样本都是 n 维，即 $x_i\{x_{i1}, x_{i2}, \cdots, x_{in}\}$。其中每个特征分量是关于该特征域的模糊子集。同样，每个预选中心 $Z_j\{z_{j1}, z_{j2}, \cdots, z_{jn}\}$ 中之 $Z_{jl}(l=1, 2, \cdots, n)$亦为特征域的模糊子集。

(2) 按 D_j 就近聚类到 w_j 中，D_j 为贴近度，即

$$D_j = \min(n(x, z_j), j=1, 2, \cdots, N_c), x \in w_j$$

(3) 聚类中心计算，即

$$z_j = \bigcup_{x \in w_j} x$$

即 w_j 中各样本同一特征分量模糊子集求并，找出重心，再以重心为核生成三角形或正态分布的 z_j 的特征分量模糊子集。

(4) 各类中平均贴近度，即

$$\overline{D_j} = \frac{1}{N_j}\sum_{x \in w_j} n(x, z_j) \qquad j = 1, 2, \cdots, N_c$$

其中，$n(x_i, z_j) = n(x_{i1}, z_{j1}) \wedge n(x_{i2}, z_{j2}) \wedge \cdots \wedge n(x_{in}, z_{jn})$，$i=1, 2, \cdots, N_j$，$j=1, 2, \cdots, N_c$。

(5) 系统总平均贴近度，即

$$\overline{D} = \frac{1}{N}\sum_{j=1}^{N_c} N_j \overline{D_j}$$

(6) 每类中样本与中心的标准贴近度，即

$$\delta_j = (\delta_{1j}, \delta_{2j}, \cdots, \delta_{nj})^{\mathrm{T}}$$

$$\delta_{ij} = \sqrt{\frac{1}{N_j}\sum_{x \in w_j} n(x_{ij}, z_{ij})^2}$$

其中，$i=1, 2, \cdots, n$ 是维数；$j=1, 2, \cdots, N_c$ 是类数。

找出各类标准贴近度向量(δ_j, $j=1, 2, \cdots, N_c$)，向量中的最大标准贴近度分量 $\delta_{j\max}$，即

$$\delta_{j\max} = \max(\delta_{ij}, i=1, 2, \cdots, n, j=1, 2, \cdots, N_c)$$

(7) 两个裂变(由 z_j)中心 Z_j^+，Z_j^- 的计算，即

$$\begin{cases} Z_j^+ \text{ 中与 } \delta_{j\max} \text{对应的特征项(分量)重心及曲线左平移 } k\delta_{j\max} \\ Z_j^- \text{ 中与 } \delta_{j\max} \text{对应的特征项(分量)重心及曲线右平移 } k\delta_{j\max} \end{cases}$$

其中，k 视具体情况而定。

(8) 系统所有聚类中心间贴近度，即

$$D_{ij} = n(z_i, z_j) \quad i=1, 2, \cdots, N_c-1; j=i+1, \cdots, N_c$$

(9) $D_{ij} < \theta_c$ 的 $D_{i_l j_l}$ 排序，取前 L 个，即

$$D_{i_1 j_1} < D_{i_2 j_2} < \cdots < D_{i_l j_l}$$

(10) 计算聚合新中心，贴近度为 $D_{i_l j_l}$ 的两个中心 Z_{i_l}，Z_{j_l} 模糊子集求并，找出重心，再以重心为核生成三角形或正态分布的 z_j 的特征分量模糊子集。

8.7 模糊划分聚类方法

8.7.1 数据集的 c 划分

从数学的角度来描述聚类分析问题，可得到数学模型：设 $X=\{x_1, x_2, \cdots, x_n\}$ 是待聚类分析的对象的全体(也即论域)，X 中的对象(称为样本)x_k($k=1, 2, \cdots, n$)常用有限个数

的参数值来刻画，每个参数值刻画 x_k 的某个特征。于是对象 X_k 就伴随着一个向量 $\boldsymbol{P}(x_k)=(x_{k1}, x_{k2}, \cdots, x_{ks})$，其中，$x_{kj}(j=1, 2, \cdots, s)$ 是 x_k 在第 j 维特征上的赋值，$\boldsymbol{P}(x_k)$ 称为 x_k 的特征向量或模式矢量。聚类分析就是分析论域 X 中的 n 个样本所对应的模式矢量间的相似性。

1. 硬 *c* 划分

按照各样本间的亲疏关系把 $x_1, x_2, \cdots, x_n$ 划分成多个不相交的子集 $X_1, X_2, \cdots, X_c$，并对于 $1\leqslant i\neq j\leqslant c$，满足下面的条件，即

$$X_1\cup X_2\cup\cdots\cup X_c=X,\ X_i\cap X_j=\varnothing$$

用布尔矩阵 $\boldsymbol{U}_{c\times n}=(u_{ik})$ 表示，有

$$u_{ik}=\mu_{X_i}(x_k)=\begin{cases}1, & x_k\in X_i\\ 0, & x_k\notin X_i\end{cases}$$

也就是说，要求每一个样本能且属于某一类，同时要求每个子集(类)都是非空的。因此，通常称这样的聚类分析为硬划分。

设 V_{cn} 是 $c\times n$ 阵的集合，X 的硬 c 划分空间定义为

$$M_{\mathrm{hc}}\overset{\mathrm{def}}{=\!=}\left\{\boldsymbol{U}\in V_{cn}\mid u_{ik}\mid\mu_{ik}\in\{0,1\},\ \forall i,\ \forall k,\ \sum_{i=1}^{c}u_{ik}=1,\ \forall k;\ 0<\sum_{k=1}^{n}\mu_{ik}<n,\ \forall i\right\}$$

即 $\forall\boldsymbol{U}\in M_{\mathrm{hc}}$，对应着 X 的一个硬 c 划分，每一个 x_k 能且仅能归入 c 个子集中的一个类，每个子集均非空，但不能多于 n 个元素。

2. 模糊 *c* 划分

X 的模糊 c 划分是 X 上的 c 个模糊子集 $\widetilde{X}_1, \widetilde{X}_2, \cdots, \widetilde{X}_c$，样本的隶属函数从 $\{0, 1\}$ 扩展到 $[0, 1]$ 区间。当 X 是有限集时，上述划分可用一个 $c\times n$ 模糊矩阵 $\boldsymbol{U}_{c\times n}=(u_{ik})$ 来表示，X 的模糊 c 划分空间定义为

$$M_{\mathrm{fc}}\overset{\mathrm{def}}{=\!=}\left\{\boldsymbol{U}\in V_{cn}\mid u_{ik}\in[0,1],\ \forall i,\ \forall k,\ \sum_{i=1}^{c}u_{ik}=1,\ \forall k;\ 0<\sum_{k=1}^{n}\mu_{ik}<n,\ \forall i\right\}$$

即 $\forall\boldsymbol{U}\in M_{\mathrm{fc}}$，对应着 X 的一个模糊 c 划分，每一个样本 x_k 属于 c 个模糊子集的隶属度的总和为 1，每个子集均非空且都有样本不同程度地属于它。显然，由上式可得 $\bigcup\limits_{i=1}^{c}\mathrm{supp}(\widetilde{X}_i)=X$，这里 supp 表示取模糊集合的支撑集。

8.7.2 聚类目标函数

如果要对数据集 X 进行硬 c 划分，首先要确定聚类中心的典型矢量(也称为聚类原型矢量)，这里用 $P_i(i=1, 2, \cdots, c)$ 来表示聚类的中心向量，假设它的维数为 S，那么 $P_i=(P_{i1}, P_{i2}, \cdots, P_{is})\in\boldsymbol{R}^S$，那么硬聚类分析的目标函数可以表示为

$$\begin{cases}J_1(\boldsymbol{U},\boldsymbol{P})=\sum\limits_{i=1}^{c}\sum\limits_{x_k\in x_i}d_{ik}^2\\ \text{s.t. }\boldsymbol{U}\in M_{\mathrm{hc}}\end{cases}\tag{8.12}$$

其中，d_{ik} 表示第 i 类中的样本 x_k 与第 i 类的典型样本 P_i 之间的偏差度，一般使用样本 x_k 与

第 i 类样本中心 P_i 之间的距离来衡量。$J_1(\boldsymbol{U}, \boldsymbol{P})$ 表示了每个样本与它所属于的聚类中心之间的距离平方和。如果加上硬划分矩阵 u_{ik}，可以得到另外的一种表达形式，即

$$\begin{cases} J_1(\boldsymbol{U}, \boldsymbol{P}) = \sum_{i=1}^{c} \sum_{k=1}^{n} u_{ik} d_{ik}^2 \\ \text{s.t.} \quad \boldsymbol{U} \in M_{hc} \end{cases} \tag{8.13}$$

聚类的最终目标就是寻找出最优组合$(\boldsymbol{U}, \boldsymbol{P})$，以使得在满足约束的条件下，目标函数的取值为最小，解决这类取极值的优化问题使用最多的就是迭代法。

Dunn 在 Ruspini 提出的模糊划分概念的基础上，把硬聚类的目标函数推广到了模糊聚类的情况。为了保证不出现平凡解的情况，并且使这一推广变得有意义，Dunn 把式(8.13)中的 u_{ik} 加上一个平方运算，从而把类内误差平方和目标函数扩展为类内加权误差平方和目标函数，可表示为

$$\begin{cases} J_2(\boldsymbol{U}, \boldsymbol{P}) = \sum_{i=1}^{c} \sum_{k=1}^{n} u_{ik}^2 d_{ik}^2 \\ \text{s.t.} \quad \boldsymbol{U} \in M_{fc} \end{cases}$$

Bezdek 又扩展了 Dunn 提出的目标函数表达方式，给出了基于目标函数的模糊聚类算法的目标函数，即

$$\begin{cases} J_m(\boldsymbol{U}, \boldsymbol{P}) = \sum_{i=1}^{c} \sum_{k=1}^{n} u_{ik}^m d_{ik}^2 \\ \text{s.t.} \quad \boldsymbol{U} \in M_{fc} \end{cases} \tag{8.14}$$

其中，参数 m 为加权指数，m 取大于 1 的实数，也称为平滑系数。从数学角度上来看 m 并没有意义，但如果不对隶属度进行加权操作，那么从硬聚类目标函数到模糊聚类目标函数的推广是没有意义的。

在前面描述的目标函数中，样本 x_k 与第 i 类的聚类原型 P_i 之间的距离度量一般可用下式来表示，即

$$d_{ik}^2 = \| x_k - P_i \|_A = (x_k - P_i)^T \boldsymbol{A} (x_k - P_i)$$

其中，$\boldsymbol{A}$ 为 $s \times s$ 阶的正定矩阵，当 $\boldsymbol{A}$ 取单位矩阵 $\boldsymbol{I}$ 时，上式也就成了欧几里得距离公式。

聚类的最终结果是得出目标函数 $J_m(\boldsymbol{U}, \boldsymbol{P})$ 的极小值：$\min\{J_m(\boldsymbol{U}, \boldsymbol{P})\}$。由于矩阵 $\boldsymbol{U}$ 中的各个列向量都是互不相关的，因此

$$\min\{J_m(\boldsymbol{U}, \boldsymbol{P})\} = \min\left\{\sum_{i=1}^{c} \sum_{k=1}^{n} u_{ik}^m d_{ik}^2\right\} = \sum_{k=1}^{n} \min\left\{\sum_{i=1}^{c} u_{ik}^m d_{ik}^2\right\} \tag{8.15}$$

由于式(8.15)有约束条件，即

$$\sum_{i=1}^{c} u_{ik} = 1$$

因此根据拉格朗日乘子法，$F = \sum_{i=1}^{c} u_{ik}^m d_{ik}^2 + \lambda\left(\sum_{i=1}^{c} u_{ik} - 1\right)$ 取极值的条件是

$$\frac{\partial F}{\partial \lambda} = \sum_{i=1}^{c} u_{ik} - 1 = 0 \tag{8.16}$$

$$\frac{\partial F}{\partial u_{ik}}=mu_{ik}^{m-1}d_{ik}^{2}-\lambda=0 \tag{8.17}$$

由式(8.17)可以得到

$$u_{ik}=\left[\frac{\lambda}{md_{ik}^{2}}\right]^{\frac{1}{m-1}} \tag{8.18}$$

将式(8.18)代入式(8.16)可以得到

$$\sum_{i=1}^{c}u_{ik}=\sum_{i=1}^{c}\left(\frac{\lambda}{m}\right)^{\frac{1}{m-1}}\left(\frac{1}{d_{ik}^{2}}\right)^{\frac{1}{m-1}}=\left(\frac{\lambda}{m}\right)^{\frac{1}{m-1}}\sum_{i=1}^{c}\left(\frac{1}{d_{ik}^{2}}\right)^{\frac{1}{m-1}}=1$$

这样

$$\left(\frac{\lambda}{m}\right)^{\frac{1}{m-1}}=\frac{1}{\sum\limits_{i=1}^{c}\left(\frac{1}{d_{ik}^{2}}\right)^{\frac{1}{m-1}}}$$

将上式代入到式(8.18)中，可以得到 u_{ik} 的计算公式

$$u_{ik}=\frac{1}{\sum\limits_{l=1}^{c}\left(\frac{d_{ik}}{d_{lk}}\right)^{\frac{2}{m-1}}}$$

由于 d_{ik} 的值有可能为 0，因此需要考虑以下两种情况。对于 $\forall k$，定义两个集合 I_k 和 $\bar{I}_k$ 为

$$I_k=\{i\,|\,1\leqslant i\leqslant c,\ d_{ik}=0\},\ \bar{I}_k=\{1,\ 2,\ \cdots,\ c\}-I_k$$

这样，使得 $J_m(\boldsymbol{U},\ \boldsymbol{P})$ 为极小的 u_{ik} 值为

$$\begin{cases} u_{ik}=\dfrac{1}{\sum\limits_{l=1}^{c}\left(\dfrac{d_{ik}}{d_{lk}}\right)^{\frac{2}{m-1}}}, & I_k=\varnothing \\ u_{ik}=0,\ \forall i\in \bar{I}_k,\ \sum\limits_{i\in I_k}u_{ik}=1, & I_k\neq\varnothing \end{cases} \tag{8.19}$$

用同样的思路可以得到使 $J_m(\boldsymbol{U},\ \boldsymbol{P})$ 为极小的 p_i 值，令

$$\frac{\partial}{\partial P_i}=J_m(\boldsymbol{U},\ \boldsymbol{P})=0$$

因此

$$\sum_{k=1}^{n}(u_{ik})^{m}\frac{\partial}{\partial P_i}[(x_k-P_i)\boldsymbol{A}(x_k-P_i)]=0$$

$$\sum_{k=1}^{n}(u_{ik})^{m}[-2\boldsymbol{A}(x_k-P_i)]=0$$

$$\sum_{k=1}^{n}(u_{ik})^{m}[(x_k-P_i)]=0$$

经过推导得到

$$P_i=\frac{\sum\limits_{k=1}^{n}(u_{ik}^{m}x_k)}{\sum\limits_{k=1}^{n}u_{ik}^{m}} \tag{8.20}$$

如果一旦样本集 X、聚类类别数 c 和权重 m 的值都指定好，就可以根据式(8.19)和式(8.20)计算出最优的模糊划分矩阵和聚类中心原型。

8.7.3 模糊 c 均值聚类方法

FCM 聚类算法是从硬 c 均值聚类(Hard C—Means，HCM)算法发展而来的，HCM 算法用于求解满足式(8.13)中的 $J_1(\boldsymbol{U}, \boldsymbol{P})$ 为最小时的分类结果。HCM 算法的具体步骤如下：

初始化：给定聚类类别数 c，$2\leqslant c\leqslant n$，n 是样本个数，设定停止阈值 ε，最大迭代次数 $C_{\max}$，初始化聚类中心矩阵 $\boldsymbol{P}_0$，选定迭代变量 $r=0$。

步骤 1：用式(8.21)计算第 $r+1$ 次迭代的划分矩阵 $\boldsymbol{U}^{(r+1)}$，即

$$u_{ik}^{r+1}=\begin{cases}1 & d_{ik}^{r}=\min\limits_{1\leqslant j\geqslant c}\{d_{jk}^{r}\}\\ 0 & 其他\end{cases} \tag{8.21}$$

步骤 2：用式(8.22)计算第 $r+1$ 次迭代中心 $\boldsymbol{P}^{(r+1)}$，即

$$\boldsymbol{P}_i^{r+1}=\frac{\sum\limits_{k=1}^{n}(u_{ik}^{r+1}x_k)}{\sum\limits_{k=1}^{n}(u_{ik}^{r+1})^m} \tag{8.22}$$

步骤 3：如果 $\|\boldsymbol{P}^{(r+1)}-\boldsymbol{P}^{(r)}\|<\varepsilon$ 或者迭代次数大于 $C_{\max}$，那么算法停止，最后一次迭代的值就是模糊划分矩阵 $\boldsymbol{U}$ 和聚类中心 $\boldsymbol{P}$，否则令 $r=r+1$，转向步骤 1。

上述介绍的 HCM 算法还可以先初始化 $\boldsymbol{U}^0$，然后用式(8.22)计算聚类中心 $\boldsymbol{P}^{(r+1)}$，再用式(8.21)更新隶属度矩阵 $\boldsymbol{U}^{(r+1)}$，不断迭代，直到 $\|\boldsymbol{U}^{(r+1)}-\boldsymbol{U}^{(r)}\|<\varepsilon$ 为止。

下面给出 FCM 算法的具体步骤：

初始化：设定分类的个数 c，$2<c<n$，n 是样本个数，设定给定停止阈值 ε，最大迭代次数 $C_{\max}$，初始化聚类中心矩阵 $\boldsymbol{P}_0$，选定迭代变量 $r=0$。

步骤 1：用式(8.23)计算第 $r+1$ 次迭代的隶属度矩阵 $\boldsymbol{U}^{(r+1)}$，对于 $\forall i, k$，如果 $\exists d_{ik}^{r}>0$，则有

$$u_{ik}^{r+1}=\frac{1}{\sum\limits_{l=1}^{c}\left(\frac{d_{ik}^{r}}{d_{lk}^{r}}\right)^{\frac{2}{m-1}}} \tag{8.23}$$

如果 $\exists i, k$，使得 $d_{ik}^{r}=0$，则有 $u_{ik}^{r+1}=1$，且对 $j\neq k$，$u_{ij}^{r+1}=0$。

步骤 2：用式(8.24)计算第 $r+1$ 次迭代的聚类中心 $\boldsymbol{P}^{(r+1)}$，即

$$\boldsymbol{P}_i^{r+1}=\frac{\sum\limits_{k=1}^{n}(u_{ik}^{r+1}x_k)}{\sum\limits_{k=1}^{n}(u_{ik}^{r+1})^m} \tag{8.24}$$

步骤 3：如果 $\|\boldsymbol{P}^{(r+1)}-\boldsymbol{P}^{(r)}\|<\varepsilon$ 或者迭代次数大于 $C_{\max}$，那么算法停止，最后一次迭代的值就是隶属度矩阵 $\boldsymbol{U}$ 和聚类中心 $\boldsymbol{P}$，否则令 $r=r+1$，转向步骤 1。其中，$\|\cdot\|$ 为某种合适的矩阵范数，在一般情况下定义为欧几里德距离。如果聚类中的样本中含有噪音或例外点，采用欧氏度量的许多聚类方法不一定能够获得满意的聚类结果，而且算法的初始值、聚类原型和大小都会影响最终的聚类结果，通过改变度量方式可以在一定程度上弥补这些不足。

8.8 模糊模式识别的应用

模糊模式识别在很多领域中都有广泛的应用，本节介绍其中的两种。

8.8.1 几何图形的识别

例 8.2 介绍了用最大隶属原则识别三角问题，现在进一步介绍如何识别四边形和多边形问题。

正如前面所看到的那样，识别几何形状的首要工作是建立标准模型的隶属函数。下面给出几种几何形状的隶属函数。

1. 四边形

这里用 A、B、C、D 表示四边形的四个内角，a、b、c、d 表示四边形的四条边。

梯形 B 为

$$B(x)=1-\rho_B\times\min\{|A+B-180^\circ|,\ |B+C-180^\circ|\}/180^\circ$$

其中，ρ_B 为常数，通常可取 1。

矩形 RE 为

$$RE(x)=1-\rho_{RE}[(A-90^\circ)+(B-90^\circ)+(C-90^\circ)+(D-90^\circ)]/90^\circ$$

其中，ρ_{RE} 为某一常数。

平行四边形为

$$P(x)=1-\rho_P\times\max\{|A-C|,\ |B-D|\}/180^\circ$$

其中，ρ_P 为某一常数。

菱形 RH 为

$$RH(x)=1-\rho_{RH}\times\max\{|a-b|,\ |b-c|,\ |c-d|,\ |d-a|\}/s$$

其中，ρ_{RH} 为某一常数；$s=a+b+c+d$。

2. 多边形

设多边形的边和角分别为 a_i，$A_i(i=1, 2, \cdots, n)$。

n 边等边多边形 SD 为

$$SD(x)=1-\rho_{SD}\times\max\{|a_1-a_2|,\ |a_2-a_3|,\ \cdots,\ |a_n-a_1|\}/s$$

其中，ρ_{SD} 为某一常数，$s=\sum_{i=1}^{n}a_i$ 。

n 边等角多边形 AG 为

$$AG(x)=1-\rho_{AG}\times\max\left\{\left|A_1-\frac{180^\circ(n-2)}{n}\right|,\ \cdots,\ \left|A_n-\frac{180^\circ(n-2)}{n}\right|\right\}/180^\circ$$

其中，ρ_{AG} 为某一常数。

例 8.10 染色体的识别。图 8.4 给出了几种染色体的一般形状，它们可以作为识别染色体的标准模型。根据这些染色体形状的共有特征，不妨我们先对其做统一的前处理，视其为类似如图 8.5 所示的六边形（a_i表示边，A_i表示角）。从而，染色体的识别问题便转化为六边形的识别问题。

一种特殊的染色体称为“对称染色体”，它的形状经前处理后如图 8.5 所示，具有 $a_1=a_2$，$a_3=a_4$，$A_{2i-1}=A_{2i}(i=1,2,3,4)$。这种染色体也可作为识别的标准模型，视其为模糊集合 S，则

$$s(x)=1-\sum_{i=1}^{4}|A_{2i-1}-A_{2i}|/720$$

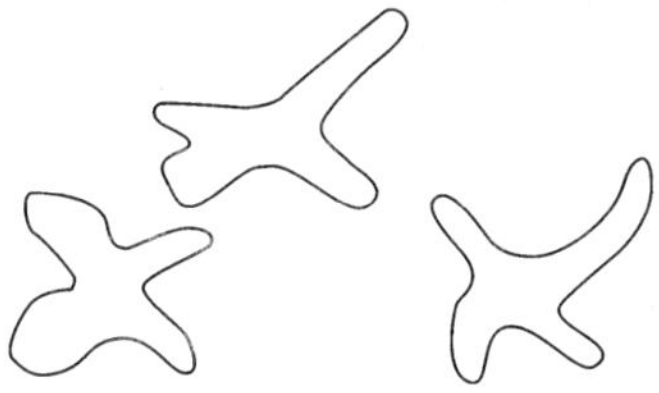

图 8.4 几种染色体示意图

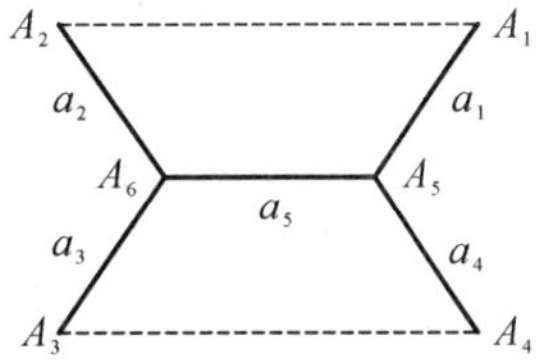

图 8.5 处理后的图形

设图 8.4 中的三个标准模型为模糊集合 M、MS、AC，它们的隶属函数依次为：

(1) $\mu_M(x)=\left[1-\dfrac{|a_1-a_4|+|a_2-a_3|}{a_1+a_2+a_3+a_4+a_5}\right]S(x)$。

(2) $\mu_{SM}(x)=\left[1-\dfrac{\min\{|a_1-2a_4|+|a_2-2a_3|,\ |2a_1-a_4|+|2a_2-a_3|\}}{2(a_1+a_2+a_3+a_4+a_5)}\right]S(x)$。

(3) $\mu_{AC}(x)=\left[1-\dfrac{\min\{|a_1-4a_4|+|a_2-4a_3|,\ |4a_1-a_4|+|4a_2-a_3|\}}{4(a_1+a_2+a_3+a_4+a_5)}\right]S(x)$。

对于任意一个染色体 x，应首先进行前处理，用一组线段将其外形勾画出一个六边形，再根据边 a_i，角 A_i 计算隶属度 $\mu_M(x)$、$\mu_{SM}(x)$、$\mu_{AC}(x)$，最后由最大隶属原则判断 x 属哪一类染色体。

8.8.2 手写文字的识别

任何文字的书写都有一定的规范，从而使得人们能够从少至几十个，多至数万、几十万种不同的字中将其一一识别出。然而，在手书文字时，无论书写的如何工整，任何人都不会将一个字的结构写的分毫不差。事实上，任何种文字的规范中也没有规定其各个文字的结构比例、笔画的粗细长短等。总之，在书写规范中含有极大的模糊性。虽然几千年来这些模糊性并未对人类识别文字造成什么问题，但是，它对非智能的机器识别文字却是个极大的障碍。

近年来，研究机器识别已有了一定的进展，特别是将模糊数学引入模式识别之后，机器文字识别问题又大幅度地前进了一步。目前发表的计算机识别手书文字的算法已有很多种，且均各具特色。作为模糊模式识别的应用实例，下面介绍一种最简单的手书文字识别方法。

例 8.11 首先在计算机中存放 10 个阿拉伯数字的标准模型。例如，图 8.6(a)是数字“6”的标准字模。它由一个 5×4 的点阵刻画，并且将其转化为机器可识别的 0、1 数据：对于任何一个小方格，若被某一笔画覆盖，则将用 1 表示，否则用 0 表示。依照字模点阵的结构，容易得到相应的字模矩阵。对于图 8.6(a)所示的数字“6”，其对应的字模矩阵为

$$A_6=\begin{bmatrix}1&1&1&1\\1&0&0&0\\1&1&1&1\\1&0&0&1\\1&1&1&1\end{bmatrix}$$

假设现有一个待识别的手书如图 8.6(b)所示。识别时，首先应将其转化为字模矩阵 $\boldsymbol{B}$，有

$$\boldsymbol{B}=\begin{bmatrix}0&0&1&1\\0&1&0&0\\1&1&1&0\\1&0&0&1\\0&1&1&0\end{bmatrix}$$

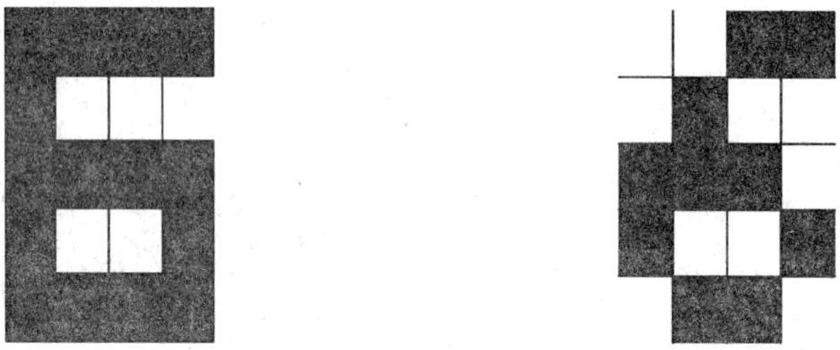

(a) 标准字模　　(b) 待识别的手书体

图 8.6　数字“6”示意图

这个识别问题显然属于一种群体识别问题，与例 8.3 完全类似，可采用择近原则进行识别，故具体步骤这里不再赘述。

在实际应用中，为了更为精确地识别文字，通常都选用更大的字模点阵，如 9×8、16×16、24×24，甚至更大。当然，随着字模点阵的加大，识别计算量也将大幅度地增大。另外，对于图像识别，如相机、指纹等，也可以采用与例 8.11 的原理完全相同的方法。但由于组成图像的像素在多数情况下不会仅仅是“黑”或“白”，而可能存在不同层次的“灰”(惯称为“灰度”)，所以不能只用 0、1 表示。事实上，仔细考虑例 8.11 的识别算法可知，它的所有字模矩阵都是布尔矩阵，而择近原则正是针对模糊群体的识别。所以在图像识别中，我们完全可以用[0, 1]之间的实数表示灰度，从而所得出的模型矩阵和识别对象矩阵都是模糊矩阵。

习　题

1. 把模糊识别方法的“最大隶属原则”和“择近原则”进行对比。

2. 给定一个三角形(1)$(A, B, C)=(89, 46, 45)$；(2)$(A, B, C)=(61, 62, 57)$。识别它们相对属于哪种三角形？

3. 设有模式 $\boldsymbol{A}_1, \boldsymbol{A}_2, \cdots, \boldsymbol{A}_5$ 及待识别模式 $\boldsymbol{B}\in F(U)$ 如下：

$\boldsymbol{A}_1=(0.4, 0.6, 0.3, 0.8, 0.7, 0.9)$，$\boldsymbol{A}_2=(0.7, 0.2, 0.5, 0.8, 0.6, 0.3)$，

$\boldsymbol{A}_3=(0.9, 0.6, 0.3, 0.5, 0.7, 0.5)$，$\boldsymbol{A}_4=(0.1, 0.4, 0.2, 0.9, 0.6, 0.5)$，

$\boldsymbol{A}_5=(0.4, 0.9, 0.7, 0.3, 0.4, 0.1)$，$\boldsymbol{B}=(0.3, 0.3, 0.5, 0.8, 0.7, 0.4)$。通过计算贴近度，分析 $\boldsymbol{B}$ 最可能归入的模式类 $\boldsymbol{A}_j$。

4. 表 8.3 是一些教科书中关于人的正常体温及低热标准。

表 8.3　关于人的正常体温及低热标准

教科书序号	正常体温	低热
1	36.2 ～ 37.2	37.3 ～ 38
2	36.0 ～ 37.0	37.0 ～ 38
3	36.0 ～ 37.0	37.0 ～ 38
4	36.2 ～ 37.2	37.2 ～ 38
5	36.0 ～ 37.0	37.0 ～ 38
6	36.0 ～ 37.0	37.0 ～ 38
7	36.4 ～ 37.2	37.4 ～ 38
8	36.2 ～ 37.2	37.2 ～ 38
9	36.2 ～ 37.2	37.5 ～ 38
10	36.2 ～ 37.2	37.5 ～ 38
11	36.2 ～ 37.2	37.1 ～ 38

试用模糊统计方法确定 37.2℃体温分别对“正常体温”和“低热”的隶属度，并按最大隶属原则判断 37.2℃体温相对于哪一种类型？

5. 设一聚类分析中，被分类对象集 $U=\{u_1, u_2, u_3, u_4, u_5\}$，针对此问题经大量工作后得到关系矩阵 $\boldsymbol{R}\in F(U\times U)$，即

$$
\begin{array}{c c} & \begin{array}{ccccc} u_1 & u_2 & u_3 & u_4 & u_5 \end{array} \\
\boldsymbol{R}= & \left[\begin{array}{ccccc} 1 & 0.6 & 0.5 & 0.3 & 0.1 \\ 0.6 & 1 & 0.9 & 0.4 & 0.2 \\ 0.5 & 0.9 & 1 & 0.7 & 0.3 \\ 0.3 & 0.4 & 0.7 & 1 & 0.7 \\ 0.1 & 0.2 & 0.3 & 0.7 & 1 \end{array}\right] \begin{array}{c} u_1 \\ u_2 \\ u_3 \\ u_4 \\ u_5 \end{array}
\end{array}
$$

试按不同程度($\lambda=1, 0.8, 0.6, 0.4, 0.2$)对 5 个对象进行分类。

(1) 传递闭包法。

(2) 编网法。

第9章　模糊专家系统

9.1　模糊专家系统的概述

9.1.1　模糊专家系统的定义

在传统的专家系统中，规则的前件和结论只能是精确的数值或命题。它们只能在{0，1}中取值。如果要模拟领域专家知识的不确定性、只能在规则的尾部引进一个“置信度”，用以表示规则的可信程度，除此以外，规则本身是不允许含有模糊数据和模糊命题。

采用这种在规则尾部用“置信度”表示整个规则的不确定性在许多情况下不能很好地模拟领域专家的经验、窍门和求解问题的策略和方法。为了更好地表示领域专家的知识，就需要将不确定性引入到规则的内部，即规则的前件和结论可以包含模糊命题，这就需要在专家系统的研制和开发中引进模糊数学的理论、方法和技术，从而使专家系统的开发进入第二代——模糊专家系统。

模糊专家系统就是采用模糊技术来处理其不确定性和不精确性的一类专家系统。在这里，所谓模糊技术，主要是指建立在模糊集合理论、可能性分布理论和模糊逻辑推理基础上的一类工程技术，它们是对人类认识和思维过程中所固有的模糊性的一种模拟和反映。

9.1.2　模糊专家系统的特征

模糊专家系统的特征主要体现在以下几个方面：

(1) 具有或略高于领域专家求解问题的能力和水平。模糊专家系统求解问题的领域可以很窄，甚至是针对某个待定的领域，但它在该领域内能高效地求解各种问题，无论是解题速度、运用启发式信息的能力以及求解问题所得到的结论质量都应具有略高于领域专家的水平。

(2) 知识的模糊性。尽管模糊专家系统只涉及某个很窄的专家领域，但其中所包含的知识仍然是复杂的且具有模糊性，这就使得模糊专家系统在求解问题时的推理深度不可能太浅，搜索路径不可能太短。

(3) 模糊的符号处理能力。由于在模糊专家系统的知识库和事实库中，含有大量模糊符号知识，这就要求模糊专家系统具有模糊的符号处理功能，即具有模糊匹配、模糊启发式搜索和模糊推理的功能。

(4) 具有解释功能。模糊专家系统应具有较好的解释功能。即能向用户解释系统的行为。例如，向用户解释系统“为什么要这样做?”、“系统是怎样做的?”等问题。解释功能对专家系统来说是一个十分重要的功能。它在某种程度上决定着一个专家系统是否能成为一个产品从而走向市场。如果一个系统不具有向用户解释它的行为、推理过程以及它为什么要这样做的能力，那么用户就不可能购买或者移植该系统。

（5）获取模糊知识的能力。与传统专家系统一样，模糊专家系统也应具有不断自动获取知识(包括精确的和模糊的能力)：

① 模糊专家系统能提供一种手段，从而使得知识工程师或领域专家能够不断地给系统“传授”知识，使得系统的知识库越来越丰富，从而更高效地解决更复杂的问题。

② 系统本身具有学习的功能。即系统从自身运行中不断总结正反两方面的经验，从而自动生成新知识或对旧知识进行修改和更新等。

目前，机器学习仍然是建造专家系统的一个难点，还有许多问题需要研究，比较现实的做法是让机器具有“转变知识形式”的能力，即系统能够把对人熟悉和习惯的知识形式自动地转化为适合于专家系统处理的知识表示形式。

9.1.3　模糊专家系统与传统专家系统的区别

模糊专家系统与传统专家系统之间的区别主要体现在如下几个方面：

（1）知识表示方面。传统专家系统中的一切变量(除了“置信度”外)只能取两个值，即要么为真，要么为假。模糊专家系统中则要求对从领域专家或专业书本上抽取出来的包含各种不确定性的知识，能用一种贴切地反映各种模糊性的方法如实地表示出来，且其中的各种变量应在[0，1]中取值，这是一件十分困难的事。这对知识工程师提出了更高的要求。

（2）知识处理方面。处理主要是指推理，而推理的关键就是匹配(如有多条规则满足当前条件，则采用冲突消解策略从中选出一条最优的规则)。在传统的专家系统中，匹配只有两种情况，即规则前件与当前数据库要么匹配，要么不匹配；而模糊专家系统中的匹配则要复杂得多。例如，以下几种语言的模糊性就很难匹配：

① 模糊谓词：如“小”、“年轻”、”漂亮”、“丰富”等。

② 模糊量词：如“大部分”、“至少 70%”、”大约 7”等。

③ 模糊修饰词：如”很”、“或多或少”、“不(或非)”、“相当”等。

④ 模糊概率：如“可能”、不可能”、“不大可能”等。

⑤ 模糊真值：如“相当真”、“很真”、“几乎是假的”等。

⑥ 模糊可能性：如“很可能”、“可能”、“完全不可能”等。

传统的专家系统只允许精确匹配，不允许部分匹配；模糊专家系统则允许部分匹配。从而在知识的处理中提供了一种近似(或模糊)的推理机制，传统专家系统仅提供了一种精确推理机制。当然，在模糊专家系统中也能处理精确推理，因为精确推理只是近似(或模糊)推理的一种特殊情况。

（3）知识获取方面。与传统专家系统不同的是，模糊专家系统所要获取的知识不求结构和量的精确描述，即所要获取的知识可以是一些不确定、不完全、不精确和模糊的知识，这在很大程度上方便了领域专家。缩小了知识工程师与领域专家的“距离”，这是因为领域专家求解问题的许多经验、窍门，技巧就是专家本人有时也很难表述清楚，甚至到了只可意会不可言传的地步。如果在知识获取阶段不苛求领域专家把他求解问题的策略、方法和启发式行为表述得十分严格和十分清楚，将会受到领域专家的欢迎，也可以使研制的系统更符合实际情况。

9.2 模糊专家系统的结构及其功能

9.2.1 专家系统的结构与基本功能

专家系统是一种计算机应用程序。由于应用领域和实际问题的多样性，所以专家系统的结构也是多种多样，但抽象地看，它们具有许多共同之处。从概念上来讲，一个专家系统包括知识库、推理机、解释器、综合数据库和人机接口五个部分，如图 9.1 所示。

1. 知识库

知识库(Knowledge Base)用于存放领域专家所提供的专门知识。这些专门知识包括与领域相关的书本知识、常识性知识以及专家在实践中所获得的经验知识。专家系统的问题求解是运用专家提供的专门知识来模拟专家的思维方式进行的，因此，知识库中的知识的数量和质量就成为一个专家系统中系统性能和问题求解能力的关键因素，因而，知识库的建立是建造专家系统的中心任务。

2. 推理机

推理机(Inference Machine)用于记忆所采用的规则和控制策略的程序，使整个专家系统能够以逻辑方式协调地工作。推理机能够利用知识进行推理和导出结论，而不是简单地搜索现成的答案。

3. 综合数据库

综合数据库是用于存放用户提供的初始事实、问题描述以及系统运行过程中得到的中间结果、最终结果、运行信息等的工作场地。数据库中的内容是不断变化的。在求解问题开始时，它存放的是用户的初始事实；在推理过程中它存放每一步推理所得到的结果。推理机根据数据库的内容从知识库中选择合适的知识进行推理，然后又把推出的结果存入数据库中。综合数据库的工作机制如图 9.2 所示。

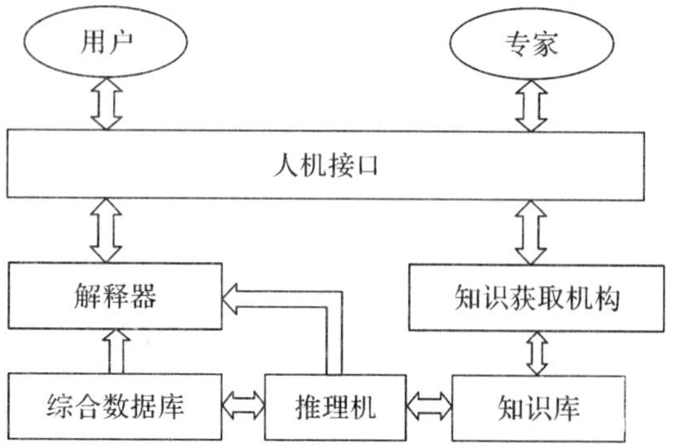

图 9.1 专家系统的基本结构

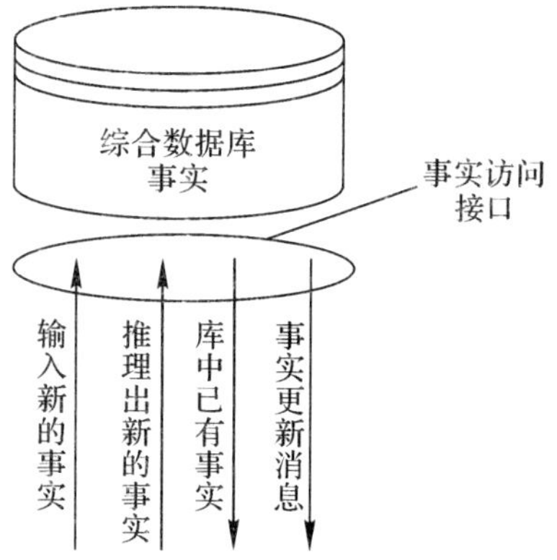

图 9.2 综合数据库的工作机制

其中，综合数据库用于保存在推理过程中产生的事实信息。事实的来源有两种：操作者输入的新事实和由推理产生的新事实。

4. 解释器

解释器就是专家系统中为完成解释而设置的程序模块，它的主要功能是专家系统用人们易于理解的方式来解释自身的推理过程。解释器主要依据综合数据库中存储的中间结果、结论信息以及推理信息等记录，完成对推理结论、原因及其过程的诠释。模糊解释器对诊断全过程的推理依据给出较详尽的文字说明。说明文字的主要内容是带有可信度传播值的成功匹配规则的模糊表示。

5. 人机接口

人机接口(Man-machine Interface)即用户与专家系统进行交流的部分。通过人机接口，用户输入专家系统要求用户输入的数据和信息；系统通过人机界面显示结果和信息等。用户与系统进行交流的媒介可以是文字、声音、图像、图形、动画、音像等。友好的界面是一个成功的专家系统的必要条件之一，因为它是用户同专家系统进行交流的最直接的部分，它的功能及外观直接关系到用户是否很愉快地接受系统向他们传递的一切信息。

人机接口又称为输入/输出接口(I/O 接口)，是计算机和人机交互设备之间的交接界面，通过接口可以实现计算机与外设之间的信息交换。它与人机交互设备一起完成信息形式的转换和信息传输控制这两个任务。专家系统的人机接口是专家系统中最基本的组成部分，成功的专家系统都有良好的人机接口。关于专家系统人机接口的设计并无一个统一的方法，不同领域的专家系统需要不同的人机接口，然而对设计的基本功能要求相同，其结构模型如图 9.3 所示。

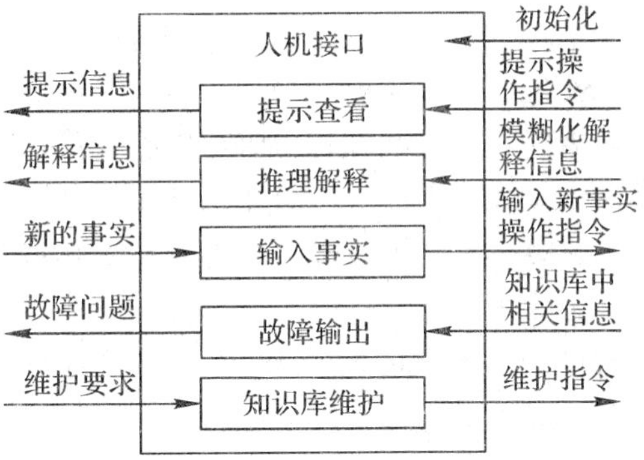

图 9.3　人机接口的结构模型

9.2.2　专家系统的基本原理

专家系统利用大量专业知识以解决只有专家才能解决的问题。专家是一个在特定领域里具有专门知识的人。亦即，专家具有不为大多数人所知道或所利用的专门技能，专家能够解决大多数人所不能解决的问题。“专家系统”一词适用于任何应用专家系统技术的系统。专家系统技术包括专门的专家系统语言、程序和为了辅助专家系统开发和执行而设计的硬件。理想专家系统的结构如图 9.4 所示。

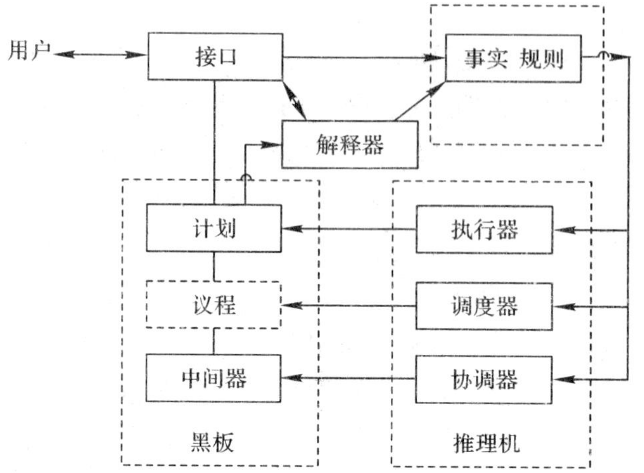

图 9.4 理想专家系统的结构

接口是人与系统进行信息交流的媒介，它为用户提供了直观方便的交互作用手段。一方面，接口识别与解释用户向系统提供的命令、问题和数据等信息，并把这些信息转化为系统的内部表示形式；另一方面，接口也将系统向用户提出的问题、得出的结果和做出的解释以用户易于理解的形式提供给用户。

黑板(综合数据库)是用来记录系统推理过程中用到的控制信息、中间假设和中间结果的数据库。它包括计划、议程和中间器三部分。计划记录了当前问题总的处理计划、目标、问题的当前状态和问题背景。议程记录了一些待执行的动作，这些动作大多是由黑板中已有结果与知识库中的规则作用而得到的。

知识库包括已知的同当前问题有关的数据信息和进行推理时要用的一般知识和领域知识。这些知识大多以规则、网络和过程等表示。

调度器是按照系统建造者所给的控制知识(通常使用优先权方法)，从议程中选择一个项目作为系统下一步要执行的动作。执行器应用知识库中的知识及黑板中记录的信息，执行调度器所选定的动作。协调器的主要作用就是当得到新数据或新假设时，对已得到的结果进行修正，以保持结果的前后一致性。

解释器的功能是向用户解释系统的行为，包括解释结论的正确性及系统输出其他候选解的原因。为完成这一功能通常需要利用黑板中记录的中间结果、中间假设和知识库中的知识。

9.3 模糊专家系统的设计策略

9.3.1 模糊数学和模糊逻辑理论及其应用

1. 普通集合和模糊集合

在普通集合的定义中，一个元素 x 与集合 A 的关系，只有 $x\in A$ 或者 $x\notin A$ 两种情况，也就是 x 属于 A 或者不属 A 两种情况，二者必居其一，可以通过特征函数的表达式 $C_A(x)$ 来刻画。每一个集合都有一个特征函数 $C_A(x)$，如果 $x\in A$，则 $C_A(x)=1$；如果 $x\notin A$，

$C_A(x)=0$。即

$$C_A(x)=\begin{cases}1, & x\in A\\ 0, & x\notin A\end{cases}$$

模糊集合的概念是Zadeh于1965年首先提出来的，其基本思想就是把经典集合中的绝对隶属关系灵活化或称为模糊化。从特征函数方面来说，元素 x 对集合 A 的隶属程度不再局限于0或1，而是可以取从0到1中的任何一个数值，这一数值反映了元素 x 隶属于集合 A 的程度。论域 U 上的一个模糊子集 A 是指对于任意 $x\in U$，都指定了一个数 $\mu_A(x)\in[0, 1]$，称为 x 对 A 的隶属程度。映射 $\mu_A: U\to[0, 1]$，$x\to\mu_A(x)$，称为 A 的隶属函数。上述定义表明，一个模糊集 A 完全由隶属函数 μ_A 来刻画。$\mu_A(x)$ 的值越接近于1，表示 x 对于 A 的隶属程度越高；$\mu_A(x)$ 的值越接近于0，表示 x 对于 A 的隶属程度越低。当 $\mu_A(x)$ 的值域变为 $\{0, 1\}$ 时，$\mu_A(x)$ 演变为普通集合的特征函数 $C_A(x)$，A 也就演化为普通集合 A。因此，可以认为模糊集合是普通集合的一般化。

2. 关系与模糊关系

设 U、V 为两个集合，U 到 V 的一个(二元)关系 R 是 $U\times V$ 中的一个子集：$R\in U\times V$。严格地讲，R 是一个关系的集合表示，若 $(x, y)\in R$(其中 $x\in U$，$y\in V$)，则称 x 对 y 有关系 R，记为 xRy。

设 U、V 为两个集合，U 到 V 的一个(二元)模糊关系 R 是 $U\times V$ 中的一个模糊集合，其隶属函数用 $\mu_R(x, y)$ 来表示，$\mu_R: U\times V\to[0, 1]$。亦即，对于 $(x, y)\in U\times V$，$\mu_R(x, y)$ 表示 x 对 y 有关系 R 的程度，或 x 对 y 有关系 R 的相关程度。模糊关系一般表达为：$R=\int_{U\times V}\mu_R(x, y)/(x, y)$。

3. 分解定理与表现定理

设 A 为论域 X 中的模糊集合，$\lambda\in[0, 1]$，定义 λ 与集合 A_λ 的“数积”为模糊集合 $B=\lambda A_\lambda$，其隶属函数为 $B(x)=\min(\lambda, C_{A_\lambda}(x))$，其中 $C_{A_\lambda}(x)$ 为截集 A_λ 的特征函数。其中，数积 B 的隶属函数可记为

$$B(x)=\begin{cases}\lambda, & x\in A_\lambda\\ 0, & x\notin A_\lambda\end{cases}$$

分解定理：令 A 为论域 X 中的模糊集合，则 $A=\bigcup_{\lambda\in[0, 1]}\lambda A_\lambda$，另外还可以用隶属函数的形式给出，$A(x)=\max_{\lambda\in[0, 1]}(\min(\lambda, C_{A\lambda}(x)))$，记作 $A(x)=\bigvee_{\lambda\in[0, 1]}(\lambda\wedge C_{A\lambda}(x))$。从分解定理中可以得出任何一个模糊集均可以由它自己分解出的集合合成。

4. 隶属函数的确定

隶属函数的确定，无论是在理论上还是在实践方面，都是模糊集合理论及其应用的关键问题。目前，确定隶属函数的各种方法还处于研究阶段，常见的比较实用的确定隶属函数的途径有：

(1) 专家确定法：根据主观认识或个人经验，主要是专家经验，给出隶属函数的具体数值。

(2) 借用已有的客观尺度：有些模糊集所反映的模糊概念已有相对成熟的指标，这种指标经过长期的实践，已经成为公认的对客观事实的真实而又本质的刻画。我们可以根据

问题的性质，直接采用这些指标或隶属函数来刻画问题中的不确定性。

(3) 模糊统计法。

(4) 对比排序法。

(5) 综合加权法。

(6) 基本概念扩充法。

在一般的系统开发中，根据系统开发的实际情况，大多采用方法(1)和方法(2)的结合来实现。

9.3.2 模糊专家系统中知识的表示方法

知识按其含义来分，可以分为事实、规则和推理方法等，其分述如下：

(1) 事实是人对客观事物及其属性值的描述，它们通常可以用一个其值为真的命题来表达，在问题求解过程中，它们有时亦被称为原始证据。

(2) 规则是一类可分解为前提(条件)和结论两部分的那种能够表达一定因果关系的知识。其一般形式为：如果 x 是 A，则 y 是 B 的结论。规则是专家系统中最普遍的一类知识，是专家解决问题时常采用的一类思维方式。由于一条规则的结论又可能是另一条规则的前提(或前提的一部分)，因此，若干条规则的综合运用就有可能形成一条推理链，从而将问题的证据和结论关联在一起。

(3) 推理方法也是专家系统中很重要的一类知识，用它可以从已有的知识推出新的知识，是专家系统中问题解答或问题求解的重要方法和工具。主要包括演绎推理、归纳推理和试探推理等。

模糊产生式系统是对基本产生式系统的一种改进，它将传统产生式系统的全局数据库、规则库和规则解释器三个组成部分扩充为模糊全局数据库、模糊规则库和模糊规则解释器。这种扩充有十分现实的意义。由于领域专家的直觉、经验、窍门和启发式知识常常缺乏明确的逻辑联系，因此领域专家常常用一些比较含糊的语言来描述这些知识并采用它们进行推理。为了在产生式规则中描述这种模糊性的知识，有必要引入模糊产生式规则。模糊规则是将传统产生式规则模糊化，其模糊化主要从以下几个方面来进行：

(1) 前提条件模糊化。

(2) 动作或结论模糊化。

(3) 设置规则激活阈值 $\tau(0<\tau<1)$。

设置规则可信度(或规则强度) $CF(0<CF\leqslant 1)$，以确定的可信度来反映规则的可信程度，这可认为是对“THEN”的一种模糊化，在推理中，它将影响结论或动作的可信度。

9.3.3 模糊推理

目前，在模糊专家系统中，常用的主要模糊推理方法有以下几种：

(1) 合成推理规则。这种推理方法是 Zadeh 于 1973 年首次提出来的。是目前应用的最为广泛的一种模糊推理方法。它的基本思想是：

先求出规则“IF u is $\boldsymbol{A}$ THEN v is $\boldsymbol{B}$”中 $\boldsymbol{A}$ 和 $\boldsymbol{B}$ 的确定关系，然后再将这个关系(是一个二元关系)与观察事实“x is $\boldsymbol{A}'$”中的 $\boldsymbol{A}'$ (为一元关系)进行合成，即

$$\frac{\begin{array}{l}\boldsymbol{A} \text{ and } \boldsymbol{B} \text{ are } \boldsymbol{R} \\ \boldsymbol{A}'\end{array}}{\boldsymbol{B}'=\boldsymbol{A}'\circ\boldsymbol{R}} \tag{9.1}$$

由于 $\boldsymbol{A}$ 和 $\boldsymbol{B}$ 的关系 $\boldsymbol{R}$ 可有多种不同的表示方法(即有多种不同的模糊蕴含算子)以及 $\boldsymbol{A}'$ 和 $\boldsymbol{R}$ 之间的合成也可以采用不同的方法来计算，所以式(9.1)的推导结果会有多种不同的形式。

此外，规则也有多种不同的形式，如：

① IF u_1 is $\boldsymbol{A}_1$ and u_2 is $\boldsymbol{A}_2$ and … and u_n is $\boldsymbol{A}_n$ THEN v is $\boldsymbol{B}$,

② IF u_1 is $\boldsymbol{A}_1$ and u_2 is $\boldsymbol{A}_2$ and … and u_n is $\boldsymbol{A}_n$ THEN v is $\boldsymbol{B}$ ELSE z is $\boldsymbol{C}$,

③ IF u_1 is $\boldsymbol{A}_1$ or u_2 is $\boldsymbol{A}_2$ or … or u_n is $\boldsymbol{A}_n$ THEN v is $\boldsymbol{B}$ ELSE z is $\boldsymbol{C}$,

④

$$\frac{\begin{array}{l}\text{IF } u \text{ is } \boldsymbol{A} \text{ THEN } z \text{ is } \boldsymbol{C} \\ \text{IF } v \text{ is } \boldsymbol{B} \text{ THEN } z \text{ is } \boldsymbol{C} \\ \quad u \text{ is } \boldsymbol{A}' \text{ OR } v \text{ is } \boldsymbol{B}'\end{array}}{z \text{ is } \boldsymbol{C}'}$$

在这些常见的演绎推理形式下，模糊蕴含算子和合成方法就更复杂。目前，国内外许多人工智能学者和知识工程师都在研究和寻找各种演绎推理的形式下，什么样的模糊蕴含算子和合成方法在不同的匹配事实情况下(例如，u is $\boldsymbol{A}'$，u is very $\boldsymbol{A}'$，u is more or less $\boldsymbol{A}'$，u is not $\boldsymbol{A}'$，u is not very $\boldsymbol{A}'$，u is not more or less $\boldsymbol{A}'$等)，都能推导出满足直觉要求的结果。

(2) 间接采用距离、贴近度或某种模糊匹配函数来度量两个模糊变量(即规则前件和观察事实)的匹配程度，当它大于某个阈值(由领域专家事先给出)时，则启动该规则，否则，系统将搜索别的规则。

(3) 用可能性理论来处理模糊推理问题。该方法采用可能性分布来描述语言变量等模糊概念。该方法认为可能性分布是表示模糊概念语义的最佳形式，在推理过程中使用投影原理、特指合取原理以及必含原理从而推导出一个可能是不精确的结论。

(4) 采用真值约束方法来实现模糊推理。该方法引入了一种新的相容性关系，以及一种新的基于指数运算的蕴含形式，通过该相容性关系映射到一个真值空间从而推导出结论的不确定性值。

(5) 采用区间模糊集来处理模糊推理问题。由于模糊集的隶属函数常常很难确定，在模糊知识系统中它们均由领域专家根据其经验而主观地给出。而对模糊集给出它的一个区间值隶属度与前者相比，则要相对容易得多。在这种方法中，语言连接词(如 AND、OR、IF…THEN 等)可理解为语言命题的区间值模糊集来表示基于范式(合取范式和析取范式)的模糊蕴含，其中，语言连接词、前件、后件均是模糊的。实践证明，许多采用不同值的模糊蕴含算子所推导出的结果均落在基于区间模糊集方法所推导出的结果中。

此外，还有许多别的处理模糊推理的方法，如采用等价算子(即相互蕴含)作为蕴含算子等，但就目前的理论探讨和应用开发研究中，合成推理规则仍然是采用的最为普遍的一种模糊推理方法。

9.3.4 模糊推理的控制策略

1. 推理方向

推理方向用于确定推理的驱动方式，分为正向推理、反向推理、混合推理及双向推理四种。

(1) 正向推理控制策略也称为自底向上控制，数据驱动控制，其基本思想是：从已有的事实出发，寻找可用的知识，通过冲突消解策略，执行启用知识，改变全局数据库的状态，逐步求解直至问题解决，正向推理最适用于最终结论较多并且初始数据相对较少的场合。正向推理的详细处理过程如下：

① 断言一个事实。

② 使事实与某个规则的前提相匹配。

③ 完成事实和前提的合一替换。

④ 把替换应用于规则的结论。

⑤ 断言结果，并把它应用于进一步的推理。

⑥ 重复步骤①到⑤。

从上述算法来看，步骤虽简单，但问题要比想象的复杂得多。例如，根据当前状态在知识库中选用合适的知识，这就涉及以什么样的顺序查找，怎样判断知识是否可用。查找方法一般包括顺序查找、索引查找、指针链查找等方法。判断知识是否可用更要复杂一些，一般很少用直接匹配，而要考虑问题的表示方法和知识运用条件的形式。

(2) 反向推理也称为自顶向下控制、目标驱动控制。反向推理控制策略的基本思想为：先假设一个目标，然后在知识库中找出那些其结论部分导致这个目标的知识集，再检查知识集中每条知识的条件部分，如果某条知识的条件部分中所含有的条件项均能被当前全局数据库的内容所匹配，则把该条知识的结论(即目标)加到当前全局数据库中，从而该目标被证明；否则将该知识的条件作为新的子目标，递归执行上述过程，直至各"与"关系的子目标全部或者"或"关系的子目标有一个出现在数据库中，则目标被求解。若子目标不能进一步分解而且数据库不能实现上述匹配过程时，这个假设目标为假。系统重新提出新的假设目标，重复执行上述过程，反向推理适用于结论较少并且初始数据量很大的场合。反向推理过程如下：

① 提出获取事实(目标)的请求。

② 目标和任何已知的事实都不匹配。

③ 目标和一条规则的结论匹配。

④ 进行目标和结论的合一替换。

⑤ 将替换应用于规则的前提。

⑥ 这个结果成为系统的新目标。

⑦ 新目标将执行如下动作：

a. 匹配知识库中的事实。

b. 匹配规则的结论，以进行跟进。

c. 要求用户回答必要的信息。

d. 失败，此时原目标也失败。

⑧ 重复步骤①～⑦。

反向推理的主要优点是不必使用与目标无关的知识，目的性很强。它特别适合于解空间小的问题。对于解空间大的问题，初始目标的提出较困难。同时它还能主动向用户询问有关信息和有利于向用户提供解释，告诉用户所要达到的目标及为此而使用的知识。它的主要缺点是初始目标的选择盲目，没有充分利用用户提供的信息。

双向推理是指正向推理与反向推理同时进行，且在推理过程中的某一步碰头的一种推理。其基本思想是：一方面根据已知的事实进行正向推理，但并不推到最终目标；另一方面从假设目标出发进行反向推理，但并不推至原始事实，而是让它们在中途相遇，即由正向推理所得的中间结论恰好是反向推理此时所要求的证据，这时推理就可结束，反向推理的假设就是推理的最终结论。双向推理的困难在于"碰头"的判断，如何确定这个时机也是一个难题。

正向推理的主要缺点是推理目的性不强，在推理当中可能做出很多与求解无关的操作，反向推理的缺点是选择目标盲目，尤其是初始目标的选择。混合推理控制策略是一种综合正向推理和反向推理各自优点的有效方法，其基本思想为：先使用正向推理帮助选择初始目标，即从已知事实演绎出部分结果，据此选择一个目标，然后通过反向推理求解该目标，在求解这个目标时又会得到用户提供的更多信息，再正向推理，求得更接近的目标，如此反复，直至问题求解为止。

2. 冲突消解策略

在推理过程中，系统要不断地用当前已知的事实与数据库中的知识进行匹配，已知事实可能与知识库中的多个知识匹配成功；或者多个已知的事实与知识库中的多个知识匹配成功。称上述情况为发生了冲突，此时需要按一定的策略解决冲突，以便从中选择一个知识用于当前的推理，称这一解决冲突的过程为冲突消解。解决的方法称为冲突消解策略。目前有多种冲突消解策略，其基本思想都是对知识进行了排序，常用的有以下几种：

(1) 按针对性排序。优先选用针对性较强的产生式规则。因为它要求的条件较多，其结论一般更接近于目标，一旦得到满足，可缩短推理过程。

(2) 按匹配度排序。在不确定性匹配中，为了确定两个知识模式是否可以匹配，需要计算这两个模式的相似程度，当其相似度达到某个预先规定的值时，就认为它们是可匹配的。相似度又称为匹配度，它除了可用来确定两个知识模式是否可匹配外，还可用于冲突消解。

(3) 根据领域问题的特点排序。如果事先可知道领域问题的某些特点，则可根据这些特点事先确定知识库中知识的使用顺序。

9.3.5　模糊解释机制

在一般的模糊专家系统中，主要采用了预置文本法和路径跟踪法，其分述如下：

(1) 最简单的解释方法是预置文本法，即把问题的解释预先用自然语言或其他易于理解的形式写好，插入程序段或相应的数据库中。在推理过程中或推理之后，一旦用户询问到已有预置解释文本的问题，只需把相应的解释文本填入解释框架，组织成对这个问题的解释提交给用户。

(2) 路径跟踪法是对推理过程进行跟踪，将问题求解所使用的知识自动记录下来。当用户提出需要解释时，解释器向用户显示问题求解路径。路径跟踪法向用户提供 Why 解释和 How 解释，Why 解释用于回答用户关于“系统为什么需要提出这样的问题”的询问，How 解释用于回答用户关于“系统是怎样得出这样的结论”的询问。

实现 Why 解释比较简单，系统从推理过程中确定导致这个问题的规划，使用该规则向用户解释即可。实现 How 解释需要从这个结论出发，把导致这个结论的推理链中涉及的有关规则或知识组织成解释文本，告诉用户是怎样推理得出这个结论的。

9.4 模糊规则库的设计与检验

9.4.1 模糊控制器的结构

确定模糊控制器的结构是建立模糊控制规则的必要前提，不同结构具有不同形式的规则。选择 FLC 的结构形式，也应该和人工控制经验规则的形式相适应。

我们这里所说的模糊控制器的结构是从它的输入输出的角度来划分，一般分为：一个输入一个输出的 FLC，两个输入一个输出的 FLC 和多个输入和多个输出的 FLC，它们所对应的用户控制规则分别是一维的、两维的和多维的模糊推理语句，我们可以把它们称为单输入单输出 SISOFLC、两输入单输出 FLC 和多输入多输出 MIMOFLC。常规的模糊控制器是以被控制量的误差 e、误差的变化率 ec 或是再加上误差的积分 ei 等为输入，控制作用 u 为输出，可以算是一个 MISO 的 FLC，但是这里 ec 和 ei 都是由 e 直接计算得到的，e、ec 和 ei 实质上只对应一个外部的输入变量。在控制理论中，这样的控制系统属于单变量控制系统 SISO 系统。在控制理论中所谓多变量系统，即 MIMO 系统或 MISO 系统，应该有多个输入变量，它们是由独立性的外部作用，而不应该是由其他输入直接计算得到的。

因此上述对模糊控制器似乎有点矛盾的称呼就因为从不同角度出发的，为此我们给出下述的模糊控制器结构的分类。

1. 单变量模糊控制器

常规的模糊控制器为单变量模糊控制器，它有一个独立的外部输入变量和一个输出变量。而单变量模糊控制器输入的个数称为模糊控制器的维数。

(1) 一维模糊控制器如图 9.5(a)所示，一维 FLC 的输入一般为被控变量与设定值之差 e。因为仅采用误差 e 作为输入，因此一维 FLC 控制效果不理想，难以得到好的动态品质，只用于对象简单(如一阶)要求不高的情况。

(2) 二维模糊控制器如图 9.5(b)所示，二维 FLC 的输入一般为误差 e 和误差的变化率 ec，这是最典型最基本模糊控制器，应该也最广泛，因此 FLC 一般都采用这种结构。

(3) 三维模糊控制器如图 9.5(c)所示和图 9.5(d)所示，三维 FLC 的输入可以是 e、ec 和 e 的积分 ei，也可以是 e、ec 和 ec 的变化率 ecc。三维 FLC 应该能得到更好的控制特性，但其设计却更为复杂，尤其是模糊控制规则的总结就更为困难。因为人对具体被控制对象进行模糊控制的逻辑思维通常不超过三维，三维输入规则的建立是较为复杂和困难的，实用中包含 ei 或 ecc 的人工操作经验也比较少。

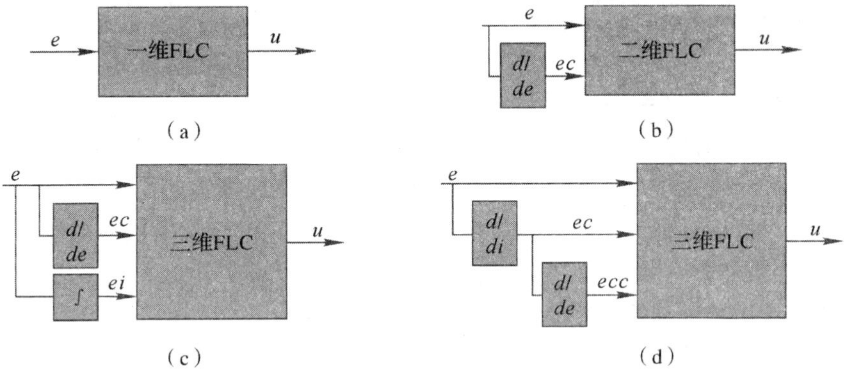

（a）一维FLC （b）二维FLC （c）和（d）三维FLC

图 9.5 单变量模糊控制器

2. 多变量模糊控制器

多变量模糊控制器有多个有独立性的输入变量和一个或多个输出变量，其结构如图 9.6 所示。

图 9.6 多变量模糊控制器

多变量模糊控制器的变量个数多，如果每个输入变量又可引出各自的误差，误差变化率甚至误差的积分等输入量，那么模糊控制器的输入个数很多，对应于模糊控制规则的推理语句维数很高，直接建立这种系统的控制规则几乎是不可能的，正如我们前面讲到的，人的经验控制的逻辑思维通常不超过三维。因此，多变量模糊控制器的设计一般要进行结构分解，进行降维处理，分解为多个简单模糊控制器的组合形式，有关这方面的设计方法我们在后续的多变量模糊控制器的设计中介绍，本小节介绍的模糊控制器的设计，主要是针对单变量模糊控制器的情况。

单变量 FLC 的结构设计主要是选择 FLC 的输入和输出量，因为 FLC 是基于人的操作经验和有关专家的知识的。因此应认真总结这些经验和知识，从中提炼出相关的输入和输出作用。另外，从控制理论的角度，误差 e、误差变化率 ec、误差积分 ei 这些输入量各有各的控制作用特点，e 是最基本的控制量，相当于常规 PID 调节器的比例作用，是不可少的。ec 相当于微分作用，对抑制系统超调增加稳定性有重要作用。ei 相当于积分作用，有助于消除稳态误差。这些控制理论知识对选择模糊控制的输入和输出也起到辅助作用。

有一种单变量的模糊控制器采用如图 9.5(b)所示的二维结构，e 和 ec 作为输入，但输出在大误差时用控制作用 u，而在小误差时用控制作用 u 的变化量 Δu，它也是常常采用的一种结构形式，小误差时有积分作用。

9.4.2 建立模糊控制规则

模糊控制规则的建立是非常重要的，规则是否正确地反映操作人员和有关专家的经验和知识，是否能适应被控对象的特性，直接关系到整个控制器的性能和控制效果。规则库的建立可以通过以下途径。

1. 总结有关人员的经验和知识

操作人员在长期的操作实践中积累了宝贵的控制经验，摸到被控对象的一些"脾气"，在他们的实际操作行为中，有意识地无意识地用一些具有模糊性的操作规则来操作。

领域专家在被控过程的专业领域方面有着专业理论知识和该领域的工作经验，对被控过程的机理（如物理的、化学的、生化的等）有着深刻的认识，对过程的行为及对外部作用的反应能给出理论分析和解释。

有关的控制工程师具备控制理论知识而且对具体的被控过程有相当的了解和经验，他们可能把控制理论在这个具体被控对象上的应用进行过多次的尝试和总结，他们的经验也是宝贵的。

归纳整理这些有关人员的经验和知识而形成规则可以采取如下的措施：

（1）通过各种途径收集这些人员的经验和知识，他们的经验和知识有时经过思考的语言形式来表达，一个典型的例子是水泥窗的操作手册。

（2）可以通过采用问答的方式，认真地组织一系列的问题，请有关人员进行回答，挖掘他们的经验。

（3）观察操作人员的控制动作，通过观察进行总结。

通过以上办法可以归纳建立规则库原型，然后在经过试验调试逐步完善。

2. 基于过程的模糊模型

被控过程的动态特性可以用模糊语言来描述，称为过程的模糊模型。基于过程的模糊模型可以产生一组模糊控制规则来达到系统希望的动态性能，这一组控制规则就形成模糊控制的规则库。这种方法可以给出更好的性能和稳定性，但是它非常复杂，而且目前还没有成熟。

3. 基于学习

Procyk 和 Marndani 首先提出了具有学习能力的自组织模糊控制器的概念。自组织模糊控制器 SOFC(Self-organization Fuzzy Controller)是一种分级结构，包含两个规则库。第一级是一般的 FLC 的规则库，第二级由元规则(Meta-rules)组成，它有学习能力，可以根据希望的系统性能创建和修改第一级规则库。一个非常吸引人的例子是 Sugenu 有学习能力的模糊控制汽车，它经训练可以自行在停车库停车。

以上是建立规则库的一些方法，应该说第一种即通过总结归纳关于人员的经验和知识来得出规则库最基本的方法。在实际应用中，对于并非很特殊的控制对象，可以先根据前人的经验和应用成果，把前人曾成功的应用过的规则库作为基础和参考。

初步建立的模糊控制规则不一定是完美无缺的，也往往需要试验，经过试验检验效果。下面我们将给出有关模糊控制规则的完备性、互作用性和相容性的分析，对建立调整规则库有一定的指导意义。

9.4.3 模糊控制规则的完备性

所谓完备性，指的是对于任何一种被控过程的状态，模糊控制器总是能产生一个控制作用，即对于任何一个非空的过程的模糊状态，不能由规则库导出一个空的模糊控制作用。

定义 9.1 设控制规则库如下：

若输入为 X_i 则控制作用为 U_i，$i=1, 2, \cdots, n$，其中，输入 $X_i \in F(X)$ 为各输入论域上的模糊子集的笛卡尔积，例如，输入为误差 E_i 和误差变化 EC_i，则 $X=E_i \times EC_i$，论域 $X=E \times EC$，$E_i \in F(E)$，$EC_i \in F(EC)$。如对所有 $x \in X$，总有一个 $i \in \{1, 2, \cdots, n\}$，满足 $X_i(x) > \varepsilon$，即

$$\underset{x \in X}{\forall} \underset{1 \leqslant i \leqslant n}{\exists} X_i(x) > \varepsilon \tag{9.2}$$

式中，$\varepsilon \in (0, 1]$，则称规则库是完备的。

要满足上述完备性的定义，显然对所有的 $x \in X$，所有 X_i 并集的隶属度应大于ε，即

$$\forall x \in X \bigcup_{i=1}^{n} X_i(x) > \varepsilon \tag{9.3}$$

满足完备性的要求意味着对任何一种输入状态，总可以在规则库中找到一条规则，使得这个输入状态和该规则前件的匹配程度大于 ε，该规则可以在 ε 程度上激活。

$\varepsilon \in (0, 1]$，实际设计中可以掌握 $\varepsilon=0.5$ 左右。ε 过小，规则的完备性变坏，ε 太高则使得控制作用不灵敏。

要满足规则的完备性，在输入论域的模糊划分中就应注意这个问题。正如我们在 I/O 空间的模糊划分中讲过的，输入论域上定义的基本模糊子集是相交的、有重叠的，从规则的完备性考虑，两两相邻的基本模糊子集的交点的隶属度应该大于 ε。

在建立规则库时，如果发现有预先定义的基本模糊子集组合的模糊条件不包含于规则库中，或者发现有输入状态和基本模糊条件(即规则的前件)的最大匹配程度小于 ε，则应该考虑在规则库中增加规则或调整规则。

9.4.4 模糊控制规则的互作用性

假定模糊控制规则如式(9.2)所示，那么如果输入是 X_i，我们希望控制输出为 U_i，$i=1, 2, \cdots, n$。但实际上控制作用一般不会正好是 U_i，不会正好是原来规则中预先定义的基本模糊子集，而会有所改变。这是规则互作用的结果。规则的互作用性可以描述为以下几个定义。

定义 9.2 对于式(9.2)的规则库，R 表示其模糊关系，若下式成立

$$\underset{1 \leqslant i \leqslant n}{\exists} X_i \circ R \neq U_i$$

即

$$\underset{1 \leqslant i \leqslant n}{\exists} \underset{u \in U}{\exists} (X_i \circ R)(u) \neq U_i(u)$$

则称式(9.2)所采用的规则有相互作用。

这种情形下，构造的模糊关系 R 和采用的合成规则修改了预先设定的模糊控制作用 U_i。

下面我们给出互作用性的一些性质。

性质 9.1 如果控制器的模糊关系 R 是 X_i 和 U_i 笛卡尔积的并集，并假设所有 X_i 均为正规模糊集。那么，对于所有输入 X_i，由“∨－∧”合成规则求得的控制作用($X_i \circ R$)满足下式

$$\underset{1 \leqslant i \leqslant n}{\forall} U_i \subseteq X_i \circ R$$

证明 $$\begin{aligned}(X_i\circ R)(u)&=\bigvee_{x\in X}\{X_i(x)\wedge R(x,u)\}\\&=\bigvee_{x\in X}\left\{X_i(x)\wedge\left[\bigvee_{j=1}(X_j(x)\wedge U_j(u))\right]\right\}\\&\geqslant\bigvee_{x\in X}\{X_j(x)\wedge[X_i(x)\wedge U_i(u)]\}\\&=\bigvee_{x\in X}\{X_i(x)\wedge U_i(u)\}\end{aligned}$$

因为是正规模糊集，即 $\bigvee_{x\in X}X_i(x)=1$，于是

$$(X_i\circ R)(u)\geqslant U_i(u)$$

即

$$\forall_{1\leqslant i\leqslant n}U_i\subseteq X_i\circ R$$

证毕。

可见原来的模糊集 U_i 包含于由 X_i 得出的模糊控制作用($X_i\circ R$)。

下面的性质 9.2 则指出了模糊规则之间不存在相互作用的条件。

性质 9.2 若输入 X_i 和 X_j 两两不相交，即

$$X_i\cap X_j=\varnothing,$$
$$i,\ j=1,\ 2,\ \cdots,\ n\ 且\ i\neq j$$

也就是说

$$X_i(x)\wedge X_j(x)=0$$

并且 X_i 和 X_j 均为正规的，则

$$\forall_{1\leqslant i\leqslant n}X_i\circ R=U_i$$

证明 $$\begin{aligned}(X_i\circ R)(u)&=\bigvee_{x\in X}\{X_i(x)\wedge R(x,u)\}\\&=\bigvee_{x\in X}\left\{X_i(x)\wedge\left[\bigvee_{j=1}(X_j(x)\wedge U_j(u))\right]\right\}\\&=\bigvee_{x\in X}\left\{\bigvee_{j=1}[X_i(x)\wedge X_j(x)\wedge U_j(u)]\right\}\end{aligned}$$

因为当 $i\neq j$ 时，$X_i(x)\wedge X_j(x)=0$，因此

$$\begin{aligned}(X_i\circ R)(u)&=\bigvee_{x\in X}\{X_i(x)\wedge X_j(x)\wedge U_j(u)\}\\&=\bigvee_{x\in X}\{X_i(x)\wedge U_i(u)\}\end{aligned}$$

又因为 $X_i(x)$是正规的，因此

$$(X_i\circ R)(u)=U_i(u)$$

证毕。

可见，当 $X_i\cap X_j=\varnothing(i,\ j=1,\ 2,\ \cdots,\ n$ 且 $i\neq j)$时规则间没有相互作用；反之，若只要规则相交，即

$$\exists_{\substack{1\leqslant j\leqslant n\\ j\neq i}}X_i\cap X_j=\varnothing$$

则

$$X_i\circ R\neq U_i$$

即规则间存在相互作用，证明如下：

证明 设 $X_i\cap X_j=\varnothing(i,\ j=1,\ 2,\ \cdots,\ n$ 且 $i\neq j)$，但 $j=k$ 除外，也就是说 X_i 与 X_j 相交($k\neq i$，$k\in(1,\ 2,\ \cdots,\ n)$)，即

$$\bigvee_{x\in X}[X_k(x)\wedge X_i(x)]=a,\ 0<a\leqslant 1$$

因此

$$\begin{aligned}(X_i \circ R)(u) &= \bigvee_{x\in X}\{X_i(x)\wedge R(x, u)\}\\ &= \bigvee_{x\in X}\left\{X_i(x)\wedge\left[\bigvee_{j=1}(X_j(x)\wedge U_j(u))\right]\right\}\\ &= \bigvee_{x\in X}\left\{\bigvee_{j=1}\left[X_i(x)\wedge X_j(x)\wedge U_j(u)\right]\right\}\\ &= \bigvee_{x\in X}\left[X_i(x)\wedge X_i(x)\wedge U_i(u)\right]\bigvee_{x\in X}\left[X_i(x)\wedge X_k(x)\wedge U_k(u)\right]\\ &= U_i(u)\vee\left[a\wedge U_k(u)\right]\geqslant U_i(u)\end{aligned} \tag{9.4}$$

即

$$X_i \circ R \supseteq U_i,\ X_i \circ R \neq U_i$$

因此规则存在相互作用。

下面我们给出一个反映模糊集合之间重叠性的定义。

定义 9.3 模糊集合 A，$B\in F(X)$，A 与 B 相关的可能性(Possibility) $\prod(A \mid B)$ 定义为

$$\prod(A \mid B) = \bigvee_{x\in X}\left[A(x)\wedge B(x)\right] \tag{9.5}$$

A 与 B 相关的必要性(Necessity) $N(A|B)$ 定义为

$$N(A|B) = \bigwedge_{x\in X}\left[A(x)\vee(1-B(x))\right] \tag{9.6}$$

$\prod(A \mid B)$ 反映了 A 和 B 重叠或搭接的程度，而 $N(A|B)$ 则反映了 B 包含于 A 的程度。

有了上述定义，我们可以用它来表示规则的完备性和互作用性。

假如模糊控制规则为式(9.2)所示，设 X_i、X_j 是相互邻接的，$i\neq j$，i，$j\in\{1, 2, \cdots, n\}$，显然当 $\prod(X_i \mid X_j)$ 的水平越大，即 X_i 和 X_j 交接重叠程度越大，式(9.3)取值也越大，规则的完备程度也越大。但式(9.4)中的 a 也增大，会使规则的互作用程度增大。在 $\prod(X_i \mid X_j)$ 相同的情况下，若 $\prod(U_i \mid U_j)$ 越大，也就是 U_i 和 U_j 重叠程度越大，则规则间的互作用程度越小。

以上分析模糊控制规则的互作用性是在采用 Marndani 的取小运算和蕴涵规则和"$\vee - \wedge$"合成运算的前提下进行的。实际上，采用不同的蕴涵运算和合成运算规则对规则的互作用性有不同的影响，规则的互作用性也是一个很复杂的问题，目前尚没有很全面的研究。

9.4.5 模糊控制规则的相容性

如果由模糊控制规则推导出的控制输出是多峰的，说明模糊控制规则存在不相容性，这可能发生在规则库中有两个控制规则具有几乎相同的状态(前件部分)但却有不同的控制作用(后件部分)，当模糊控制规则库是由人的经验和知识归纳总结得来时，人的头脑中可能会有矛盾的准则，这样会导出不相容的控制规则。

模糊控制规则的不相容性导致模糊控制作用具有的多峰现象，在解模糊算法之后一般都会消失。因为解模糊算法总是要得出一个精确的控制量。然而这并没有解决规则之间本质上存在的矛盾性，具有矛盾的规则虽然可以最后得到一个唯一的控制作用，但这个控制作用是不合理的，它可以导致不合理的控制效果。因此消除或替换有矛盾的不相同的规则是必要的。

如何来表示规则的不相同性呢？用什么指标来刻画呢？一般认为，对相差不大的输入

X_i 和 X_j，若 X_i 和 X_j 产生基本相同的控制作用 U_i 和 U_j，就认为模糊规则 i 和 j 相容，否则就是不相容的，基于这个思想。引入下述定义。

定义 9.4 规则库如式(9.2)所示，第 i 条规则和第 j 条规则(i, $j=1, 2, \cdots, n$)的不相容性指标 C_{ij} 定义为

$$\begin{aligned} C_{ij} &= \left| \prod (X_i \mid X_j) - \prod (U_i \mid U_j) \right| \\ &= \left| \bigvee_{x\in X} [X_i(x) \wedge X_j(x)] - \bigvee_{u\in U} [(U_i(u) \wedge U_j(u))] \right| \end{aligned} \tag{9.7}$$

则定义

$$C_i = \sum_{j=1}^{n} C_{ij} \tag{9.8}$$

为第 i 条规则与其余所有规则的不相容度。

由式(9.7)可知，当 $X_i=X_j$，$\prod (X_i \mid X_j)=1$，而 $\prod (U_i \mid U_j)=0$，即 U_i 和 U_j 完全不重叠时，$C_{ij}=1$，即最大值，不相容程度最大；若 U_i 与 U_j 也完全重叠，$\prod (U_i \mid U_j)=1$，$C_{ij}=0$，则两条规则完全相容。C_{ij} 取值范围为[0, 1]，也可以把它看成是对不相容性的隶属度。

在进行规则的不相容性检查和处理时，先根据各条规则的前件部分 X_i 和后件部分 U_i 的隶属函数的定义，由式(9.7)计算出所有的 C_{ij}，计算 C_{ij} 时要注意的是，因为 $C_{ij}=C_{u}$，可以减少一半计算量。然后再由式(9.8)计算出所有的 C_i，$i=1, 2, \cdots, n$。然后对 C_i 大的规则进行处理。可以把 C_{ij} 以矩阵的形式列写出来，一边观察不相容性分布的具体情况。可以把 C_i 全部列写出来，取某一阈值，超过阈值者进行处理。例如，一个规则库有 15 条控制规则 $R_1 \sim R_{15}$，其相应的不相容性指标 $C_1 \sim C_{15}$ 如表 9.1 所示。

表 9.1　15 条控制规则与相应的不相容性指标

R_i	1	2	3	4	5	6	7	8	9	10	11	12	13	14	15
C_i	2.4	3.4	4.2	3.8	4.2	1.8	4.5	3.5	4.0	3.9	1.7	3.3	4.1	3.7	3.3

可见，规则 R_9 有最大的不相容度，如果选阈值为 4.0，那么被取消或修改的规则为(R_2，R_6，R_7，R_9，R_{13})。

有关模糊控制规则的完备性、互作用性和相容性是一个较为复杂的问题，前文讨论的有关这个问题的一些概念和思想，对于后期所建立模糊控制器的规则库时是有指导意义的。

习　题

1. 模糊专家系统的定义和特征是什么？
2. 模糊专家系统和专家系统的区别是什么？
3. 试述专家系统的基本结构及原理。
4. 试述模糊专家系统的模糊推理机制。
5. 试述模糊规则库的完备性、互作用性和相容性。

第 10 章　模糊神经网络

模糊神经网络是模糊逻辑系统和神经网络相互融合的一种神经网络模型，已成为智能系统研究的一个热点。本章首先讲述神经网络的基本原理、结构和学习方法；继而对模糊逻辑系统和神经网络各自的优缺点及可融合性进行了分析讲解；在此基础上，基于 Mamdani 型模糊推理系统和 Takagi－Sugeno 型模糊推理系统，介绍了两种模糊神经网络模型，其中包含网络结构和学习算法。

10.1　神经网络理论概述

10.1.1　神经网络原理

广义上讲，神经网络是泛指生物神经网络与人工神经网络这两个方面。所谓生物神经网络是指由中枢神经系统（脑和脊髓）及周围神经系统（如感觉神经、运算神经、交感神经、副交感神经等）所构成的错综复杂的神经网络，它负责对动物机体各种活动的管理，其中最重要的是脑神经系统。人工神经网络是在生物神经网络研究的基础上建立起来，人脑是人工神经网络的原型，人工神经网络是对脑神经系统的模拟，具体来说，人工神经网络是指模拟人脑神经系统的结构和功能，运用大量的处理部件，由人工方式建立起来的网络系统。

人工神经网络源于生物神经网络。在讨论人工神经网络之前，首先介绍有关生物神经网络的相关概念。

1. 生物神经元的结构与功能

神经生理学和神经解剖学证明了人的思维是由人脑完成的，而神经元是组成人脑的最基本单元。人脑大约由 10^{11}～10^{12} 个神经元组成，其中，每个神经元约与 10^4～10^5 个神经元通过突触连接，神经元能够接受并处理信息。因此，人脑是一个极其复杂的大系统，同时它又是一个功能非常完善、有效的系统。探索脑组织的结构、工作原理及信息处理的机制，是整个人类面临的一项挑战，也是整个自然科学的前沿领域。

1）生物神经元的结构

生物神经元（以下简称神经元），也称为神经细胞，是构成神经系统的基本单元。神经元主要由细胞体、树突和轴突构成，其基本结构如图 10.1 所示。

（1）细胞体。细胞体由细胞核、细胞质与细胞膜等组成。一般直径为 5 μm～100 μm，大小不等。细胞体是神经元的主体，它是神经元的新陈代谢中心，同时还负责接收并处理从其他神经元传递过来的信息。细胞体的内部是细胞核，外部是细胞膜，细胞膜外是许多外延的纤维，细胞膜内外有电位差，称为膜电位，膜外为正，膜内为负。

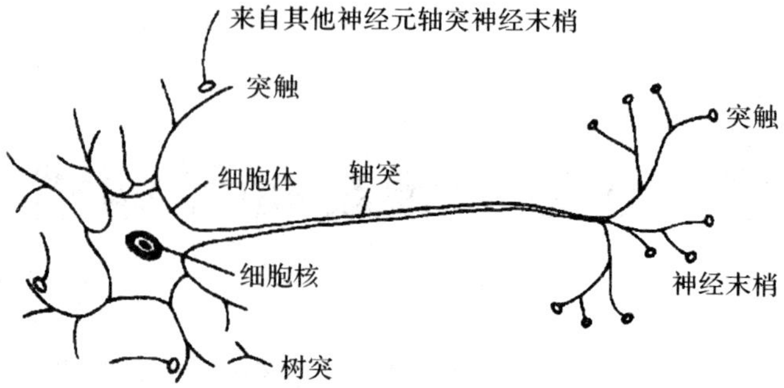

图 10.1 生物神经元结构

(2) 轴突。轴突是由细胞体向外伸出的所有纤维中最长的一条分枝。每个神经元只有一个轴突，长度最大可达 1 m 以上，其作用相当于神经元的输出电缆，它通过尾部分出的许多神经末梢以及梢端的突触向其他神经元输出神经冲动。

(3) 树突。树突是由细胞体向外伸出的除轴突外的其他纤维分枝，长度一般均较短，但分枝很多。它相当于神经元的输入端，用于接收从四面八方传来的神经冲动。

(4) 突触。突触是轴突的终端，是神经元之间的连接接口，每一个神经元约有 10^4 ～10^5 个突触。一个神经元通过其轴突的神经末梢，经突触与另一神经元的树突连接，以实现信息的传递。

2) 生物神经元的功能特点

从生物控制论的观点来看，作为控制和信息处理基本单元的神经元，具有以下功能特点。

(1) 时空整合功能。神经元对于不同时间通过同一突触传入的信息，具有时间整合功能；对于同一时间通过不同突触传入的信息，具有空间整合功能。两种功能相互结合，是使生物神经元具有时空整合的输入信息处理功能。

(2) 动态极化性。在每一种神经元中，信息都是以预知的确定方向流动的，即从神经元的接收信息部分(细胞体、树突)传到轴突的起始部分，再传到轴突终端的突触，最后再传给另一神经元。尽管不同的神经元在形状及功能上都有明显的不同，但大多数神经元都是按这一方向进行信息流动的。

(3) 兴奋与抑制状态。神经元具有两种常规工作状态，即兴奋状态与抑制状态。兴奋状态是指神经元对输入信息经整合后使细胞膜电位升高且超过了动作电位的阈值，此时产生神经冲动并由轴突输出。抑制状态是指对输入信息整合后，细胞膜电位值下降到低于动作电位的阈值，从而导致无神经冲动输出。

(4) 结构的可塑性。由于突触传递信息的特性是可变的，也就是它随着神经冲动传递方式的变化，传递作用强弱不同，形成了神经元之间连接的柔性，这种特性又称为神经元结构的可塑性。

(5) 脉冲与电位信号的转换。突触界面具有脉冲与电位信号的转换功能。沿轴突传递的电脉冲是等幅的、离散的脉冲信号，而细胞膜电位变化为连续的电位信号，这两种信号是在突触接口进行变换的。

(6) 突触延期和不应期。突触对信息的传递具有时延和不应期，在相邻的两次输入之间需要一定的时间间隔，在此期间，无激励，不传递信息，这称为不应期。

(7) 学习、遗忘和疲劳。由于神经元结构的可塑性，突触的传递作用有增强、减弱和饱和的情况。所以，神经细胞也具有相应的学习、遗忘和疲劳效应(饱和效应)。

2. 人工神经元模型

生物神经元经抽象化后，可得到如图 10.2 所示的一种人工神经元模型，它有三个基本要素。

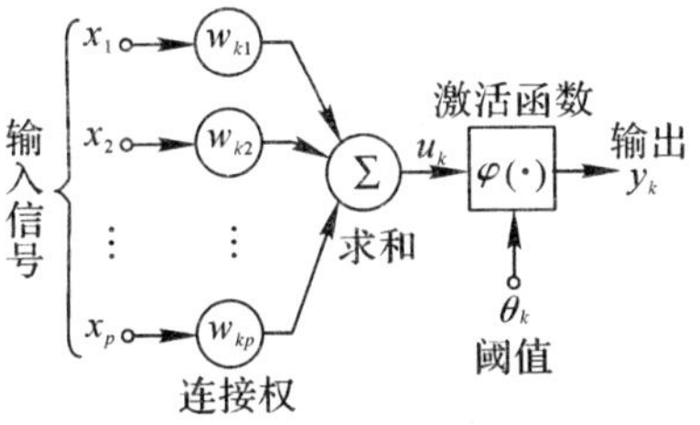

图 10.2 人工神经元模型

(1) 连接权。连接权对应于生物神经元的突触，各个神经元之间的连接强度由连接权的权值表示，权值为正表示激活，为负表示抑制。

(2) 求和单元。求和单元用于求取各输入信号的加权和(线性组合)。

(3) 激活函数。激活函数起非线性映射作用，并将神经元输出幅度限制在一定范围内，一般限制在(0, 1)或(−1, 1)之间。激活函数也称为传输函数。

此外还有一个阈值 θ_k(或偏值 $b_k=-\theta_k$)。以上作用可分别以数学式表达出来，即

$$u_k=\sum_{j=1}^{p}w_{kj}x_j,\ v_k=net_k=u_k-\theta_k,\ y_k=\varphi(v_k)$$

式中，x_1, x_2, …, x_p 为输入信号，它相当于生物神经元的树突，为人工神经元的输入信息；w_{k1}, w_{k2}, …, w_{kp} 为神经元 k 的权值；u_k 为线性组合结果；θ_k 为阈值；$\varphi(\cdot)$为激活函数；y_k 为神经元 k 的输出，它相当于生物神经元的轴突，为人工神经元的输出信息。

若把输入的维数增加一维，则可把阈值 θ_k 包括进去。即

$$u_k=\sum_{j=0}^{p}w_{kj}x_j,\ y_k=\varphi(u_k)$$

此处增加了一个新的连接，其输入 $x_0=\mp1$，权值 $w_{k0}=\theta_k$(或 b_k)，如图 10.3 所示。

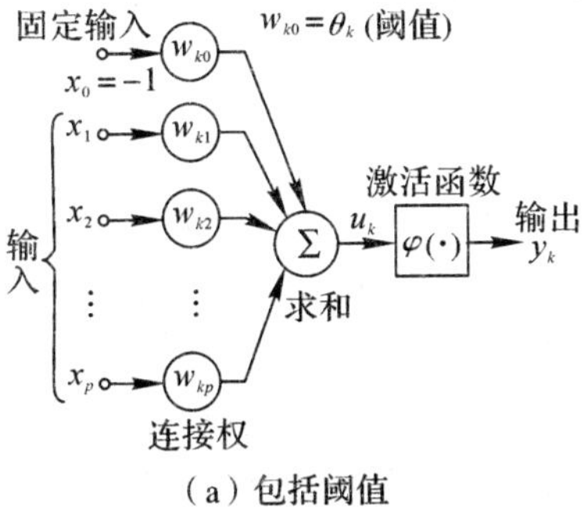

(a) 包括阈值

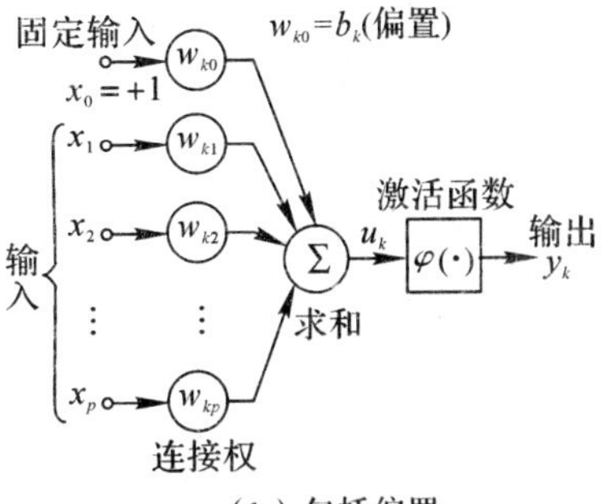

(b) 包括偏置

图 10.3 输入扩维后的人工神经元模型

激活函数 $\varphi(\cdot)$，一般有以下几种形式：

(1) 阶跃函数。其函数表达式为

$$y=\varphi(x)=\begin{cases}1, & x\geqslant 0\\ -1, & x<0\end{cases}$$

(2) 分段线性函数。其函数表达式为

$$y=\varphi(x)=\begin{cases}1, & x\geqslant 1\\ \dfrac{1+x}{2}, & -1<x<1\\ -1, & x\leqslant -1\end{cases}$$

(3) Sigmoid 函数。最常用的 Sigmoid 型函数为

$$\varphi(x)=\frac{1}{1+\exp(-ax)}$$

式中，参数 a 可控制其斜率。

另一种常用的 Sigmoid 型函数为双曲正切 S 型函数，即

$$\varphi(x)=\tanh\left(\frac{1}{2}x\right)=\frac{1-\exp(-x)}{1+\exp(-x)}$$

这类函数具有平滑和渐近线，并保持单调性。

10.1.2 人工神经网络的结构

人工神经网络(Artificial Neural Networks，ANN)是由大量人工神经元经广泛互连而组成的，它可用来模拟脑神经系统的结构和功能。人工神经网络可以看成是以人工神经元为节点，用有向加权弧连接起来的有向图。在此有向图中，人工神经元(以下在不易引起混淆的情况下，人工神经元简称神经元)就是对生物神经元的模拟，而有向加权弧则是轴突——突触——树突对的模拟。有向弧的权值表示相互连接的两个人工神经元间相互作用的强弱。

人工神经网络是生物神经网络的一种模拟和近似。它主要从两个方面进行模拟。一种是从生理结构和实现机理方面进行模拟，它涉及生物学、生理学、心理学、物理及化学等许多基础科学。由于生物神经网络的结构和机理相当复杂，现在距离完全认识它们还相差甚远；另外一种是从功能上加以模拟，即尽量使得人工神经网络具有生物神经网络的某些功能特性，如学习、识别、控制等功能。本书仅讨论后者，从功能上来看，人工神经网络(以下简称神经网络，NN)根据连接方式主要分为两类。

1. 前馈型网络

前馈神经网络是整个神经网络体系中最常见的一种网络，其网络中各个神经元接受前一级的输入，并输出到下一级，网络中没有反馈，如图 10.4 所示。节点分为两类，即输入单元和计算单元，每一计算单元可有任意个输入，但只有一个输出(它可耦合到任意多个其他节点作为输入)。

通常前馈网络可分为不同的层，第 i 层的输入只与第 $i-1$ 层输出相连，输入和输出节点与外界相连，而其他中间层称为隐层，它们是一种强有力的学习系统，其结构简单而易于编程。从系统的观点看，前馈神经网络是一静态非线性映射，通过简单非线性处理的复

合映射可获得复杂的非线性处理能力。但从计算的观点看，前馈神经网络并非是一种强有力的计算系统，不具备有丰富的动力学行为。大部分前馈神经网络是学习网络，并不注意系统的动力学行为，它们的分类能力和模式识别能力一般强于其他类型的神经网络。

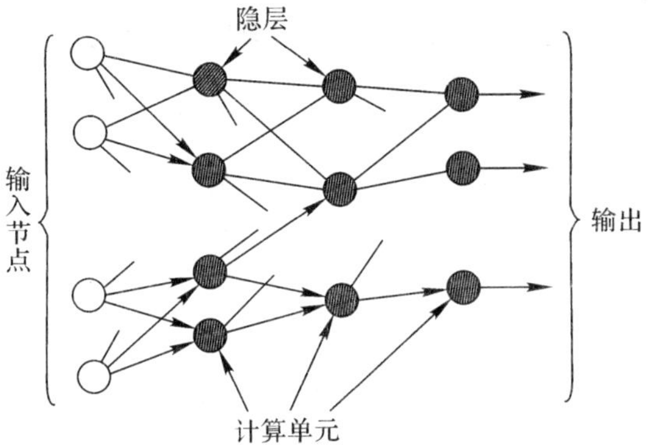

图 10.4　前馈网络

2. 反馈型网络

反馈神经网络又称为递归网络或回归网络。在反馈网络(Feedback NNs)中，输入信号决定反馈系统的初始状态，然后系统经过一系列状态转移后，逐渐收敛于平衡状态。这样的平衡状态就是反馈网络经计算后输出的结果，由此可见，稳定性是反馈网络中最重要的问题之一。如果能找到网络的 Lyapunov 函数，则能保证网络从任意的初始状态都能收敛到局部最小点。反馈神经网络中所有节点都是计算单元，同时也可接受输入，并向外界输出，可画成一个无向图，如图 10.5(a)所示，其中每个连接弧都是双向的，也可画成如图 10.5(b)所示的形式。若总单元数为 n，则每一个节点有 $n-1$ 个输入和一个输出。

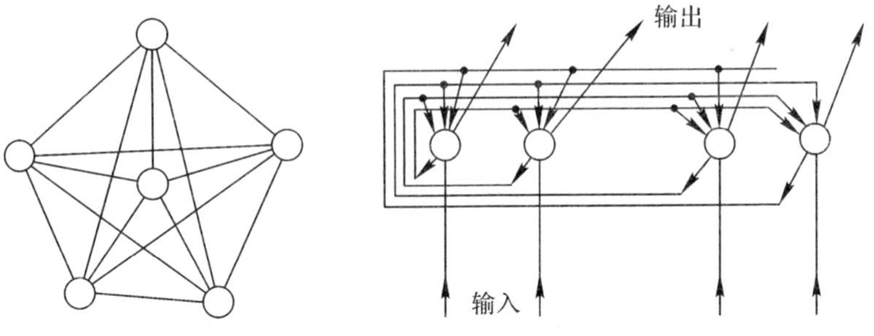

(a) 形式一　　(b) 形式二

图 10.5　单层全连接反馈网络

10.1.3　人工神经网络的学习

神经网络的工作过程主要分为学习和工作两个阶段。在学习阶段，各计算单元状态不变，各连接权上的权值可通过学习来修改；在工作阶段，各连接权固定，计算单元变化，以达到某种稳定状态。下面主要介绍神经网络的学习方式和基本算法。

1. 学习方式

通过向环境学习获取知识并改进自身性能是神经网络的一个重要特点，在一般情况下，性能的改善是按某种预定的度量调节自身参数(如权值)随时间逐步达到的，学习方式

(按环境所提供信息的多少分)有以下三种。

1) 有监督学习(有教师学习)

有监督学习这种方式需要外界存在一个"教师"，它可对一组给定输入提供应有的输出结果(正确答案)，这组已知的输入—输出数据称为训练样本集。学习系统可根据已知输出与实际输出之间的差值(误差信号)来调节系统参数，如图 10.6 所示。

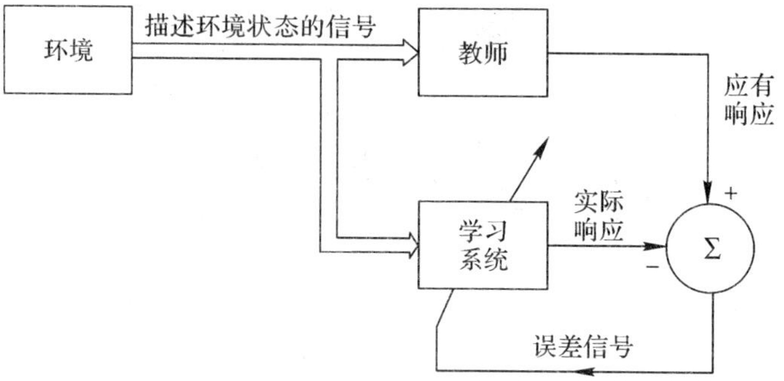

图 10.6　有监督学习框图

在有监督学习中，学习规则由一组描述网络行为的训练集给出，有

$$\{\boldsymbol{x}^1, \boldsymbol{t}^1\}, \{\boldsymbol{x}^2, \boldsymbol{t}^2\}, \cdots, \{\boldsymbol{x}^p, \boldsymbol{t}^p\}, \cdots, \{\boldsymbol{x}^N, \boldsymbol{t}^N\}$$

式中，$\boldsymbol{x}^p$ 为网络的第 p 个输入数据向量；$\boldsymbol{t}^p$ 为对应 $\boldsymbol{x}^p$ 的目标输出向量；N 为训练集中的样本数。

当输入作用到网络时，网络的实际输出与目标输出相比较，然后学习规则调整网络的权值和阈值，从而使网络的实际输出越来越接近于目标输出。

2) 无监督学习(无教师学习)

无监督学习时不存在外部教师，学习系统完全按照环境所提供数据的某些统计规律来调节自身参数或结构(这是一种自组织过程)，以表示外部输入的某种固有特性(如聚类或某种统计上的分布特征)，如图 10.7 所示。在无监督学习当中，仅仅根据网络的输入调整网络的权值和阈值，它没有目标输出。有人可能会问：不知道网络的目的是什么，还能够训练网络吗？实际上，大多数这种类型的算法都是要完成某种聚类操作，学会将输入模式分为有限的几种类型。这种功能特别适合于诸如向量量化等应用问题。

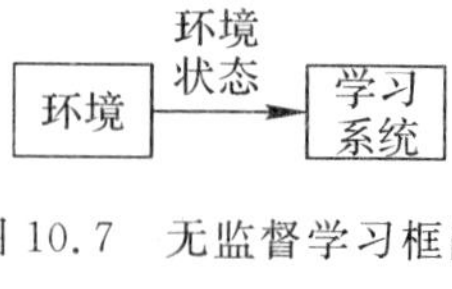

图 10.7　无监督学习框图

3) 强化学习(或再励学习)

强化学习这种方式介于上述两种情况之间，外部环境对系统输出结果只给出评价(奖或罚)而不是给出正确答案，学习系统通过强化那些受奖励的动作来改善自身性能，如图 10.8 所示。强化学习与有监督的学习类似，只是它不像有监督的学习一样为每一个输入提供相应的目标输出，而是仅仅给出一个级别。这个级别(或评分)是对网络在某些输入序列上的性能测度。当前这种类型的学习要比有监督的学习少见，它适用于控制系统应用领域。

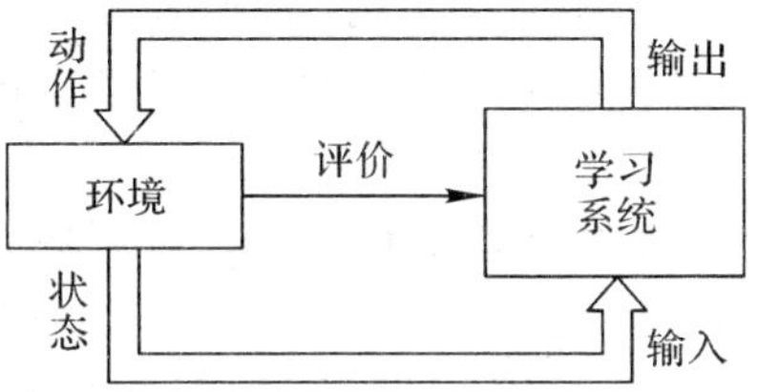

图 10.8 强化学习框图

2. 学习算法

1) δ 学习规则(误差纠正规则)

δ 学习规则是基于使输出方差最小的思想而建立的，因此也称为误差纠正规则。

若 $y_i(k)$ 为输入 $x(k)$ 时神经元 i 在 k 时刻的实际输出，$t_i(k)$ 表示相应的期望输出，则误差信号可写为

$$e_i(k)=t_i(k)-y_i(k)$$

误差纠正学习的最终目的是使某一基于 $e_i(k)$ 的目标函数达最小，以使网络中每一输出单元的实际输出在某种统计意义上最逼近于期望输出。一旦选定了目标函数形式，误差纠正学习就成为一个典型的最优化问题。

最常用的目标函数是均方误差判据，其定义为

$$J=E\left\{\frac{1}{2}\sum_{i=1}^{L}(t_i-y_i)^2\right\} \tag{10.1}$$

式中，E 是统计期望算子；L 为网络输出数。

式(10.1)的前提是被学习的过程是宽而平稳的，具体方法可用最陡梯度下降法。直接用 J 作为目标函数时，需要知道整个过程的统计特性，为解决这一困难用 J 在时刻 k 的瞬时值 $J(k)$ 代替 J，即

$$J(k)=\frac{1}{2}\sum_{i=1}^{L}(t_i-y_i)^2=\frac{1}{2}\sum_{i=1}^{L}\mathrm{e}_i^2(k)$$

问题变为求 $J(k)$ 对权值 w_{ij} 的极小值。

根据最陡梯度下降法可得

$$\Delta w_{ij}(k)=\eta\cdot\delta_i(k)\cdot x_j(k)=\eta\cdot \mathrm{e}_i(k)\cdot f'(W_ix)\cdot x_j(k)$$

式中，η 为学习速率或步长($0<\eta\leqslant 1$)；$f(\cdot)$ 为激活函数。这就是通常说的误差纠正学习规则(或称为 δ 规则)，用于控制每次误差修正值。

2) Hebb 学习

神经心理学家 Hebb 提出的学习规则可归结为“当某一突触(连接)两端的神经元的激活同步(同为激活或同为抑制)时，该连接的强度应增加；反之，则应减弱”，用数学方式可描述为

$$\Delta w_{ij}(k)=F(y_i(k),\ x_j(k))$$

式中，$y_i(k)$、$x_j(k)$ 分别为 w_{ij} 两端神经元的状态，其中最常用的一种情况为

$$\Delta w_{ij}(k)=\eta\cdot y_i(k)\cdot x_j(k) \tag{10.2}$$

式中，η 为学习速率。

由于 $w_{ij}(k)$ 与 $y_i(k)$、$x_j(k)$ 的相关成比例，有时称之为相关学习规则。式(10.2)定义的 Hebb 学习规则不需要关于目标输出的任何相关信息，因此它实际上是一种无监督的学习规则。

原始的 Hebb 学习规则对权值矩阵的取值未做任何限制，因而学习后权值可取任意值。为了克服这一弊病，在 Hebb 学习规则的基础上增加一个衰减项，即

$$\Delta w_{ij}(k)=\eta \cdot y_i(k) \cdot x_j(k)-d_r \cdot w_{ij}(k)$$

衰减项的加入能够增加网络学习的"记忆"功能，并且能够有效地对权值的取值加以限制。衰减系数 d_r 的取值在[0, 1]之间。当取 0 时，就变成原始的 Hebb 学习规则。

另外，Hebb 学习规则还可以采用有监督的学习，对于这样的规则而言，是将目标输出代替实际输出。由此，算法被告知的就是网络应该做什么，而不是网络当前正在做什么，可描述为

$$\Delta w_{ij}(k)=\eta \cdot t_i(k) \cdot x_j(k)$$

3) 竞争(Competitive)学习

顾名思义，在竞争学习时网络各输出单元互相竞争，最后达到只有一个最强者激活。最常见的一种情况是输出神经元之间有侧向抑制性连接，如图 10.9 所示。这样众多输出单元中如有某一单元较强，则它将获胜并抑制其他单元，最后只有比较强者处于激活状态。最常用的竞争学习规则有以下三种：

Kohonen 规则：$\Delta w_{ij}(k)=\begin{cases}\eta(x_j-w_{ij}), & \text{若神经元 } j \text{ 竞争获胜} \\ 0, & \text{若神经元 } j \text{ 竞争失败}\end{cases}$

Instar 规则：$\Delta w_{ij}(k)=\begin{cases}\eta y_i(x_j-w_{ij}), & \text{若神经元 } j \text{ 竞争获胜} \\ 0, & \text{若神经元 } j \text{ 竞争失败}\end{cases}$

Outstar 规则：$\Delta w_{ij}(k)=\begin{cases}\eta(y_i-w_{ij})/x_j, & \text{若神经元 } j \text{ 竞争获胜} \\ 0, & \text{若神经元 } j \text{ 竞争失败}\end{cases}$

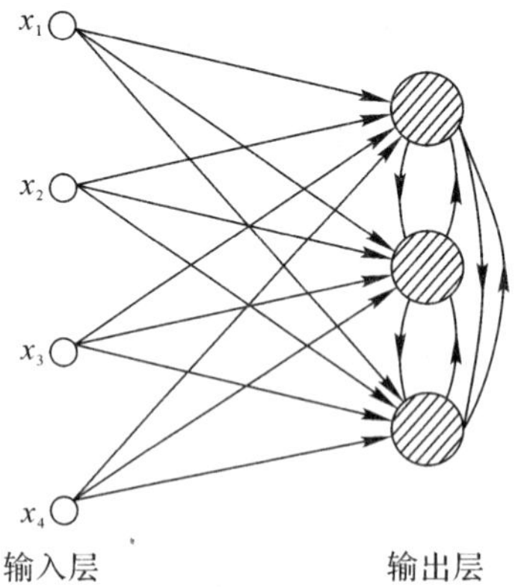

图 10.9　竞争学习网络

3. 学习与自适应

当学习系统所处环境平稳时(统计特征不随时间变化)，从理论上说通过监督学习可以学到环境的统计特征，这些统计特征可被学习系统(神经网络)作为经验记住。如果环境是非平稳的(统计特征随时间变化)，通常的监督学习没有能力跟踪这种变化，为解决此问题

需要网络有一定的自适应能力，此时对每一个不同输入都作为一个新的例子对待，其工作过程如图 10.10 所示。

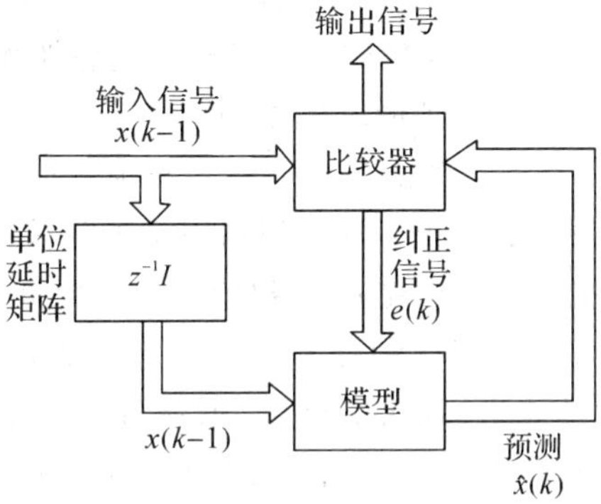

图 10.10 自适应学习的工作过程

此时模型(如 NN)被作为一个预测器，基于前一时刻输出 $x(k-1)$和模型在 $k-1$ 时刻的参数，它估计出 k 时刻的输出 $\hat{x}(k)$，$\hat{x}(k)$与实际值 $x(k)$(作为应有的正确答案)比较，其差值 $e(k)$称为“新息”，如新息 $e(k)=0$，则不修正模型参数，否则应修正模型参数以便跟踪环境的变化。

10.2 模糊系统与神经网络的可融合性

人脑可以看成是神经网络与模糊系统的有机结合。从物质结构及宏观上看，人脑是一种典型的生物神经元网络，人脑的思维活动和智能行为是大量神经元协同运作的表现；而从具体的思维功能来看，人脑又是个模糊系统。人工神经网络是对人脑的结构和工作方式的近似和简化；而人工模糊系统是以模糊数学为基础对人脑的模糊思维进行工程化模拟。

神经网络和模糊逻辑系统是两种主要的智能技术，它们都能模拟人的智能行为，不需要精确的数学模型，能够解决传统技术无法解决的许多复杂的、不确定性的、非线性的问题，而且易于用硬件或软件来实现。神经网络和模糊系统又具有各自的特点。为了对模糊逻辑系统和神经网络有更明确的认识，便于比较，将二者的主要优缺点表述如下。

模糊逻辑系统在实际应用中所具有的优点是：① 无需预先知道被控对象的数学模型，因此，可以对那些数学模型无法求取或难以求取的对象进行有效的控制；② 由于控制规则是以操作人员的经验总结出来的条件语句表示的，所以，此方法易于为操作人员掌握；③ 系统鲁棒性较好，具有较强的非线性控制作用；④ 适用于多级分层控制，规则可以分层连接，每条规则可以向下连接一个子规则库，从而形成多级控制；⑤ 控制规则是以 IF-THEN 模糊规则的形式，有利于人机对话和系统的知识处理，系统具有一定的灵活性和机动性。

但是，模糊逻辑系统尚存在一些不足，模糊规则的自动提取和模糊变量隶属度函数的自动生成和优化，一直是困扰模糊信息处理技术进一步推广的难题。现有模糊系统方法缺乏使系统具备学习能力的手段，而这正是神经网络的优势所在。

人工神经网络方法具有的优点是：① 能够任意逼近欧氏空间的非线性函数；② 能够同

时处理定量和定性知识，能以模式信息表示系统的知识，并以事例为基础进行学习推理；③ 学习和适应具有不确定性的系统，通过逐步调整权值，自动精炼信息，学习新知识；④ 采用并行计算推理、分布式存储和处理信息，具有很强的容错能力；⑤ 具有自联想功能，神经元间的相互作用可以体现整体效应，易于实现联想功能；⑥ 人工神经网络可以通过学习正确答案的实例集自动提取合理的求解规则。

然而，人工神经网络也存在不少的缺陷，主要有几个方面：① 逻辑分析困难，人工神经网络的权值隐含地表达了系统的知识，但这些知识是如何建立于权值中，而权值又是以何种方式来反映这些知识的机理尚未清楚；② 权值的学习时间长，在神经网络学习时，其学习速度取决于网络的构造、学习规律和样本的选取等因素，有时不能得到稳定的权值；③ 难以精确分析网络的各项性能指标(如稳定性、收敛性等)；④ 难以处理高层次的信息。

模糊逻辑系统是模糊数学在自动控制、信息处理、系统工程等领域的应用，属于系统论的范畴，神经网络是人工智能的一个分支，属于计算机科学。从宏观上对两者做一下比较，有以下几个方面：

(1) 模糊逻辑系统试图描述和处理人的语言和思维中存在的模糊概念，从而模仿人的智能。神经网络则是根据人脑的生理结构和信息处理过程，来创造人工神经网络，其目的也是模仿人的智能。模仿人的智能是它们共同的奋斗目标和合作基础。此外，遗传算法是一种模仿生物进化过程的优化方法，也属于模仿人的智能的范畴。模糊逻辑系统、神经网络、遗传算法三者被统称为“计算智能”，因为三者实际上都是计算方法。

(2) 从知识的表达方式来看，模糊逻辑系统可以表达人的经验性知识，便于理解；而神经网络只能描述大量的数据之间的复杂函数关系，难于理解。

(3) 从知识的存储方式来看，模糊逻辑系统将知识存在规则集中；而神经网络将知识存在权系数中，都具有分布存储的特点。

(4) 从知识的运用方式来看，模糊逻辑系统和神经网络都具有并行处理的特点，模糊逻辑系统同时激发的规则不多，计算量小；而神经网络涉及的神经元很多，计算量大。

(5) 从知识的获取方式来看，模糊逻辑系统的规则依靠专家提供或设计，难以自动获取；而神经网络的权系数可由输入和输出样本中学习，无须人来设置。

综上所述，模糊逻辑系统和神经网络的优缺点具有明显的互补性，这为它们的结合提供了引力。将模糊逻辑系统与神经网络技术相结合而形成的模糊神经网络的出现绝非偶然，现正发展成为一个全新的技术。由于模糊神经网络恰好将模糊逻辑和神经网络的优势结合起来，充分地利用了各自的优点，既能处理模糊信息和定性知识，完成模糊推理功能，又具有神经网络的一些特点，如并行处理、能进行自学习，处理定量数据，因而获得了广泛的应用。

通过对模糊逻辑系统和人工神经网络的分析比较，可以发现这两种方法具有许多相似之处。例如，它们均可看成是一种输入和输出的非线性映射关系；模糊关系矩阵与人工神经网络的连接权矩阵具有一定的对应关系；神经元输出的非线性映射变换与模糊逻辑系统的隶属函数具有相似性。通过比较模糊逻辑系统与人工神经网络的优缺点，可以知道人工神经网络具有很强的自学习能力和大规模并行处理能力，能生成无需明确表现知识的规则；而模糊逻辑系统则能够充分利用学科领域的知识，以较少的规则来表达知识，并采用最大、最小等简单运算来实现知识的模糊推理。因此，人工神经网络与模糊逻辑系统在技术上各有所长，存在互补性和可结合性，将人工神经网络与模糊逻辑系统交叉综合起来也就成为近年来的一种研究趋势。模糊逻辑系统与人工神经网络的综合主要有以下几种方式：

（1）模糊逻辑用于神经网络。这种结合主要是将模糊集合的概念应用于神经网络的计算和学习，用模糊技术提高神经网络的学习性能。利用模糊逻辑系统的先验知识，将神经网络的初值配置于全局极值点附近，从而克服其陷入局部极值点的问题。这样，就在普通神经网络的基础上发展各种模糊神经网络，典型的有模糊感知器、模糊自适应共振理论网和模糊聚类网等。

（2）神经网络用于模糊逻辑系统。主要表现为两方面：一是利用神经网络的学习能力实时地扩展知识库，在线提取模糊规则或调整检测模糊规则参数，从而改善系统的控制性能。二是用神经网络实现一个已知的模糊逻辑系统，以完成其并行的模糊推理。应用现有的神经模型，结合模糊逻辑系统的经验获取，设计模糊神经网络，它可以将网络参数赋予明确的物理意义，既可表达定性的知识，也具有自学习和处理定量数据的能力，目前已取得了很多的应用研究成果。

（3）模糊逻辑系统和神经网络全面结合，构造完整意义上的模糊神经网络模型和算法。它将模糊逻辑系统与神经网络有机地结合起来，通过神经网络的结构来实现模糊推理，并通过神经网络的自学习能力改善知识的获取和修改，它同时具有神经网络的低层次的学习、计算能力和模糊逻辑系统的高层次的推理决策能力，从而形成具有真正意义的自组织、自适应的模糊神经网络系统。但是，由于其网络的算法在数学上并未形成成熟的理论，所以，现有的水平仅限于研究领域，应用领域也仅限于原神经网络和模糊逻辑系统的应用领域。近年来，有关模糊神经网络的重要研究都集中在这方面，产生了许多理论和应用成果，同时，亦对模糊神经网络提出了挑战。

（4）模糊神经网络和其他理论相结合。将模糊神经网络与自适应控制理论相结合、与遗传算法相结合、与聚类算法相结合等，这些方法的引入为模糊神经网络理论带来了新的发展思路和机遇。

10.3 基于 Mamdani 模型的模糊神经网络

在模糊系统中，模糊模型的表示主要有两种：一种是模糊规则的后件是输出量的某一模糊集合，称它为模糊系统的标准模型或 Mamdani 模型表示；另一种是模糊规则的后件是输入语言变量的函数，典型的情况是输入变量的线性组合，称它为模糊系统的 Takagi - Sugeno 模型。下面首先讨论基于 Mamdani 模型的模糊神经网络。

10.3.1 模糊系统的 Mamdani 模型

在前面已经介绍过，对于多输入多输出(MIMO)的模糊规则可以分解为多个多输入单输出(MISO)的模糊规则。因此不失一般性，下面只讨论 MISO 模糊系统。

图 10.11 为一基于标准模型的 MISO 模糊系统的原理结构图。其中 $x \in R^n$，$y \in R$。如果该模糊系统的输出作用于一个控制对象，那么它的作用便是一个模糊逻辑控制器。否则，它可用于模糊逻辑决策系统、模糊逻辑诊断系统等其他方面。

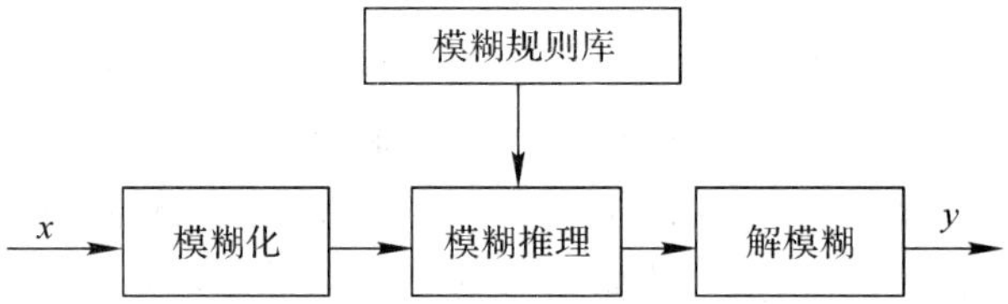

图 10.11　基于标准模型的模糊系统原理结构图

设输入向量 $\boldsymbol{x}=[x_1, x_2, \cdots, x_n]^T$，每个分量 x_i 均为模糊语言变量，并设

$$T(x_i)=\{A_i^1, A_i^2, \cdots, A_i^{m_i}\} \qquad i=1, 2, \cdots, n$$

其中，$A_i^j(j=1, 2, \cdots, m_i)$是 x_i 的第 j 个语言变量值，它是定义在论域 U_i 上的一个模糊集合。相应的隶属度函数为 $\mu_{A_i^j}(x_i)(i=1, 2, \cdots, n, j=1, 2, \cdots, m_i)$。

输出量 y 也为模糊语言变量且 $T(y)=\{B^1, B^2, \cdots, B^{m_y}\}$。其中，$B^j(j=1, 2, \cdots, m_y)$是 y 的第 j 个语言变量值，它是定义在论域 U_y 上的模糊集合。相应的隶属度函数为 $\mu_{B^j}(y)$。

设描述输入输出关系的模糊规则为

$\boldsymbol{R}_i$：如果 x_1 是 A_1^i and x_2 是 $A_2^i\cdots$ and x_n 是 A_n^i，则 y 是 B_i　　$i=1, 2, \cdots, m$

其中，m 表示规则总数，$m\leqslant m_1 m_2\cdots m_n$。

若输入量采用单点模糊集合的模糊化方法，则对于给定的输入 $\boldsymbol{x}$，可以求得对于每条规则的适用度为

$$\alpha_i=\mu_{A_1^i}(x_1)\wedge\mu_{A_n^i}(x_2)\cdots\wedge\mu_{A_n^i}(x_n)$$

或

$$\alpha_i=\mu_{A_1^i}(x_1)\mu_{A_n^i}(x_2)\cdots\mu_{A_n^i}(x_n)$$

通过模糊推理可得对于每一条模糊规则的输出量模糊集合 B_i 的隶属度函数为

$$\mu_{B_i}(y)=\alpha_i\wedge\mu_{B_i}(y) \text{或} \mu_{B_i}(y)=\alpha_i\mu_{B_i}(y)$$

从而输出量总的模糊集合为

$$B=\bigcup_{i=1}^{m} B_i$$

$$\mu_B(y)=\bigvee_{i=1}^{m}\mu_{B_i}(y)$$

若采用加权平均的清晰化方法，则可求得输出的清晰化量为

$$y=\frac{\int_{U_y} y\mu_B(y)\mathrm{d}y}{\int_{U_y}\mu_B(y)\mathrm{d}y}$$

由于计算上式的积分很麻烦，实际计算时通常用下面的近似公式，即

$$y=\frac{\sum_{i=1}^{m} y_{c_i}\mu_{B_i}(y_{c_i})}{\sum_{i=1}^{m}\mu_{B_i}(y_{c_i})}$$

其中，y_{c_i} 是 $\mu_{B_i}(y)$取最大值的点，它一般也就是隶属度函数的中心点，显然

$$\mu_{B_i}(y_{c_i})=\max_{y}\mu_{B_i}(y)=\alpha_i$$

从而，输出量的表达式可变为

$$y = \sum_{i=1}^{m} y_{c_i} \bar{\alpha}_i$$

其中，$\bar{\alpha}_i = \dfrac{\alpha_i}{\sum_{i=1}^{m} \alpha_i}$。

10.3.2 模糊神经网络结构

根据上面给出的模糊系统的模糊模型，可设计出如图10.12所示的模糊神经网络结构图。图中所示为MIMO系统，它是上面所讨论的MISO情况的简单推广。

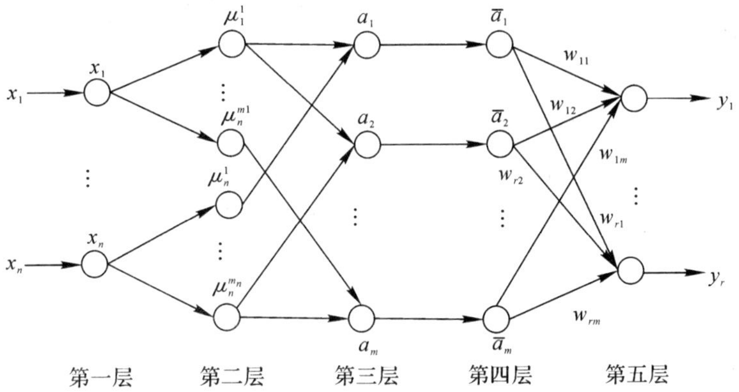

图10.12 基于标准模型的模糊神经网络结构图

图10.12中第一层为输入层。该层的各个节点直接与输入向量的各分量x_i连接，它起着将输入值$\boldsymbol{x}=[x_1, x_2, \cdots, x_n]^{\mathrm{T}}$传送到下一层的作用。该层的节点数$N_1=n$。

第二层每个节点代表一个语言变量值，如"大"、"小"等。它的作用是计算各输入分量属于各语言变量值模糊集合的隶属度函数μ_i^j，即

$$\mu_i^j \equiv \mu_{A_i^j}(x_i) \qquad i=1, 2, \cdots, n;\ j=1, 2, \cdots, m_i$$

其中，n是输入量的维数；m_i是x_i的模糊分割数。例如，若隶属函数采用高斯函数表示，则

$$\mu_i^j = \mathrm{e}^{-\frac{(x_i - c_{ij})^2}{\sigma_{ij}^2}}$$

其中，c_{ij}和σ_{ij}分别表示隶属函数的中心和宽度。该层的节点总数$N_2 = \sum_{i=1}^{n} m_i$。

第三层的每个节点代表一条模糊规则，它的作用是用来匹配模糊规则的前件，计算出每条规则的适用度，即

$$\alpha_j = \min\{\mu_1^{i_1}, \mu_2^{i_2}, \cdots, \mu_n^{i_n}\}$$

或

$$\alpha_j = \mu_1^{i_1} \mu_2^{i_2} \cdots \mu_n^{i_n}$$

其中，$i_1 \in \{1, 2, \cdots, m_1\}$，$i_2 \in \{1, 2, \cdots, m_2\}$，…，$i_n \in \{1, 2, \cdots, m_n\}$；$j=1, 2, \cdots, m$；$m = \prod_{i=1}^{n} m_i$。

该层的节点总数$N_3=m$。对于给定的输入，只有在输入点附近的那些语言变量值才有较大的隶属度值，远离输入点的语言变量值的隶属度或者很小(高斯隶属度函数)或者为0

(三角形隶属度函数)。当隶属度函数很小(如小于 0.05)时近似取为 0。因此在 α_j 中只有少量节点输出非 0，而多数节点的输出为 0。

第四层的节点数与第三层相同，即 $N_4=N_3=m$，它所实现的是归一化计算，即

$$\bar{\alpha}_j=\frac{\alpha_j}{\sum_{i=1}^{m}\alpha_i}\qquad j=1,2,\cdots,m$$

第五层是输出层，它所实现的是清晰化计算，即

$$y_i=\sum_{j=1}^{m}w_{ij}\bar{\alpha}_j\qquad i=1,2,\cdots,r\tag{10.3}$$

与前面所给出的标准模糊模型的清晰化计算相比较，这里的 w_{ij} 相当于 y_i 的第 j 个语言值隶属函数的中心值，式(10.3)写成向量形式则为

$$\boldsymbol{y}=\boldsymbol{w}\bar{\boldsymbol{\alpha}}$$

其中

$$\boldsymbol{y}=\begin{bmatrix}y_1\\y_2\\\vdots\\y_r\end{bmatrix},\ \boldsymbol{w}=\begin{bmatrix}w_{11}&w_{12}&\cdots&w_{1m}\\w_{21}&w_{22}&\cdots&w_{2m}\\\vdots&\vdots&\ddots&\vdots\\w_{r1}&w_{r2}&\cdots&w_{rm}\end{bmatrix},\ \bar{\boldsymbol{\alpha}}=\begin{bmatrix}\bar{\alpha}_1\\\bar{\alpha}_2\\\vdots\\\bar{\alpha}_m\end{bmatrix}$$

10.3.3 学习算法

假设各输入分量的模糊分割数是预先确定的，那么需要学习的参数主要是最后一层的连接权 $w_{ij}(i=1,2,\cdots,r;j=1,2,\cdots,m)$以及第二层的隶属度函数的中心值 c_{ij} 和宽度 σ_{ij} $(i=1,2,\cdots,n;j=1,2,\cdots,m_i)$。

上面所给出的模糊神经网络本质上也是一种多层前馈网络，所以可以仿照 BP 网络用误差反传的方法来设计调整参数的学习算法。为了导出误差反传的迭代算法，需要对每个神经元的输入和输出关系加以形式化的描述。

设图 10.13 表示模糊神经网络中第 q 层第 j 个节点。其中

节点的纯输入 $=f^{(q)}(x_1^{(q-1)},x_2^{(q-1)},\cdots,x_{n_{q-1}}^{(q-1)};w_{j1}^{(q)},w_{j2}^{(q)},\cdots,w_{jn_{q-1}}^{(q)})$

节点的输出 $=x_j^{(q)}=g^{(q)}(f^{(q)})$

对于一般的神经元节点，通常有

$$f^{(q)}=\sum_{i=1}^{n_{q-1}}w_{ji}^{(q)}x_i^{(q-1)}$$

$$x_j^{(q)}=g^{(q)}(f^{(q)})=\frac{1}{1+e^{-\mu f^{(q)}}}$$

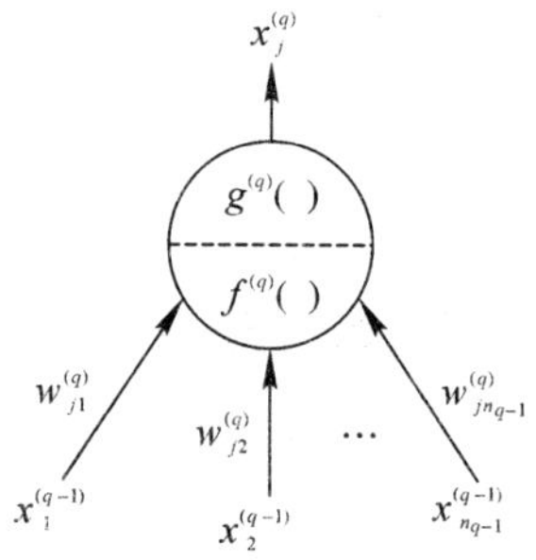

图 10.13 单个神经元节点的基本结构图

而对于图 10.12 所示的模糊神经网络，其神经元节点的输入和输出函数则具有较为特殊的形式，下面具体给出它的每一层节点函数。

第一层：$f_i^{(1)}=x_i^{(0)}=x_i\qquad x_i^{(1)}=g_i^{(1)}=f_i^{(1)}\qquad i=1,2,\cdots,n$

第二层：$f_{ij}^{(2)}=-\dfrac{(x_i^{(1)}-c_{ij})^2}{\sigma_{ij}^2}$

$x_{ij}^{(2)}=\mu_i^j=g_{ij}^{(2)}=e^{f_{ij}^{(2)}}=e^{-\frac{(x_i-c_{ij})^2}{\sigma_{ij}^2}}\quad i=1,\ 2,\ \cdots,\ n;\ j=1,\ 2,\ \cdots,\ m$

第三层：$f_j^{(3)}=\min\{x_{1i_1}^{(2)},\ x_{2i_2}^{(2)},\ \cdots,\ x_{ni_n}^{(2)}\}=\min\{\mu_1^{i_1},\ \mu_2^{i_2},\ \cdots,\ \mu_n^{i_n}\}$

或者 $f_j^{(3)}=x_{1i_1}^{(2)}x_{2i_2}^{(2)}\cdots x_{ni_n}^{(2)}=\mu_1^{i_1}\mu_2^{i_2}\cdots\mu_n^{i_n}$

$x_j^{(3)}=\alpha_j=g_j^{(3)}=f_j^{(3)}$

$j=1,\ 2,\ \cdots,\ m_i,\ m=\prod_{i=1}^{n}m_i$

第四层：$f_j^{(4)}=\dfrac{x_j^{(3)}}{\sum_{i=1}^{m}x_i^{(3)}}=\dfrac{\alpha_j}{\sum_{i=1}^{m}\alpha_i}$

$x_j^{(4)}=\bar{\alpha}_j=g_j^{(4)}=f_j^{(4)}$

$j=1,\ 2,\ \cdots,\ m$

第五层：$f_i^{(5)}=\sum_{j=1}^{m}w_{ij}x_j^{(4)}=\sum_{j=1}^{m}w_{ij}\bar{\alpha}_j$

$x_i^{(5)}=y_i=g_i^{(5)}=f_i^{(5)}$

$i=1,\ 2,\ \cdots,\ r$

设取误差代价函数为

$$E=\frac{1}{2}\sum_{i=1}^{r}(y_{di}-y_i)^2$$

其中，y_{d_i} 和 y_i 分别表示期望输出和实际输出。下面给出误差反传算法来计算 $\dfrac{\partial E}{\partial w_{ij}}$、$\dfrac{\partial E}{\partial c_{ij}}$ 和 $\dfrac{\partial E}{\partial \sigma_{ij}}$，然后利用一阶梯度寻优算法来调节 w_{ij}、c_{ij} 和 σ_{ij}。

首先计算

$$\delta_i^{(5)}\equiv-\frac{\partial E}{\partial f_i^{(5)}}=-\frac{\partial E}{\partial y_i}=y_{di}-y_i$$

进而求得

$$\frac{\partial E}{\partial w_{ij}}=\frac{\partial E}{\partial f_i^{(5)}}\frac{\partial f_i^{(5)}}{\partial w_{ij}}=-\delta_i^{(5)}x_j^{(4)}=-(y_{di}-y_i)\bar{\alpha}_i$$

再计算

$$\delta_j^{(4)}\equiv-\frac{\partial E}{\partial f_j^{(4)}}=-\sum_{i=1}^{r}\frac{\partial E}{\partial f_i^{(5)}}\frac{\partial f_i^{(5)}}{\partial g_j^{(4)}}\frac{\partial g_j^{(4)}}{\partial f_j^{(4)}}=\sum_{i=1}^{r}\delta_i^{(5)}w_{ij}$$

$$\delta_j^{(3)}\equiv-\frac{\partial E}{\partial f_j^{(3)}}=-\sum_{i=1}^{r}\frac{\partial E}{\partial f_j^{(4)}}\frac{\partial f_j^{(4)}}{\partial g_j^{(3)}}\frac{\partial g_j^{(3)}}{\partial f_j^{(3)}}=\frac{\delta_j^{(4)}\sum\limits_{\substack{i=1\\ i\neq j}}^{m}x_i^{(3)}}{\left(\sum\limits_{i=1}^{m}x_i^{(3)}\right)^2}=\frac{\delta_j^{(4)}\sum\limits_{\substack{i=1\\ i\neq j}}\alpha_i}{\left(\sum\limits_{i=1}^{m}\alpha_i\right)^2}$$

$$\delta_{ij}^{(2)}\equiv-\frac{\partial E}{\partial f_{ij}^{(2)}}=-\sum_{k=1}^{m}\frac{\partial E}{\partial f_k^{(3)}}\frac{\partial f_k^{(3)}}{\partial g_{ij}^{(2)}}\frac{\partial g_{ij}^{(2)}}{\partial f_{ij}^{(2)}}=\sum_{k=1}^{m}\delta_k^{(3)}s_{ij}e^{f_{ij}^{(2)}}=\sum_{k=1}^{m}\delta_k^{(3)}s_{ij}e^{-\frac{(x_i-c_{ij})^2}{\sigma_{ij}^2}}$$

当 $f^{(3)}$ 采用取小运算时，则当 $g_{ij}^{(2)}=\mu_i^j$ 是第 k 个规则节点输入的最小值时，有

$$s_{ij}=\frac{\partial f_k^{(3)}}{\partial g_{ij}^{(2)}}=\frac{\partial f_k^{(3)}}{\partial \mu_i^j}=1$$

否则

$$s_{ij}=\frac{\partial f_k^{(3)}}{\partial g_{ij}^{(2)}}=\frac{\partial f_k^{(3)}}{\partial \mu_i^j}=0$$

当 $f^{(3)}$ 采用相乘运算时，则当 $g_{ij}^{(2)}=\mu_i^j$ 是第 k 个规则节点输入的最小值时，有

$$s_{ij}=\frac{\partial f_k^{(3)}}{\partial g_{ij}^{(2)}}=\frac{\partial f_k^{(3)}}{\partial \mu_i^j}=\prod_{\substack{j=1\\ j\neq i}}^{n}\mu_j^{i_j}$$

否则

$$s_{ij}=\frac{\partial f_k^{(3)}}{\partial g_{ij}^{(2)}}=\frac{\partial f_k^{(3)}}{\partial \mu_i^j}=0$$

从而可得所求一阶梯度为

$$\frac{\partial E}{\partial c_{ij}}=\frac{\partial E}{\partial f_{ij}^{(2)}}\frac{\partial f_{ij}^{(2)}}{\partial c_{ij}}=-\delta_{ij}^{(2)}\frac{2(x_i-c_{ij})}{\sigma_{ij}^2}$$

$$\frac{\partial E}{\partial \sigma_{ij}}=\frac{\partial E}{\partial f_{ij}^{(2)}}\frac{\partial f_{ij}^{(2)}}{\partial \sigma_{ij}}=-\delta_{ij}^{(2)}\frac{2(x_i-c_{ij})^2}{\sigma_{ij}^3}$$

在求得所需的一阶梯度后，最后可给出参数调整的学习算法为

$$w_{ij}(k+1)=w_{ij}(k)-\beta\frac{\partial E}{\partial w_{ij}}\quad i=1,2,\cdots;r,j=1,2,\cdots,m$$

$$c_{ij}(k+1)=c_{ij}(k)-\beta\frac{\partial E}{\partial c_{ij}}\quad i=1,2,\cdots,r;j=1,2,\cdots,m_i$$

$$\sigma_{ij}(k+1)=\sigma_{ij}(k)-\beta\frac{\partial E}{\partial \sigma_{ij}}\quad i=1,2,\cdots,r;j=1,2,\cdots,m_i$$

其中，$\beta>0$ 为学习率。

该模糊神经网络也和 BP 网络及 RBF 网络等一样，本质上也是实现从输入到输出的非线性映射。它和 BP 网络一样，结构上都是多层前馈网，学习算法都是通过误差反传的方法；它和 RBF 网络等一样，都属于局部逼近网络。

10.4 基于 Takagi-Sugeno 模型的模糊神经网络

Mamdani 型模糊推理和 Takagi-Sugeno 型模糊推理各有优缺点。对 Mamdani 型模糊推理，由于其规则的形式符合人们思维和语言表达的习惯，因而能够方便地表达人类的知识，但存在计算复杂、不利于数学分析的缺点。而 Takagi-Sugeno 型模糊推理则具有计算简单、有利于数学分析的优点，且易与优化、自适应方法结合，从而实现具有优化与自适应能力的模糊建模工具。

根据 Sugeno 型模糊推理的特点，有关学者将其与神经网络结合，用于构造具有自适应学习能力的神经模糊系统。模糊逻辑与神经网络的结合，是近年来计算智能学科的一个重要研究方向。两者结合形成的模糊神经网络，同时具有模糊逻辑易于表达人类知识和神经网络的分布式信息存储以及学习能力的优点，对于复杂系统的建模提供了有效的工具。

10.4.1 模糊系统的Takagi-Sugeno模型

由于MIMO的模糊规则可分解为多个MISO模糊规则，因此下面也只讨论MISO模糊系统的模型。

设输入向量 $\boldsymbol{x}=[x_1, x_2, \cdots x_n]^{\mathrm{T}}$，每个分量 x_i 均为模糊语言变量，并设

$$T(x_i)=\{A_i^1, A_i^2, \cdots, A_i^{m_i}\} \qquad i=1, 2, \cdots, n$$

其中，$A_i^j(j=1, 2, \cdots, m_i)$是 x_i 的第 j 个语言变量值，它是定义在论域 U_i 上的一个模糊集合。相应的隶属度函数为 $\mu_{A_i^j}(x_i)(i=1, 2, \cdots, n; j=1, 2, \cdots, m_i)$。

Takagi-Sugeno所提出的模糊规则后件是输入变量的线性组合，即

$\boldsymbol{R}_j$：如果 x_1 是 A_1^j and x_2 是 $A_2^j\cdots$ and x_n 是 A_n^j，则 $y_j=p_{j0}+p_{j1}x_1+\cdots+p_{jn}x_n$

其中，$j=1, 2, \cdots, m$；$m\leqslant\prod_{i=1}^{n}m_i$。

若输入量采用单点模糊集合的模糊化方法，则对于给定的输入 x，可以求得对于每条规则的适应度为

$$\alpha_j=\mu_{A_1^j}(x_1)\wedge\mu_{A_2^j}(x_2)\cdots\wedge\mu_{A_n^j}(x_n)$$

或

$$\alpha_j=\mu_{A_1^j}(x_1)\mu_{A_2^j}(x_2)\cdots\mu_{A_n^j}(x_n)$$

模糊系统的输出量为每条规则的输出量的加权平均，即

$$y=\frac{\sum_{j=1}^{m}\alpha_j y_j}{\sum_{j=1}^{m}\alpha_j}=\sum_{j=1}^{m}\bar{\alpha}_j y_j$$

其中，$\bar{\alpha}_j=\dfrac{\alpha_j}{\sum_{i=1}^{m}\alpha_i}$。

10.4.2 模糊神经网络结构

根据上面给出的模糊模型，可以设计出如图10.14所示的模糊神经网络结构图。图10.14中为MIMO系统，它是上面讨论的MISO系统的简单推广。

由图10.14可见，该网络由前件网络和后件网络两部分组成，前件网络用来匹配模糊规则的前件，后件网络用来产生模糊规则的后件。

1. 前件网络

前件网络由4层组成。第一层为输入层。它的每个节点直接与输入向量的各分量 x_i 连接，它起着将输入值 $\boldsymbol{x}=[x_1, x_2, \cdots x_n]^{\mathrm{T}}$ 传送到下一层的作用。该层的节点数 $N_1=n$。

第二层每个节点代表一个语言变量值，如“大”、“小”等。它的作用是计算各输入分量属于各语言变量值模糊集合的隶属度后函数 μ_i^j，其中

$$\mu_i^j\equiv\mu_{A_i^j}(x_i)$$

其中，$i=1, 2, \cdots, n$；$j=1, 2, \cdots, m_i$。n 是输入量的维数，m_i 是 x_i 的模糊分割数。例如，若隶属函数采用高斯型函数，则

$$\mu_i^j = e^{-\frac{(x_i - c_{ij})^2}{\sigma_{ij}^2}}$$

其中，c_{ij} 和 σ_{ij} 分别表示隶属函数的中心和宽度。该层的节点总数 $N_2 = \sum_{i=1}^{n} m_i$ 。

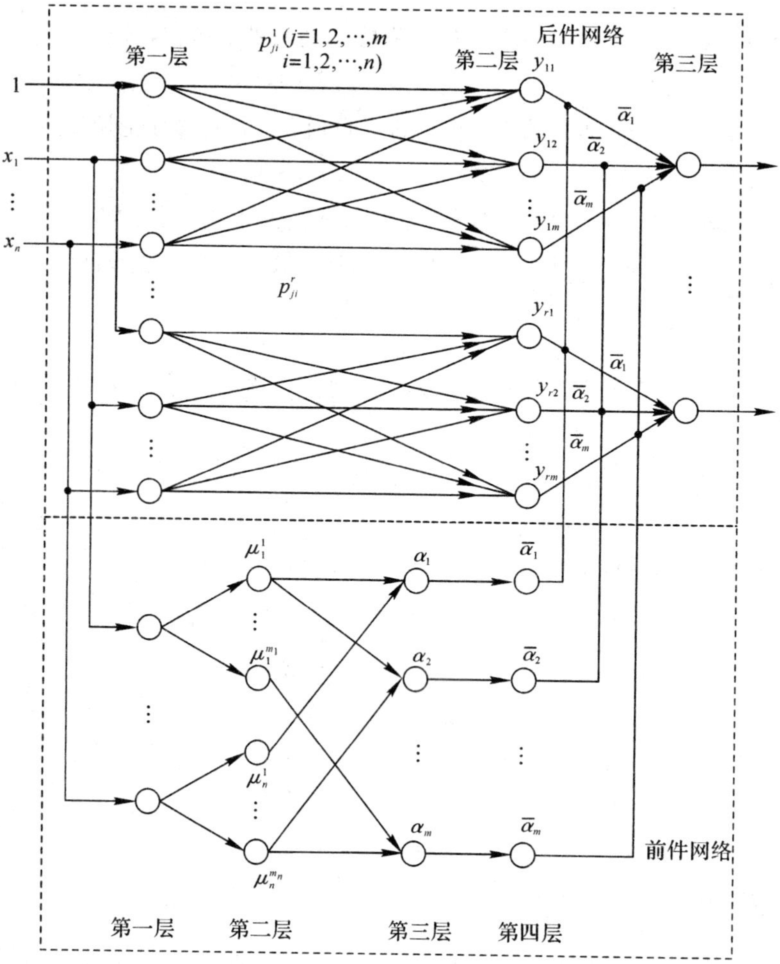

图 10.14 基于 Takagi-Sugeno 模型的模糊神经网络结构图

第三层的每个节点代表一条模糊规则，它的作用是用来匹配模糊规则的前件，计算出每条规则的适应度，即

$$\alpha_j = \min\{\mu_1^{i_1}, \mu_2^{i_2}, \cdots, \mu_n^{i_n}\}$$

或

$$\alpha_j = \mu_1^{i_1} \mu_2^{i_2} \cdots \mu_n^{i_n}$$

其中，$i_1 \in \{1, 2, \cdots, m_1\}$，$i_2 \in \{1, 2, \cdots, m_2\}$，⋯，$i_n \in \{1, 2, \cdots, m_n\}$；$j=1, 2, \cdots, m$；$m = \prod_{i=1}^{n} m_i$ 。

该层的节点总数 $N_3 = m$。对于给定的输入，只有在输入点附近的语言变量值才有较大的隶属度值，远离输入点的语言变量值的隶属度或者很小(高斯隶属度函数)或者为 0(三角形隶属度函数)。当隶属度函数很小(如小于 0.05)时近似取为 0。因此在 α_j 中只有少量节点输出非0，而多数节点的输出为0。

第四层的节点数与第三层相同，$N_4=N_3=m$，它所实现的是归一化计算，即

$$\bar{\alpha}_j=\frac{\alpha_j}{\sum_{i=1}^{m}\alpha_i}\qquad j=1,2,\cdots,m$$

2. 后件网络

后件网络由 r 个结构相同的并列子网络所组成，每个子网络产生一个输出量。

子网络的第一层是输入层，它将输入变量传送到第二层。输入层中第0个节点的输入值 $x_0=1$，它的作用是提供模糊规则后件中的常数项。

子网络的第二层共有 m 个节点，每个节点代表一条规则，该层的作用是计算每一条规则的后件，即

$$y_{ij}=p_{j0}^{i}+p_{j1}^{i}x_1+\cdots+p_{jn}^{i}x_n=\sum_{l=0}^{n}p_{jl}^{i}x_l$$

$$j=1,2,\cdots,m;\quad i=1,2,\cdots,r$$

子网络的第三层是计算系统的输出，即

$$y_i=\sum_{j=1}^{m}\bar{\alpha}_j y_{ij}\qquad i=1,2,\cdots,r$$

可见，y_i 是各规则后件的加权和，加权系数为各模糊规则的经归一化的使用度，即前件网络的输出作为后件网络第三层的连接权值。

至此，图10.14所示的神经网络完全实现了Takagi-Sugeno模型。

10.4.3 学习算法

假设各输入分量的模糊分割数是预先确定的，那么需要学习的参数主要是后件网络的连接权 $p_{ji}^{l}(j=1,2,\cdots,m;\ i=1,2,\cdots,n;\ l=1,2,\cdots,r)$ 以及前件网络第二层各节点隶属函数的中心值 c_{ij} 及宽度 $\sigma_{ij}(i=1,2,\cdots,m;\ j=1,2,\cdots,m_i)$。

取误差代价函数为

$$E=\frac{1}{2}\sum_{i=1}^{r}(y_{di}-y_i)^2$$

其中，y_{di} 和 y_i 分别表示期望输出和实际输出。

下面首先给出参数 p_{ji}^{l} 的学习算法，有

$$\frac{\partial E}{\partial p_{ji}^{l}}=\frac{\partial E}{\partial y_l}\frac{\partial y_l}{\partial y_{lj}}\frac{\partial y_{lj}}{\partial p_{ji}^{l}}=-(t_l-y_l)\bar{\alpha}_j x_i,$$

$$p_{ji}^{l}(k+1)=p_{ji}^{l}(k)-\beta\frac{\partial E}{\partial p_{ji}^{l}}=p_{ji}^{l}(k)+\beta(t_l-y_l)\bar{\alpha}_j x_i$$

其中，$j=1,2,\cdots,m;\ i=1,2,\cdots,n;\ l=1,2,\cdots,r$。

下面讨论 c_{ij} 及 σ_{ij} 的学习问题，这时可将参数 p_{ji}^{l} 固定。从而图10.14可以简化为图10.15。这时每条规则的后件在简化结构中变成了最后一层的连接权。

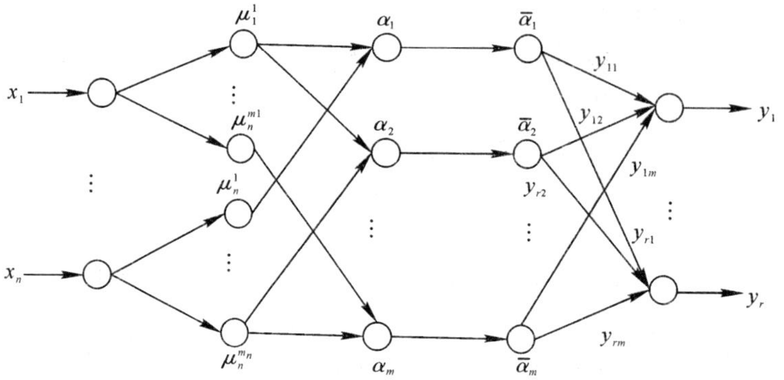

图 10.15 基于 Takagi-Sugeno 模型的模糊神经网络简化结构图

比较图 10.15 与图 10.12 可以发现，该简化结构与基于标准模型的模糊神经网络具有完全相同的结构，这时只需令最后一层的连接权 $y_{ij}=w_{ij}$，则完全可以借用前面已得的结果，即

$$\delta_i^{(5)}=y_{di}-y_i \qquad i=1, 2, \cdots, n$$

$$\delta_j^{(4)}=\sum_{i=1}^{r}\delta_i^{(5)}y_{ij} \qquad j=1, 2, \cdots, m$$

$$\delta_j^{(3)}=\delta_j^{(4)}\sum_{\substack{i=1\\ i\neq j}}^{m}\alpha_i \Big/ \left(\sum_{i=1}^{m}\alpha_i\right)^2 \qquad j=1, 2, \cdots, m$$

$$\delta_{ij}^{(2)}=\sum_{k=1}^{m}\delta_k^{(3)}S_{ij}\,\mathrm{e}^{-\frac{(x_i-c_{ij})^2}{\sigma_{ij}^2}} \qquad i=1, 2, \cdots, n; \qquad j=1, 2, \cdots, m_i$$

当 and 采用取小运算时，则当 μ_i^j 是第 k 个规则节点输入的最小值时 $S_{ij}=1$，否则 $S_{ij}=0$。

当 and 采用相乘运算时，则当 μ_i^j 是第 k 个规则节点的一个输入时，$S_{ij}=\prod_{\substack{j=1\\ j\neq i}}^{n}\mu_j^{i_j}$，否则 $S_{ij}=0$。

最后求得

$$\frac{\partial E}{\partial c_{ij}}=-\delta_{ij}^{(2)}\frac{2(x_i-c_{ij})}{\sigma_{ij}^2}$$

$$\frac{\partial E}{\partial \sigma_{ij}}=-\delta_{ij}^{(2)}\frac{2(x_i-c_{ij})^2}{\sigma_{ij}^3}$$

$$c_{ij}(k+1)=c_{ij}(k)-\beta\frac{\partial E}{\partial c_{ij}}$$

$$\sigma_{ij}(k+1)=\sigma_{ij}(k)-\beta\frac{\partial E}{\partial \sigma_{ij}}$$

其中，$\beta>0$ 为学习率；$i=1, 2, \cdots, n$；$j=1, 2, \cdots, m_i$。

对于上面介绍的两种模糊神经网络，当给定一个输入时网络（或前件网络）第三层的 $\boldsymbol{\alpha}=[\alpha_1\alpha_2\cdots\alpha_m]^{\mathrm{T}}$ 中只有少量元素非 0，其余大部分元素均为 0。因而，从 x 到 α 的映射与 RBF 神经网络的非线性映射非常类似。所以该模糊神经网络也是局部逼近网络。其中第二层的隶属度函数类似于基函数。

模糊神经网络虽然也是局部逼近网络，但是它是按照模糊系统模型建立的，网络中的各个节点及所有参数均有明显的物理意义。因此，这些参数的初值可以根据系统的模糊或定性的知识来加以确定，然后利用上述的学习算法可以很快收敛到要求的输入/输出关系，这是模糊神经网络比前面单纯的神经网络的优点所在。同时，由于它具有神经网络的结构，因而参数的学习和调整比较容易，这是它比单纯的模糊逻辑系统的优点所在。

基于 Takagi – Sugeno 模型的模糊神经网络可以从另一角度来认识它的输入/输出关系，若各输入分量的分割是精确的，即相当于隶属函数为互相拼接的超矩形函数，则网络的输出相当于原光滑函数的分段线性近似，即相当于用许多块超平面来拟合一个光滑曲面。网络中的 p_{ji}^{l} 参数便是这些超平面方程的参数，只有当分割越精细时，拟合才能越准确。而实际上这里的模糊分割相互之间是有重叠的，因此即使模糊分割数不多，也能获得光滑和准确的曲面拟合。

基于上面的理解，可以帮助我们选取网络参数的初值。例如，若根据样本数据或其他先验知识已知输出曲面的大致形状时，可根据这些形状来进行模糊分割。若某些部分曲面较平缓，则相应部分的模糊分割可粗些；反之，若某些部分曲面变化剧烈，则相应部分的模糊分割需要精细些。在各分量的模糊分割确定后，可根据各分割子区域所对应的曲面形状用一个超平面来近似，这些超平面方程的参数即作为 p_{ji}^{l} 的初值。由于网络还要根据给定样本数据进行学习和训练，因而初值参数的选择并不要求很精确。但是根据上述的先验知识所做的初步选择却是非常重要的，它可避免陷入不希望的局部极值并大大提高收敛的速度。

值得一提的是，虽然人工神经网络与模糊逻辑系统的交叉综合在 20 世纪 90 年代才开始成为研究的一个热点，但是，由于其综合了人工神经网络和模糊逻辑系统的优点，具有良好的性能，现已取得显著的成果。同时，也应该注意到对模糊逻辑系统与人工神经网络交叉综合的研究起步不久，还有许多值得进一步探讨和解决的问题，表现在以下几个方面：

(1) 由于模糊逻辑系统和人工神经网络各自的研究还未完善，模糊逻辑系统与神经网络的交叉综合又非简单的组合，因此，对由模糊逻辑系统和神经网络交叉综合系统的稳定性等性能的分析还有待于更深入的研究。

(2) 模糊逻辑系统和人工神经网络的交叉综合有望在解决专家系统的知识瓶颈问题—知识表达与获取方面有所作为，这就要对交叉综合系统如何自动获取模糊推理规则做更深入的研究，开发出更有效的知识学习方法。

(3) 如何把模糊逻辑系统理论引入到人工神经网络的学习过程中以增强人工神经网络的学习能力、提高学习速度是一个重要的研究课题，现在这方面的研究还不多。

(4) 由于基于人工神经网络或模糊逻辑系统的控制是一个非精确的系统，如何进一步提高交叉综合系统的控制精度将成为研究的一个重点。

(5) 考虑如何将模糊逻辑系统、人工神经网络与其他方法进行进一步综合，如将人工神经网络、模糊逻辑系统与专家系统、自适应控制、混沌等方法进行交叉综合，取众之所长，形成性能更为优越的控制方法。

习　题

1. 讨论神经网络与模糊系统各自的优缺点以及二者融合的必要性与可能性。

2. 简述基于 Takagi - Sugeno 模型的模糊神经网络的结构和学习算法。

3. 利用 Matlab 的模糊逻辑工具箱，建立一个自适应神经模糊推理系统，对下列非线性函数进行逼近，即

$$f(x)=\sin(2x)e^{-\frac{x}{5}}$$

4. 利用 Matlab 的模糊逻辑工具箱，建立模糊推理系统对下列非线性函数进行逼近，即

$$f(x)=0.5\sin(\pi x)+0.3\sin(3\pi x)+0.1\sin(5\pi x)$$

5. 建立一个自适应神经模糊推理系统，对当前天气情况进行建模和模拟。

第 11 章　模糊遗传算法

遗传算法(Genetic Algorithm, GA)是建立在达尔文(C. R. Darwin)的生物进化论和孟德尔(Mendel)的遗传学说基础上的算法，其概念是 J. D. Baglye 在 1967 年首次提出的，但是具有开创意义的遗传算法理论和方法则是 1975 年左右由美国密歇根(Michigan)大学的心理学教授、电工和计算机科学教授 John H. Hollnad 和他的同事、学生共同研究出来的。

19 世纪 50 年代，英国生物学家达尔文根据他对世界各地生活的考察资料和人工选择的实验，提出了生物进化论，自然选择学说是其中心内容。根据达尔文的进化论，每一物种在不断发展的过程中都是越来越适应环境，物种的每个个体的基本特征被后代所继承，但后代又不完全同于父代，这些后代，若适应环境，则被保留下来；否则，就被淘汰，亦即适者生存。在遗传学中，遗传物质决定个体的基本特征，并以基因的形式包含在染色体中，每个基因有特殊的位置并控制每个特殊的性质。每个染色体对应的个体对环境有一定的适应性。基因杂交和基因突变可能产生对环境适应性强的后代，通过优胜劣汰的自然选择，适应值高的基因结构就保存下来。

遗传算法是一种基于生物自然选择和基因遗传学原理的优化搜索方法，它综合了自然基因适应自然及带有目标优化特性的组织进化过程的优点，通过模拟基因串的优者生存及随机交换信息的方法搜索优化方案。在某个新代里，利用上代最适合的信息去创造新的合成基因串，它有效开发利用过去信息去搜寻新的搜索点，利用这些可以改进搜索操作。同传统优化算法相比，遗传算法有以下优点：

(1) 遗传算法是对变量的编码进行操作，而不像传统方法用变量本身。

(2) 遗传算法是从许多点组成的“群体”搜索问题解，而不像某些传统方法从某一点寻找解，使陷入局域解的可能性大大减小。

(3) 遗传算法通过目标函数来计算适应值，并对个体进行评估而不需要其他推导和附加信息(如 可微、连续、单调等)，从而对问题的依赖性较小。

(4) 遗传算法在解空间进行高效启发式搜索，而非盲目地穷举或完全随机搜索，即遗传算法虽然以随机化方法来进行搜索，实际上是朝着可能改进解的质量的搜索空间进行搜索，为一种有导向的随机化搜索方法。它的方向性使得它的效率远远高于一般的随机算法。

(5) 遗传算法在解空间内进行充分地搜索，但不是盲目地穷举或试探，因为选择操作以适应度为依据。因此它的搜索时耗和效率往往优于其他优化算法。

(6) 遗传算法有隐含的并行性。隐含的并行性与并行性不是同一概念。遗传算法的隐含的并行性是指：遗传算法在搜索空间里使用相对少的个体，就可以检验表示数量极大的区域。它不是指群体可以并行地同时操作(当然遗传算法具有并行性)，而是指虽然每一代只对 N 个个体操作，但实际处理了大约 $O(N^2)$ 个模式。基于模式定理，可得出每次遗传有效保留的模式为$O(N^2)$的估计，从而证明了遗传算法的隐含并行性。隐含并行性是遗传算法优于其他求解过程的关键。

遗传算法更适合大规模复杂问题的优化求解。

11.1 遗传算法的基本原理

遗传算法是一种基于自然选择和群体遗传机理的搜索算法，它模拟了自然选择和自然遗传过程中发生的繁殖、杂交和突变现象。在利用遗传算法求解问题时，问题的每个可能的解都被编码成一个“染色体”，即个体。若干个个体构成了群体(所有可能解)。在遗传算法开始时，总是随机的产生一些个体(即初始解)，根据预定的目标函数对每个个体进行评价，给出了一个适应度值，基于此适应度值，选择个体用来复制下一代。选择操作体现了“适者生存”原理，“好”的个体被选择用来复制，而“坏”的个体则被淘汰。然后选择出来的个体经过交叉和变异算子进行再组合生成新一代。这一群新个体由于继承了上一代的一些优良性状，因而在性能上要优于上一代，这样逐步朝着更优解的方向进化。因此，遗传算法可以看成是一个由可行解组成的群体逐步进化的过程。其中，选择、交叉和变异构成了遗传算法的遗传操作；参数编码、初始群体的设定、适应度函数的设计、遗传操作设计、控制参数设定五个要素组成了遗传算法的核心内容。

11.1.1 编码

在遗传算法中，问题的解是用数字串表示的，而且遗传算法也是直接对串进行操作。如何描述问题的可行解，即把一个问题的可行解从其解空间转换到遗传算法所能处理的搜索空间的转换方法称为编码。编码是应用遗传算法时要解决的首要问题，也是设计遗传算法时的一个关键步骤。编码方法除决定了个体的染色体排列形式之外，还决定了个体从搜索空间的基因型交换到解空间的表现型时的解码方法，编码方法也影响到交叉算子、变异算子等遗传算子的运算方法。由此可见，编码方法在很大程度上决定了遗传进化运算及遗传进化运算的效率。由于遗传算法应用的广泛性，迄今为止人们已经提出了许多种不同的编码方法。这些编码方法可以分为三大类：二进制编码方法、浮点数编码方法、符号编码方法。

二进制编码方法是遗传算法中最常用的一种编码方法，它使用的编码符号集是由二进制符号0和1所组成的二值符号集，它所构成的个体基因是一个二进制编码符号串。二进制编码方法有下列一些优点：

(1) 与计算机码制相一致，适于计算机应用。

(2) 对于码串的每一位只有1和0两个码值，在交叉和变异等操作中原理清晰，操作简单。

(3) 表示的变量范围大，适合于表示离散变量，而对于连续变量，只要群体总数取足够多，就可以达到足够的精度。

(4) 便于利用模式定理对算法进行理论分析。

但是，利用二进制编码方式也存在着缺点。首先是二进制编码存在着连续函数离散化时的映射误差。对于一些大规模的多变量的优化问题，如果其各变量用二进制表示，同时为了保证问题的解具有一定的精度，那么得到的数字串将会很长，这就使得遗传操作算子的计算量很大，计算时间增多，同时占用了较大的计算机内存空间；此外，用二进制来表示问题的解，在优化过程中就需要对参数进行编码和译码，以进行二进制和十进制之间的数据转换，这就存在数据之间的转换误差，如果目标函数值在最优点附近变化较快的话就可能会错过最优点。其次是二进制编码不便于反映所求问题的特定知识，这样也就不便于开发针对问题专门知识的遗传算子，人们在一些经典优化算法的研究中所总结出的一些宝贵经验也就无法在这里加以利用，也不便于处理非平凡约束条件。

为改进二进制编码方法的这些缺点，人们提出了个体的浮点数编码方法和符号编码方法。浮点数编码方法是指个体的每个基因值用某一范围内的一个浮点数来表示，个体的编码长度等于其决策变量的个数。因为这种编码方法使用的是决策变量的真实值，所以浮点数编码方法也称为真值编码方法。符号编码方法是指个体染色体编码串中的基因值取自一个无数值含义，而只有代码含义的符号集。它可以是一个字母表，也可以是一个数字序号表，还可以是一个代码表，便于在遗传算法中利用所求解问题的专门知识。各种编码方法各有优缺点，具体使用哪种编码方式，要根据实际的优化问题来确定。

11.1.2 种群规模

进行遗传操作前，首先要形成初始种群，一般采用随机的方法产生，种群中个体的个数称为种群规模(或种群的维数)，它常常采用一个不变的常数。种群的规模越大，其代表性越广泛，最终进化到最优解的可能性越大，但会造成计算时间的增加。许多学者对种群规模的选择进行了研究。有些学者建议最优种群规模的范围是 $n=20\sim100$。在解决实际问题的过程中，应该具体问题具体分析，比较一下计算速度和计算精度的重要性，一般情况，在精度要求较高的情况下，应选择相对较大的种群规模，而在速度要求较高时，应选择相对较小的种群规模。

采用随机的方法产生初始种群可能导致某个局部范围内的解比较多，而某个范围内的解却没有。对于一般的问题，都无法确定较优方案的范围，因而就不能在某个较优的局部范围内进行搜索寻优。为了保证遗传算法搜索的全局性和稀疏性，避免搜索的随机性，应该使初始方案集中且较均匀地遍布在整个解空间，这样就能够保证解空间中较优方案不被丢掉。从而保证初始种群的多样性，减小遗传搜索在局部范围内进行而陷入局部最优解的可能性。

11.1.3 适应度函数

生物学家使用适应度这个术语来度量某个物种对于其生存环境的适应程度，与此相类似，遗传算法中也使用适应度这个概念来度量群体中各个个体在优化计算中有可能达到或接近于或有助于找到最优解的优良程度。度量个体适应度的函数称为适应度函数(Fitness Function)。一般而言，适应度函数是由目标函数变换而成的。最优化问题可分为两大类：一类为求目标函数的全局最大值；另一类为求目标函数的全局最小值。对于这两类优化问题，常见的用目标函数 $f(x)$构造适应度函数的方法($\mathrm{Fit}(f(x))$)有以下几种：

(1) 直接以待求解的目标函数转化为适应度函数，即

若目标函数为最大化问题，则

$$\mathrm{Fit}(f(x))=f(x) \tag{11.1}$$

若目标函数为最小化问题，则

$$\mathrm{Fit}(f(x))=-f(x) \tag{11.2}$$

这种适应度函数简单直观，但存在两个问题：其一是可能不满足常用的轮盘赌选择中概率非负的要求；其二是某些待求解的函数在函数值分布上相差很大，由此得到的平均适应度可能不利于体现种群的平均性能，影响算法的性能。

(2) 若目标函数为最小问题，则

$$\mathrm{Fit}(f(x))=\begin{cases}C_{\max}-f(x), & f(x)<C_{\max}\\ 0, & \text{其他}\end{cases} \tag{11.3}$$

式中，$C_{\max}$为 $f(x)$的最大值估计。

若目标函数为最大问题，则

$$\mathrm{Fit}(f(x))=\begin{cases}f(x)-C_{\min}, & f(x)>C_{\min}\\ 0, & \text{其他}\end{cases} \tag{11.4}$$

式中，$C_{\min}$为 $f(x)$的最大值估计。

这种方法是对第一种方法的改进，可称为“界限构造法”，但有时存在界限值预先估计困难、不可能精确的问题。

(3) 若目标函数为最小问题，则

$$\mathrm{Fit}(f(x))=\frac{1}{1+c+f(x)},\ c\geqslant 0,\ c+f(x)\geqslant 0 \tag{11.5}$$

若目标函数为最大问题，则

$$\mathrm{Fit}(f(x))=\frac{1}{1+c-f(x)},\ c\geqslant 0,\ c-f(x)\geqslant 0 \tag{11.6}$$

这种方法与第二种方法类似，c 为目标函数界限的保守估计值。

11.1.4 遗传操作

遗传操作是模拟生物进化过程中的繁殖、杂交和突变现象，对群体中的染色体进行操作，形成下一代个体的过程。它包括三个基本遗传算子(Genetic Operator)：选择、交叉、变异。选择和交叉基本完成了遗传算法的大部分搜索功能，变异增加了遗传算法找到了接近最优解的能力。

1. 选择(Selection)

一个群体有 N 个个体，由它们的适应度值来决定该个体是否保留或者是被淘汰，适应度值高的保留，低的淘汰。在选择中以一定概率从群体中选出若干个个体加入下一代群体中作为双亲繁殖后代。常用选择方法有以下几种：

(1) 轮盘赌方法(Roulette Wheel Model)：又称为适应度比例法，是目前遗传算法中最基本也是最常用的选择方法。它利用比例于各个个体适应度的概率决定其子孙的遗留可能性，设群体的规模大小为 N，某个个体 i 的适应度为 f_i，则个体 i 被选择的概率为

$$P_i = \frac{f_i}{\sum_{i=1}^{N} f_i} \tag{11.7}$$

个体的适应度值越大，它被选中的概率就越高，体现了“适者生存，不适者被淘汰”这一自然选择原理。

(2) 最佳个体保存法(Elitist Model)：把群体中适应度最高的个体无条件的留给下一代，不参加交叉和变异，这样可以避免进化过程中某一代的最优解被交叉和变异操作所破坏。但也带来了弊端：局部最优的遗传基因会急速增加而使进化停滞于局部最优解，从而影响了遗传算法的全局搜索能力。

(3) 期望值法(Expected Value Model)是对轮盘赌法的改进。当群体规模不大时，使用轮盘赌方法进行选择操作，在选择过程中存在的随机性可能会产生较大的随机误差，使适应度高的个体被淘汰。为避免这种情况的出现，引入期望值法。首先计算出个体应被选中进行交叉操作的期望值为

$$M = \frac{N \cdot f_i}{\sum_{i=1}^{N} f_i} \tag{11.8}$$

按期望值 M 的整数部分安排个体被选中的次数，对小数部分可按轮盘赌方法进行选择，直至选满为止。

(4) 排位次法(Rank-based Model)根据各个体的适应度大小进行排序，按照事先确定好的各个位置的概率进行选择。

2. 交叉(Crossover)

交叉是指把两个父代个体的部分结构加以替换重组而生成新个体的操作。交叉的目的是为了能够在下一代产生新的个体。通过交叉操作，遗传算法的搜索能力得以飞跃性的提高。交叉是 GA 获取新优良个体的最重要的手段。交叉操作是按照一定的概率 p_c(交叉概率，即交叉率)在配对库中随机地选取两个个体进行的，交叉的位置也是随机确定的，交叉率 p_c 的值一般取的很大。交叉算子分为以下几种：

(1) 一点交叉(又称为简单交叉)：在个体串中随机地选定一个交叉点，两个个体在该点前或后进行部分互换，以产生新的个体。

举例如下：

交叉点

父个体1　0 1 1 1 | 0 0　→　子个体1　0 1 1 1 1 1

父个体2　0 0 1 0 1 1　　　子个体2　0 0 1 0 0 0

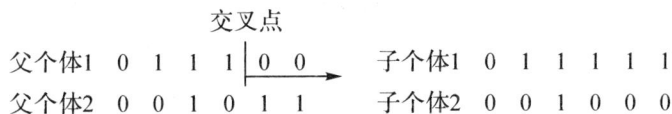

一点交叉示意图如图 11.1 所示。

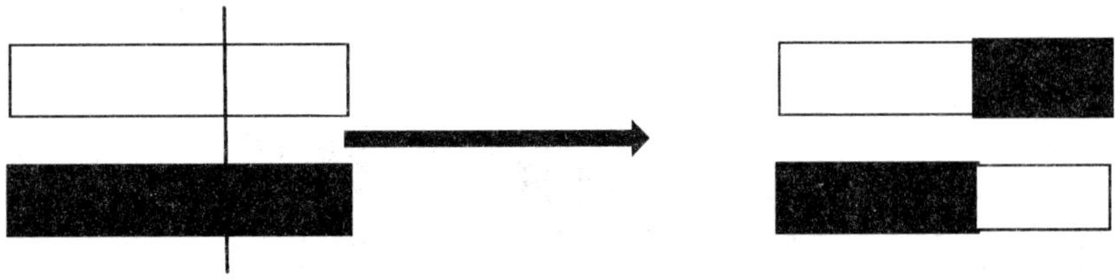

图 11.1　一点交叉示意图

(2) 两点交叉和多点交叉与一点交叉类似，只是随机产生两个或多个交叉点。以三点交叉为例，其示意图如图 11.2 所示。

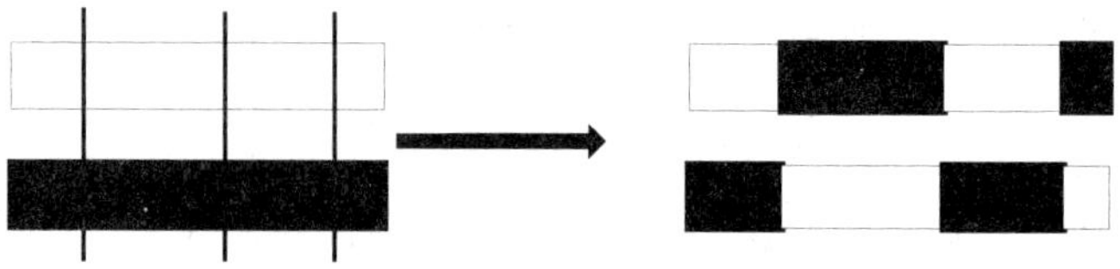

图 11.2 三点交叉示意图

(3) 一致交叉(又称为均匀交叉)：是通过设置屏蔽字来决定新个体的基因如何继承父代个体中相应的基因。当屏蔽字位为 1 时，父代的两个个体相应位互换生成两个新个体的相应位；如果屏蔽字位为 0，则父代的两个个体的相应位直接复制给新个体的相应位。均匀交叉如图 11.3 所示。

父个体1 1 0 1 0 1 1　　父个体2 0 1 1 0 0 1

屏蔽字 0 1 0 0 1 0

子个体1 1 1 1 0 0 1　　子个体2 0 0 1 0 1 1

图 11.3 均匀交叉示意图

3. 变异(Mutation)

变异就是以很小的概率 P_m(变异概率，即变异率)随机的改变群体中个体(染色体)的某些基因的值。变异操作的基本过程是：对于交叉操作中产生的后代个体的每一基因值，产生一个[0，1]之间的伪随机数 rand，如果 rand$<P_m$，就进行变异操作。在二进制编码方式中，变异算子随机地将某个基因值取反，即“0”变成“1”，或“1”变成“0”。

变异操作的主要作用是防止重要基因的丢失，维护种群的基因型多样性。在生物进化过程中，变异概率是相当小的。在变异操作中，变异率不能取得太大，如果变异率大于0.5，遗传算法就退化为随机搜索，而遗传算法的一些重要的数学特性和搜索能力也不复存在了。在较小变异概率下，变异操作仅使种群基因组成的基因型结构发生微量的变化(能引起种群基因组成的基因型结构发生重大变化的变异操作，往往不太可能是有利的)。但选择操作的方向性和交叉操作的遗传性，将使微小的，点点滴滴的有利变异能得到逐渐积累，并在种群中逐步扩散和稳定下来。所以，变异操作是十分微妙的遗传操作，与选择、交叉算子结合在一起，就能避免由于选择和交叉算子而引起的某些信息的永久性丢失，保证了遗传算法的有效性，使其具有局部的随机搜索能力。同时使得遗传算法保持群体的多样性，以防止出现未成熟收敛。

11.2 模糊遗传算法与模糊控制

基于模糊逻辑的遗传算法是当前遗传算法发展的一个新方向。它充分利用了人们对 GA 已有的知识和经验，并且修正和完善了这些经验，有助于对 GA 遗传算子及参数设置与 GA 性能关系的理解；同时在运行过程中，实现了对 GA 参数或算子的动态调整，保证了在整个 GA 搜索过程中合理的利用性和探索性关系（Exploitation/Exploration Relationship，EER）。许多人的研究表明把模糊理论用于遗传算法的研究中确实能改进算法的性能。

11.2.1　模糊遗传算法的基本设计思想

随着对遗传算法的逐步深入研究和应用，人们已获得了一定的关于遗传算法的知识和经验。这些知识和经验对改进遗传算法的性能，避免未成熟收敛问题非常有用。但这部分信息是模糊的、不完备的，在某种程度上甚至是病态结构的。这一特点决定了可以用模糊理论的工具来获取和处理这些知识和经验。

把模糊逻辑用于 GA 是从两个方面来着手的：一方面，把已有的关于 GA 的知识和经验用模糊语言来描述，并用于在线控制遗传操作和参数设置，形成动态 GA；另一方面，借鉴模糊逻辑及模糊集合运算的思想，得到模糊编码和相应模糊遗传操作，以改进 GA 的性能。

类似于自适应遗传算法（AGA）的思想，基于模糊逻辑的参数设置及遗传操作的目的也是找到各种情况均适用的参数设置方法并使之随进化过程自适应改变，但它是通过模糊控制来实现的，是高层次 AGA，具有更强的适应变化环境的能力。

遗传算法的一些参数，如变异率 P_m、交叉率 P_c、种群规模 N 等是影响遗传算法性能的重要因素，它们的设置是否合理决定算法搜索的精度和广度能否均衡折衷。

这些参数对遗传算法的性能影响很复杂，传统的参数最优设置一般是基于优化问题本身考虑的，而且固定不变；因此，找到各种情况下均适用的参数设置方法并使之随进化过程自适应改变是很有意义的。GIefenstette 首先尝试具有鲁棒性的参数设定，利用用元基因算法（Meta－GA）寻找合适的参数设置并用于 DeJong 的五个函数优化获得了很好的在线和离线性能。遗传参数最优的设置应该能在优化过程中根据系统性能测试实时自适应调整，基于这种思想 Davis（1989 年）和 IJ T L（1992 年）给出了两种不同的动态参数的遗传算法。

根据专家学者对遗传算法的认识和经验，总结出遗传参数的设置规则并用模糊的语言描述，再根据模糊规则设计出模糊控制器，在线控制遗传算法的参数，就可以实现动态参数的遗传算法。图 11.4 给出了基于模糊逻辑的动态参数遗传算法的结构图。

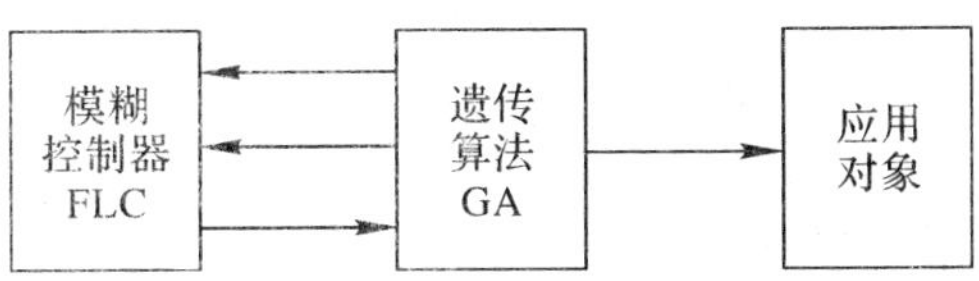

图 11.4　基于模糊逻辑的动态遗传算法的结构图

Xu H Y（1994 年）设计了一种模糊遗传算法．用于自动生成七自由度机器人轨道，取得很好效果。该算法用两个模糊逻辑控制器（FLC）分别在线调整交叉率和变异率。控制 P_m 的模糊控制规则如表 11.1 所示。这些规则是基于类似“当进化过程接近最优解时，很快减小变异率，以免破坏包含最优解的基因模式"对遗传算法的认识而设计的。同样还可以设计交叉率 P_c 的控制规则表。根据控制规则表很容易设计出模糊控制器。

表 11.1　变异率控制规则表

变异率 $P_m(p, g)$	种群规模 P		
进化代数	小	中	大
短	大	中	小
中	中	小	很小
长	小	很小	很小

表 11.2　交叉率控制决策表

$\Delta f(t-1)$ / Δf	负大	负较大	负中	负小	零	正小	正中	正较大	正大
负大	负大	负较大	负较大	负中	负中	负小	负小	零	零
负较大	负较大	负较大	负中	负中	负小	负小	零	零	正小
负中	负较大	负中	负中	负小	负小	零	零	正小	正小
负小	负中	负中	负小	负小	零	零	正小	正小	正中
零	负中	负小	负小	零	零	正小	正小	正中	正中
正小	负小	负小	零	零	正小	正小	正中	正中	正较大
正中	负小	零	零	正小	正小	正中	正中	正较大	正较大
正较大	零	零	正小	正小	正中	正中	正较大	正较大	正大
正大	零	正小	正小	正中	正中	正较大	正较大	正大	正大

Herreara F，LozanoMyong 用模糊控制器控制规模的输入有四个量，两个描述种群收敛程度的量：I_1 平均适应度值/最大适应度值，I_2＝最小适应度值/平均适应度值；另两个输入是变异率 P_m 和种群规模 M；输出量 δ_m 用来控制当前种群规模变化。描述输入输出关系的规则如下：

若 I_1 大，则 δ_m 大；

若 I_2 小，则 δ_m 大；

…

若 P_m 小且 M 小，则 δ_m 大。

种群规模 M 影响遗传优化的最终结果以及遗传算法的执行效率：较小群体显示了更快的搜索能力，因而展示了较好的初始在线特性；较大规模的群体可减少算法陷入局部最优解的机会，能导致较好的离线性能，但计算复杂度高，初始在线特性较差；因此，应设置合适的种群规模。该文献给出了很好的设置方法。用 I_1 和 I_2 表示种群收敛程度或说是种群多样性的思想很值得借鉴。

Dai Hyun Kim 认为在遗传算法中变异的作用比交叉更大，这不同于以往认为交叉是遗传算法的主要环节，变异只起辅助作用的观点。他利用模糊逻辑控制遗传操作，决定对某一代实行交叉还是变异。例如，若适应度最大的前几代染色体非常接近，则实行变异比交叉好；反之，若适应度最大的两个染色体差别很大，交叉能比变异提供更大的搜索速度。表 11.3 给出了模糊控制规则。其中 p_i 和 q_i 为两个模糊逻辑参数，定义如下：

p_i 为适应度值第 i 大的个体－适应度值第 $i-1$ 大的个体/适应度值第 i 大的个体；q_i 为做比较的个体相同位的个数/个体的位数。

表 11.3　模糊规则控制遗传操作

q_i \ p_i	$0\leqslant p_i\leqslant$阈值	阈值$\leqslant p_i\leqslant 0$
$0\leqslant q_i\leqslant$阈值	复制，全部交叉	复制，80%交叉，20%变异
阈值$\leqslant q_i\leqslant 0$	复制，50%交叉，50%变异	复制，全部变异

p_i 和 q_i 实际表示了种群的收敛程度。阈值是根据经验给出的，如可选为 0.5。该模糊基因算法用于设计并行基因算法，并用硬件实现，成功地完成了多维决策模式。把基于模糊规则的交叉操作用于实数编码的基因算法，可建立合适的具有多样性的种群层，从而很好的解决未成熟收敛问题。

Herrear F 和 Herrear E 提出用模糊停止条件来评价基因算法的实时性能。这是因为基因算法从理论上可以找到问题的最优解，但有些问题最优解本身就是未知数，用基因算法只是使问题向着最优解的方向进化，我们最后得到的结果只是一个比较接近最优解的结果。因此，这个优化目标本身就是模糊的，而不是精确的。

传统遗传算法并没有考虑个体或组织从基因型到表现型的演变发展，而只是通过编码译码得到简单的一一对应关系。而自然界则没有这种简单的对应关系，表现型是基因结构和当前环境条件的复杂的非线性函数。Voight 给出一种模糊编码的遗传算法方法，试图解决这个问题。传统的二进制编码方式中，串的各位的值为 0 或 1 模糊编码各位取值为[0，1]区间的任意值。这种编码方式打破了基因型和表现型之间一一对应的关系，例如两个不同的基因型可能产生同一表现型。相应模糊编码方式的交叉操作采用模糊集合的并与交运算。给出两个串

$$
\begin{aligned}
F_1 &= (d_{11}, \cdots, d_{1n}) \\
F_2 &= (d_{21}, \cdots, d_{2n})
\end{aligned}
\tag{11.9}
$$

其中，$d_{ij}=[0, 1]$。先进行 max 和 min 运算得两个模糊子集

$$
\begin{aligned}
F_{\max} &= (\max(d_{11}, d_{21}), \cdots, \max(d_{1n}, d_{2n})) \\
F_{\min} &= (\min(d_{11}, d_{21}), \cdots, \min(d_{1n}, d_{2n}))
\end{aligned}
\tag{11.10}
$$

最后从 max 和 min 之间产生均匀分布的随机数作为子串各位的值。串变异操作是从[0，1]区间产生一个随机数作为要变异的位的值。

11.2.2　基于种群多样性的模糊遗传算法

我们的基本设计思想是：通过调整 GA 运行过程中 PD 的大小，保持合理的 EER，以提高 GA 的全局收敛性能。利用 P_c 和 P_m 控制交叉、变异算子的作用强度，以产生 PD 或

利用当前 PD；它们的联合作用使得 GA 能够以较合理的方式有效控制 PD，达到 EER 的均衡。另外，探测当前 PD 的大小，若检测到有用的多样性，且当前种群的多样性较高，则减小变异率，而设置适当的交叉率以充分利用当前种群的有用基因块；反之，则增加变异串，以尽快舍弃不好的个体；增加 PD，以探索更好搜索空间。当种群个体质量较好，且种群处于进化后期，应设置较小的和使种群逐渐趋于全局收敛；反之，则应取较大的和以探索更好的搜索空间。

1. FLC 输入、输出变量的选择

为了保证合理的 EER，防止 GA 早熟，PD 应作为 FLC 的一个重要输入。设计中将对研究 GA 过早收敛有重要意义，多样性指标作为 FLC 的输入量，它表明当前种群遗传漂移的程度和进化能力。为了保证以收敛速度和性能的提高，应保持或产生在某种程度上有利于产生优秀个体的有用的多样性，而不是任意的多样性。因此，选用 $f/f_{\max}$ 作为衡量当前 PD 是否有用的指标，也将它作为 FLC 的输入。其中，f 为当前种群的平均适应度，$f_{\max}$ 为最优个体适应度。一般基于 PD 的 AGA 或 FGA 采用上述两类输入量之一。实际上，前一类输入代表了 PD 数量大小，而后一类代表了 PD 质量好坏。只有将两类输入量统一起来，才能对当前种群状态进行完整描述。最后，为了判断种群的进化阶段，采用 Number 记录种群的最大适应度值连续多少代没有变化，其值大小表示了算法的收敛情况。

$f/f_{\max}$ 其值越接近 1，表明当前个体质量越好，当前多样性越有利于产生最优个体。Number 区间为[0，30]，其值越大表明越接近全局收敛，算法处于进化阶段后期。

FLC 的输出为 P_c 和 P_m，$P_c \in [0.4, 0.9]$，$P_m \in [0.005, 0.1]$。输入、输出的语言变量集均为{低，中，高}。

2. 输入、输出变量隶属度的确定

根据输入量 D_{gw}，Number 和 $f/f_{\max}$ 以及输出量 P_c 和 P_m 的变化范围及对应的语言变量集合(均分为大、中、小三档)，分别定义其隶属函数如图 11.5 所示，隶数函数划分的原则是变量取值集中的范围划分的较细。

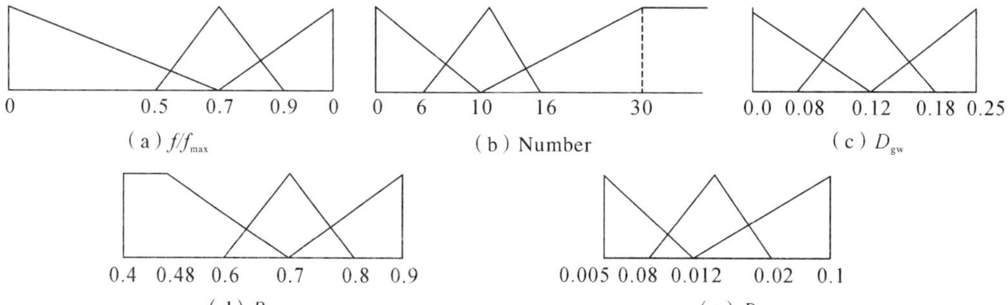

(a) $f/f_{\max}$ (b) Number (c) D_{gw}

(d) P_c (e) P_m

图 11.5 输入、输出变量隶属度

3. 建立模糊控制器的控制规则

模糊控制器的控制规则是基于手动控制策略，而它又是人们通过学习、试验以及长期经验积累而逐渐形成的，存储在操作者头脑中的一种技术知识集合。手动控制策略一般都可以用条件语句加以描述，于是就可以利用语言对其进行归纳，这个过程就是建立模糊控制器的控制规则的过程。

11.2.3 确立模糊化和去模糊化方法

将精确量转化为模糊量的过程称为模糊化。只有变为模糊量后才能实现模糊控制算法。

通常采用的方法是把精确量离散化，即如果精确量 x 的实际变化范围为 $[a, b]$，将 $[a, b]$ 区间的精确变量转换为 $[-n, n]$ 区间变化的变量 y，有

$$\frac{y}{x-(a+b)/2}=\frac{2n}{b-a} \tag{11.11}$$

由式(11.11)计算出的 y 值若不是整数，可以把它归入最接近于 y 的整数，如 $-4.8\rightarrow -5$。根据各个模糊子集的隶属度函数确定变量对各模糊子集的隶属度，选其中有最大隶属度的模糊子集作为该变量的模糊量。

对建立的模糊控制规则要经过模糊推理才能决策出控制变量的一个模糊子集，它是一个模糊量而不能直接控制被控对象，还需要采取合理的方法将模糊量转换为精确量，以便最好地发挥出模糊推理结果的决策效果。通常采用的方法有重心法、最大隶属度法、中位数法。本文采用最大隶属度法：选取模糊子集中隶属度最大的元素作为控制量，例如，模糊子集为 C，所选择的隶属度最大的元素 u^* 应满足

$$\mu_C(u^*)\geqslant\mu_C(u),\quad u\in U \tag{11.12}$$

若 u^* 仅为一个，则选择该值作为控制量。若 u^* 有多个，且 $u_1^*\leqslant u_2^*\leqslant\cdots\leqslant u_p^*$，则取它们的平均值，或取 $[u_1^*, u_p^*]$ 的中点 $(u_1^*+u_p^*)/2$ 作为控制量。

11.2.4 确定模糊控制器的参数

选择模糊集的论域时，应满足论域中所含元素个数为模糊语言词集总数的二倍以上，确保模糊集能较好的覆盖论域，避免出现失控现象。从道理上讲，增加论域中的元素个数，即把等级细分，可提高控制精度，但这受到计算机字长的限制，也要增加计算量。因此，把等级分得过细，对于模糊控制显得必要性不大。

模糊控制器的变量的实际范围称为这些变量的基本论域，显然基本论域内的量为精确量。为了进行模糊化处理，必须将输入变量从基本论域转换到相应的模糊集的论域，这需要将输入变量乘以相应的因子，即量化因子；每次经模糊控制算法给出的控制量(精确量)还不能直接控制被控对象，必须将其转换到为控制对象所能接受的基本论域中去，这需要将输出变量乘以相应的因子，即比例因子。

设输入变量-误差、误差变化和输出变量-控制量的基本论域分别为 $[-x_e, x_e]$、$[-x_c, x_c]$、$[-y_u, y_u]$，它们所取的模糊子集的论域分别为 $\{-n, -n+1, \cdots, 0, \cdots n-1, n\}$、$\{-m, -m+1, \cdots, 0, \cdots, m-1, m\}$、$\{-l, -l+1, \cdots, 0, \cdots, -l, l\}$。则误差的量化因子、误差变化的量化因子及输出控制量的比例因子分别为

$$\begin{aligned}K_e&=\frac{n}{x_e}\\K_c&=\frac{m}{x_c}\\K_u&=\frac{y_u}{l}\end{aligned} \tag{11.13}$$

11.3 遗传操作的改进

11.3.1 选择操作的改进

轮盘赌法按适应度大小选择个体，适应度值高的个体被选中的机会大，体现了“适者生存”的原则。对选中的个体在进行交叉和变异有可能破坏最优解。同时由于该方法是基于概率的选择，存在统计误差，即当个体数不太多时，有可能会出现不正确反映个体适应度的选择，也就是说，适应度高的个体有可能被淘汰，而适应度低的个体有可能被选中。最佳个体保存法是把群体中适应度值最高的个体不进行配对交叉而直接复制到下一代中。这种方法使进化过程中每一代的最优解可不被交叉和变异操作所破坏，但是局部最优个体的遗传基因会急速增加而使进化有可能陷入局部解。

以上两种方法未考虑染色体的特点，会造成选择压力不足和遗传的延迟或振荡。将上述两种方法相结合，先用适应度比例法进行选择，经配对交叉产生下一代，再利用最佳个体保存法将上一代的最佳个体按 10%复制。同时，为了保持群体规模不变，从这个新群体中淘汰 10%的最差个体，即这些个体与最佳个体的距离最大。这种方法继承了适应度比例选择法和最佳个体保存法的优点，既可以适当的加大竞争压力，较好的体现自然界优胜劣汰的规律，又能够避免适应度高的个体被淘汰的可能性，减少由于选择不当而使搜索陷入局部最优的可能性。

在对本文算例进行选择操作时不采用和采用最佳个体保存的计算进程分别如图 11.6 和图 11.7 所示。图 11.6 中曲线波动程度大，说明了在进行交叉和变异的时候产生了更多性能低劣的后代，使得寻优过程陷入局部最优的可能性大大增加，搜索过程更不稳定。而图 11.7 中曲线稳中有降，说明保留最佳个体避免了当前最优解被遗传操作破坏，使搜索过程在当前最优解的基础上进行，提高了搜索效率，搜索到最后的时候，保留下来的结果就是整个搜索过程中的最佳值，因而其曲线是一条递减的曲线，最后稳定在某一值上。

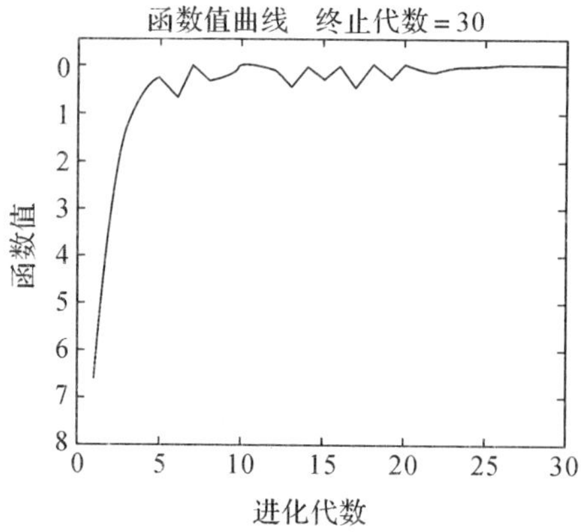

图 11.6　为保留最优的结果

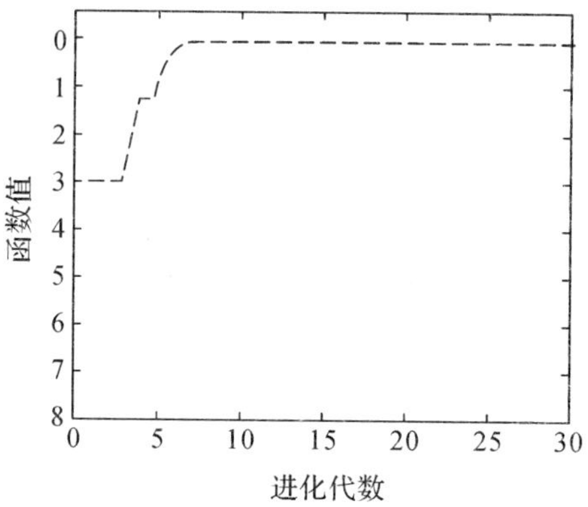

图 11.7　保留最优结果

11.3.2 交叉和变异操作的改进

交叉率控制着交叉操作被使用的频度。较大的交叉率可增强遗传算法开辟新的搜索区域的能力，但适应度值高的基因遭到破坏的可能性增大，从而使搜索走向随机化；交叉率越低，进化的速度就越慢，若交叉率太低，就会使得较多的个体直接复制到下一代，遗传搜索可能陷入迟钝状态。建议 P_c 采用只取 0.4～0.9。但是对于交叉率是一常数的情况，无论交叉率采用多大的常数，都不能很好地适应不同个体的质量。在迭代初期，个体的质量比较差(即个体的适应度值比较低)，取较大的交叉率可以增强算法的搜索能力；但在迭代后期，个体的质量比较好，较高的交叉率就可能使优良基因被破坏的可能性增大，当交叉率取值较小时，情况相反。因此，交叉率只能取随迭代次数变化的自适应值，才能保证遗传算法有较高的搜索能力。

变异在遗传算法中属于辅助性的搜索操作，它的主要目的是维持种群的多样性。一般认为，采用一点变异即可满足实际需要。低变异率可以防止群体中重要基因的丢失，高变异率将使遗传算法趋于纯粹的随机搜索。建议最优变异率的范围是：P_m 为 0.001～0.1。根据经验，变异率取 0.01 就可以防止发生局部收敛，若取 0.5 就会变为随机搜索。在简单遗传算法中，变异率是个常数。通常，对于突变率是一常量的情况，经过多次迭代后，群体的素质会趋于一致，这样就形成了近亲繁殖。目前许多学者都认识到变异率需要随着遗传进程而自适应变化，这种有组织性能的遗传算法具有更高的鲁棒性、全局最优性和效率。

随着遗传算法研究的日益深入，人们已获得了一定的关于遗传算法的知识和经验。这些知识和经验有助于改进遗传算法性能，避免未成熟收敛。但这些信息是模糊的、不完备的，其操作具有不确定性。这一特点决定了可以用模糊理论来获取和处理这些知识和经验。因此，引入模糊理论，根据种群的进化情况在线控制交叉率和变异率，改善遗传算法的性能，加快收敛速度，这就是模糊遗传算法。

图 11.8 和图 1.9 分别是对本文算例在同样的算法停止准则下，P_c 和 P_m 采用固定值和对其进行模糊控制的进化曲线。两种情况都是进化到最优值，但前者随着进化进程群体的素质趋于一致，形成了近亲繁殖，限制了其寻优能力，最终得到了局部最优解；而后者在进化时群体的素质趋于一致，通过模糊控制实时对 P_c 和 P_m 进行调整后，有效的扩展了寻优能力，避免了陷入局部最优，提高了搜索效率。

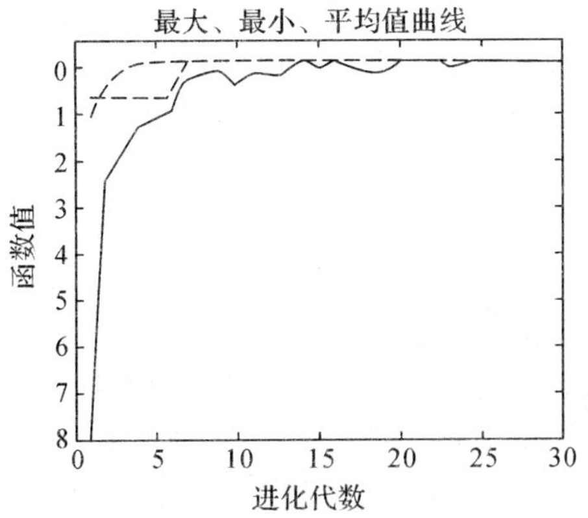

图 11.8 P_c 和 P_m 取固定值

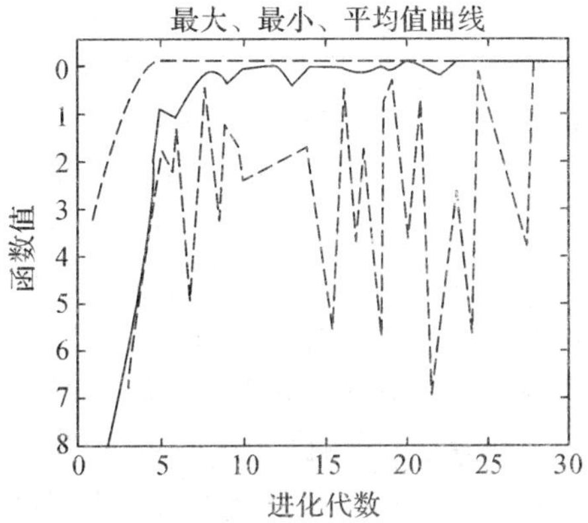

图 11.9 对 P_c 和 P_m 进行模糊控制

11.4 遗传算法种群多样性的研究

在遗传算法研究中人们最关注的问题之一就是它的过早收敛。近几年的研究发现：种群只有在保持一定的多样性基础上才能进化，过早收敛总是与种群中个体趋同、种群多样性(Population Diversity，PD)的迅速下降有密切关系。但PD应怎样定义和度量？在GA优化过程中PD是如何变化的？选择、交叉和变异操作对PD有何影响？如何产生和利用“有用的种群多样性”来提高GA的性能？这些问题对进一步理解GA的运行机理、进化动态及提高GA的搜索性能非常重要，但目前这方面的研究较少，特别是以种群多样性为主要对象，通过研究PD的变化理解GA的机理，通过控制PD的变化以改善GA性能的工作还很少。

针对上述问题，本章将分析过早收敛现象的表现及产生的原因，指出它与PD变化的密切关系。提出新的PD度量方法及其定量计算公式，并证明它们之间的一个数量关系；分析几组多样性指标的直观意义，揭示PD的两种含义。根据个体编码串中基因型与表现型所包含信息的差别，引入基因型多样性和表现型多样性，以更真实、全面地反映PD的两个方面。为进一步理解遗传算子对PD的影响，通过实验研究它们在遗传中的作用及其相互影响。

11.4.1 过早收敛现象的表征及产生原因

过早收敛是指GA在找到最优解之前就收敛于某个局部极值点。反映在个体适应度上即表现为所得到的最优个体适应度小于实际的最优个体适应度，反映在种群上表现为所有个体的大部分基因位取值都相同，种群个体间差异减小，引起构成最优解的某些重要段的关键基因缺失。

1. 基于模式定理的分析

根据模式定理，搜索空间中优于平均的模式在种群中所占比例不断增加，劣于平均的模式所占比例降低，最终这些较优的模式和个体在种群中占绝大部分，居于统治地位。这种情况一旦出现，就说明GA已经或将逐渐收敛到最优解。虽然在许多实际问题中，GA的性能超过了其他搜索算法，但还是不能达到理论所期望的高度。其原因在于，理论上种群无限大的假设无法实现。这将引起两个直接后果：① 基于有限种群模式平均值的估计与模式真实均值差距较大；② 每个父代只能生成整数个后代，有限种群中模式的近似整数个粒子不能精确反映出此模式应占的比例。随着GA的运行，这两种偏差迅速积累扩大，导致GA的搜索轨迹与理论预测的相距甚远，产生了遗传漂移现象，在性能上就表现为算法收敛于次最优解。

人们很早就认识到遗传漂移是造成过早收敛的直接原因，解决它的最直观的办法就是扩大种群，但种群不能无限加大。于是Brindle提出更精确的选择机制，Grefenstette采用优化算法参数的方法。虽然在直觉上，这些算法会对解决过早收敛问题有所帮助，但实验结果并不乐观，改进的算法有时甚至不如传统的GA，与此同时，许多学者实验研究发现，过早收敛经常产生于一个个体或一小组个体在下一代拥有大量后代的情况。Booker指出，一个个体拥有大量后代就意味着种群中其他个体将有很少的后代，当太多的个体根本没有后代时，其结果就是PD的丧失和过早收敛的产生。这使人们得到启发：尽量保持种群多样性将会对避免过早收敛有好处。Booker和Wilson分别做了这方面的尝试，效果不错。

2. 基于遗传操作的分析

从GA的基本遗传操作分析，导致过早收敛的原因有以下三点：

(1) 由于选择导致关键基因段的丢失。无论何时，当种群中所有个体在特定基因位上取相同的基因值，均称该种群发生了重要段丢失。在选择过程中，当在某一基因位上携带特定基因值的所有个体均未被选中时，就发生了重要基因位缺失现象。这主要是由于种群规模受限产生的近似性而引起的。通常情况下，变异率是很低的，一旦某一基因位缺失，就很难恢复；当该基因位恰好是最优解所必需时，就会漏掉最优解，产生局部极值。

(2) 由于交叉产生的有用模式的破坏。当交叉点选在有用模式定义距之内时，两个个体经过交叉后，该模式将被破坏。高阶、长定义距的模式非常易于被交叉破坏。这样，当一些构成最优解的重要模式被破坏时，将失去由该模式所定义的包含最优解的区域。

(3) 因不合理的参数设置引起的利用与探索的失衡。GA中有两个既对立又统一的问题，即GA的搜索效率与搜索空间的问题，也就是方向性与随机性的问题，这二者共同作用决定了GA的性能。GA这两方面的均衡是由 P_c 和 P_m 和 M 等遗传控制参数直接决定的。较大的 P_c 和 P_m 可增强GA开辟新搜索区域的能力，同时高性能模式遭到破坏的可能性也增大；若 P_c 和 P_m 较低，可使以加强对特定子空间的搜索能力。当该子空间包含最优解时，GA将很快收敛到最优解；但当该子空间非最优子空间时，较低的 P_c 和 P_m 使GA很难跳出局部极值。过早收敛就是由于GA过分利用了包含局部极值的子空间，此时方向性比随机性强，二者失衡。

以上分析表明，GA过早收敛总是与PD的迅速下降有密切关系，通常种群中个体趋同是GA发生过早收敛的直接原因，因此解决GA过早收敛的关键就是保持或产生PD。此外，个体编码串是GA的直接操作对象，在整个进化过程中，变化最剧烈的就是这些个体串。它们的取值直接反映了GA的运行状态，是进化效果的直接体现。如何从这些编码串中提取反映GA状态和效果的特征值(有用信息)，对研究GA的运行机理和改进方法也是很有意义的。

11.4.2 种群多样性的定义

在遗传学中，进化过程有三种多样性度量标准，相应于生物群体的三个层次。生态系统(Ecosystem)多样性考虑的是不同物种间的差别，可看作是在同一基因组(Genome)空间中生存的不同物种间联系紧密程度的度量。种群多样性是指一个给定物种内部个体间的差异，可以看成是种群内部聚类程度的衡量。生物体(Organism)多样性是指生物间表现型特征的差别。在GA中，存在的主要是后两种多样性。

1. 种群多样性在GA实际运行中的含义

以基因型描述的种群为基础，以基因为基本单元定义的多样性，其目的是度量种群中所有个体在各基因位的收敛程度，从遗传操作的角度衡量种群的进化能力；以表现型描述的种群为基础，以个体为基本单元定义的多样性，其目的是度量种群中所有个体的聚类程度，描述种群中所有个体在搜索空间的分布情况。

通常人们提到的种群多样性均是指前者，而忽视了后者。实际上描述种群中个体分布情况的多样性是实际应用中最关心的。该多样性的增加使得种群中的个体对搜索空间的覆盖范围扩大，若在以运行中始终保持对搜索空间的适当覆盖，也就实现了用有限的个体模拟种群规模趋于无穷的条件，GA 也就不会产生过早收敛。而保持和产生前一种多样性的目的也是使 GA 能够不断开辟新的搜索区域。

从上面的分析可看出，针对不同的问题和 GA 进化阶段应采用不同的多样性指标。一般来说，当注重种群各基因位的收敛状态，关心种群的进化能力时，应采用以基因为基本单元的多样性指标；当所关心的是种群中个体在整个搜索空间的分散程度和 GA 的搜索范围时应采用以表现型表示、以个体为单元的种群多样性为指标。

由此可给出用于实际遗传优化的完整、全面的 PD 度量方法。在进化初期，主要注重的是种群中所有个体对整个搜索空间的覆盖程度，以尽快发现最优解存在的区域。因此，应主要以 D_{Tib} 为衡量标准。在进化的中间阶段，除了要考虑种群中个体在搜索空间的分布情况外，还应考虑种群个体基因位的收敛程度，即遗传漂移程度，以保证种群的进化能力。此时应将 D_{Tib} 和 D_{gw} 综合起来作为 PD 的度量。在进化后期，最优解所在区域基本确定，种群中个体都聚集在最优解附近，开辟新搜索空间的重要性大大下降。此时应以 D_{gw} 为主要衡量指标，在保证较小的 D_{gw} 情况下，使 GA 逐渐收敛于全局最优解。

2. 关于种群多样性的进一步说明

为了防止 GA 过早收敛，本章强调了保持和产生 PD 的重要性。保持和产生 PD 本身并不是目的，它并不能保证 GA 性能的提高。实际上需要保持和产生“合适”的 PD，即在某种程度上有助于产生好个体的多样性，也即“有用”的多样性。它包含两方面的含义：① 在 GA 进化的不同阶段，需要不同程度的 PD，以满足收敛到全局最优解的同时提高搜索效率的要求；② 在当前 PD 的情况下，衡量种群个体质量的好坏，以决定下一步利用该多样性还是产生新的种群多样性。

11.4.3 遗传算子对种群多样性的影响

从以上几节的分析能够很明显看出 D_{gw} 和 D_{Tib} 在研究 GA 过早收敛现象中的含义和作用，而其他几种多样性指标的作用并不十分明显。从我们引入 PD 目的来看，除了研究它们与过早收敛的关系以找到防止 GA 早熟的措施外；另一个重要目的就是通过观察 GA 运行过程中 PD 的变化来了解 GA 的进化动态，理解 GA 的运行机理。下面将具体分析各遗传算子对所定义的几种多样性指标的影响，进一步理解它们在 GA 中的作用。

1. 遗传算子对种群多样性的影响

Xiaofeng Qi 得出种群数目趋于无穷的情况下，选择操作对种群概率密度 $g'_t(x)$ 影响为

$$g'_t(x)=\frac{g_t(x)}{E(f_t)} \tag{11.14}$$

其中，$E(f_t)$ 表示个体适应度值的数学期望。他还证明了当 $t\to\infty$ 时，种群概率密度函数收敛于冲激函数为

$$g_{t\to\infty}=\delta(x-x^*) \tag{11.15}$$

这里，x^* 是初始种群中最好的个体。显然，当种群数目趋于无穷时，在只有选择作用下，有

$$\lim_{t\to\infty} D_{gw}(t) = \lim_{t\to\infty} D_{ib}(t) = 0$$

$$\lim_{t\to\infty} D_{gb}(t) = c_1, \quad \lim_{t\to\infty} D_{tw}(t) = c_2$$

虽然当种群数目为无穷时，D_{gb}、D_{tw} 收敛于 0，但并不能保证 D_{gb}、D_{tw} 单调下降。对于种群规模有限的情况下，也有相同的结论。

为了说明选择算子对种群多样性的影响，利用仿真实验进行验证，仿真中所用函数为

$$F = 1 - \sin(x^2 + y^2) \qquad x, y \in [-1, 1]$$

算法参数及算子的选择如表 11.4 所示。仿真结果表示仅有选择作用下 D_{gb}、D_{tw} 的变化。由此可看出选择对种群多样性产生的总的影响趋势是使其减小。

表 11.4　算 法 设 置

算法设置	编码方法	选择	交叉	变异	P_c	P_m	种群规模	串长	最大遗传代数
SGA	二进制编码	轮盘赌随机选择	两点交叉	逆位变异	0.0	0.0	50	10 位	100

2. 交叉操作对种群多样性的影响

Qi Xiao-Feng 已经证明了当种群数目趋于无穷时，交叉保证每个坐标的边缘密度函数不变，即

$$g''^{(j)}_{x_i}(x^{(j)}) = g'^{(j)}_{x_i}(x^{(j)}) \tag{11.16}$$

其中，$j \in \{1, 2, \cdots, l\}$。显然 $D_{gb}(t)$、$D_{gw}(t)$ 保持不变。同时，从 $D_{gb}(t)$、$D_{gw}(t)$ 的表达式也可以看出，交叉操作不改变基因内部和外部多样性。这使得许多人忽视了交叉操作对种群多样性的作用。徐宗本等曾指出“杂交算子在搜索过程中存在着严重的成熟化效应，它在起搜索作用的同时，不可避免地使种群多样度趋于 0，从而逐渐减小自己的搜索范围，引起过早收敛”。但从 GA 的实际应用来看，交叉操作虽然不能引进新的基因串，但它却有能力搜索包含当前种群极小格式的所有个体，是 GA 的主要搜索算子。交叉保持了基因的内部和外部多样性，而并非像徐宗本所述的“使种群多样度趋于 0”。

选择算子的作用使 $D_{gb}(t)$、$D_{gw}(t)$ 趋于 0，交叉和变异一样是 PD 保持和产生的基础，是使种群向前进化的原动力。以前文献中对于交叉对 PD 影响的忽视和误解是由对 PD 理解和定义的不完整性所引起的。以前大部分 PD 的度量都是以基因为基本单元的，如徐宗本等对种群多样度的定义及 Mahfoud 对段频率的定义等。以此为基础的多样性指标在交叉算子作用下均保持不变，不能体现出交叉引起的种群变化。因为交叉不像变异是按位进行操作，以基因为基本单元；而是对个体中某一段基因进行操作，以个体为基本单元。因此以基因为基本单元的 PD 指标 $D_{gb}(t)$、$D_{gw}(t)$ 能够体现变异的作用，对交叉却不行。在衡量交叉引起的 PD 变化时，应采用以个体为单元的多样性指标。下面主要观察交叉操作对个体内、外部多样性的影响。

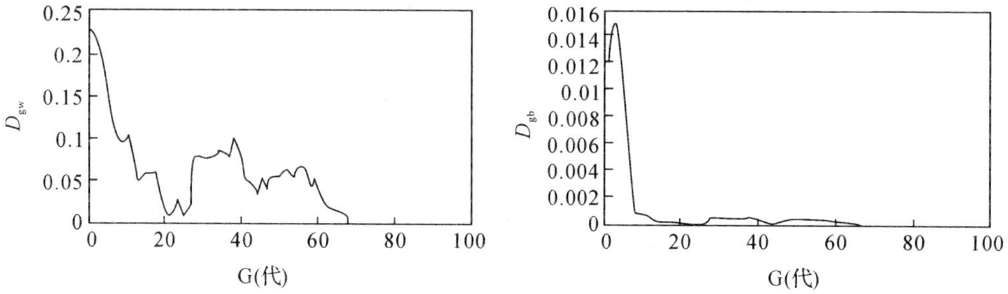

图 11.10　选择算子作用下种群多样性变化

种群规模为 30，同时为观察较长一段时间内的变化，遗传代数设为 2000，每 10 代打印一次。所选 $P_c=0.4$，0.9，分别代表较低和较高的交叉频率。

由图 11.10 可以看出，交叉引起了 $D_{ib}(t)$、$D_{iw}(t)$的变化，产生个体层次的多样性，对于改变种群中个体的分布状态和搜索区域的转移有很大作用。并且 P_c 越大，个体多样性变化越剧烈，这可从 $P_c=0.4$ 和 $P_c=0.9$ 时 $D_{ib}(t)$、$D_{iw}(t)$的变化曲线明显看出。当 $P_c=0.4$ 时，$D_{ib}(t)$、$D_{iw}(t)$变化幅度和频率均较小，甚至连续几代不变；而 $P_c=0.9$ 时，$D_{ib}(t)$、$D_{iw}(t)$变化很剧烈。这同时也说明为了保证合理的 EER（Exploitation/Explanation Relationship），常选择 $P_c=0.75$ 的原因：交叉作为主要的搜索算子，既要产生足够的个体多样性，又不能过强而忽视算法的利用性，破坏较优的基因块（P_c 不能太大）。但无论 P_c 大小，$D_{ib}(t)$、$D_{iw}(t)$均无下降趋势。同时，由于仅有交叉算子的作用且初始种群个体分散，具有较高的多样性，$D_{iw}(t)$始终在 0.23～0.25 范围内变化；相反，$D_{ib}(t)$则较低。因为对 $D_{ib}(t)$而言，所有个体都近似随机产生，各个体的个体平均值没有本质区别，变化范围较小（尤其个体编码串较长时），度量各个体差异 $D_{ib}(t)$自然较小。这进一步说明“杂交算子在搜索过程中不会使种群多样度趋于 0，不存在着成熟化效应；相反，它保持和产生了个体层次的多样性”。另外，图 11.11 也说明 $D_{ib}(t)$、$D_{iw}(t)$描述了交叉所引起的种群动态变化，体现了交叉所产生的 PD，即个体层次的多样性。

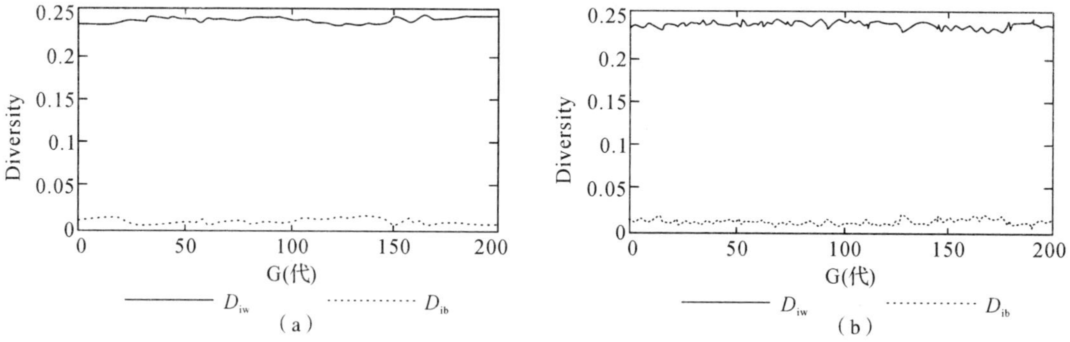

图 11.11　交叉算子作用下个体内、外部多样性的变化（$P_c=0.4$，0.9）

3. 变异操作对种群多样性的影响

和其他算子相比，变异对该算法也有明显影响，特别是在极端情况下。对二进制编码的种群而言，分别考虑取较小、适中和较大变异率时 PD 的变化，$P_m=0.000\,03$，0.01，0.7 时的变化如图 11.12 所示。

从图 11.12 可看出变异算子作用下的变化。类似于交叉算子：P_m 越大，PD 变化越频繁，幅度越大。这可从 P_m＝0.000 03，0.7 时 PD 变化曲线的对比明显看出。当 P_m 很小时，PD 基本在某个值附近做小幅度变化，类似于爬山算子的作用；当 P_m 较大时，PD 变化很剧烈，相对的搜索空间跳跃性也很大。这符合在 GA 运行过程中，进化初期常取较大的 P_m 值，而后期则取较小值的原则。一般 GA 中选 P_m＝0.01 可保证合理的 EER。

另外，从图 11.12 可看出，在种群中个体较分散的情况下 $D_{gw}(t)$、$D_{iw}(t)$密切相关并且占了种群整体多样性的大部分，它们都接近于最大值 1/4；而 $D_{gb}(t)$、$D_{ib}(t)$则较低，接近于 0。

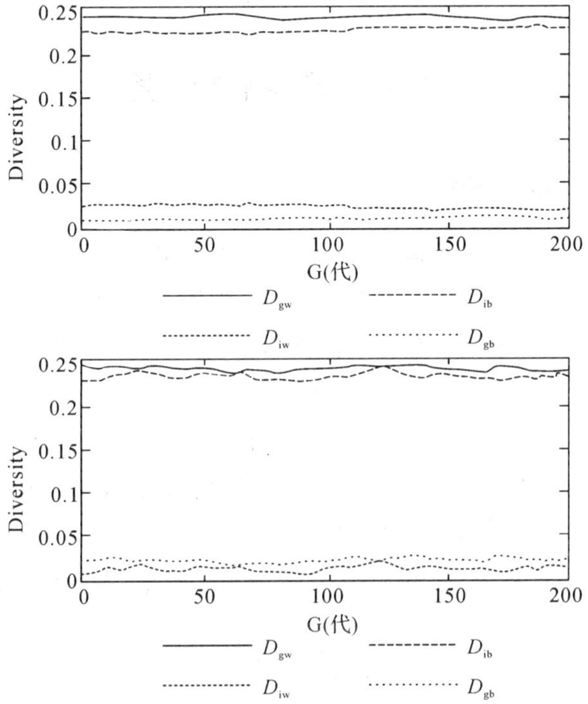

图 11.12 变异算子作用下种群多样性的变化(P_m＝0.000 03，0.01)

从图 11.10 和图 11.11，11.12 对比来看，对于相同的 P_c 和 P_m，变异算子对 PD 的影响较大，它同时产生了基因和个体多样性，说明变异对保持和产生所起的重要作用。

习 题

1. 试述遗传算法的基本原理。
2. 什么是模糊遗传算法，它与遗传算法有何区别？
3. 试述基于种群多样性的模糊遗传算法的设计思想。
4. 如何确定模糊化和清晰化方法，现有方法有几种？
5. 遗传操作的改进方法有几种，应怎样改进？
6. 什么是种群的多样性？在遗传算法中怎样改进种群的多样性？

第 12 章 模糊线性规划

规划问题渗透于国民经济的各个部门和科学技术的各个领域，有着诱人的应用前景，规划分普通规划和模糊规划。本章首先介绍模糊极值的概念，然后着重介绍模糊规划。

12.1 模糊极值

12.1.1 无约束条件的模糊极值

首先，回顾一下实值函数的极值概念。设 X 是给定的非空集合，f 是定义在 X 上的有界实值函数。若有 $x^* \in X$，使 $f(x^*)=\max\limits_{x^*\in X} f(x)$，则称 x^* 为函数 f 的极大点，而 $f(x^*)$ 称为 f 的极大值；$-f$ 的极大点(值)称为 f 的极小点(值)。这就是普通无条件极值概念，而

$$M \triangleq \{x^* \mid f(x^*)=\max_{x^*\in X} f(x)\} \tag{12.1}$$

其中，称 f 为优越集。当 $x\in M$ 时，我们达到最优目的，当 $x\overline{\in}M$ 时，虽然都未能达到最优目的，但各点的程度却有很大的差别。为了全面反映各点的优越程度，下面我们构造一种模糊优越集，以它的隶属函数来表示各点的优越程度。

定义 12.1 设 $\underset{\sim}{M}_f \triangleq \dfrac{f(x)-\inf f(x)}{\sup f(x)-\inf f(x)}$，令 $\underset{\sim}{M}_f \in F(X)$，它的隶属函数定义为

$$\underset{\sim}{M}_f \triangleq \frac{f(x)-\inf f(x)}{\sup f(x)-\inf f(x)} \tag{12.2}$$

$\underset{\sim}{M}_f$ 称为 f 的无条件模糊优越集，也称为 f 的无条件模糊极大值；而 $f(\underset{\sim}{M}_f)\in F(Y)$ 称为 f 的无条件模糊极大值，其隶属函数定义为

$$f(\underset{\sim}{M}_f)(y)=\bigvee_{f(x)=y} \underset{\sim}{M}_f(x) \tag{12.3}$$

其中，Y 为实数域；f 有界。

显见，当 $f(x_1)=\max\limits_{x\in X} f(x)$ 时，$\underset{\sim}{M}_f(x_1)=1$，当 $f(x_2)=\min\limits_{x\in X} f(x)$ 时，$\underset{\sim}{M}_f(x_2)=0$，且 $f(x_1)\geqslant f(x_2)$ 时，$\underset{\sim}{M}_f(x_1)\geqslant \underset{\sim}{M}_f(x_2)$，因此 $\underset{\sim}{M}_f(x)$ 反映了在模糊意义下，x 的优越程度。

又当 $y_1=\max\limits_{x\in X} f(x)$ 时，$f(\underset{\sim}{M}_f)(y_1)=\bigvee\limits_{f(x)=y_1} \underset{\sim}{M}_f(x_1)=1$；当 $y_2=\min\limits_{x\in X} f(x)$ 时，$f(\underset{\sim}{M}_f)(y_2)=\bigvee\limits_{f(x)=y_2} \underset{\sim}{M}_f(x_2)=0$，当 $y\overline{\in} f(x)$ 时，$f(\underset{\sim}{M}_f)(y)=\bigvee\limits_{\Phi}=0$，因此 $f(\underset{\sim}{M}_f)(y)$ 反映了在模糊意义下，y 对 f 的模糊极大值的隶属程度。

例 12.1 设 $X=\{x_1, x_2, x_3, x_4, x_5\}$，$f$：$X\to Y$($Y$ 为实数域)，定义 $f(x_1)=0$，$f(x_2)=3$，$f(x_3)=-1$，$f(x_4)=1$，$f(x_5)=1$，则 $\max f(x)=3$，$\min f(x)=-1$，且有

$$\underset{\sim}{M}_f(x_i)=\frac{f(x_i)+1}{4} \qquad i=1, 2, \cdots, 5 \tag{12.4}$$

于是

$$\underset{\sim}{M}_f=(0.25,\ 1,\ 0,\ 0.5,\ 0.5)$$

又

$$f(\underset{\sim}{M}_f)(0)=\bigvee_{f(x)=0}\underset{\sim}{M}_f(x_1)=\underset{\sim}{M}_f(x_1)=0.25$$

$$f(\underset{\sim}{M}_f)(3)=\underset{\sim}{M}_f(x_2)=1$$

$$f(\underset{\sim}{M}_f)(-1)=\underset{\sim}{M}_f(x_3)=0$$

$$f(\underset{\sim}{M}_f)(0)=\bigvee_{f(x)=1}\underset{\sim}{M}_f(x)=\underset{\sim}{M}_f(x_4)\vee\underset{\sim}{M}_f(x_4)$$

故

$$f(\underset{\sim}{M}_f)=\frac{0.25}{0}+\frac{1}{3}+\frac{0}{-1}+\frac{0.5}{1}$$

f 的无条件极小集 $\underset{\sim}{m}_f$ 定义为 $-f$ 的无条件模糊极大集，显然有

$$\underset{\sim}{m}_f=\frac{\sup f(x)-f(x)}{\sup f(x)-\inf f(x)}\qquad \forall x\in X \tag{12.5}$$

且有

$$\underset{\sim}{M}_f(x)+\underset{\sim}{m}_f(x)=1\qquad \forall x\in X$$

因此，极小集 $\underset{\sim}{m}_f$ 是极大集 $\underset{\sim}{M}_f(x)$的余集。

12.1.2 约束条件下的模糊极值

1. 普通约束条件下的模糊极值

高等数学中的条件极值可用集合论的语言来描述。若 $\exists x^*\in A\subseteq X$，使 $f(x^*)=\max\limits_{x\in A}f(x)$，则 $f(x^*)$称为 f 在A 上的条件极大值，x^* 称为 f 在在 A 上的条件极大点，而

$$M^*\triangleq\{x^*\mid x^*\in A,\ f(x^*)=\max_{x\in A}f(x)\} \tag{12.6}$$

其中，该式为 f 在 A 上的优越集。

优越集 M^* 虽给出 f 在 A 上取极大值的那些点，但却不能反映所有的 $x\in A$ 点对整个目标函数的优越程度。为了描述满足条件 A 的各个点对整个目标函数的优越程度，我们引进条件模糊优越集和条件模糊极大值的概念。

定义 12.2 设 $X\to Y$，$A\in F(X)$为约束条件，令

$$\underset{\sim}{A}_f\triangleq A\cap\underset{\sim}{M}_f \tag{12.7}$$

$\underset{\sim}{A}_f$ 称为 f 在 A 上的(条件)模糊优越集；而 $f(\underset{\sim}{A}_f)$称为 f 在 A 上的(条件)模糊极大值，其隶属度函数为

$$\begin{aligned}f(\underset{\sim}{A}_f)(y)&=\bigvee_{f(x)=y}\underset{\sim}{M}_f(x)\\&=\bigvee_{f(x)=y}(A(x)\wedge\underset{\sim}{M}_f(x))\\&=\bigvee\{\underset{\sim}{M}_f(x)\mid x\in A,\ f(x)=y\}\end{aligned} \tag{12.8}$$

其中，Y 为实数域；f 有界。

$f(\underset{\sim}{A}_f)(y)$表示在条件 A 的约束下，对整个目标函数来说，y 作为模糊极大值的隶属度。它既反映了条件 A 的约束，又反映了 y 在整个目标函数中的地位。

2. 模糊约束条件下的模糊极值

仿前，我们给出模糊约束条件下，目标函数 f 的模糊极大值。

定义 12.3 设 $f: X\to Y$，$A\in F(X)$为模糊约束条件，令

$$\underset{\sim}{A}_f \triangleq \underset{\sim}{A}\cap \underset{\sim}{M}_f \tag{12.9}$$

$\underset{\sim}{A}_f$ 称为 f 在 A 上的(条件)模糊优越集；而 $f(\underset{\sim}{A}_f)$称为 f 在 A 上的(条件)模糊极大值，其隶属度函数为

$$f(\underset{\sim}{A}_f)(y)=\bigvee_{f(x)=y}\underset{\sim}{A}_f(x)=\bigvee_{f(x)=y}(\underset{\sim}{A}(x)\wedge \underset{\sim}{M}_f(x)) \tag{12.10}$$

其中，Y 为实数域；f 有界。

由于$(\underset{\sim}{A}_f)_\lambda=A_\lambda\cap(\underset{\sim}{M}_f)_\lambda$，表明 $\underset{\sim}{A}_f(x)=\lambda$ 时，意味着既要求 x 对约束条件集 $\underset{\sim}{A}$ 的隶属度达到或者超过 λ 水平，同时要求 x 对目标函数 f，其优越程度也达到或者超过 λ 水平。因此 $\underset{\sim}{A}_f(x)$既要反映了 x 接受 $\underset{\sim}{A}$ 的限制程度，又反映了 $f(x)$达到理想目标的程度。

关于有约束条件下的模糊极小值问题，可如无约束条件模糊极值那样，转化为求解 $-f$ 的模糊极大值问题。

例 12.2 设 $X=\{x_1, x_2, x_3, x_4, x_5\}$五个人的集合，经测量，$X$ 中每人的身高 $f(x)$如表 12.1 所示。

表 12.1 身高数据

x	x_1	x_2	x_3	x_4	x_5
$f(x)$	1.72	1.80	1.65	1.74	1.68

设 $\underset{\sim}{A}=\frac{0.7}{x_1}+\frac{0.5}{x_2}+\frac{1}{x_3}+\frac{0.8}{x_4}+\frac{0.9}{x_5}$表示 X 中“年轻人”的模糊集，求 X 中年轻人的最高者。

解 这是求 f 在模糊约束 $\underset{\sim}{A}$ 下的极值问题，计算结果如表 12.2 所示。

表 12.2 优越集表

x	x_1	x_2	x_3	x_4	x_5
$\underset{\sim}{M}_f(x)$	0.47	1	0	0.6	0.2
$\underset{\sim}{A}(x)$	0.7	0.5	1	0.8	0.9
$\underset{\sim}{A}_f(x)$	0.47	0.5	0	0.6	0.2

由于

$$f(\underset{\sim}{A}_f)=\frac{0.47}{1.72}+\frac{0.5}{1.80}+\frac{0}{1.65}+\frac{0.6}{1.74}+\frac{0.2}{1.68}$$

故由最大隶属原则，x_4 是 X 中年轻人的最高者。

12.2 模糊规划

人们在办某件事情或做某项工作时，如果有多种方法可供选择，一般总是设法从中选择能获得最好结果的那一种方法。例如，某种产品有 m 个产地，有 n 个销售地，如果每个产地的产量和每个销售地的销量以及由产地到销地的路程、运费单价都是已知的，那么如

何调运产品使得总运费最省呢？又如，一个工厂在现有的人力、设备、资金等条件下，如何组织生产，才能获得最好经济效益呢？以上问题都可归纳为在满足一定的约束条件下，求目标函数的最优(最大或最小)值，这就是所谓的规划问题。

规划中的约束条件和目标函数都是清晰的，就是普通规划；约束条件或目标函数带有模糊性，就是模糊规划。

12.2.1　单目标模糊规划

模糊规划问题的一般提法：给定目标函数 f：$X\to Y$ 及 X 的模糊集 $\underset{\sim}{A}$，要求选择 x^*，使得 x^* 对 $\underset{\sim}{A}$ 的隶属程度及 x^*，对目标函数值 $f(x^*)$都尽可能地达到高水平，其中，Y 为实数集，f 有界。

例如，12.1 节介绍过的模糊约束条件下的极值问题，就是一类模糊规划问题。

模糊规划的求解步骤如下：

(1) 压缩映射。求无条件模糊优越集 $\underset{\sim}{M}_f(x)$，而

$$\underset{\sim}{M}_f(x)=\frac{f(x)-\inf f(x)}{\sup f(x)-\inf f(x)} \tag{12.11}$$

(2) 模糊判决。求条件模糊优越集 $\underset{\sim}{A}_f(x)=\underset{\sim}{A}(x)\wedge\underset{\sim}{M}_f(x)$，而

$$\underset{\sim}{A}_f(x)=\underset{\sim}{A}(x)\wedge\underset{\sim}{M}_f(x) \tag{12.12}$$

(3) 确定判决。即选择 x^*，满足

$$\underset{\sim}{A}_f(x^*)=\max_{x\in X}\underset{\sim}{A}_f(x) \tag{12.13}$$

我们把$\max\limits_{x\in X}\underset{\sim}{A}_f(x)$称为 $\underset{\sim}{A}$ 对目标 f 的可能度，它反映了在 $\underset{\sim}{A}$ 的约束下，能够达到力量目标的最大可能性；x^* 称为 f 在 $\underset{\sim}{A}$ 约束下的极大值，也成为模糊规划的最优解。$f(x^*)$称为 f 在 $\underset{\sim}{A}$ 约束下的极大值。

在模糊判决这一步中，根据实际情况，可以把(2)步修改为：

(2′) 凸模糊判决，即

$$\underset{\sim}{A}_f=a\underset{\sim}{A}(x)+b\underset{\sim}{M}_f(x) \tag{12.14}$$

其中，$a+b=1$，$a\geqslant 0$，$b\geqslant 0$。

(2″) 积模糊判决，即

$$\underset{\sim}{A}_f=\underset{\sim}{A}\cdot\underset{\sim}{M}_f$$

$$\underset{\sim}{A}_f(x)=\underset{\sim}{A}(x)\cdot\underset{\sim}{M}_f(x) \tag{12.15}$$

例 12.3　在某种食品中投放某种调味剂，每公斤食品中的含量设为 x 克，对顾客爱好作调查统计，得隶属函数为

$$f(x)=\begin{cases}\dfrac{x}{2}e^{\left(1-\frac{x}{10}\right)}, & 0\leqslant x\leqslant 100\\ 0, & x>100\end{cases} \tag{12.16}$$

对于使爱好函数值越大的 x 值，所制产品越畅销，因而收益越大，但是由于成本核算等原因，对 x 值需要进行限制，这种限制集合的边界是模糊的，即 x 的约束条件为一模糊集 $\underset{\sim}{A}$，其隶属函数为

$$\underset{\sim}{A}(x)=\begin{cases}1, & 0\leqslant x\leqslant 1\\ \dfrac{1}{1+(x-1)^2}, & x>1\end{cases} \tag{12.17}$$

试确定合理的剂量 x^*，使得在接受约束的条件下，获得最优收益。

解 这是一个规划问题，分三步进行。

(1) 求无条件模糊优越集 $\underset{\sim}{M}_f$，由于

$$f'(x)=\frac{1}{2}e^{(1-\frac{x}{10})}-\frac{x}{20}e^{(1-\frac{x}{10})} \tag{12.18}$$

令 $f'(x)=0$，得 $x=10$。又当 $x<10$ 时，$f'(x)>0$，当 $x>10$，$f'(x)<0$，因而 $\sup f(x)=f(10)=5$，$\inf f(x)=f(0)=0$。因此

$$\underset{\sim}{M}_f(x)=\begin{cases}\dfrac{x}{10}e^{(1-\frac{x}{10})}, & 0\leqslant x\leqslant 100\\ 0, & x>100\end{cases} \tag{12.19}$$

(2) 求条件模糊优越集 $\underset{\sim}{A}_f$，即

$$\underset{\sim}{A}_f(x)=\underset{\sim}{A}(x)\wedge\underset{\sim}{M}_f(x)=\begin{cases}\dfrac{x}{10}e^{(1-\frac{x}{10})}, & 0\leqslant x\leqslant x^*\\ \dfrac{1}{1+(x-1)^2}, & x^*<x<100\\ 0, & x>100\end{cases} \tag{12.20}$$

其中，x^* 满足方程

$$\frac{x}{10}e^{(1-\frac{x}{10})}=\frac{1}{1+(x-1)^2} \tag{12.21}$$

(3) 选择 x^*，使

$$\underset{\sim}{A}_f(x)=\max_{x\in X}\underset{\sim}{A}_f(x)$$

因此，最佳剂量 x^* 应该满足方程(12.21)，x^* 的近似值可取 $x^*\approx 2.085$ g，而

$$\underset{\sim}{A}_f(x^*)=\frac{1}{1+(x^*-1)^2}\approx 0.4593 \tag{12.22}$$

即 $\underset{\sim}{A}$ 对目标 f 的可能度为 45.93%，而要实现这种可能性，应该选择调味剂的最佳剂量为 2.085 g。

需要说明的是，在本例中如果将约束条件确切化，以 $\underset{\sim}{A}$ 的核[0, 1]为约束，这是一个普通规划问题，所得结论是应选择最佳剂量为 1 g，从约束条件看，已是 100%遵守，但所能达到的最高目标相对整个目标函数来说是很低的，由 $\underset{\sim}{M}_f(1)=0.246$，说明相对整个目标来说，其优越程度仅达到 24.6%。如果把条件放松为模糊约束条件 $\underset{\sim}{A}$。且适当降低 $\underset{\sim}{A}(x)$ 的水平，却可以获得较好的目标值。如例中的结果，当 $x^*=2.085$ 时，从接受约束条件来看虽仅达 45.9%，但目标函数的优越程度也升到了 45.9%，从而提高了整体优化水平。由于在实际问题中，约束条件往往不是绝对的，有一定的伸缩性，模糊规划的思想就是利用这点灵活性，兼顾目标函数与约束条件综合地选择最优方案。

12.2.2 多目标、多约束的模糊规划

在多种模糊约束的条件下，希望对多种目标同时取得尽可能优越的值，这种规划问题称为多目标、多约束模糊规划，其数学模型如下：

设有 n 个目标函数：$f_1(x)$，$f_2(x)$，…，$f_n(x)$（f_i 有界），m 个模糊约束集：$\underset{\sim}{A}_1$，$\underset{\sim}{A}_2$，…，$\underset{\sim}{A}_m \in F(X)$。

1．模型 1

（1）压缩映射。求各 f_i 的无条件模糊优越集 $\underset{\sim}{M}_{f_i}$，即

$$\underset{\sim}{M}_{f_i}(x)=\frac{f_i(x)-\inf f_i(x)}{\sup f_i(x)-\inf f_i(x)} \qquad i=1, 2, \cdots, n \tag{12.23}$$

（2）令

$$\underset{\sim}{M}_{f_i}=\bigcap_{i=1}^{n}\underset{\sim}{M}_{f_i}, \qquad \underset{\sim}{A}=\bigcap_{j=1}^{m}\underset{\sim}{A}_j \tag{12.24}$$

（3）模糊判决。求条件模糊优越集 $\underset{\sim}{A}_f=\underset{\sim}{A}\cap\underset{\sim}{M}_f$，而

$$\begin{aligned}\underset{\sim}{A}_f(x)&=\underset{\sim}{A}(x)\wedge\underset{\sim}{M}_f(x)\\&=(\bigwedge_{j=1}^{m}\underset{\sim}{A}_j(x))\wedge(\bigwedge_{i=1}^{n}\underset{\sim}{M}_{f_i}(x))\end{aligned} \tag{12.25}$$

（4）判决矩阵。选择 x^*，满足

$$\underset{\sim}{A}_f(x^*)=\max_{x\in X}\underset{\sim}{A}_f(x) \tag{12.26}$$

2．模型 2

（1）压缩映射。求各 f_i 的无条件模糊优越集 $\underset{\sim}{M}_{f_i}$

（2）令

$$\underset{\sim}{M}_f=\sum_{i=1}^{n}a_i\underset{\sim}{M}_{f_i}\left(a_i\in[0, 1], \sum_{i=1}^{n}a_i=1\right) \tag{12.27}$$

$$\underset{\sim}{A}=\sum_{j=1}^{m}b_j\underset{\sim}{A}_j\left(b_j\in[0, 1], \sum_{j=1}^{m}b_j=1\right) \tag{12.28}$$

而

$$\underset{\sim}{M}_f(x)=\sum_{i=1}^{n}a_i\underset{\sim}{M}_{f_i}(x) \tag{12.29}$$

$$\underset{\sim}{A}(x)=\sum_{j=1}^{m}b_j\underset{\sim}{A}_j(x) \tag{12.30}$$

$\underset{\sim}{M}_f$、$\underset{\sim}{A}$ 分别称为 $\underset{\sim}{M}_f(i=1, 2, \cdots, n)$、$\underset{\sim}{A}_j(j=1, 2, \cdots, m)$的加权平均。

（3）确定判决。选择 x^*，满足

$$\underset{\sim}{A}_f(x^*)=\max\underset{\sim}{A}_f(x) \tag{12.31}$$

例 12.4 选购某类设备，希望质量尽可能好，价格尽量低，同时考虑操作简便，体型小等因素，可供选择的这类设备有五种型号，记为Ⅰ、Ⅱ、Ⅲ、Ⅳ、Ⅴ。为达上述目的，进行了调研，结果见表 12.3，问应购哪种型号设备？

表 12.3 设备情况

项目	Ⅰ	Ⅱ	Ⅲ	Ⅳ	Ⅴ
质量	好	较好	很好	较差	一般
价格	1000	800	1000	500	600
操作	较简便	简便	一般	简便	较复杂
体型	较小	小	中等	较小	偏大

解 将质量与价格作为目标函数，记为 $\underset{\sim}{M}_1$，$\underset{\sim}{M}_2$；将操作与体型作为约束条件，用 $\underset{\sim}{A}_1$，$\underset{\sim}{A}_2$ 表示。因此这是两目标两约束的模糊规划问题。把表 12.3 中的量转换为隶属度，便得到各模糊集的隶属函数(如表 12.4 所示)。

表 12.4 隶属度

项目	Ⅰ	Ⅱ	Ⅲ	Ⅳ	Ⅴ
$\underset{\sim}{M}_1$	0.9	0.7	1	0.4	0.6
$\underset{\sim}{M}_2$	0.5	0.7	0.5	1	0.9
$\underset{\sim}{A}_1$	0.8	1	0.6	1	0.4
$\underset{\sim}{A}_2$	0.8	1	0.6	0.8	0.4

利用模型Ⅱ，目标采用 $\underset{\sim}{M}_f=0.6\underset{\sim}{M}_1+0.4\underset{\sim}{M}_2$，$\underset{\sim}{A}=0.5\underset{\sim}{A}_1+0.5\underset{\sim}{A}_2$，即

$$\underset{\sim}{M}_f=\frac{0.74}{\text{Ⅰ}}+\frac{0.7}{\text{Ⅱ}}+\frac{0.8}{\text{Ⅲ}}+\frac{0.64}{\text{Ⅳ}}+\frac{0.72}{\text{Ⅴ}}$$

$$\underset{\sim}{A}=\frac{0.8}{\text{Ⅰ}}+\frac{1}{\text{Ⅱ}}+\frac{0.6}{\text{Ⅲ}}+\frac{0.9}{\text{Ⅳ}}+\frac{0.4}{\text{Ⅴ}}$$

又

$$\underset{\sim}{A}_f=\underset{\sim}{A}\cap\underset{\sim}{M}_f=\frac{0.74}{\text{Ⅰ}}+\frac{0.7}{\text{Ⅱ}}+\frac{0.6}{\text{Ⅲ}}+\frac{0.64}{\text{Ⅳ}}+\frac{0.4}{\text{Ⅴ}}$$

易见

$$\underset{\sim}{A}_f(I)=0.74=\max_{x\in X}\underset{\sim}{A}_f(x)$$

这表明应购买型号Ⅰ设备。

12.3 模糊线性规划与参数规划

12.3.1 模糊线性规划

在规划学中，线性规划是应用很广的一个分文。本节介绍在模糊约束下的线性规划。我们仅讨论最大问题(最小问题可转化为$-z$ 的最大问题处理)，其模型为

$$\begin{cases} \max z = c_1x_1 + c_2x_2 + \cdots + c_nx_n \\ a_{11}x_1 + a_{12}x_2 + \cdots + a_{1n}x_n \underset{\sim}{\leqslant} b_1 \\ a_{21}x_1 + a_{22}x_2 + \cdots + a_{2n}x_n \underset{\sim}{\leqslant} b_2 \\ \quad\vdots \qquad\qquad \vdots \qquad\qquad \vdots \\ a_{m1}x_1 + a_{m2}x_2 + \cdots + a_{mn}x_n \underset{\sim}{\leqslant} b_m \\ x_1 \geqslant 0,\ x_2 \geqslant 0,\ \cdots,\ x_n \geqslant 0 \end{cases} \tag{12.32}$$

其中，“$\underset{\sim}{\leqslant}$”表示一种弹性约束，可读作“近似小于等于”。

下面引入模糊约束集的概念。

设 $X = \{x \mid x \in \boldsymbol{R}^n,\ x \geqslant 0\}$，对每个约束 $\sum\limits_{j=1}^{n} a_{ij}x_j \underset{\sim}{\leqslant} b_i$，相应的有 X 中一个模糊子集 $\underset{\sim}{D}$ 与之对应，它的隶属函数为

$$\begin{aligned} \underset{\sim}{D}_i(x) &= f_i\left(\sum_{j=1}^{n} a_{ij}x_j\right) \\ &= \begin{cases} 1, & \sum\limits_{j=1}^{n} a_{ij}x_j \leqslant b_i \\ 1 - \dfrac{1}{d_i}\left(\sum\limits_{j=1}^{n} a_{ij}x_j - b_i\right), & b_i < \sum\limits_{j=1}^{n} a_{ij}x_j \leqslant b_i + d_i \\ 0, & \sum\limits_{j=1}^{n} a_{ij}x_j > b_i + d_i \end{cases} \end{aligned} \tag{12.33}$$

其中，d_i 是适当选择的常数，称为伸缩指标，$d_i \geqslant 0 (i = 1,\ 2,\ \cdots,\ m)$，令

$$\underset{\sim}{D} = \underset{\sim}{D}_1 \cap \underset{\sim}{D}_2 \cap \cdots \cap \underset{\sim}{D}_m \in F(X) \tag{12.34}$$

被称为对应于约束条件 $Ax \underset{\sim}{\leqslant} b (x \geqslant 0)$ 的模糊约束集。

易见，当 $d_i = 0 (i = 1,\ 2,\ \cdots,\ m)$ 时，$\underset{\sim}{D}$ 退化为普通约束集 D，约束方程中的“$\underset{\sim}{\leqslant}$”退化为“$\leqslant$”。

模糊线性规划的模型可简记为

$$\begin{cases} \max z = cx \\ Ax \quad \underset{\sim}{\leqslant} b \\ x \quad \geqslant 0 \end{cases} \tag{12.35}$$

下面我们来讨论式(12.35)的求解问题。

设 z_0 和 z_1 分别是普通线性规划，即

$$\begin{cases} \max z = cx \\ Ax \quad \leqslant b \\ x \quad \geqslant 0 \end{cases} \tag{12.36}$$

与

$$\begin{cases} \max z = cx \\ Ax \quad \leqslant b + d \\ x \quad \geqslant 0 \end{cases} \tag{12.37}$$

的最优值，其中 $d=(d_1, d_2, \cdots d_m)^T$ 称为式(12.35)的伸缩指标向量。$d_i(i=1, 2, \cdots, m)$ 为第 i 个伸缩指标。z_0，z_1 对应两种极端情况，一种是完全接受约束($\underset{\sim}{D}(x)=1$)，另一种是完全不接受约束($\underset{\sim}{D}(x)=0$)，它们都不是我们所希望的。我们的目的是适当减低隶属度 $\underset{\sim}{D}(x)$，使得最优值有所提高且介于 z_0 和 z_1 之间，为此构造模糊目标集 $\underset{\sim}{M}\in F(x)$，其隶属度为

$$\underset{\sim}{M_i}(x) = g\left(\sum_{j=1}^{n} c_j x_j\right) = \begin{cases} 0, & \sum\limits_{j=1}^{n} c_j x_j \leqslant z_0 \\ \dfrac{1}{d_0}\left(\sum\limits_{j=1}^{n} c_j x_j - z_0\right), & z_0 < \sum\limits_{j=1}^{n} z_0 x_j \leqslant z_1 \\ 1, & \sum\limits_{j=1}^{n} c_j x_j > z_1 \end{cases} \tag{12.38}$$

其中，$d_0=z_1-z_0$。易见，当 $\underset{\sim}{D}(x)=1$ 时，$\underset{\sim}{M}(x)=0$，这表明欲使目标值大于 z_0，必须降低 $\underset{\sim}{D}(x)$。为了兼顾模糊约束集 $\underset{\sim}{D}$ 与模糊目标集 $\underset{\sim}{M}$，可采用模糊判决 $\underset{\sim}{D_f}=\underset{\sim}{D}\cap\underset{\sim}{M}$，然后选择 x^*，使

$$\underset{\sim}{D_f}(x^*)=(\underset{\sim}{D}\cap\underset{\sim}{M})(x^*)=\bigvee_{x\in X}(\underset{\sim}{D}(x)\wedge\underset{\sim}{M}(x)) \tag{12.39}$$

注意到

$$\begin{aligned}\bigvee_{x\in X}(\underset{\sim}{D}(x)\wedge\underset{\sim}{M}(x)) &= \vee\{\lambda\,|\,\underset{\sim}{D}(x)\geqslant\lambda,\ \underset{\sim}{M}(x)\geqslant\lambda,\ \lambda\geqslant 0\} \\ &= \vee\{\lambda\,|\,\underset{\sim}{D_1}(x)\geqslant\lambda,\ \underset{\sim}{D_2}(x)\geqslant\lambda,\ \cdots,\ \underset{\sim}{D_m}(x)\geqslant\lambda,\ \underset{\sim}{M}(x)\geqslant\lambda,\ \lambda\geqslant 0\}\end{aligned} \tag{12.40}$$

于是问题归结为求普通线性规划问题，即

$$\begin{cases} \max z = \lambda \\ 1-\dfrac{1}{d_i}\left(\sum\limits_{j=1}^{n} a_{ij}x_j - b_i\right)\geqslant\lambda & i=1, 2, \cdots, m \\ \dfrac{1}{d_0}\left(\sum\limits_{j=1}^{n} c_j x_j - z_0\right)\geqslant\lambda \\ \lambda\geqslant 0,\ x_1, x_2, \cdots, x_n\geqslant 0 \end{cases} \tag{12.41}$$

即

$$\begin{cases} \max z = \lambda \\ \sum\limits_{j=1}^{n} a_{ij}x_j + d_i\lambda \leqslant b_i + d_i & i=1, 2, \cdots, m \\ \sum\limits_{j=1}^{n} c_j x_j - d_0\lambda \geqslant z_0 \\ \lambda\geqslant 0,\ x_1, x_2, \cdots, x_n\geqslant 0 \end{cases} \tag{12.42}$$

若求出式(12.42)的最优解为$(x_1^*, x_2^*, \cdots, x_n^*, \lambda)$，则 $x^*=(x_1^*, x_2^*, \cdots, x_n^*)$为式(12.36)的最优解，得式(12.36)的最优解 $z^* = \sum\limits_{j=1}^{n} c_j x_j^*$。

例 12.5 解模糊线性规划，即

$$\begin{cases} \max z=2x_1+x_2 \\ x_1+x_2 \underset{\sim}{\leqslant} 5 \\ -x_1+x_2 \underset{\sim}{\leqslant} 0 \\ 6x_1+2x_2 \underset{\sim}{\leqslant} 21 \\ x_1,\ x_2 \geqslant 0 \end{cases} \tag{12.43}$$

取伸缩指标 $d_1=1$，$d_2=2$，$d_3=3$。

解 先求解普通线性规划，引入变量 x_3，x_4，x_5 得标准型为

$$\begin{cases} \max z=2x_1+x_2 \\ x_1+x_2 \leqslant 5 \\ -x_1+x_2 \leqslant 0 \\ 6x_1+2x_2 \leqslant 21 \\ x_1,\ x_2 \geqslant 0 \end{cases} \tag{12.44}$$

$$\begin{cases} \max z=2x_1+x_2 \\ x_1+x_2+x_3=5 \\ -x_1+x_2+x_4=0 \\ 6x_1+2x_2+x_5=21 \\ x_1,\ x_2 \geqslant 0 \end{cases} \tag{12.45}$$

利用单纯性法求解。由于

$$T_0=\begin{matrix} \\ \\ x_3 \\ x_4 \\ x_5 \end{matrix}\left(\begin{array}{cccccc} x_1 & x_2 & x_3 & x_4 & x_5 & \\ 2 & 1 & 0 & 0 & 0 & 0 \\ 1 & 1 & 1 & 0 & 0 & 5 \\ -1 & 1 & 0 & 1 & 0 & 0 \\ 6 & 2 & 0 & 0 & 1 & 21 \end{array}\right)$$

$$\Rightarrow \begin{matrix} \\ x_3 \\ x_4 \\ x_1 \end{matrix}\left(\begin{array}{cccccc} 0 & \frac{1}{3} & 0 & 0 & -\frac{1}{3} & -7 \\ 0 & \frac{2}{3} & 1 & 0 & -\frac{1}{6} & \frac{2}{3} \\ 0 & \frac{4}{3} & 0 & 1 & \frac{1}{6} & \frac{7}{2} \\ 1 & \frac{1}{3} & 0 & 0 & \frac{1}{6} & \frac{7}{2} \end{array}\right)=T_1$$

$$\Rightarrow \begin{matrix} \\ x_2 \\ x_4 \\ x_1 \end{matrix}\left(\begin{array}{cccccc} 0 & 0 & -\frac{1}{2} & 0 & -\frac{1}{4} & -\frac{31}{4} \\ 0 & 1 & \frac{3}{2} & 0 & -\frac{1}{4} & \frac{9}{4} \\ 0 & 0 & -2 & 1 & \frac{1}{2} & \frac{1}{2} \\ 1 & 0 & -\frac{1}{2} & 0 & \frac{1}{4} & \frac{11}{4} \end{array}\right)=T_2$$

T_2 中检验数全部非正，已达最优，故式(12.44)的最优解为 $x^{(0)}=(11/4,\ 9/4)^T$，最优解 $z_0=31/4=7.75$。

同样用单纯形法可得普通线性规划，即

$$\begin{cases}\max z=2x_1+x_2\\ x_1+x_2\leqslant 5+1\\ -x_1+x_2\leqslant 0+2\\ 6x_1+2x_2=21+3\\ x_1,\ x_2\geqslant 0\end{cases}\tag{12.46}$$

的最优解 $x^{(1)}=(3,\ 3)^T$，最优值 $z_1=9$。线性规划为

$$\begin{cases}\max z=\lambda\\ x_1+x_2+\lambda\leqslant 5+1\\ -x_1+x_2+2\lambda\leqslant 0+2\\ 6x_1+2x_2+3\lambda=21+3\\ 2x_1+x_2-1.25\lambda\geqslant 31/4\\ x_1,\ x_2\geqslant 0,\ \lambda\geqslant 0\end{cases}\tag{12.47}$$

的最优解为 $(x_1^*,\ x_2^*,\ \lambda)^T=(23/8,\ 21/8,\ 1/2)^T$。从而得到所求模糊线性规划的最优解 $x^*=(23/8,\ 21/8)^T$，最优值为 $z^*=2x_1^*+x_2^*=67/8$。

12.3.2 模糊线性规划的参数规划法

参数规划法是将式(12.35)所表达的模糊线性规划转化为如下参数规划模型，即

$$L(\theta):\begin{cases}\max z=cx\\ Ax\leqslant b+\theta d\\ x\geqslant 0\end{cases}\tag{12.48}$$

其中，$\theta\in[0,\ 1]$ 为参数，表示对限制条件 $b=(b_1,\ b_2,\ \cdots b_m)^T$ 在偏离范围 $d=(d_1,\ d_2,\ \cdots d_m)^T$ 内的偏离程度。

对每个 $\theta\in[0,\ 1]$，$L(\theta)$ 的每个最优解

$$x(\theta)=(x_1(\theta),\ x_2(\theta),\ \cdots,\ x_n(\theta))\tag{12.49}$$

都满足

$$\sum_{j=1}^{n}a_{ij}x_j(\theta)\leqslant b_i+\theta d\qquad i=1,\ 2,\ \cdots,\ m\tag{12.50}$$

代入式(12.33)，有

$$\begin{aligned}\underset{\sim}{D}_i(x(\theta))&\geqslant 1+\frac{b_i}{d_i}-\frac{1}{d_i}\sum_{j=1}^{n}a_{ij}x_j(b_i)\\&\geqslant 1+\frac{b_i}{d_i}-\frac{1}{d_i}(b_i+b_id_i)\\&=1-\theta,\qquad i=1,\ 2,\ \cdots,\ m\end{aligned}\tag{12.51}$$

然而 $L(\theta)$ 是线性规划，其最优解必须在限制集的顶点取得，因此，存在某个 $i_0\in\{1,\ 2,\ \cdots,\ m\}$，使

$$\underset{\sim}{D}_{i_0}(x(\theta))=1-\theta\tag{12.52}$$

因此

$$\underset{\sim}{D}(x(\theta))=\bigwedge_{i=1}^{m}\underset{\sim}{D_i}(x(\theta))=1-\theta \tag{12.53}$$

实际上，不难验证 $x(\theta)$恰是目标函数 $D_{1-\theta}$在限制下的最优解。

由参数规划的结果，$L(\theta)$ 的最优解 z_0 是 θ 连续分段线性的凹函数，因此易得 $\underset{\sim}{M}(x(\theta))$及

$$\underset{\sim}{M}(x(\theta))\wedge\underset{\sim}{D}(x(\theta)) \tag{12.54}$$

也是 θ 连续分段线性的凹函数。求 $\theta^*\in[0, 1]$，使

$$\underset{\sim}{D_f}(x(\theta^*))=\bigvee_{0\leqslant\theta\leqslant 1}[\underset{\sim}{M}(x(\theta))\wedge\underset{\sim}{D_f}(x(\theta^*))] \tag{12.55}$$

$x(\theta^*)$即为式(12.35)的最优解，θ^* 称为最优点。

求最优点 θ^* 就是求 $\mu=\underset{\sim}{M}(x(\theta))$与 $\mu=1-\theta$ 的交点，有以下结论。

定理 12.1　$\theta^*\leqslant\frac{1}{2}$，即 $\lambda^*=1-\theta^*\geqslant\frac{1}{2}$。

定理 12.2　设 B 是式(12.37)的标准型的最优解，则 $x^{(0)}$、$x^{(1)}$分别是式(12.36)、式(12.37)的最优解。

(1) 若 $B^{-1}(b+d)\geqslant 0$，则 $\theta^*=\frac{1}{2}$，且式(12.35)的最优解和最优值分别为

$$x^*=\frac{1}{2}[x^{(0)}+x^{(1)}]$$

$$z^*=\frac{1}{2}[z_0+z_1]$$

(2) 若 $B^{-1}\left(b+\frac{1}{2}d\right)\geqslant 0$，则

$$\theta^*=\frac{1}{1+2\underset{\sim}{M}\left(x\left(\frac{1}{2}\right)\right)}$$

利用以上结果可简化某些模糊线性规划问题的求解过程，如例 12.5 中

$$B^{-1}=\begin{pmatrix}\frac{3}{2} & 0 & -\frac{1}{4}\\ -2 & 1 & \frac{1}{2}\\ -\frac{1}{2} & 0 & \frac{1}{4}\end{pmatrix}$$

因为

$$B^{-1}(b+d)=B^{-1}\begin{pmatrix}6\\2\\24\end{pmatrix}=\begin{pmatrix}3\\2\\3\end{pmatrix}\geqslant 0$$

所以 $x^{(1)}=(3, 3)^{\mathrm{T}}$，$z_1=9$，由定理 12.2 可得

$$x^*=\frac{1}{2}(x^{(0)}+x^{(1)})=\left(\frac{23}{8}, \frac{21}{8}\right)^{\mathrm{T}}$$

$$x^*=\frac{1}{2}(x^{(0)}+x^{(1)})=\left(\frac{23}{8}, \frac{21}{8}\right)^{\mathrm{T}}$$

$$z^*=\frac{1}{2}(z_0+z_1)=\frac{67}{8}$$

12.4 多目标线性规划

12.4.1 多目标线性规划的模糊最优解

经典多目标线性规划有着一个以上的目标函数，均为线性函数，其数学模型可表示为

$$\max\begin{cases} z_1=c_{11}x_1+c_{12}x_2+\cdots+c_{1n}x_n \\ z_2=c_{21}x_1+c_{22}x_2+\cdots+c_{2n}x_n \\ \quad\vdots \qquad\quad \vdots \qquad\quad \vdots \\ z_r=c_{r1}x_1+c_{r2}x_2+\cdots+c_{rn}x_n \end{cases} \tag{12.56}$$

约束条件为

$$\begin{cases} a_{11}x_1+a_{12}x_2+\cdots+a_{1n}x_n\leqslant b_1 \\ a_{21}x_1+a_{22}x_2+\cdots+a_{2n}x_n\leqslant b_2 \\ \quad\vdots \qquad\quad \vdots \qquad\qquad \vdots \\ a_{m1}x_1+a_{m2}x_2+\cdots+a_{mn}x_n\leqslant b_m \\ x_1\geqslant 0,\ x_2\geqslant 0,\ \cdots,\ x_n\geqslant 0 \end{cases} \tag{12.57}$$

记

$$A=(a_{ij})_{m\times n},\ C=(c_{ij})_{r\times n},\ b=(b_1,\ b_2,\ \cdots b_m)^{\mathrm{T}} \tag{12.58}$$

$$x=(x_1,\ x_2,\ \cdots x_n)^{\mathrm{T}},\ z=(z_1,\ z_2,\ \cdots z_r)^{\mathrm{T}} \tag{12.59}$$

则上述多目标线性规划可用矩阵形式简记为

$$\max z=Cx \tag{12.60}$$

约束条件为

$$\begin{cases} Ax\leqslant b \\ x\geqslant 0 \end{cases} \tag{12.61}$$

由于目标函数不止一个，要想在某个点使所有的目标函数均达到各自的最大值一般是不可能的，因此需要采取折中方案，使各个目标函数都尽可能地大。为此，可以将目标函数模糊化，用模糊数学的方法来处理。处理的方法是，先求各个单目标 z_i，$i=1,\ 2,\ \cdots,\ r$，在约束条件 $Ax\leqslant b$，$x\geqslant 0$ 下的最大值 z_i^* 为

$$z_i^* = \max\{z_i \mid z_i = \sum_{j=1}^{n} c_{ij}x_j,\ Ax \leqslant b,\ x \geqslant 0\} \quad i = 1,\ 2,\ \cdots,\ r \tag{12.62}$$

这是单目标经典线性规划问题。

每个目标 z_i，$i=1,\ 2,\ \cdots,\ r$ 给出伸缩指标 d_i，$d_i>0$，越是重要的目标，其伸缩指标应越小。这样就可以把各个目标模糊化，对目标 z_i 构造一个模糊目标 $\underset{\sim}{M}_i$，其隶属函数定义为

$$\underset{\sim}{M}(x) = g_i\Big(\sum_{j=1}^{n} c_{ij}x_j\Big) = \begin{cases} 0, & \sum_{j=1}^{n} c_{ij}x_j < z_i^* - d_i \\ \dfrac{1}{d_0}\left(\sum_{j=1}^{n} c_jx_j - z_0\right), & z_i^* - d_i \leqslant \sum_{j=1}^{n} c_{ij}x_j < z_i^* \\ 1, & \sum_{j=1}^{n} c_{ij}x_j \geqslant z_1 \end{cases} \tag{12.63}$$

$$i=1,2,\cdots,r$$

记 $\underset{\sim}{M}(x)=\bigcap_{i=1}^{r}\underset{\sim}{M_i}(x)$，称 $\underset{\sim}{M}$ 为多目标线性规划问题的模糊目标，记 $D=\{x\mid Ax\leqslant b, x\geqslant 0\}$，$D$ 是经典集合，为满足约束条件的可能解集合，或称可行解域。于是我们可以用模糊判决来求出多目标经典线性规划的模糊最优解。

模糊判决为 $\underset{\sim}{D_f}=D\bigcap\underset{\sim}{M}$，称满足

$$\underset{\sim}{D_f}(x^*)=\max_{x\geqslant 0}(D(x)\wedge\underset{\sim}{M}(x))=\max_{x\in D}\underset{\sim}{M}(x) \tag{12.64}$$

的 x^* 为模糊最优解。可见，模糊最优解 x^* 就是 $\underset{\sim}{M}(x)$在可行解域 D 上的最大值点。

上述问题也可转化成求解普通线性规划问题。令

$$\lambda=\underset{\sim}{M}(x)=\bigwedge_{i=1}^{r}\underset{\sim}{M_i}(x) \tag{12.65}$$

那么求解多目标经典线性规划的模糊最优解的问题就可以转化为

$$\begin{cases}\max z=\lambda \\ 1-\dfrac{1}{d_i}\left(z_i^*-\sum\limits_{j=1}^{n}c_{ij}x_j\right)\geqslant\lambda & i=1,2,\cdots,r \\ \sum\limits_{j=1}^{n}a_{kj}x_j\leqslant b_k & k=1,2,\cdots,m \\ \lambda\geqslant 0,\ x_1,\ x_2,\ \cdots,\ x_n\geqslant 0\end{cases} \tag{12.66}$$

即

$$\begin{cases}\max z=\lambda \\ \sum\limits_{j=1}^{n}c_{ij}x_j-d_i\lambda\geqslant z_i^*-d_i & i=1,2,\cdots,r \\ \sum\limits_{j=1}^{n}a_{kj}x_j\leqslant b_k & k=1,2,\cdots,m \\ \lambda\geqslant 0,\ x_1,\ x_2,\ \cdots,\ x_n\geqslant 0\end{cases} \tag{12.67}$$

这是一个普通线性规划问题，求解式(12.67)得最优解$(x_1^*, x_2^*, \cdots, x_n^*, \lambda^*)$，$(x_1^*, x_2^*, \cdots, x_n^*)$为多目标线性规划式(12.57)的模糊最优解。$Z^*=cx^*$ 为目标的最优值。

12.4.2　约束条件有伸缩性的多目标线性规划问题

约束条件有伸缩性的多目标线性规划问题模型为

$$\max\begin{cases}z_1=c_{11}x_1+c_{12}x_2+\cdots+c_{1n}x_n \\ z_2=c_{21}x_1+c_{22}x_2+\cdots+c_{2n}x_n \\ \quad\vdots\qquad\quad\vdots\qquad\qquad\vdots \\ z_r=c_{r1}x_1+c_{r2}x_2+\cdots+c_{rn}x_n\end{cases} \tag{12.68}$$

约束条件为

$$\begin{cases}a_{11}x_1+a_{12}x_2+\cdots+a_{1n}x_n\underset{\sim}{\leqslant}b_1 \\ a_{21}x_1+a_{22}x_2+\cdots+a_{2n}x_n\underset{\sim}{\leqslant}b_2 \\ \quad\vdots\qquad\quad\vdots\qquad\qquad\vdots \\ a_{m1}x_1+a_{m2}x_2+\cdots+a_{mn}x_n\underset{\sim}{\leqslant}b_m \\ x_1\geqslant 0,\ x_2\geqslant 0\cdots x_n\geqslant 0\end{cases} \tag{12.69}$$

设 $C=(c_{ij})_{r\times n}$，$A=(a_{ij})_{m\times n}$，$b=(b_1, b_2, \cdots, b_m)^{\mathrm{T}}$，$x=(x_1, x_2, \cdots, x_n)^{\mathrm{T}}$，$z=(z_1, z_2, \cdots, z_r)^{\mathrm{T}}$，则式(12.69)的模糊线性规划问题可用矩阵形式简记为

$$\begin{cases}\max z=Cx\\ Ax\underset{\sim}{\leqslant}b\\ x\geqslant 0\end{cases}\tag{12.70}$$

我们可以用有伸缩性的单目标模糊线性规划的解法及多目标线性规划的解法来解决这一问题。

在约束条件 $Ax\leqslant b$，$x\geqslant 0$ 的情况下，用普通多目标线性问题的方法构造模糊目标集 $M=\bigcap\limits_{i=1}^{r}\underset{\sim}{M_i}$，$\underset{\sim}{M_i}$ 的隶属函数如式(12.66)。

根据每个有伸缩性的约束条件的重要性，结定一个伸缩指标 d_j，$j=1, 2, \cdots, m$，按照12.3节采用的方法构造模糊约束集 $\underset{\sim}{D}=\bigcap\limits_{j=1}^{m}\underset{\sim}{D_j}$，$\underset{\sim}{D_j}$ 的隶属函数见式(12.33)。

模糊判决：$\underset{\sim}{D_f}=\underset{\sim}{D}\cap\underset{\sim}{M}$。

最优解 x^*：满足

$$\underset{\sim}{D_f}(x^*)=\max_{x\geqslant 0}(\underset{\sim}{D}(x)\wedge\underset{\sim}{M}(x))\tag{12.71}$$

求 x^* 的问题可以转化为求解下属普通线性规划问题，即

$$\begin{cases}\max z=\lambda\\ \underset{\sim}{M}(x)\geqslant\lambda & i=1, 2, \cdots, r\\ \underset{\sim}{D_k}(x)\geqslant\lambda & k=1, 2, \cdots, m\\ \lambda\geqslant 0, x\geqslant 0\end{cases}\tag{12.72}$$

即

$$\begin{cases}\max z=\lambda\\ \sum\limits_{j=1}^{n}c_{ij}x_j-l_i\lambda\geqslant z_i^*-l_i & i=1, 2, \cdots, r\\ \sum\limits_{j=1}^{n}a_{kj}x_j+d_k\lambda\leqslant b_k+d_k & k=1, 2, \cdots, m\\ \lambda\geqslant 0, x_1, x_2, \cdots, x_n\geqslant 0\end{cases}\tag{12.73}$$

其中，l_i 和 d_k 分别为目标函数和约束函数的伸缩指标。

12.5 有模糊系数的线性规划

当线性规划问题有模糊系数时，模糊系数可以出现在约束条件的系数中，也可以出现在目标函数的系数中。

12.5.1 约束条件系数为 $L-R$ 模糊数的模糊线性规划

约束条件系数为 $L-\boldsymbol{R}$ 模糊数的模糊线性规划问题的数学模型为

$$\max\begin{cases} z_1 = c_{11}x_1 + c_{12}x_2 + \cdots + c_{1n}x_n \\ z_2 = c_{21}x_1 + c_{22}x_2 + \cdots + c_{2n}x_n \\ \quad\vdots \qquad \vdots \qquad\qquad \vdots \\ z_r = c_{r1}x_1 + c_{r2}x_2 + \cdots + c_{rn}x_n \end{cases} \tag{12.74}$$

约束条件为

$$\begin{cases} \underset{\sim}{a}_{11}x_1 + \underset{\sim}{a}_{12}x_2 + \cdots + \underset{\sim}{a}_{1n}x_n \leqslant \underset{\sim}{b}_1 \\ \underset{\sim}{a}_{21}x_1 + \underset{\sim}{a}_{22}x_2 + \cdots + \underset{\sim}{a}_{2n}x_n \leqslant \underset{\sim}{b}_2 \\ \quad\vdots \qquad \vdots \qquad\qquad \vdots \\ \underset{\sim}{a}_{m1}x_1 + \underset{\sim}{a}_{m2}x_2 + \cdots + \underset{\sim}{a}_{mn}x_n \leqslant b_m \\ x_1 \geqslant 0,\ x_2 \geqslant 0,\ \cdots,\ x_n \geqslant 0 \end{cases} \tag{12.75}$$

其中，$\underset{\sim}{a}_{ij}$；$\underset{\sim}{b}_i$；$i=1, 2, \cdots, m$；$j=1, 2, \cdots, n$ 均为 $L-\boldsymbol{R}$ 模糊数。

令 $\underset{\sim}{A}=(\underset{\sim}{a}_{ij})_{m\times n}$，$\underset{\sim}{C}=(c_{ij})_{r\times n}$，$\underset{\sim}{b}=(\underset{\sim}{b}_1, \underset{\sim}{b}_2, \cdots, \underset{\sim}{b}_m)^{\mathrm{T}}$，$x=(x_1, x_2, \cdots, x_n)^{\mathrm{T}}$，$z=(z_1, z_2, \cdots, z_r)^{\mathrm{T}}$，则式(12.75)可简记为

$$\begin{cases} \max z = Cx \\ \underset{\sim}{A}x \leqslant \underset{\sim}{b} \\ x \geqslant 0 \end{cases} \tag{12.76}$$

设 $\underset{\sim}{a}_{ij}$ 和 $\underset{\sim}{b}_i$ 分别表示为

$$\underset{\sim}{a}_{ij} = (a_{ij};\ \underline{a}_{ij},\ \overline{a}_{ij})_{LR},\ \underset{\sim}{b}_i = (b_i;\ \overline{b}_i,\ \underline{b}_i)_{LR} \tag{12.77}$$

普通实数认为是左右展开均为 0 的特殊 $L-\boldsymbol{R}$ 模糊数，如实数 $m=(m;\ 0,\ 0)_{LR}$。

由 $L-\boldsymbol{R}$ 及模糊数的运算，并注意到 $x_j \geqslant 0$，$j=1, 2, \cdots n$，，于是 $\sum_{j=1}^{n}\underset{\sim}{a}_{ij}x_j$ 也是 $L-\boldsymbol{R}$ 模糊数，且有

$$\sum_{j=1}^{n}\underset{\sim}{a}_{ij}x_j = \left(\sum_{j=1}^{n}a_{ij}x_j;\ \sum_{j=1}^{n}\underline{a}_{ij}x_j,\ \sum_{j=1}^{n}\overline{a}_{ij}x_j\right)_{LR} \tag{12.78}$$

于是式(12.75)的约束条件可表示为

$$\sum_{j=1}^{n}\underset{\sim}{a}_{ij}x_j = \left(\sum_{j=1}^{n}a_{ij}x_j;\ \sum_{j=1}^{n}\underline{a}_{ij}x_j,\ \sum_{j=1}^{n}\overline{a}_{ij}x_j\right)_{LR} \leqslant (b_i;\ \underline{b}_i,\ \overline{b}_i)_{LR} \tag{12.79}$$

由 $L-\boldsymbol{R}$ 模糊数性质可得

$$\underset{\sim}{m} \leqslant \underset{\sim}{n} \Leftrightarrow m \leqslant n,\ \alpha \geqslant \gamma,\ \beta \leqslant \delta \tag{12.80}$$

其中

$$\underset{\sim}{m} = (m;\ \alpha,\ \beta)_{LR},\qquad \underset{\sim}{n} = (n;\ \gamma,\ \delta)_{LR} \tag{12.81}$$

故式(12.79)可以表示为三个等价的式子，即

$$\sum_{j=1}^{n}a_{ij}x_j \leqslant b_i,\ \sum_{j=1}^{n}\underline{a}_{ij}x_j \geqslant \underline{b}_i,\ \sum_{j=1}^{n}\overline{a}_{ij}x_j \leqslant \overline{b}_i \tag{12.82}$$

这样，约束条件系数为 $L-\boldsymbol{R}$ 模糊数的模糊线性规划问题，可以转化为下述有 $3m$ 个约束条

件的多目标普通线性规划问题，即

$$\begin{cases} \max z_k = \sum_{j=1}^{n} c_{kj} x_j \\ \sum_{j=1}^{n} a_{ij} x_j \leqslant b_i \\ \sum_{j=1}^{n} \underline{a}_{kj} x_j \geqslant \underline{b}_i \\ \sum_{j=1}^{n} \overline{a}_{kj} x_j \leqslant \overline{b}_i \\ x_1 \geqslant 0,\ x_2 \geqslant 0,\ \cdots,\ x_n \geqslant 0 \end{cases} \tag{12.83}$$

式中，$k=1, 2, \cdots, r$；$i=1, 2, \cdots, m$。

例 12.6 某人外出，需要携带两样货物。货物甲每包重“6 斤可能多一点”(可用 $\underset{\sim}{6}=(6; 0, 1)_{LR}$ 表示)，价值 20 元；货物乙每包重“大约 2 斤”(可用 $\underset{\sim}{2}=(2; 1, 1)_{LR}$ 表示)，价值 10 元。此人希望一次最多拿“21 斤左右”(可用 $\underset{\sim}{21}=(21; 1, 5)_{LR}$ 表示)，并且希望拿的货物总价值最大。

解 设他拿货物甲 x_1 包，乙 x_2 包。则问题归结为解如下约束带有模糊系数的线性规划问题，即

$$\begin{cases} \max z = 20x_1 + 10x_2 \\ \text{s.t.} \quad \underset{\sim}{6} x_1 + \underset{\sim}{2} x_2 \leqslant \underset{\sim}{21},\ x_1 \geqslant 0,\ x_2 \geqslant 0 \end{cases}$$

可以演变为解普通线性规划问题，即

$$\begin{cases} \max z = 20x_1 + 10x_2 \\ \text{s.t.} \quad 6x_1 + 2x_2 \leqslant 21 \\ x_2 \geqslant 1 \\ x_1 + x_2 \leqslant 5 \\ x_1 \geqslant 0,\ x_2 \geqslant 0 \end{cases}$$

最佳点为 $x_1^* = \dfrac{11}{4}$，$x_2^* = \dfrac{9}{4}$，最优解 $z^* = \dfrac{310}{4} = 77.5$。

如果允许将货物包拆开，则此人可携带货物甲 2.75 包、乙 2.25 包，总价值达 77.5 元。如果货物必须拿整包，则需限制 x_1，x_2 取整数，也即用整数规划方法求解。结果应取货物甲 2 包、乙 3 包(或甲 3 包、乙 1 包)，总价值达 70 元。

12.5.2 目标函数系数为 *L*-*R* 模糊数的模糊线性规划

考察如下的模糊线性规划问题，即

$$\begin{cases} \widetilde{\max} \quad \underset{\sim}{z} = \underset{\sim}{C} x \\ \text{s.t.} \quad Ax \leqslant b,\ x \geqslant 0 \end{cases} \tag{12.84}$$

取 $\underset{\sim}{C}=(\underset{\sim}{c}_1,\ \underset{\sim}{c}_2,\ \cdots,\ \underset{\sim}{c}_n)^{\mathrm{T}}$，$\underset{\sim}{c}_i=(c_1;\ \underline{c}_i,\ \bar{c}_n)_{LR}$ 为 $L-\boldsymbol{R}$ 数，$\underset{\sim}{z}=(z;\ \underline{z}_i,\ \bar{z}_n)_{\mathrm{LR}}=\left(\sum_{i=1}^{n}c_ix_i;\ \sum_{i=1}^{n}\underline{c}_ix_i,\ \sum_{i=1}^{n}\bar{c}_ix_i\right)_{\mathrm{LR}}$。根据$\widetilde{\max}$的近似公式，式(12.84)可近似等价于一个具有目标的线性规划问题，即

$$
\begin{cases}
\max\quad z=\sum_{i=1}^{n}c_ix_i=Cx\\
\min\quad \underline{z}=\sum_{i=1}^{n}\underline{c}_ix_i=\underline{C}x\\
\max\quad \bar{z}=\sum_{i=1}^{n}\bar{c}_ix_i=\bar{C}x\\
\text{s. t.}\quad Ax\leqslant b,\ x\geqslant 0
\end{cases}
\tag{12.85}
$$

例 12.7 解模糊线性规划问题，即

$$
\begin{cases}
\widetilde{\max}\quad \underset{\sim}{z}=\underset{\sim}{20}x_1+\underset{\sim}{10}x_2\\
\text{s. t.}\quad 6x_1+2x_2\leqslant 21,\ x_1\geqslant 0,\ x_2\geqslant 0
\end{cases}
\tag{12.86}
$$

其中，$\underset{\sim}{20}=(20;\ 3,\ 4)_{\mathrm{LR}}$，$\underset{\sim}{10}=(10;\ 2,\ 1)_{\mathrm{LR}}$。

此问题等价于如下问题，即

$$
\begin{cases}
\max\quad z=20x_1+10x_2\\
\min\quad \underline{z}=3x_1+2x_2\\
\max\quad \bar{z}=4x_1+x_2\\
\text{s. t.}\quad 6x_1+2x_2\leqslant 21,\ x_1\geqslant 0,\ x_2\geqslant 0
\end{cases}
\tag{12.87}
$$

分别对每个目标求出最优解：

(1) $x_1^{(1)}=0$，$x_2^{(1)}=10.5$，$z=105$。此时 $\underline{z}=21$，$\bar{z}=10.5$。

(2) $x_1^{(2)}=0$，$x_2^{(2)}=0$，$\underline{z}=0$。此时 $\underline{z}=0$，$z=0$。

(3) $x_1^{(3)}=3.5$，$x_2^{(3)}=0$，$\bar{z}=14$。此时 $z=70$，$\underline{z}=10.5$。

给出伸缩指标 $d_1=5$，$d_2=20$，$d_3=4$。构造三个模糊目标集 $\underset{\sim}{M}_1$、$\underset{\sim}{M}_2$、$\underset{\sim}{M}_3$。

$$
\underset{\sim}{M}_1(x)=g_1(20x_1+10x_2)
=\begin{cases}
0 & 20x_1+10x_2<100\\
1-\dfrac{1}{5}(105-20x_1-10x_2) & 100\leqslant 20x_1+10x_2<105\\
1 & 20x_1+10x_2\geqslant 105
\end{cases}
\tag{12.88}
$$

$$
\underset{\sim}{M}_2(x)=g_2(3x_1+2x_2)
=\begin{cases}
0 & 3x_1+2x_2>20\\
1-\dfrac{1}{20}(3x_1+2x_2) & 0\leqslant 3x_1+2x_2<20
\end{cases}
\tag{12.89}
$$

$$\underset{\sim}{M}_3(x)=g_3(4x_1+x_2)$$

$$=\begin{cases}0, & 4x_1+x_2<10\\ 1-\frac{1}{4}(14-4x_1-x_2), & 10\leqslant 4x_1+x_2<14\\ 1, & 20x_1+10x_2\geqslant 14\end{cases} \tag{12.90}$$

令 $\underset{\sim}{M}_1\cap\underset{\sim}{M}_2\cap\underset{\sim}{M}_1$，问题转化为普通线性规划，即

$$\begin{cases}\max\lambda\\ \text{s. t. :}\\ 1-\frac{1}{5}(105-20x_1-10x_2)\geqslant\lambda\\ 1-\frac{1}{20}(3x_1+2x_2)\geqslant\lambda\\ 1-\frac{1}{4}(14-4x_1-x_2)\geqslant\lambda\\ 6x_1+2x_2\leqslant 21\\ \lambda\leqslant 1\\ x_1\geqslant 0,\ x_2\geqslant 0\end{cases} \tag{12.91}$$

$$\begin{cases}\max\lambda\\ \text{s. t. :}\\ 20x_1+10x_2-5\lambda\geqslant 100\\ 3x_1+2x_2+20\lambda\leqslant 20\\ 4x_1+x_2-4\lambda\geqslant 10\\ 6x_1+2x_2\leqslant 21\\ \lambda\leqslant 1\\ x_1\geqslant 0,\ x_2\geqslant 0\end{cases} \tag{12.92}$$

最优解 $x_1^*=0.488$，$x_2^*=9.035$，$\lambda^*=0.022$。相应地有，$z^*=100.11$；$\underline{z}^*=19.534$，$\overline{z}^*=10.987$。于是近似的模糊最优值为 $\underset{\sim}{z}^*=(100.11;19.534,10.987)_{LR}$。

需要注意的是，在主观给出伸缩指标 d_1、d_2、d_3 后，可能导出线性规划问题的约束区域是空集，这时就没有最优解。这就需要适当调整伸缩指标，以保证最优解存在。

对于目标和约束都带有模糊系数的线性规划问题，利用前面方法，也可化为一个多目标线性规划问题的模糊最优解问题。

习　题

1. 什么是条件模糊优越集和条件模糊极大值？
2. 什么是模糊线性规划，它与模糊参数规划的约束条件有何不同？

3. 设函数 $f(x)=\begin{cases} axe^{1-bx}, & 0\leqslant x\leqslant \dfrac{2}{b} \\ 0, & 其他 \end{cases}$

(1) 给出 $A=\left[\dfrac{1}{2b}, \dfrac{3}{2b}\right]$，求 f 在 A 上的模糊优越集及模糊极大值；

(2) 给出 $A=e^{-x^2}\in F(\boldsymbol{R})$，求 f 在 A 上的模糊优越集及模糊极大值。

4. 求解下列多目标线性规划，即

$$\max\begin{cases} z_1=x_1+2x_2 \\ z_2=3x_1-x_2 \end{cases}$$

$$\text{s. t.}\begin{cases} 3x_1+2x_2\leqslant 18 \\ -x_1+4x_2\leqslant 18 \\ x_1, x_2\geqslant 0 \end{cases}$$

5. 求解下列模糊线性规划问题，即

$$\max z=2.5x_1+1.5x_2$$

$$\text{s. t.}\begin{cases} 3x_1+x_2\leqslant 10 \\ 3x_1+2x_2\leqslant 12 \\ x_1, x_2\geqslant 0 \end{cases}$$

设“$\leqslant 10$”和“$\leqslant 12$”的收缩性指标分别为 0.3 和 0.2。

第13章 模糊决策

决策是人们生活和工作中普遍存在的一种活动，是各类管理过程的核心，也是执行各种管理过程的基础。本章重点介绍几种常用的模糊决策方法。

13.1 决策的概念及其过程

13.1.1 决策的概念

决策，从狭义上讲就是抉择，即为解决当前或未来可能发生的问题，从若干行动方案中选择最佳方案的过程。例如，某人要外出办事，由于天阴，他就要对是否要带雨具这个问题做出决策；一个企业面对激烈的市场竞争，对一项新产品要不要投产也要有关人员进行认真的调查研究后做出决策。又如，春秋战国时期的孙膑为田忌赛马胜齐王，三国时期的诸葛亮做"隆中对"都是决策的例子。只是那时的决策基本上是凭借决策者的经验做出的，可以称为经验决策。

当今科学技术高速发展，各类学科高度分化又高度综合，社会化的大生产带来了社会活动的根本变革，使之变得越来越复杂。在这样的大系统中，完全靠经验来决策是行不通的，必须立足于科学技术，应用科学方法来决策。当然这并不是排除人的经验的有用性，恰恰相反，只有求助于高度发达的科学技术，才能有效地应用人的经验做出好的决策。那么什么是好的决策呢？有两种准则——最优性准则与满意性准则。最优性准则是指在理想条件下，达到最优的目标。但实际上理想条件往往是不存在的，有时最优目标根本无法实现，因此常常放弃最优性而追求满意的结果，这就是满意性准则。不过，我们常常使用"最优"的概念，表示对目标具有最佳符合程度或是满意。

决策的好坏关系重大，小则关系到事情的成败，企业的盛衰，大则关系到国家的生死存亡，因此，决策者必须有科学的作风，掌握科学的决策原理和方法，多做调查研究尽可能地做出正确、合理的决策。

13.1.2 决策的过程

一个决策，必须有推备、分析、讨论、计算、选择、决定、实施、修正、总结等环节。这实际上是一个控制过程。从广义决策的意义上讲，决策与控制(下一章将介绍)在本质上并无区别。不过，对于社会经济等大系统而言，决策术语似乎使用较多，而控制的语言则更多地使用于技术领域。

按照这一观点，前几章介绍过的排序、规划及预测都可列入决策的范畴。

决策过程框图如图13.1所示。

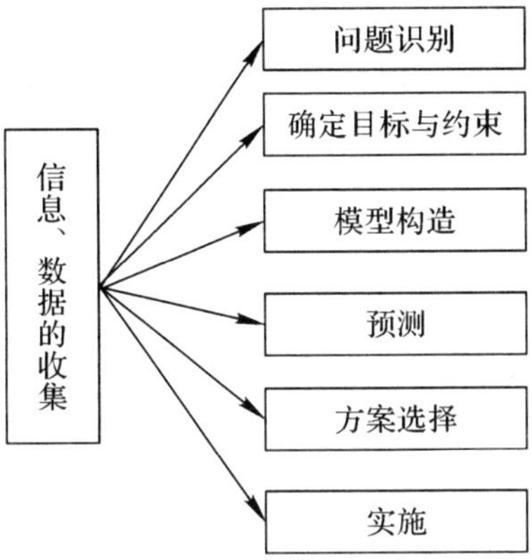

图 13.1 决策过程框图

(1) 问题识别。在决策之前，对要解决的问题进行认识。

(2) 确定目标与约束。根据实际问题确定决策目标与选择约束条件，使得在该约束条件下，备择方案集中的每一方案都是可行的。

(3) 模型构造。构造数学模型，使满足于约束条件的备择方案与目标相互联系。

(4) 预测。应用研究未来的理论和技术，进行对输出结果的科学预测，为决策提供科学依据。

(5) 方案选择。根据模型的类型、特点，选用适当的方法，权衡利弊，从可行解方案集中选择一个最佳方案，这是决策过程的中心环节。

(6) 实施。把选择的方案付诸实施，但要随时注意执行情况现新问题，及时修正，调整，以保证达到预期目标。

以上就是决策的整个过程。

现实中的决策问题，或多或少都带有模糊性，对此我们不必过分地追求精确。因为过分追求精确反而会适得其反。使近似于实际的程度变低。而适当的模糊反而会更符合实际，因而采用模糊集方法来处理这类决策问题就比较自然。这就是所谓模糊决策。但要说明的是，模糊决策绝不是放弃数学的严密性去拍脑袋；相反，它是用严格的数学方法去研究和处理带有模糊性的决策问题，它的一个显著特点是对决策者经验的合理应用，并能够充分体现决策者的主观愿望。

为了不使涉及面过宽，本章只限于讨论论域为有限集的情形，我们的主要任务是介绍典型的模糊决策模型。

13.2 模糊群体决策

模糊群体决策又称为意见集中，它是从个体的优先次序出发得到群体的优先次序从而做出决策。群体决策有着广泛的实际背景。例如，评聘教授、评选先进工作者、评选获奖项目及在经济管理中的分配资金、确定投资项目、选择新产品开发方案、各领导层中重大问题的决定，都需经过民主讨论，最后集中意见。总之，凡是经过个体讨论达到统一意见的场合都离不开这一关键环节——意见集中。传统的集体表决，领导裁定等手段都有不合理之处。因此，给出一种定量决策方法作为定性决策的辅助工具或者一种决策支持，甚至在可能的情况下取代传统的定性方法就是十分必要的了。

设在某决策问题中有 n 个方案可供选择，构成决策问题的备择集，记为

$$U=\{u_1, u_2, \cdots, u_n\}$$

参与决策的 m 个个体构成一个群体，记为

$$D=\{d_1, d_2, \cdots, d_m\}$$

D 中的每个个体都将 U 中的 n 个元素(方案)排出优先次序，或称为排出一个线性序。习惯上称一个线性序为一个意见，于是就产生了 m 种意见。如何将这 m 种意见集中成一个意见呢？例如，设备择集为

$$U=\{a, b, c, d\}$$

而 $D=\{d_1, d_2, d_3, d_4\}$ 且设四个决策者对 U 提出的四种意见为

$$L_1: abcd,\quad L_2: bcad,\quad L_3: dabc,\quad L_4: abdc。$$

下面我们以此例来说明三种集中的方法。

13.2.1 评分法

设 L_i 是 U 中的一个意见，令 $\mu\in U$，$B_i(\mu)$ 表示在 L_i 中后于 μ 的元素个数，如果有 m 个意见 L_1，L_2，…，L_m，记

$$B(\mu)=\sum_{i=1}^{m}B_i(\mu)$$

$B(\mu)$ 称为 μ 的 Borda 数，U 中的元素按 Borda 数的大小就可得到一个新的意见。易见，若 μ 在 L_i 中是第一名，则 $B_i(\mu)=n-1$，若 μ 是第二名，则 $B_i(\mu)=n-2$，若 μ 是第 k 名，则 $B_i(\mu)=n-k$。因此 $B_i(\mu)$ 可看成是 μ 在 L_i 中的得分，Borda 数就是 μ 在各个意见 L_1，L_2，…，L_m 中的得分总和。如在此例中，$B_1(a)=3$，$B_2(a)=1$，$B_3(a)=2$，$B_4(a)=3$，故 $B(a)=3+1+2+3=9$，同样可得 $B(b)=8$，$B(c)=3$，$B(d)=4$。于是得到一个新的意见 L: $abdc$，这是四个意见 L_1、L_2、L_3、L_4 集中的结果。

评分法简单易行，但有时会出现集中后的意见与人们的直觉不相吻合的现象。例如：若 $U=\{a, b, c, d, e, f\}$，有五种意见如下：

$$L_1: abcdef,\quad L_2: abcdef,\quad L_3: abcdef,\quad L_4: abcdef,\quad L_5: bcdefa。$$

用评分法 $B(a)=4\times5=20$，$B(b)=4\times4+5=21$，$B(c)=16$，$B(d)=11$，$B(e)=6$，$B(f)=1$，集中后的次序为 L: $bacdef$，这显然是不太合理的，借用体育比赛的术语，a 得了 4 块金牌，b 得了 1 块金牌和 4 块银牌，而 b 的得分却比 a 多 1 分，这是人们当然不能接受的。

13.2.2 最小距离法

设 L_1，L_2 是 U 的两个线性序，对于 U 中的一对元素 $(u_i, u_j)(i\neq j)$，定义

$$\delta(u_i, u_j)=\begin{cases}0，若 u_i, u_j 的顺序在 L_1 和 L_2 中是相同的\\1，若 u_i, u_j 的顺序在 L_1 和 L_2 中是不同的\end{cases}$$

再定义 L_1，L_2 的距离 $d(L_1, L_2)$ 为一切元素对 (u_i, u_j) 的距离 $\delta(u_i, u_j)$ 之和，即

$$d(L_1, L_2)=\sum_{i\neq j}\delta(u_i, u_j)$$

设有 m 种线性序 L_1，L_2，…，L_m，要求集中后的意见 L 与 L_1，L_2，…，L_m 的距离之和为最小。在上例中，用评分法集中后的意见为 L：$abdc$，L 与 L_1、L_2、L_3、L_4 的距离分别为

$$d(L, L_1)=0+0+0+0+0+1=1$$

$$d(L, L_2)=0+1+0+1+1+0=3$$

$$d(L, L_3)=1+1+0+0+0+0=2$$

$$d(L, L_4)=0+0+0+0+0+0=0$$

因此有 $d(L, L_1)+d(L, L_2)+d(L, L_3)+d(L, L_4)=1+3+2+0=6$，经过枚举试验，距离和为 6 是最小的。此外，$L'$：$abcd$ 与各意见的距离和也是 6，因此按最小距离法 L 和 L'都可作为集中后的意见。

最小距离法的缺点是尚未找到一个简便实用的算法来求距离和最小意见，并且集中后的意见也不唯一，还需做进一步决策。

13.2.3 Blin 法

设有 m 个意见把 U 中元素排成线性序，用 N_{ij} 表示 u_i 先于 u_j 的意见数目，令

$$r_{ij}=\frac{N_{ij}}{m} \quad i, j=1, 2, \cdots, n$$

这样就可以构造一个模糊关系 $\tilde{\boldsymbol{R}}$，其中 $\tilde{\boldsymbol{R}}(u_i, u_j)=r_{ij}$，表示 u_i 优于 u_j 的程度，显然有 $r_{ij}=0$，$r_{ij}+r_{ji}=1(i\neq j)$，$\boldsymbol{R}=(r_{ij})_{n\times n}$称为竞赛矩阵。可以证明 $\boldsymbol{R}$ 的 1 -截矩阵满足反对称性和传递性，因而是一个偏序，记为 $\boldsymbol{P}$，又由著名的 Szpilrajn 定理，任一偏序都可扩张为一个线性序，故 $\boldsymbol{P}$ 也可扩张为线性序，但扩张的方式一般不是唯一的，于是我们便可由扩张的线性序找到集中的意见。具体地说，设 $\boldsymbol{P}$ 的所有线性扩张组成的集为 $\mathscr{P}$，在 $\mathscr{P}$ 中要找一个线性序 L^*，使得

$$\sum_{(u_i, u_j)\in L}\tilde{\boldsymbol{R}}(u_i, u_j)=\max_{L\in\mathscr{P}}\sum_{(u_i, u_j)\in L}\tilde{\boldsymbol{R}}(u_i, u_j)$$

即若 $L\in\mathscr{P}$，令 $\boldsymbol{P}(L)=\sum_{(u_i, u_j)\in L}\tilde{\boldsymbol{R}}(u_i, u_j)$ 表示线性序 L 与模糊关系 $\tilde{\boldsymbol{R}}$ 的“一致性指标”，而 L^* 就是一致性指标最大的线性序，称为最优线性序，也就是集中后的意见。

仍用前面的例子说明，即

$$L_1: abcd, \quad L_2: bcad, \quad L_3: dabc, \quad L_4: abdc$$

记 $u_1=a$，$u_2=b$，$u_3=c$，$u_4=d$，$m=4$，由公式可得

$$r_{ij}=\tilde{\boldsymbol{R}}(u_i, u_j)=\frac{N_{ij}}{m}$$

计算得

$$r_{12}=\frac{3}{4}, r_{13}=\frac{3}{4}, r_{14}=\frac{3}{4}, r_{23}=\frac{4}{4},$$

$$r_{24}=\frac{3}{4}, r_{34}=\frac{2}{4}, r_{ii}=0(1, 2, 3, 4)$$

再由 $r_{ij}+r_{ji}=1$，于是

$$
\boldsymbol{R}=\begin{pmatrix} 0 & \frac{3}{4} & \frac{3}{4} & \frac{3}{4} \\ \frac{1}{4} & 0 & 1 & \frac{3}{4} \\ \frac{1}{4} & 0 & 0 & \frac{2}{4} \\ \frac{1}{4} & \frac{1}{4} & \frac{2}{4} & 0 \end{pmatrix}=\begin{pmatrix} 0 & 0.75 & 0.75 & 0.75 \\ 0.25 & 0 & 1 & 0.75 \\ 0.25 & 0 & 0 & 0.5 \\ 0.25 & 0.25 & 0.5 & 0 \end{pmatrix}
$$

求 $\boldsymbol{R}$ 的 1 -截距阵，有

$$
\boldsymbol{P}=\begin{pmatrix} 0 & 0 & 0 & 0 \\ 0 & 0 & 1 & 0 \\ 0 & 0 & 0 & 0 \\ 0 & 0 & 0 & 0 \end{pmatrix}
$$

即 $\boldsymbol{P}=\{(b, c)\}$，表示 P 中只有 b 是先于 c 的，其他元素不可比较(无先后顺序)。将 $\boldsymbol{P}$ 扩张为线性序，共有 12 种方式，它们是

$$
L'_1: abcd;\ L'_2: abdc;\ L'_3: adbc;\ L'_4: dabc
$$
$$
L'_5: bacd;\ L'_6: badc;\ L'_7: bdac;\ L'_8: dbac
$$
$$
L'_9: bcad;\ L'_{10}: bcda;\ L'_{11}: bdca;\ L'_{12}: dbca
$$

计算它们的一致性指标为

$$
\boldsymbol{P}(L'_1)=\sum_{(u_i,\, u_j)\in L'_1}\tilde{\boldsymbol{R}}(u_i,\, u_j)=0.75+0.75+0.75+1+0.75+0.5=4.5
$$

同理

$$
\boldsymbol{P}(L'_2)=4.5,\ \boldsymbol{P}(L'_3)=4,\ \boldsymbol{P}(L'_4)=3.5
$$
$$
\boldsymbol{P}(L'_5)=4,\ \boldsymbol{P}(L'_6)=4,\ \boldsymbol{P}(L'_7)=3.5
$$
$$
\boldsymbol{P}(L'_8)=3,\ \boldsymbol{P}(L'_9)=3.5,\ \boldsymbol{P}(L'_{10})=3
$$
$$
\boldsymbol{P}(L'_{11})=3,\ \boldsymbol{P}(L'_{12})=2.5
$$

由于 L'_1 和 L'_2 的一致性指标最大，故 $abcd$ 和 $abdc$ 为最优线性序。

13.3 模糊相对决策

人们认识事物，往往从二元对比开始。比如按个子的高低，给出一些学生的排队顺序，就是两两进行的，但是这种方法有其局限性，在某些情况下并不适用。比如我们比较甲、乙、丙三人的性格，就不会像排队那样得出一个确定的顺序，常常会出现这样的情况：“甲比乙性格好”、“乙比丙性格好”，但又觉得“丙比甲性格好”。这是为什么呢？实际上，这个问题与排队问题不同。排队时，是通过比较两人的身高(每人的身高是确定的，可用实数来度量)排出顺序，但人的性格不能用一确定的数来度量，因此也就无法给出其顺序。这里要考虑的是“模糊顺序”，它涉及的因素较多，通常不满足数学上对序的要求，主要是不满足传递性，从而导致上述问题的出现。虽然如此，但实际问题又往往要求我们排出它们的顺序。那么怎样在二元对比的基础上确定整体的顺序呢？这就是本节介绍的内容——模糊相对决策法要解决的问题。其基本思想是先把事物两两对比，以确定二者的顺序，然后根据某种

规则得出整体顺序。

模糊相对决策有四种方法。

13.3.1 择优比较决策法

择优比较决策法引自心理物理学，我们举例说明。

例 13.1 生产乒乓球拍，哪种颜色最受人欢迎，设 $U=\{u_1, u_2, u_3, u_4, u_5\}$ 为被选择的红、橙、黄、绿、蓝五种颜色组成的集合。

随机抽 500 人作为被试对象，规定每人试 20 次，总共试验 20 次/人×500 人=10 000/次，每次从 U 中选出两种颜色对比，从中挑出一种颜色作为自己喜爱的颜色。每人按表 13.1 的次序试验两遍，结果如表 13.1 所示。

表 13.1 择优选择试验次序表

颜色	红	橙	黄	绿	蓝
红					
橙	1				
黄	5	2			
绿	8	6	3		
蓝	10	9	7	4	

当把红色和橙色进行比较时，若认为橙色比红色好，就在 1 号空格的斜线下方划"√"，反之，在斜线上方划"√"，其余相同。把择优结果统计填入表 13.2。

表 13.2 择优次数统计表

优＼劣	红	橙	黄	绿	蓝	∑	%	顺序
红		517	525	545	661	2248	22.48	2
橙	483		841	447	576	2377	23.77	1
黄	475	159		534	614	1782	17.82	4
绿	455	523	466		643	2058	20.58	3
蓝	339	424	386	357		1506	15.06	5

在表 13.2 中，各行的总和按其大小顺序就给出了人们喜爱这几种颜色的一个决策，即橙、红、绿、黄、蓝。

13.3.2 优先关系决策法

设有 n 个对象 $u_1, u_2, \cdots u_n$，按照某种关系要在它们之间排一个优劣次序，我们用 c_{ij} 表示 u_i 与 u_j 相比较时 u_i 比 u_j 优越的成分，它满足 $c_{ii}=0$（自己没有比自己更多的长处），$0\leqslant c_{ij}\leqslant 1$，$c_{ij}+c_{ji}=1$（把双方的相对长处加在一起的总量为 1）；当只发现 u_i 比 u_j 有长处而末

发现 u_j 比 u_i 有任何长处时，$c_{ij}=1$，$c_{ji}=0$；当 u_i 比 u_j 的长处与 u_j 比 u_i 的长处一样多时，$c_{ij}=c_{ji}=0.5$。于是便可得到一个 $n\times n$ 矩阵，记为 $C=(c_{ij})_{n\times n}$ 为优先关系矩阵，取 $\lambda\in[0,1]$，可求 C 的截矩阵 $C_\lambda=(\lambda c_{ij})$。当 λ 从 1 降到 0 时，若首次出现 C_{λ_1}，它的第 i_1 行元素除主对角线元素之外全等于 1，则 u_{1j} 作为第一优越对象(不一定唯一)，除去第一优越的那一批对象，就得到一个新的优先关系矩阵，用同样的方法可取得第二批优越对象，如此下去。可以将全体对象排出一个优劣次序。

例 13.2 设 $U=\{u_1, u_2, u_3\}$ 为甲、乙、丙三人组成的集合，按照"待人热情"这一尺度给他们排序。通过专门人员的判别，得到优先关系矩阵为

$$\boldsymbol{C}=\begin{pmatrix}0 & 0.9 & 0.2\\ 0.1 & 0 & 0.7\\ 0.8 & 0.3 & 0\end{pmatrix}$$

令 λ 从大到小依次截取，得

$$\boldsymbol{C}_{0.9}=\begin{pmatrix}0&1&0\\0&0&0\\0&0&0\end{pmatrix},\ \boldsymbol{C}_{0.8}=\begin{pmatrix}0&1&0\\0&0&0\\1&0&0\end{pmatrix}$$

$$\boldsymbol{C}_{0.7}=\begin{pmatrix}0&1&0\\0&0&1\\1&0&0\end{pmatrix},\ \boldsymbol{C}_{0.3}=\begin{pmatrix}0&1&0\\0&0&0\\1&1&0\end{pmatrix}$$

当 λ 降至 0.3 时，在 $\boldsymbol{C}_{0.3}$ 中首次出现第三行除主对角线元素之外，其余元素均为 1，这意味着 u_3 对其余元素的优越成分一致地越过了 0.3，因此把 u_3 作为第一优越对象，去掉 u_3，得到新的优先关系矩阵

$$\boldsymbol{C}^{(1)}=\begin{pmatrix}0 & 0.9\\ 0.1 & 0\end{pmatrix}$$

需要注意的是，$\boldsymbol{C}^{(1)}=\begin{pmatrix}0&1\\0&0\end{pmatrix}$ 的第一行除主对角线元素外其余为 1，取第二优越元素为 u_1，故就"待人热情"来说，二人的次序为 u_3，u_1，u_2。

值得指出的是，此方法的着眼点是"优越性一致超过 λ"这几个字。如在本例中 $\boldsymbol{C}_{32}=0.3$。表明 u_3 超过 u_2 三分，而 u_2 超过 u_3 七分，u_3 与 u_2 对比中 u_3 是不如 u_2 的，但从一致性上考虑，仍把 u_3 排在 u_2 的前头。因此在运用时，要注意所联系的实际问题是否具有这种特点。

13.3.3 相对比较法

设论域为 $U=\{u_1, u_2, u_3, \cdots, u_n\}$，对 $u_i\in U(i=1, 2, \cdots, n)$ 等元素需按某种特性排序，我们可先在二元对比中建立比较级，然后再通过一定的算法化为总体的顺序。具体步骤如下：

(1) 建立二元相对比较级。对 $\forall(u_i, u_j)$，所谓二元相对比较级是指数对 $(f_{u_j}(u_i), f_{u_i}(u_j))$，它满足 $0\leqslant f_{u_j}(u_i)$，$f_{u_i}(u_j)\leqslant 1$，其含义是，在 u_i 与 u_j 的二元对比中。如果 u_i 具有某特性的程度为 $f_{u_j}(u_i)$ 的话，那么 $f_{u_i}(u_j)$ 就表示 u_j 具有该特性的程度(比较级可由统计得到)。

(2) 建立相及矩阵。记

$$f\left(\frac{u_i}{u_j}\right) \triangleq \frac{f_{u_j}(u_i)}{\max(f_{u_j}(u_i),\ f_{u_i}(u_j))}$$

易见

$$f\left(\frac{u_i}{u_j}\right)=\begin{cases}\dfrac{f_{u_j}(u_i)}{f_{u_i}(u_j)},\ f_{u_j}(u_i)<f_{u_i}(u_j)\\ 1,\ f_{u_j}(u_i)\geqslant f_{u_i}(u_j)\end{cases}$$

以 $f(u_i/u_j)$ 为元素矩阵($f(u/u)$ 取作 1),则

$$\begin{bmatrix} 1 & f\left(\frac{u_1}{u_2}\right) & \cdots & f\left(\frac{u_1}{u_n}\right) \\ f\left(\frac{u_2}{u_1}\right) & 1 & \cdots & f\left(\frac{u_2}{u_n}\right) \\ \vdots & \vdots & & \vdots \\ f\left(\frac{u_n}{u_1}\right) & f\left(\frac{u_n}{u_2}\right) & \cdots & 1 \end{bmatrix}$$

称为相及矩阵。

(3) 建立整体顺序(求隶属函数)根据相及矩阵,列出顺序表(如表 13.3 所示)。

表 13.3 顺 序 表

a \ b	u_1	u_2	$\cdots$	u_n	min
u_1	1	$f(u_1/u_2)$	$\cdots$	$f(u_1/u_n)$	u_1
u_2	$f(u_2/u_1)$	1	$\cdots$	$f(u_2/u_n)$	u_2
$\vdots$	$\vdots$	$\vdots$		$\vdots$	$\vdots$
u_n	$f(u_n/u_1)$	$f(u_n/u_2)$	$\cdots$	1	u_n

表中最后一列的值是相应行的最小值,即

$$u_i=\min\left(f\left(\frac{u_i}{u_1}\right),\ \cdots f\left(\frac{u_i}{u_n}\right)\right) \qquad i=1,\ 2,\ \cdots,\ n$$

例 13.3 设论域 $U=\{u_1, u_2, u_3\}$ 为长子、次子、幼子组成的集合。$\tilde{A}$ 为"像爸爸"在 U 上的模糊集,试确定 $\tilde{A}$ 的隶属函数。

解 先建立二元相对比较级(如表 13.4 所示)。

表 13.4 二元相对比较级

a \ b	u_1	u_2	u_3	a \ b	u_1	u_2	u_3
u_1		0.8	0.5	u_3	0.3	0.7	
u_2	0.5		0.4				

即

$$(f_{u_2}(u_1),\ f_{u_1}(u_2))=(0.8,\ 0.5)$$
$$(f_{u_3}(u_1),\ f_{u_1}(u_3))=(0.5,\ 0.3)$$

$$(f_{u_3}(u_2), f_{u_2}(u_3))=(0.4, 0.7)$$

长子与次子的二元相对比较级是(0.8，0.5)，其含义是长子 u_1 与次子 u_2 相对照，如果把长子像爸爸的程度定为0.8的话，那么次子像爸爸的程度就应该是0.5，当然0.8和0.5并不是他们像爸爸的绝对度量，而是具有相对性(事实上绝对的度量是得不到的，否则它也不是模糊的了)。然后建立相及矩阵及整体顺序(如表13.5所示)。

表 13.5 相及矩阵与整体顺序

a \ b	u_1	u_2	u_3	min	a \ b	u_1	u_2	u_3	min
u_1	1	1	1	1	u_3	3/5	1	1	3/5
u_2	5/8	1	4/7	4/7					

由表13.5最后一列知，长子最像爸爸，幼子次之，次子最不像。

13.3.4 对比平均决策法

我们通过实例来说明这种方法。

例 13.4 设 $U=\{u_1, u_2, u_3\}$ 为樱花、菊花、蒲公英三种花组成的集合，$\tilde{A}$ 为"美"在 U 上的模糊集，试确定其隶属函数。

解 建立二元相对比较级(如表13.6所示)。

表 13.6 三种花的二元相对比较级($f_b(a)$)

a \ b	u_1	u_2	u_3	a \ b	u_1	u_2	u_3
u_1	1	0.8	0.9	u_3	0.5	0.4	1
u_2	0.7	1	0.8				

定义 u_i 对 $\tilde{A}$ 的隶属度为

$$\tilde{A}(u_i)=\frac{(fu_1(u_i)+fu_2(u_i)+fu_3(u_i))}{3}$$

上式中，1/3是权数，因共有三种花，各占1/3。由于

$$\tilde{A}(u_1)=\frac{(f_{u_1}(u_1)+f_{u_2}(u_1)+f_{u_3}(u_1))}{3}=\frac{(1+0.8+0.9)}{3}=0.9$$

$$\tilde{A}(u_2)=\frac{(f_{u_1}(u_2)+f_{u_2}(u_2)+f_{u_3}(u_2))}{3}=\frac{(0.7+1+0.8)}{3}\approx 0.83$$

$$\tilde{A}(u_3)=\frac{(f_{u_1}(u_3)+f_{u_2}(u_3)+f_{u_3}(u_3))}{3}=\frac{(0.5+0.4+1)}{3}\approx 0.63$$

故

$$\tilde{A}=\frac{0.9}{u_1}+\frac{0.83}{u_2}+\frac{0.63}{u_3}$$

可知美的次序从大到小为樱花、菊花、蒲公英。

这里各种花的权数是相同的，即它们是平权的。但如果考虑偏爱或特殊兴趣，也可以是非平权的，例如，给樱花、菊花、蒲公英分别赋权数0.1、0.8、0.1，则得

$\underset{\sim}{A}(u_1)=0.1\times f_{u_1}(u_1)+0.8\times f_{u_2}(u_1)+0.1\times f_{u_3}(u_1)=0.1\times 1+0.8\times 0.8+0.1\times 0.9=0.83$,

$\underset{\sim}{A}(u_2)=0.1\times f_{u_1}(u_2)+0.8\times f_{u_2}(u_2)+0.1\times f_{u_3}(u_2)=0.1\times 0.7+0.8\times 1+0.1\times 0.8=0.95$,

$\underset{\sim}{A}(u_2)=0.1\times f_{u_1}(u_2)+0.8\times f_{u_2}(u_2)+0.1\times f_{u_3}(u_2)=0.1\times 0.7+0.8\times 1+0.1\times 0.8=0.95$

从而，美的次序为菊花、樱花、蒲公英。

菊花在此夺魁的原因是由于偏爱者给它加上了很大的权数。

13.4 模糊二阶决策

13.4.1 评判空间与评判函数

模糊二阶决策也是对多个因素所影响的方案进行决策的方法，其基本思想是在评判空间内，利用评判函数来进行决策。下面先介绍评判空间与评判函数的概念。备择方案集和因素集分别记为

$$S=\{s_1, s_2, \cdots, s_n\}$$

$$U=\{u_1, u_2, \cdots, u_m\}$$

给出映射 $\boldsymbol{R}$：$S\times U\to[0, 1]$，$\boldsymbol{R}=(r_{ij})_{n\times m}$称为评判矩阵，其中 $r_{ij}=\boldsymbol{R}(s_i, u_j)$是方案 s_i 在因素 u_j 上的特性指标。显然，s_i 的特性向量

$$\boldsymbol{R}\big|_{s_i}=(r_{i_1}, r_{i_2}, \cdots, r_{i_m})$$

可视为 U 中的模糊集。

我们把由备择方案集 S、因素集 U 及评判矩阵 $\boldsymbol{R}$ 组成的：结构$(S, U, \boldsymbol{R})$称为评判空间。

若映射 f：$[0, 1]^m\to Y$（全体实数）是正则(即 $f(0, 0, \cdots, 0)=0$)的，递增和连续的，则称为评判函数，记为 $D=f(z_1, z_2, \cdots, z_m)$。下面评判函数的三种具体形式：

(1) $D_1=\sum\limits_{j=1}^{m}a_j z_j\ (a_j\geqslant 0, j\leqslant m)$

(2) $D_2=\bigvee\limits_{j=1}^{m}(b_j\wedge z_j)\ (b_j\in[0, 1], j\leqslant m)$

(3) $D_3=\bigwedge\limits_{j=1}^{m}z_j^{c_j}\ (c_j>0, j\leqslant m)$

上述三种形式当 $a_j=1/m$，$b_j=c_j=1(j\leqslant m)$时，可简化为

$$D_1=\frac{1}{m}\sum_{j=1}^{m}z_j,\ D_2=\bigvee_{j=1}^{m}z_j,\ D_3=\bigwedge_{j=1}^{m}z_j$$

其分别称为平均、最大、最小方法。

13.4.2 模糊二阶决策

利用评判空间和评判函数进行决策的一般步骤如下：

(1) 给出备择方案集 S。

(2) 找出因素集 U。

(3) 确定评判矩阵 $\boldsymbol{R}$。

(4) 构造评判函数 f。

(5) 计算评判指标，即

$$D(s_i)=f(r_{i1},r_{i2},\cdots r_{im})\qquad i=1,2,\cdots,n$$

其中，将 $D(s_1)$，$D(s_2)$，…，$D(s_n)$按大小排序，按序择优，即可得到最佳方案。

一般情况下，若仅仅取平均、最大、最小方法可能会产生片面性，因此，在计算出 D_1、D_2、D_3 之后，可将 D_1、D_2、D_3 作为新的因素集中的元素，利用它们再做一次评判。这就是为什么把此方法称为模糊二阶决策的原因。

(6) 二次评价。令 $U_0=\{D_1,D_2,D_3\}$，$\boldsymbol{R}_0\in\mathscr{P}(S\times U_0)$，即

$$\boldsymbol{R}_0=\begin{array}{c}\begin{pmatrix}d_{11} & d_{12} & d_{13}\\ d_{21} & d_{22} & d_{23}\\ \vdots & \vdots & \vdots\\ d_{n1} & d_{n2} & d_{n3}\end{pmatrix}\begin{matrix}s_1\\ s_2\\ \vdots\\ s_n\end{matrix}\\ \begin{matrix}D_1 & \quad D_2 & \quad D_3\end{matrix}\end{array}$$

其中，$d_{i1}=\dfrac{1}{m}\sum\limits_{j=1}^{m}r_{ij}$；$d_{i2}=\bigvee\limits_{j=1}^{m}r_{ij}$；$d_{i3}=\bigwedge\limits_{j=1}^{m}r_{ij}\,(i=1,2,\cdots,n)$。

于是得到一个新的评判空间$(S,U_0,\boldsymbol{R}_0)$，其评判函数 f 可根据实际问题的需要和对它的要求，重新构造，可令

$$f(D_1,D_2,D_3)=e_1D_1+e_2D_2+e_3D_3\,(e_j\geqslant 0,\ j\leqslant 3)$$

计算 $d_i=f(d_{i1},d_{i2},d_{i3})$，将 $d_i(i=1,2,\cdots,n)$按大小排序，据序择优，便可得到最后决策。

例 13.5 图 13.2 中的哪一个图形最“圆”。

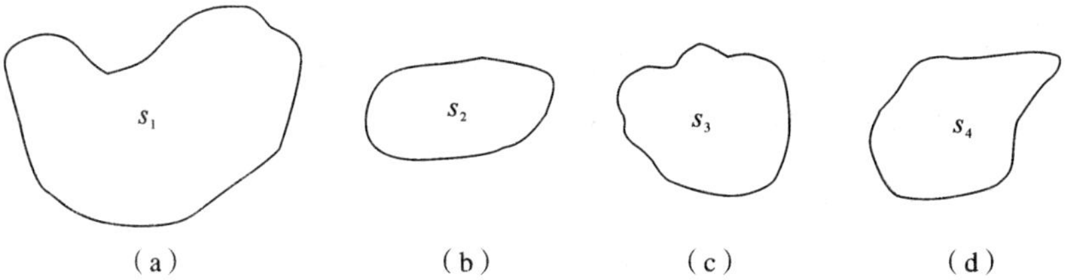

图 13.2 四个不规则图形

解 设 $S=\{s_1,s_2,s_3,s_4\}$，$U=\{u_1,u_2,u_3,u_4\}$，有

$$u_1=\frac{4\pi A(s_i)}{L^2(s_i)}$$

其中，$A(s_i)$为 s_i 的面积；$L(s_i)$为 s_i 的周长。经计算得

$$r_{11}=0.9,\ r_{21}=0.8,\ r_{31}=0.7,\ r_{41}=0.9$$

u_2 为 s_i 所包含的最大圆的面积与 s_i 的面积之比，其比分别为

$$r_{12}=0.6,\ r_{22}=0.4,\ r_{32}=0.8,\ r_{42}=0.9$$

u_3 为 s_i 的面积与包含 s_i 的最小圆的面积之比，其比分别为

$$r_{13}=0.7,\ r_{23}=0.4,\ r_{33}=0.7,\ r_{43}=0.6$$

u_3 为 s_i 是否是凸图形，用“1”表示 s_i 为凸，用“0”表示非凸，故有

$$r_{13}=0,\ r_{23}=1,\ r_{33}=1,\ r_{43}=1$$

于是，得到评判矩阵为

$$\boldsymbol{R}=\begin{pmatrix}0.9 & 0.6 & 0.7 & 0\\ 0.8 & 0.4 & 0.4 & 1\\ 0.7 & 0.8 & 0.7 & 1\\ 0.9 & 0.9 & 0.6 & 1\end{pmatrix}$$

从而得到评判空间$(S, U, \boldsymbol{R})$。又由简化公式，有

$$d_{11}=\frac{(0.9+0.6+0.7+0)}{4}=0.55$$

$$d_{12}=\max(0.9, 0.6, 0.7, 0)=0.9$$

$$d_{13}=\min(0.9, 0.6, 0.7, 0)=0$$

$$d_{21}=0.65,\ d_{22}=1,\ d_{23}=0.4$$

$$d_{31}=0.8,\ d_{32}=1,\ d_{33}=0.7$$

$$d_{41}=0.85,\ d_{42}=1,\ d_{43}=0.6$$

所以

$$\boldsymbol{R}_0=\begin{pmatrix}0.55 & 0.9 & 0\\ 0.65 & 1 & 0.4\\ 0.80 & 1 & 0.7\\ 0.85 & 1 & 0.6\end{pmatrix}$$

新的评判空间为$(S, U_0, \boldsymbol{R}_0)$，其中，$U_0=\{D_1, D_2, D_3\}$，若令

$$d=f(D_1, D_2, D_3)=\frac{(D_1+D_2+D_3)}{3}$$

可得 $d_1=0.48$、$d_2=0.68$、$d_3=0.83$、$d_4=0.81$，从而判定 s_3“最圆”、s_1“最不圆”。

13.5 多目标模糊决策

设$U=\{u_1, u_2, \cdots, u_n\}$为 n 个待评价的方案所构成的集合，而$V=\{v_1, v_2, \cdots, v_n\}$为对决策起重要作用的 m 个因素指标所构成的集合，则各方案可以由其相应的 m 个因素指标值所确定，设为

$$u_j=(u_{1j}, u_{2j}, \cdots, u_{mj})^{\mathrm{T}} \quad j=1, 2, \cdots, n$$

其中，u_{ij}表示第 j 个方案的第 i 个因素指标值，称该式为方案 u_j 的因素指标向量。

把这 n 个方案的因素指标向量作为列构成因素指标矩阵为

$$\boldsymbol{u}^*=\begin{pmatrix}u_{11} & \cdots & u_{1n}\\ \vdots & \ddots & \vdots\\ u_{m1} & \cdots & u_{mn}\end{pmatrix}$$

下面介绍几种常用的多目标模糊决策方法。

13.5.1 定量指标模糊决策法

1. 加权相对偏差距离最小法

(1) 构造相对偏差矩阵。当因素指标矩阵中各因素指标值 u_{ij} 为定量指标时，令

$$\delta_{ij}=\frac{|u_i^0-u_{ij}|}{u_{i\max}-u_{i\min}} \quad i=1,2,\cdots,m;\ j=1,2,\cdots,n$$

其中，$u_{i\max}=\max\{u_{i1},u_{i2},\cdots,u_{in}\}$；$u_{i\min}=\min\{u_{i1},u_{i2},\cdots,u_{in}\}$

$$u_i^0=\begin{cases}u_{i\max}，当因素指标 v_i 为正指标时\\ u_{i\min}，当因素指标 v_i 为负指标时\end{cases}$$

这里正指标是指因素指标值越大方案越优的因素指标，负指标是指因素指标位越小方案越优的因素指标，例如，产值因素指标为正指标，而能源消耗因素指标为负指标，称 δ_{ij} 为相对偏差值，称 u_i^0 为标准值，而称 $u_i^0=(u_1^0, u_2^0, \cdots, u_m^0)$为标准值向量。

由上述 $m\times n$ 个相对偏差值 δ_{ij} 作为元素构成一个模糊矩阵，有

$$\boldsymbol{\Delta}=\begin{pmatrix}\delta_{11} & \cdots & \delta_{1n}\\ \vdots & \ddots & \vdots\\ \delta_{m1} & \cdots & \delta_{nm}\end{pmatrix}$$

则称矩阵 $\boldsymbol{\Delta}$ 为相对偏差矩阵。

(2) 确定因素重要程度模糊集。利用 Delphi 法，由专家评定出各影响 $v_i(i=1, 2, \cdots, m)$ 的权重系数 a_i，即确定出因素重要程度模糊集：$A=(a_1, a_1, \cdots, a_n)$。

(3) 对各方案进行决策。计算 u_j 与 u^0 的加权相对偏差距离，即

$$d_j=d_j(u_j, u^0)=\frac{1}{a}\left(\sum_{i=1}^{m}(a_i\cdot\delta_{ij})^2\right)^{0.5} \quad j=1, 2, \cdots, n$$

其中，$a=\frac{1}{m}\sum_{i=1}^{m}a_i$ 为 m 项指标权值的平均值。把由 n 个方案中的 m 个因素指标的标准向量 $u_i^0=(u_1^0, u_2^0, \cdots, u_m^0)$构成的方案，拟定为最理想的方案。这样 n 个评价方案中与最理想方案之间加权相对偏差距离 d_j 最小者相对应的方案 u_i 应被选为最优方案。

2. 定量指标综合决策法

(1) 构造模糊评价矩阵。令

$$r_{ij}=\begin{cases}0.1+\dfrac{u_{i\max}-u_{ij}}{d}，当 v_i 为正指标时\\[2mm] 0.1+\dfrac{u_{ij}-u_{i\max}}{d}，当 v_i 为负指标时\end{cases}$$

其中，r_{ij} 表示第 i 项因素对第 j 个方案的评价值；d 表示极差值，有

$$d=\frac{u_{i\max}-u_{i\min}}{1-0.1}$$

以上述 $m\times n$ 个评价值作为元素构成模糊评价矩阵为

$$\boldsymbol{R}=\begin{pmatrix}r_{11} & \cdots & r_{1n}\\ r_{21} & \ddots & \vdots\\ r_{m1} & \cdots & r_{mn}\end{pmatrix}$$

(2) 确定因素重要程度模糊集。利用 Delphi 法，由专家评定出各影响 $v_i(i=1, 2, \cdots, m)$ 的权重系数 a_i，即确定出因素重要程度模糊集 $A=(a_1, a_1, \cdots, a_n)$。

(3) 对各方案进行决策。利用加权平均模型 $M(\cdot, +)$，对各方案进行评价，即

$$B=A\cdot\boldsymbol{R}=(b_1, b_2, \cdots, b_n)$$

其中，$b_j=\sum_{i=1}^{m}a_i\cdot r_{ij}$，$j=1,2,\cdots,n$，根据最大隶属度原则，$b_j(j=1,2,\cdots,n)$中的最大者相对应的方案为最优方案。

例 13.6 考虑某工程投资项目的决策问题，已知有4个投资方案：$D=\{$方案1，方案2，方案3，方案4$\}=\{u_1, u_2, u_3, u_4\}$。设各个方案选用10个因素指标，记为

$$v=\{v_1, v_2, \cdots, v_4\}$$

设各方案的因素指标矩阵为

$$\boldsymbol{u}^*=\begin{bmatrix} 3654.5 & 4054.5 & 3560.4 & 3730.2 \\ 24000 & 26712 & 23350 & 25200 \\ 430.0 & 218.4 & 234.0 & 403.5 \\ 5270 & 3515 & 4163.3 & 5638.9 \\ 2 & 1 & 1 & 2 \\ 213.6 & 302.8 & 215.3 & 239.2 \\ 0.1 & 0.1 & 190 & 150 \\ 8 & 9.5 & 8 & 9 \\ 197.5 & 185.2 & 189.7 & 190.1 \\ 980 & 1062 & 1500 & 2871 \end{bmatrix}$$

经专家评定，各因素指标的重要程度模糊集为

$$A=(0.57, 1, 0.54, 0.41, 0.82, 0.97, 0.58, 0.44, 0.36, 0.1)$$

试对各投资方案进行模糊决策。

解 因所给的因素指标是定量指标，我们分别采用加权相对偏差距离最小法和定量指标综合决策法进行决策。

(1) 应用加权相对偏差距离最小法进行决策。根据因素指标矩阵u^*，可得各因素指标的标准值向量为

$$\begin{aligned} u^0 &= (u_1^0, u_2^0, \cdots, u_{10}^0) \\ &= (3560.4, 23350, 218.4, 3515.4, 1, 213, 6, 0.1, 8, 185.2, 980) \end{aligned}$$

得偏差模糊矩阵为

$$\boldsymbol{\Delta}=\begin{bmatrix} 0.19 & 1 & 0 & 0.34 \\ 0.19 & 1 & 0 & 0.55 \\ 1 & 0 & 0.07 & 0.87 \\ 0.83 & 0 & 0.31 & 1 \\ 1 & 0 & 0 & 1 \\ 0 & 1 & 0.02 & 0.29 \\ 0 & 0 & 1 & 0.79 \\ 0 & 1 & 0 & 0.67 \\ 1 & 0 & 0.37 & 0.40 \\ 0 & 0.04 & 0.27 & 1 \end{bmatrix}$$

例如

$$\delta_{23}=\frac{|u_2^0-u_{23}|}{u_{2\max}-u_{2\min}}=\frac{|23350-23350|}{26712-23350}=0$$

其余可类似得到。根据加权相对偏差距离公式可得

$$d_1 = d_1(u_1, u^0) = \frac{1}{a}\sqrt{\sum_{i=1}^{m}(a_i\delta_{i1})^2} = 1.937$$

$$d_2 = d_2(u_2, u^0) = \frac{1}{a}\sqrt{\sum_{i=1}^{m}(a_i\delta_{i2})^2} = 2.709$$

$$d_3 = d_3(u_3, u^0) = \frac{1}{a}\sqrt{\sum_{i=1}^{m}(a_i\delta_{i3})^2} = 1.054$$

$$d_4 = d_4(u_4, u^0) = \frac{1}{a}\sqrt{\sum_{i=1}^{m}(a_i\delta_{i4})^2} = 2.323$$

可得 d_3 对应的方案 3 为最优方案。

(2) 应用定量指标综合决策法进行决策可得模糊评价矩阵为

$$\boldsymbol{R}=\begin{bmatrix} 0.83 & 0.10 & 1 & 0.69 \\ 0.83 & 0.10 & 1 & 0.50 \\ 0.10 & 1 & 0.93 & 0.21 \\ 0.26 & 1 & 0.73 & 0.10 \\ 0.10 & 1 & 1 & 0.10 \\ 1 & 0.10 & 0.98 & 0.74 \\ 1 & 1 & 0.10 & 0.29 \\ 1 & 0.10 & 1 & 0.40 \\ 0.10 & 1 & 0.67 & 0.64 \\ 1 & 0.96 & 0.75 & 0.10 \end{bmatrix}$$

例如，$r_{63}=0.1+\dfrac{u_{6\max}-u_{63}}{d}=0.1+\dfrac{302.8-215.3}{99.1}=0.98$。

为了应用加权平均模型 $M(\cdot, +)$ 对各方案进行评价，我们首先将所给的因素指标重要程度模糊集 A 归一化，得

$$A=(0.10, 0.17, 0.09, 0.07, 0.14, 0.17, 0.10, 0.08, 0.06, 0.02)$$

于是有模糊综合评价集为 $B=A_1 \cdot R=(b_1, b_2, b_3, b_4)=(0.64, 0.53, 0.86, 0.42)$。

故方案 3 为最优方案，这与应用加权相对偏差距离最小法的决策结果一致。

13.5.2 定性指标模糊决策法

当因素指标 u_{ij} 为定性指标时，模糊评价矩阵 $\boldsymbol{R}=(r_{ij})_{m\times n}$ 由专家评议确定，具体方法如下：

(1) 五级划分法。

① U=(优，良，中，差，劣)，如图 13.3 所示。

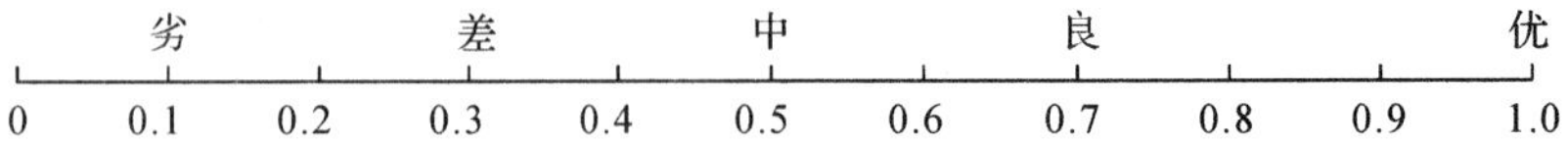

图 13.3 定性指标五级划分

当因素指标为"优"时，评定值为 0.9；当因素指标为"良"时，评定值为 0.7；当因素指

标为“中”时，评定值为 0.5；当因素指标为“差”时，评定值为 0.33；当因素指标为“劣”时，评定值为 0.13；当因素指标介于两个等级之间时，评定值取这两个等级评定值之间的值。

② U=(最优，优，良，中 * 劣)，如图 13.4 所示。

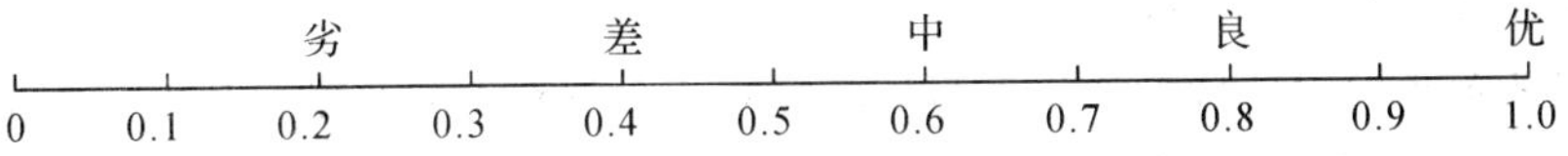

图 13.4　定性指标五级划分

这类划分的因素指标评定值的确定方法类似于上述的说明。

(2) 九级划分法。U=（最好，很好，好，较好，中，较差，差，很差，最差），如图 13.5 所示。

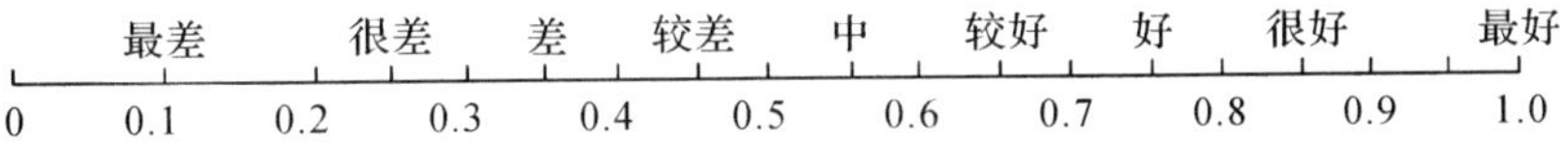

图 13.5　定性指标九级划分

当因素指标为“最好“时，评定值为 0.95；当因素指标为“很好”时为 0.85；当因素指标为“好“时，评定位为 0.75；当因素指标为“较好“时为 0.65；当因素指标为“中”时，评定值为 0.55；当因素指标为“较差”时为 0.45；当因素指标为“差”时，评定值为 0.35；当因素指标为“很差”时评定值为 0.25；当因素指标为“最差”时，评定值为 0.1，而当因素指标介于两个等级之间时，评定值取这两个等级评定值之间的值。

(3) 按上述方法确定的评定值构造模糊评价矩阵 $\boldsymbol{R}=(r_{ij})_{m\times n}$。

(4) 利用 Delphi 法确定因素重要程度模糊集 $A=(a_1, a_2, \cdots, a_n)$。

(5) 应用加权平均模型 $M(\cdot, +)$，对各方案进行评价，得模糊综合评价集为

$$B=A_1\cdot\boldsymbol{R}=(b_1, b_2, b_3, b_4)$$

按最大隶属度原则，$b_j(j=1, 2, \cdots, n)$中的最大者所对应的方案为最优方案。

需要注意的是，在具体决策问题中，如果因素指标既有定量的，也有定性的，则可以同时使用上述两种方法。如果因素指标之间具有多层次之分，则可以采用多层次综合评判法，对问题进行决策。

习　题

1. $U=\{a, b, c\}$，其中，a、b、c 表示甲、乙、丙三人。下面对他们的身高进行排序。通过两两比较，得到优先关系矩阵为

$$\begin{bmatrix} 0 & 0.2 & 0.3 \\ 0.8 & 0 & 0.1 \\ 0.7 & 0.9 & 0 \end{bmatrix}$$

试按优先关系定序法对 U 中的元素进行排序。

2. 设 $U=\{a, b, c, d, e\}$，现有五个专家对 U 中的元素的排序分别为

$$L_1: aedbc, L_2: adecb, L_3: deacb, L_4: daebc, L_5: abcde$$

试分别用 Borda 数法、Blin 法对这些排序意见进行集中。

3. 设 $U=\{a, b, c, d\}$，现有三个专家对 U 中的元素的排序分别为

$$L_1: abcd \text{ 取权值 } a_1=0.3,$$
$$L_2: bdac \text{ 取权值 } a_2=0.4,$$
$$L_3: dabc \text{ 取权值 } a_3=0.3$$

试用 Blin 法对这些排序意见进行集中。

4. 考虑某企业投资项目的决策问题，已知有 3 个备选方案，记为 $U=\{u_1, u_2, u_3\}$，各方案选用 8 个因素指标，记为 $V=\{v_1, v_2, \cdots, v_8\}$。设各方案的因素指标矩阵为

$$\begin{bmatrix} 1200 & 1150 & 1000 \\ 0.85 & 0.86 & 0.82 \\ 1.5 & 1.20 & 1.20 \\ 3500 & 3400 & 3000 \\ 820 & 800 & 750 \\ 200 & 180 & 170 \\ 0.56 & 0.52 & 0.55 \\ 980 & 985 & 990 \end{bmatrix}$$

经专家调查可得各因素指标的重要程度模糊集：$A=(0.43, 0.56, 0.85, 0.48, 0.52, 0.68, 0.82, 0.64)$，试分别用加权相对偏差距离最小法和对比平均法对各方案进行模糊决策。

第14章 直觉模糊集

模糊集理论取得了举世公认的成就，其发展日趋成熟，但其局限性也已逐渐显现。进而，引起模糊集理论出现了各种拓展，如区间值模糊集、Vague 集、直觉模糊集、L-模糊集等。这种情形，既反映出模糊集理论研究与应用的活跃态势，又反映出客观对象的复杂性对于应用研究的反作用。在这诸多的拓展形式中，直觉模糊集理论的研究最为活跃，也最富有成果。L-模糊集、区间值模糊集等都可以与之相结合，从而形成 L-直觉模糊集、区间值直觉模糊集等。

本章主要介绍直觉模糊集理论。

14.1 引　　言

模糊集合最基本的特征是：承认差异的中介过渡，也就是说承认渐变的隶属关系，即一个模糊集 $A\in F(X)$ 是满足某个(或几个)性质的一类对象，每个对象都有一个互不相同的隶属于 A 的程度，隶属函数给每个对象分派了一个 0 或 1 之间的数，作为它的隶属度。但是要注意的是隶属函数给每个对象分派的是 0 或 1 之间的一个单值。这个单值一般表示支持 $x\in A$ 的程度，譬如，当模糊集 A 的隶属函数 $\mu_A(x)=0.6$ 时，一般表示支持 $x\in A$ 的程度为 0.6，通常也认为它包含了反对 $x\in A$ 的程度为 0.4，但用投票模型来解释，一般认为赞成票为 60%，值得注意的是反对票并不一定就是 40%，因为这 40%中包含着一定程度的中立票。这就是模糊集合单一隶属度函数表达能力的局限性。

在语义描述上，经典的康托尔(Cantor)集合只能描述“非此即彼”的“分明概念”。Zadeh 模糊集理论可以扩展描述外延不分明的“亦此亦彼”的“模糊概念”。直觉模糊集增加了一个新的属性参数——非隶属度函数，进而还可以描述“非此非彼”的“模糊概念”，亦即“中立状态”的概念或中立的程度，更加细腻地刻画客观世界的模糊性本质，因而引起众多学者的关注。

14.2 直觉模糊集

直觉模糊集(Intuitionistic Fuzzy Sets，IFS)最初由著名学者 K. Atanassov 于 1986 年提出。

14.2.1 直觉模糊集的基本概念

Atanassov 对直觉模糊集给出如下定义。

定义 14.1(直觉模糊集)　设 X 是一给定论域，则 X 上的一个直觉模糊集 A 为

$$A=\{\langle x, \mu_A(x), \gamma_A(x)\rangle \mid x\in X\}$$

其中，$\mu_A(x)$：$X\to[0, 1]$和$\gamma_A(x)$：$X\to[0, 1]$分别代表A的隶属函数$\mu_A(x)$和非隶属函数$\gamma_A(x)$，且对于A上的所有$x\in X$，$0\leqslant\mu_A(x)+\gamma_A(x)\leqslant 1$成立，由隶属度$\mu_A(x)$和非隶属度$\gamma_A(x)$所组成的有序区间对$\langle\mu_A(x), \gamma_A(x)\rangle$为直觉模糊数。

直觉模糊集A有时可以简记为$A=\langle x, \mu_A, \gamma_A\rangle$或$A=\langle\mu_A, \gamma_A\rangle/x$。显然，每个一般模糊子集对应于下列直觉模糊子集$A=\{\langle x, \mu_A(x), 1-\mu_A(x)\rangle \mid x\in X\}$。

对于X中的每个直觉模糊子集，称$\pi_A(x)=1-\mu_A(x)-\gamma_A(x)$为$A$中$x$的直觉指数(Intuitionistic Index)，它是x对A的犹豫程度(Hesitancy Degree)的一种测度。显然，对于每一个$x\in X$，$0\leqslant\pi_A(x)\leqslant 1$，$X$中的每一个一般模糊子集$A$，$\pi_A(x)=1-\mu_A(x)-(1-\mu_A(x))=0$。

若定义在U上的Zadeh模糊集的全体用$F(U)$表示，则对于一个模糊集$A\in F(U)$，其单一隶属度$\mu_A(x)\in[0, 1]$既包含了支持x的证据$\mu_A(x)$，也包含了反对x的证据$1-\mu_A(x)$，但它不可能表示既不支持也不反对的“非此非彼”的中立状态的证据。若定义在X上的直觉模糊集的全体用$\mathrm{IFS}(X)$表示，那么一个直觉模糊集$A\in\mathrm{IFS}(X)$，其隶属度$\mu_A(x)$、非隶属度$\gamma_A(x)$以及直觉指数$\pi_A(x)$分别表示对象x属于直觉模糊集A的支持、反对、中立这三种证据的程度。可见，直觉模糊集有效地扩展了Zadeh模糊集的表示能力。

14.2.2 直觉模糊集的基本运算

定义 14.2(直觉模糊集基本运算) 设A和B是给定论域X上的直觉模糊集，则有：

(1) $A\cap B=\{\langle x, \mu_A(x)\wedge\mu_B(x), \gamma_A(x)\vee\gamma_B(x)\rangle \mid \forall x\in X\}$。

(2) $A\cup B=\{\langle x, \mu_A(x)\vee\mu_B(x), \gamma_A(x)\wedge\gamma_B(x)\rangle \mid \forall x\in X\}$。

(3) $\overline{A}=A^c=\{\langle x, \gamma_A(x), \mu_A(x)\rangle \mid x\in X\}$。

(4) $A\subseteq B\Leftrightarrow\forall x\in X, \mu_A(x)\leqslant\mu_B(x)\wedge\gamma_A(x)\geqslant\gamma_B(x)$。

(5) $A\subset B\Leftrightarrow\forall x\in X, \mu_A(x)<\mu_B(x)\wedge\gamma_A(x)>\gamma_B(x)$。

(6) $A=B\Leftrightarrow\forall x\in X, \mu_A(x)=\mu_B(x)\wedge\gamma_A(x)=\gamma_B(x)$。

在建立直觉模糊集和普通集合间的关系方面，截集和核等概念起到重要作用，故下面给出直觉模糊集截集和核的概念。

14.2.3 直觉模糊集的截集

截集是联系模糊集合与经典集合的桥梁。在直觉模糊系统理论的研究中，截集是一个非常重要的概念，截集在直觉模糊逻辑、直觉模糊测度与分析、直觉模糊优化、决策及推理等领域都发挥着重要的作用。前面在模糊集概述一节介绍了模糊集的截集概念，下面给出直觉模糊集的截集。

关于直觉模糊集的截集，不同的研究者给出了不同的定义。用[0, 1]上的两个数λ_1和$\lambda_2(\lambda_1+\lambda_2\leqslant 1)$与直觉模糊集的隶属度$\mu$和非隶属度$\gamma$(也是[0, 1]上的两个数)来比较，由此给出直觉模糊集的截集定义如下。

定义 14.3 设A是给定论域X上的直觉模糊集，[0, 1]上的两个数λ_1和λ_2满足$\lambda_1+\lambda_2\leqslant 1$，则

$$A_{[\lambda_1,\lambda_2]}=\{x\,|\,x\in X,\ \mu_A(x)\geqslant\lambda_1,\ \gamma_A(x)\leqslant\lambda_2\}$$
$$A_{[\lambda_1,\lambda_2)}=\{x\,|\,x\in X,\ \mu_A(x)\geqslant\lambda_1,\ \gamma_A(x)<\lambda_2\}$$
$$A_{(\lambda_1,\lambda_2]}=\{x\,|\,x\in X,\ \mu_A(x)>\lambda_1,\ \gamma_A(x)\leqslant\lambda_2\}$$
$$A_{(\lambda_1,\lambda_2)}=\{x\,|\,x\in X,\ \mu_A(x)>\lambda_1,\ \gamma_A(x)<\lambda_2\}$$

分别称为 A 的$[\lambda_1,\lambda_2]$截集、$[\lambda_1,\lambda_2)$截集、$(\lambda_1,\lambda_2]$截集、(λ_1,λ_2)截集。

由于区间数之间的序关系不是全序，因此，定义 14.3 的截集 λ_1 和 λ_2 并不完全满足模糊集截集的性质。

突破“截集必须是经典集合”的限制，仍用$[0,1]$中的数 λ 去截直觉模糊集，将直觉模糊集的截集定义为三值模糊集。

定义 14.4 设 X 为一个集合，称映射 A：$X\to\{0,1/2,1\}$为一个三值模糊集。X 上的所有三值模糊集的类记作 3^X。

利用三值模糊集定义的直觉模糊集的截集如下。

定义 14.5 设 A 是给定论域 X 上的直觉模糊集，若 A_λ，$A_{\underline{\lambda}}$，A^λ，$A^{\underline{\lambda}}$，$A_{[\lambda]}$，$A_{[\underline{\lambda}]}$，$A^{[\lambda]}$，$A^{[\underline{\lambda}]}\in 3^X$ 且

$$A_\lambda(x)=\begin{cases}1, & \mu_A(x)\geqslant\lambda\\ \dfrac{1}{2}, & \mu_A(x)<\lambda<1-\gamma_A(x)\\ 0, & \lambda>1-\gamma_A(x)\end{cases}$$

$$A_{\underline{\lambda}}(x)=\begin{cases}1, & \mu_A(x)>\lambda\\ \dfrac{1}{2}, & \mu_A(x)\leqslant\lambda<1-\gamma_A(x)\\ 0, & \lambda\geqslant1-\gamma_A(x)\end{cases}$$

则称 $A_{[\lambda]}$ 为 A 的 λ-上截集，$A_{[\underline{\lambda}]}$ 为 A 的 λ-强上截集，另有

$$A^\lambda(x)=\begin{cases}1, & \gamma_A(x)\geqslant\lambda\\ \dfrac{1}{2}, & \gamma_A(x)<\lambda<1-\mu_A(x)\\ 0, & \lambda>1-\mu_A(x)\end{cases}$$

$$A^{\underline{\lambda}}(x)=\begin{cases}1, & \gamma_A(x)>\lambda\\ \dfrac{1}{2}, & \gamma_A(x)\leqslant\lambda<1-\mu_A(x)\\ 0, & \lambda\geqslant1-\mu_A(x)\end{cases}$$

则称 A^λ 为 A 的 λ-下截集，$A^{\underline{\lambda}}$ 为 A 的 λ-强下截集，另有

$$A_{[\lambda]}(x)=\begin{cases}1, & \mu_A(x)+\lambda\geqslant1\\ \dfrac{1}{2}, & \gamma_A(x)\leqslant\lambda<1-\mu_A(x)\\ 0, & \lambda<\gamma_A(x)\end{cases}$$

$$A_{[\underline{\lambda}]}(x)=\begin{cases}1, & \mu_A(x)+\lambda>1\\ \dfrac{1}{2}, & \gamma_A(x)<\lambda\leqslant1-\mu_A(x)\\ 0, & \lambda\leqslant\gamma_A(x)\end{cases}$$

则称 $A_{[\lambda]}$ 为 A 的 λ -上重截集，$A_{[\underline{\lambda}]}$ 为 A 的 λ -强上重截集，另有

$$A^{[\lambda]}(x)=\begin{cases}1, & \gamma_A(x)+\lambda\geqslant 1\\ \dfrac{1}{2}, & \mu_A(x)\leqslant\lambda<1-\gamma_A(x)\\ 0, & \lambda<\mu_A(x)\end{cases}$$

$$A^{[\underline{\lambda}]}(x)=\begin{cases}1, & \gamma_A(x)+\lambda>1\\ \dfrac{1}{2}, & \mu_A(x)<\lambda\leqslant 1-\gamma_A(x)\\ 0, & \lambda\leqslant\mu_A(x)\end{cases}$$

则称 $A^{[\lambda]}$ 为 A 的 λ -下重截集，$A^{[\underline{\lambda}]}$ 为 A 的 λ -强下重截集。

定义 14.6 给出的截集是三值模糊集。众所周知，经典集合是以二值逻辑为基础的。Zadeh 模糊集的截集是二值模糊集。因此，从逻辑的观点看，基于 Zadeh 模糊集的模糊系统是以二值逻辑为基础的。在多值逻辑中，三值逻辑是一类非常重要的多值逻辑，在 Lukasiewcz、Kleene 和 Godel 三值逻辑系统中，都可以将真值的赋值格视为{0，1/2，1}。既然基于二值逻辑的集合为经典二值集合，那么基于三值逻辑为基础的“集合”应为三值集合。因此，以三值逻辑为基础的三值模糊集合应该受到重视。

14.2.4 直觉模糊集截集的性质及核

直觉模糊集的截集具有如下四类性质。设 A、B、A_t 均为给定论域 X 上的直觉模糊集，$\lambda\in[0, 1]$，则有：

(1-1) $A_{\underline{\lambda}}\subset A_\lambda$

(1-2) $\lambda_1<\lambda_2\Rightarrow A_{\lambda_1}\supset A_{\lambda_2}$，$A_{\underline{\lambda_1}}\supset A_{\underline{\lambda_2}}$，$A_{\underline{\lambda_1}}\supset A_{\lambda_2}$

(1-3) $A\subset B\Rightarrow A_\lambda\subset B_\lambda$，$A_{\underline{\lambda}}\subset B_{\underline{\lambda}}$

(1-4) $(A\cup B)_\lambda=A_\lambda\cup B_\lambda$，$(A\cup B)_{\underline{\lambda}}=A_{\underline{\lambda}}\cup B_{\underline{\lambda}}$，$(A\cap B)_\lambda=A_\lambda\cap B_\lambda$，

$(A\cap B)_{\underline{\lambda}}=A_{\underline{\lambda}}\cap B_{\underline{\lambda}}$

(1-5) $(A^C)_\lambda=(A_{\underline{1-\lambda}})^C$，$(A^C)_{\underline{\lambda}}=(A_{1-\lambda})^C$

(1-6) $\bigcup_{t\in T}(A_t)_\lambda\subset(\bigcup_{t\in T}A_t)_\lambda$，$\bigcup_{t\in T}(A_t)_{\underline{\lambda}}=(\bigcup_{t\in T}A_t)_{\underline{\lambda}}$，$(\bigcap_{t\in T}A_t)_\lambda=\bigcap_{t\in T}(A_t)_\lambda$，

$(\bigcap_{t\in T}A_t)_{\underline{\lambda}}\subset\bigcap_{t\in T}(A_t)_{\underline{\lambda}}$

(1-7) 令 $\lambda_t\in[0, 1]$，$a=\bigwedge_{t\in T}\lambda_t$，$b=\bigvee_{t\in T}\lambda_t$，则 $\bigcup_{t\in T}A_{\lambda_t}\subset A_a$，$\bigcap_{t\in T}A_{\lambda_t}=A_b$，

$\bigcup_{t\in T}A_{\underline{\lambda_t}}=A_{\underline{a}}$，$A_{\underline{b}}\subset\bigcap_{t\in T}A_{\underline{\lambda_t}}$

(1-8) $A_0=X$，$A_{\underline{1}}=\varnothing$

(2-1) $A^{\underline{\lambda}}\subset A^\lambda$

(2-2) $\lambda_1<\lambda_2\Rightarrow A^{\lambda_1}\supset A^{\lambda_2}$，$A^{\underline{\lambda_1}}\supset A^{\underline{\lambda_2}}$，$A^{\underline{\lambda_1}}\supset A^{\lambda_2}$

(2-3) $A\subset B\Rightarrow B^\lambda\subset A^\lambda$，$B^{\underline{\lambda}}\subset A^{\underline{\lambda}}$

(2-4) $(A\cup B)^\lambda=A^\lambda\cap B^\lambda$，$(A\cup B)^{\underline{\lambda}}=A^{\underline{\lambda}}\cap B^{\underline{\lambda}}$，$(A\cap B)^\lambda=A^\lambda\cap B^\lambda$，

$(A\cap B)^{\underline{\lambda}}\Rightarrow A^{\underline{\lambda}}\cup B^{\underline{\lambda}}$

(2-5) $(A^C)^\lambda=(A^{\underline{1-\lambda}})^C$，$(A^C)^{\underline{\lambda}}=(A^{1-\lambda})^C$

(2-6) $\bigcap_{t\in T}(A_t)^{\lambda}=(\bigcup_{t\in T}A_t)^{\lambda}$，$\bigcap_{t\in T}(A_t)^{\underline{\lambda}}\supset(\bigcup_{t\in T}A_t)^{\underline{\lambda}}$，$(\bigcap_{t\in T}A_t)^{\lambda}\supset\bigcup_{t\in T}(A_t)^{\lambda}$，
$(\bigcap_{t\in T}A_t)^{\underline{\lambda}}=\bigcup_{t\in T}(A_t)^{\underline{\lambda}}$

(2-7) 令 $\lambda_t\in[0, 1]$，$a=\bigwedge_{t\in T}\lambda_t$，$b=\bigvee_{t\in T}\lambda_t$，则 $\bigcup_{t\in T}A^{\lambda_t}\subset A^{a}$，$\bigcap_{t\in T}A^{\lambda_t}=A^{b}$，
$\bigcup_{t\in T}A^{\underline{\lambda_t}}=A^{\underline{a}}$，$A^{\underline{b}}\subset\bigcap_{t\in T}A^{\underline{\lambda_t}}$

(2-8) $A^{0}=X$，$A^{\underline{1}}=\varnothing$

(3-1) $A_{[\underline{\lambda}]}\subset A_{[\lambda]}$

(3-2) $\lambda_1<\lambda_2\Rightarrow A_{[\lambda_1]}\subset A_{[\lambda_2]}$，$A_{[\underline{\lambda_1}]}\subset A_{[\underline{\lambda_2}]}$，$A_{[\lambda_1]}\subset A_{[\underline{\lambda_2}]}$

(3-3) $A\subset B\Rightarrow A_{[\lambda]}\subset B_{[\lambda]}$，$A_{[\underline{\lambda}]}\subset B_{[\underline{\lambda}]}$

(3-4) $(A\cup B)_{[\lambda]}=A_{[\lambda]}\cup B_{[\lambda]}$，$(A\cup B)_{[\underline{\lambda}]}=A_{[\underline{\lambda}]}\cup B_{[\underline{\lambda}]}$，
$(A\cap B)_{[\lambda]}=A_{[\lambda]}\cap B_{[\lambda]}$，$(A\cap B)_{[\underline{\lambda}]}\Rightarrow A_{[\underline{\lambda}]}\cap B_{[\underline{\lambda}]}$

(3-5) $(A^{C})_{[\lambda]}=(A_{[\underline{1-\lambda}]})^{C}$，$(A^{C})_{[\underline{\lambda}]}=(A_{[1-\lambda]})^{C}$

(3-6) $\bigcup_{t\in T}(A_t)_{[\lambda]}\subset(\bigcup_{t\in T}A_t)_{[\lambda]}$，$\bigcup_{t\in T}(A_t)_{[\underline{\lambda}]}=(\bigcup_{t\in T}A_t)_{[\underline{\lambda}]}$，
$(\bigcap_{t\in T}A_t)_{[\lambda]}=\bigcap_{t\in T}(A_t)_{[\lambda]}$，$(\bigcap_{t\in T}A_t)_{[\underline{\lambda}]}\subset\bigcap_{t\in T}(A_t)_{[\underline{\lambda}]}$

(3-7) 令 $\lambda_t\in[0, 1]$，$a=\bigwedge_{t\in T}\lambda_t$，$b=\bigvee_{t\in T}\lambda_t$，则 $\bigcup_{t\in T}A_{[\lambda_t]}\subset A_{[b]}$，
$\bigcap_{t\in T}A_{[\lambda_t]}=A_{[a]}$，$\bigcup_{t\in T}A_{[\underline{\lambda_t}]}=A_{[\underline{b}]}$，$A_{[a]}\subset\bigcap_{t\in T}A_{[\underline{\lambda_t}]}$

(3-8) $A_{[1]}=X$，$A_{[\underline{0}]}=\varnothing$

(4-1) $A^{[\underline{\lambda}]}\subset A^{[\lambda]}$

(4-2) $\lambda_1<\lambda_2\Rightarrow A^{[\lambda_1]}\subset A^{[\lambda_2]}$，$A^{[\underline{\lambda_1}]}\subset A^{[\underline{\lambda_2}]}$，$A^{[\lambda_1]}\subset A^{[\underline{\lambda_2}]}$

(4-3) $A\subset B\Rightarrow B^{[\lambda]}\subset A^{[\lambda]}$，$B^{[\underline{\lambda}]}\subset A^{[\underline{\lambda}]}$

(4-4) $(A\cup B)^{[\lambda]}=A^{[\lambda]}\cap B^{[\lambda]}$，$(A\cup B)^{[\underline{\lambda}]}=A^{[\underline{\lambda}]}\cap B^{[\underline{\lambda}]}$，
$(A\cap B)^{[\lambda]}=A^{[\lambda]}\cup B^{[\lambda]}$，$(A\cap B)^{[\underline{\lambda}]}=A^{[\underline{\lambda}]}\cup B^{[\underline{\lambda}]}$

(4-5) $(A^{C})^{[\lambda]}=(A^{[\underline{1-\lambda}]})^{C}$，$(A^{C})^{[\underline{\lambda}]}=(A^{[1-\lambda]})^{C}$

(4-6) $\bigcap_{t\in T}(A_t)^{[\lambda]}=(\bigcup_{t\in T}A_t)^{[\lambda]}$，$\bigcap_{t\in T}(A_t)^{[\underline{\lambda}]}\supset(\bigcup_{t\in T}A_t)^{[\underline{\lambda}]}$，
$(\bigcap_{t\in T}A_t)^{[\lambda]}\supset\bigcup_{t\in T}(A_t)^{[\lambda]}$，$(\bigcap_{t\in T}A_t)^{[\underline{\lambda}]}=\bigcup_{t\in T}(A_t)^{[\underline{\lambda}]}$

(4-7) 令 $\lambda_t\in[0, 1]$，$a=\bigwedge_{t\in T}\lambda_t$，$b=\bigvee_{t\in T}\lambda_t$，则 $\bigcup_{t\in T}A^{[\lambda_t]}\subset A^{[b]}$，
$\bigcap_{t\in T}A^{[\lambda_t]}=A^{[a]}$，$\bigcup_{t\in T}A^{[\underline{\lambda_t}]}=A^{[\underline{b}]}$，$A^{[\underline{a}]}\subset\bigcap_{t\in T}A^{[\underline{\lambda_t}]}$

(4-8) $A^{[1]}=X$，$A^{[\underline{0}]}=\varnothing$

根据以上直觉模糊截集的性质，可以给出直觉模糊集核的定义。

定义 14.7 设 A 为给定论域 X 上的直觉模糊集，$A_{\lambda=1}$ 称为直觉模糊集 A 的核，其中，$A_{\lambda=1}=A_1=\{x|\mu_A(x)=1, \gamma_A(x)=0\}$。

可以看出，当 $\mu_A(x)+\gamma_A(x)=1$ 时，直觉模糊集 A 退化为 Zadeh 模糊集，此时的截集也退化为模糊集的截集；同时，直觉模糊集核的概念与 Zadeh 模糊集核的概念相一致，都是隶属度为 1 的元素的集合。因此，以上给出的直觉模糊集的截集定义与核的定义是模糊集截集与核定义的自然推广。

14.2.5 直觉模糊集的特点

在分析处理不精确、不完备等粗糙信息时，直觉模糊集理论是一种很有效的数学工具。

直觉模糊集是对 Zadeh 模糊集理论最有影响的一种扩充和发展，较模糊集有更强的表达不确定性的能力。从一定意义上讲，直觉模糊集在对事物属性的描述上提供了更多的选择，较模糊集有更强的表达不确定性的能力，因而在学术界及工程技术领域引起了广泛的关注。

直觉模糊集合是模糊集合的扩充，而模糊集合是经典集合的扩充，因此直觉模糊集合与经典集合也有着密切的关系，表现直觉模糊集合与经典集合关系的是直觉模糊集合的分解定理与表现定理。直觉模糊集与一般模糊集相比，即使直觉指数为 0，所得结果的精度仍然显著提高，因而直觉模糊集理论也可以应用在控制系统。直觉模糊集具有的先天的负反馈性，比一般模糊集推理性能更好，更平稳，因而可有效改善控制或辨识结果。这里的直觉指数为 0 仅是表述其中立程度为 0，仍然有隶属度函数和非隶属度函数来分别表示其支持程度和反对程度同时起作用，推理合成计算时，它们在同时起作用，这是与一般模糊集不同的，因为后者在推理合成计算时仅考虑支持证据的作用，而反对证据对推理结果不产生反制影响。这一特点，正是直觉模糊集有效克服一般模糊集单一隶属度函数缺陷而呈显出的优势所在。

理论分析与实践表明，与 Zadeh 模糊集相比，直觉模糊集至少具有两大优势：① 在语义表述上，直觉模糊集的隶属度、非隶属度及直觉指数可以分别表示支持、反对、中立这三种状态，而 Zadeh 模糊集的单一隶属度函数只能表示支持和反对两种状态，所以直觉模糊集可以更加细腻地描述客观对象的自然属性；② 直觉模糊集合成计算的精度显著改善，推理规则的符合度显著提高，明显优于 Zadeh 模糊集。

14.3 IFS 时态逻辑算子及扩展运算性质

在时态逻辑算子作用下，IFS 的运算得到进一步扩展。这些扩展运算呈现特有的性质，本节对此进行介绍。

14.3.1 时态逻辑算子

与模态逻辑中“必然”算子和“可能”算子相对应，时态逻辑中也有两个典型的逻辑算子“□(Always)”和“◇(Sometimes)”，当它们作用于 IFS 时，称为直觉模糊时态逻辑算子。在此，令时态逻辑算子“□(Always)”和“◇(Sometimes)”作用于 IFS，其含义为：“$\Box A$”表示“永远有 A”；“$\Diamond A$”表示“有时有 A”。

作用于 IFS 上的时态逻辑算子运算之性质，可以概括为以下几个定理。

定理 14.1 设 A 是给定论域 X 上的直觉模糊子集，n 为一正实数，则有：

(1) $\Box A^n = (\Box A)^n$。

(2) (b) $\Diamond A^n = (\Diamond A)^n$。

证明 下面给出证明过程：

(1) $\Box A^n = \Box\{\langle x, [\mu_A(x)]^n, 1-[1-\gamma_A(x)]^n\rangle \mid \forall x \in X\}$

$= \{\langle x, [\mu_A(x)]^n, 1-[1-(1-\mu_A(x))]^n\rangle \mid \forall x \in X\}$

$= (\{\langle x, \mu_A(x), 1-\mu_A(x)\rangle \mid \forall x \in X\})^n$

$= (\Box A)^n$

(2) $\Diamond A^n = \Diamond\{\langle x, 1[\mu_A(x)]^n, 1-[1-\gamma_A(x)]^n\rangle \mid \forall x\in X\}$

$$=\{\langle x, [1-\gamma_A(x)]^n, 1-[1-\gamma_A(x)]^n\rangle \mid \forall x\in X\}$$

$$=\{\langle x, 1-\gamma_A(x), \gamma_A(x)\rangle \mid \forall x\in X\}^n$$

$$=(\Diamond A)^n$$

定理 14.2　设 A 是给定论域 X 上的直觉模糊子集，n 为一正实数，则有：

(1) $\Box nA = n\Box A$。

(2) $\Diamond nA = n\Diamond A$。

证明　下面给出详细的证明过程：

(1)
$$\begin{aligned}\Box nA &= \Box\{\langle x, \mu_{nA}(x), \gamma_{nA}(x)\rangle \mid \forall x\in X\}\\ &=\{\langle x, \mu_{nA}(x), 1-\mu_{nA}(x)\rangle \mid \forall x\in X\}\\ &=\{\langle x, 1-[1-\mu_A(x)]^n, [1-\mu_A(x)]^n\rangle \mid \forall x\in X\}\\ &=n\{\langle x, \mu_A(x), 1-\mu_A(x)\rangle \mid \forall x\in X\}\\ &=n\Box\{\langle x, \mu_A(x), \gamma_A(x)\rangle \mid \forall x\in X\}\\ &=n\Box A\end{aligned}$$

(2)
$$\begin{aligned}\Diamond nA &= \Diamond\{\langle x, \mu_{nA}(x), \gamma_{nA}(x)\rangle \mid \forall x\in X\}\\ &=\{\langle x, 1-\gamma_{nA}(x), \gamma_{nA}(x)\rangle \mid \forall x\in X\}\\ &=\{\langle x, 1-[\gamma_A(x)]^n, [\gamma_A(x)]^n\rangle \mid \forall x\in X\}\\ &=n\{\langle x, 1-\gamma_A(x), \gamma_A(x)\rangle \mid \forall x\in X\}\\ &=n\Diamond A\end{aligned}$$

14.3.2　扩展运算

定义 14.8(直觉模糊集扩展运算)　设 A 和 B 是给定论域 X 上的直觉模糊子集，则有

(1) $A+B=\{\langle x, \mu_A(x)+\mu_B(x)-\mu_A(x)\cdot\mu_B(x), \gamma_A(x)\cdot\gamma_B(x)\rangle \mid \forall x\in X\}$。

(2) $A\cdot B=\{\langle x, \mu_A(x)\cdot\mu_B(x), \gamma_A(x)+\gamma_B(x)-\gamma_A(x)\cdot\gamma_B(x)\rangle \mid \forall x\in X\}$。

(3) $\Box A=\{\langle x, \mu_A(x), 1-\mu_A(x)\rangle \mid \forall x\in X\}$。

(4) $\Diamond A=\{\langle x, 1-\gamma_A(x), \gamma_A(x)\rangle \mid \forall x\in X\}$。

由上述定义中的(2)可以推知

$$A^2=A\cdot A=\{\langle x, [\mu_A(x)]^2, 1-(1-\gamma_A(x))^2\rangle \mid \forall x\in X\}$$

$$A^3=A^2\cdot A=\{\langle x, [\mu_A(x)]^3, 1-[1-\gamma_A(x)]^3\rangle \mid \forall x\in X\}$$

一般来说，对于正整数 n，有

(5) $A^n=\{\langle x, [\mu_A(x)]^n, 1-[1-\gamma_A(x)]^n\rangle \mid \forall x\in X\}$。

很容易验证，式子 $0\leqslant[\mu_A(x)]^n+1-[1-\gamma_A(x)]^n\leqslant 1$ 对于任意正实数 n 成立。故上面所定义的直觉模糊子集 A^n 对于任意正实数 n 均成立。

对于任意正实数 n，定义 n 与直觉模糊集 A 的乘积 nA 为

(6) $nA=\{\langle x, \mu_{nA}(x), \gamma_{nA}(x)\rangle \mid \forall x\in X\}$

式中，$\mu_{nA}(x)=1-[1-\mu_A(x)]^n$，$\gamma_{nA}(x)=[\gamma_A(x)]^n$，即

$$nA=\{\langle x, 1-[1-\mu_A(x)]^n, [\gamma_A(x)]^n\rangle \mid \forall x\in X\}$$

IFS 的扩展运算之性质，可以概括为以下几个定理。

定理 14.3 设 A 是给定论域 X 上的直觉模糊子集，n 为一正实数，则有：

(1) 若 $\pi_A(x)=0$，则 $\pi_{A^n}(x)=0$。

(2) $A^m\subseteq A^n$，其中 m 和 n 是正实数且 $m\geqslant n$。

(3) 若 A 是完全直觉的，则 A^n 也是完全直觉的。

证明 下面给出证明过程：

(1)
$$\pi_A(x)=0\Rightarrow\mu_A(x)+\gamma_A(x)=1$$
$$A^n=\{\langle x,[\mu_A(x)]^n,1-[1-\gamma_A(x)]^n\rangle\mid\forall x\in X\}$$
$$\Leftrightarrow A^n=\{\langle x,[\mu_A(x)]^n,1-[\mu_A(x)]^n\rangle\mid\forall x\in X\}$$
$$\Leftrightarrow\pi_{A^n}(x)=1-[\mu_A(x)]^n-\{1-[\mu_A(x)]^n\}=0。$$

(2)
$$A^m=\{\langle x,[\mu_A(x)]^m,1-[1-\gamma_A(x)]^m\rangle\mid\forall x\in X\}$$
$$A^n=\{\langle x,[\mu_A(x)]^n,1-[1-\gamma_A(x)]^n\rangle\mid\forall x\in X\}$$

因为 $m\geqslant n$ 且 $0\leqslant\mu_A(x)\leqslant 1$，$0\leqslant\gamma_A(x)\leqslant 1$，所以$[\mu_A(x)]^m\leqslant[\mu_A(x)]^n$ 且 $1-[1-\gamma_A(x)]^m\geqslant 1-[1-\gamma_A(x)]^n\Leftrightarrow A^m\subseteq A^n$。

(3) 由定义可直接得知。

定理 14.4 设 A 是给定论域 X 上的直觉模糊子集，n 为一正实数，则有

(1) 若 $\pi_A(x)=0$，则 $\pi_{nA}(x)=0$。

(2) $mA\subseteq nA$，其中 m 和 n 是正实数且 $m\leqslant n$。

(3) 若 A 是完全直觉的，则 nA 也是完全直觉的。

证明 下面给出详细的证明过程：

(1) $\pi_A(x)=0\Rightarrow\mu_A(x)+\gamma_A(x)=1$
$$nA=\{\langle x,\mu_{nA}(x),\gamma_{nA}(x)\rangle\mid\forall x\in X\}$$
$$\Leftrightarrow nA=\{\langle x,1-[1-\mu_A(x)]^n,[\gamma_A(x)]^n\rangle\mid\forall x\in X\}$$
$$\Leftrightarrow\pi_{nA}(x)=1-\{1-[1-\mu_A(x)]^n\}-[\gamma_A(x)]^n$$
$$\Leftrightarrow\pi_{nA}(x)=[1-\mu_A(x)]^n-[1-\mu_A(x)]^n$$
$$\Leftrightarrow\pi_{nA}(x)=0$$

(2) $mA=\{\langle x,\mu_{mA}(x),\gamma_{mA}(x)\rangle\mid\forall x\in X\}$
$$\Leftrightarrow mA=\{\langle x,1-[1-\mu_A(x)]^m,[\gamma_A(x)]^m\rangle\mid\forall x\in X\}$$
$$nA=\{\langle x,1-[1-\mu_A(x)]^n,[\gamma_A(x)]^n\rangle\mid\forall x\in X\}$$

因为 $m\leqslant n$ 且 $0\leqslant 1-\mu_A(x)\leqslant 1$，$0\leqslant\gamma_A(x)\leqslant 1$，所以 $1-[1-\mu_A(x)]^m\leqslant 1-[1-\mu_A(x)]^n$ 且 $[\gamma_A(x)]^m\geqslant[\gamma_A(x)]^n\Leftrightarrow mA\subseteq nA$。

(3) 由定义可直接得知。

定理 14.5 设 A 和 B 是给定论域 X 上的直觉模糊子集，n 为一正实数，则有：

(1) 若 $A\subseteq B$，则 $A^n\subseteq B^n$。

(2) 若 $A\subseteq B$，则 $nA\subseteq nB$。

(3) $(A\cap B)^n=A^n\cap B^n$。

(4) $(A\cup B)^n=A^n\cup B^n$。

(5) $n(A\cap B)=nA\cap nB$。

(6) $n(A\cup B)=nA\cup nB$。

证明 下面给出(1)、(2)、(3)、(6)的证明过程，其余证明类似。

(1) $A\subseteq B \Leftrightarrow \forall x\in X$, $[\mu_A(x)\leqslant\mu_B(x)\wedge\gamma_A(x)\geqslant\gamma_B(x)]$

$$A^n=\{\langle x, [\mu_A(x)]^n, 1-[1-\gamma_A(x)]^n\rangle \mid \forall x\in X\}$$

$$B^n=\{\langle x, [\mu_B(x)]^n, 1-[1-\gamma_B(x)]^n\rangle \mid \forall x\in X\}$$

因为$[\mu_A(x)]^n\leqslant[\mu_B(x)]^n$ 且 $1-[1-\gamma_A(x)]^n\geqslant 1-[1-\mu_B(x)]^n$，所以 $A^n\subseteq B^n$，即 $A\subseteq B\Rightarrow A^n\subseteq B^n$。

(2) $A\subseteq B \Leftrightarrow \forall x\in X$, $[\mu_A(x)\leqslant\mu_B(x)\wedge\gamma_A(x)\geqslant\gamma_B(x)]$

$$nA=\{\langle x, 1-[1-\mu_A(x)]^n, [\gamma_A(x)]^n\rangle \mid \forall x\in X\}$$

$$nB=\{\langle x, 1-[1-\mu_B(x)]^n, [\gamma_B(x)]^n\rangle \mid \forall x\in X\}$$

因为 $1-[1-\mu_A(x)]^n\leqslant 1-[1-\mu_B(x)]^n$ 且$[\gamma_A(x)]^n\geqslant[\mu_B(x)]^n$，所以 $nA\subseteq nB$，即 $A\subseteq B\Rightarrow nA\subseteq nB$。

(3) $A\cap B=\{\langle x, \mu_A(x)\wedge\mu_B(x), \gamma_A(x)\vee\gamma_B(x)\rangle \mid \forall x\in X\}$

$$\begin{aligned}(A\cap B)^n &=\{\langle x, [\mu_A(x)\wedge\mu_B(x)]^n, 1-[1-\gamma_A(x)\vee\gamma_B(x)]^n\rangle \mid \forall x\in X\}\\ &=\{\langle x, [\mu_A(x)\wedge\mu_B(x)]^n, 1-[1-(1-\gamma_A(x))\wedge(1-\gamma_B(x))]^n\rangle \mid \forall x\in X\}\\ &=\{\langle x, [\mu_A(x)]^n\wedge[\mu_B(x)]^n, [1-(1-\gamma_A(x))^n]\vee[1-(1-\gamma_B(x))^n]\rangle\\ &\quad \mid \forall x\in X\}\\ &=A^n\cap B^n\text{。}\end{aligned}$$

(6) $A\cup B=\{\langle x, \mu_A(x)\vee\mu_B(x), \gamma_A(x)\wedge\gamma_B(x)\rangle \mid \forall x\in X\}$

$$\begin{aligned}n(A\cup B) &=\{\langle x, 1-[1-\mu_A(x)\vee\mu_B(x)]^n, [\gamma_A(x)\wedge\gamma_B(x)]^n\rangle \mid \forall x\in X\}\\ &=\{\langle x, 1-[(1-\mu_A(x))\wedge(1-\mu_B(x))]^n, [\gamma_A(x)\wedge\gamma_B(x)]^n\rangle \mid \forall x\in X\}\\ &=\{\langle x, [1-(1-\mu_A(x))^n]\vee[1-(1-\mu_B(x))^n], [\gamma_A(x)]^n\wedge[\gamma_B(x)]^n\rangle \mid\\ &\quad \forall x\in X\}\\ &=nA\cup nB\text{。}\end{aligned}$$

14.4 IFS 分解定理

为了描述直觉模糊集的分解定理，首先给出如下定义。3^X表示所有的三值模糊子集。

定义 14.9 设 $A\in 3^X$，$\lambda\in[0, 1]$，f_i: $[0, 1]\times 3^X\rightarrow \mathrm{IFS}(X)$，$(\lambda, A)\mapsto f_i(\lambda, A)$为映射($i=1, 2, \cdots, 8$)，其中

$$f_1(\lambda, A)(x)=\begin{cases}(0, 1), & A(x)=0\\ (\lambda, 1-\lambda), & A(x)=1\\ (0, 1-\lambda), & A(x)=\dfrac{1}{2}\end{cases}, \qquad f_2(\lambda, A)(x)=\begin{cases}(\lambda, 1-\lambda), & A(x)=0\\ (1, 0), & A(x)=1\\ (\lambda, 0), & A(x)=\dfrac{1}{2}\end{cases},$$

$$f_3(\lambda, A)(x)=\begin{cases}(1-\lambda, \lambda), & A(x)=0\\ (0, 1), & A(x)=1\\ (0, \lambda), & A(x)=\dfrac{1}{2}\end{cases}, \qquad f_4(\lambda, A)(x)=\begin{cases}(1, 0), & A(x)=0\\ (1-\lambda, \lambda), & A(x)=1\\ (1-\lambda, 0), & A(x)=\dfrac{1}{2}\end{cases},$$

$$f_5(\lambda, A)(x)=\begin{cases}(0, 1), & A(x)=0\\ (1-\lambda, \lambda), & A(x)=1\\ (0, \lambda), & A(x)=\dfrac{1}{2}\end{cases}, \qquad f_6(\lambda, A)(x)=\begin{cases}(1-\lambda, \lambda), & A(x)=0\\ (1, 0), & A(x)=1\\ (1-\lambda, 0), & A(x)=\dfrac{1}{2}\end{cases},$$

$$f_7(\lambda,\ A)(x)=\begin{cases}(\lambda,\ 1-\lambda),\ A(x)=0\\(0,\ 1),\ A(x)=1\\(0,\ 1-\lambda),\ A(x)=\dfrac{1}{2}\end{cases},\qquad f_8(\lambda,\ A)(x)=\begin{cases}(1,\ 0),\ A(x)=0\\(\lambda,\ 1-\lambda),\ A(x)=1\\(\lambda,\ 0),\ A(x)=\dfrac{1}{2}\end{cases}$$

则有以下直觉模糊集的分解定理14.6～定理14.9。

定理 14.6 设 A 为给定论域 X 上的直觉模糊集，则

(1) $A=\bigcup_{\lambda\in[0,1]}f_1(\lambda,\ A_\lambda)=\bigcap_{\lambda\in[0,1]}f_2(\lambda,\ A_\lambda)$。

(2) $A=\bigcup_{\lambda\in[0,1]}f_1(\lambda,\ A_{\underline{\lambda}})=\bigcap_{\lambda\in[0,1]}f_2(\lambda,\ A_{\underline{\lambda}})$。

(3) 设映射 H：$[0,\ 1]\to 3^X$ 满足：$A_{\underline{\lambda}}\subset H(\lambda)\subset A_\lambda$，则

$$A=\bigcup_{\lambda\in[0,1]}f_1(\lambda,\ H(\lambda))=\bigcap_{\lambda\in[0,1]}f_2(\lambda,\ H(\lambda))$$

$$\lambda_1<\lambda_2\Rightarrow H(\lambda_1)\supset H(\lambda_2)$$

$$A_\lambda=\bigcap_{\alpha<\lambda}H(\alpha),\ A_{\underline{\lambda}}=\bigcap_{\alpha>\lambda}H(\alpha)$$

定理 14.7 设 A 为给定论域 X 上的直觉模糊集，则

(1) $A=\bigcup_{\lambda\in[0,1]}f_3(\lambda,\ A^\lambda)=\bigcap_{\lambda\in[0,1]}f_4(\lambda,\ A^\lambda)$。

(2) $A=\bigcup_{\lambda\in[0,1]}f_3(\lambda,\ A^{\underline{\lambda}})=\bigcap_{\lambda\in[0,1]}f_4(\lambda,\ A^{\underline{\lambda}})$。

(3) 设映射 H：$[0,\ 1]\to 3^X$ 满足：$A^{\underline{\lambda}}\subset H(\lambda)\subset A^\lambda$，则

$$A=\bigcup_{\lambda\in[0,1]}f_3(\lambda,\ H(\lambda))=\bigcap_{\lambda\in[0,1]}f_4(\lambda,\ H(\lambda))$$

$$\lambda_1<\lambda_2\Rightarrow H(\lambda_1)\supset H(\lambda_2)$$

$$A^\lambda=\bigcap_{\alpha<\lambda}H(\alpha),\ A^{\underline{\lambda}}=\bigcap_{\alpha>\lambda}H(\alpha)$$

定理 14.8 设 A 为给定论域 X 上的直觉模糊集，则

(1) $A=\bigcup_{\lambda\in[0,1]}f_5(\lambda,\ A_{[\lambda]})=\bigcap_{\lambda\in[0,1]}f_6(\lambda,\ A_{[\lambda]})$。

(2) $A=\bigcup_{\lambda\in[0,1]}f_5(\lambda,\ A_{[\underline{\lambda}]})=\bigcap_{\lambda\in[0,1]}f_6(\lambda,\ A_{[\underline{\lambda}]})$。

(3) 设映射 H：$[0,\ 1]\to 3^X$ 满足：$A_{[\underline{\lambda}]}\subset H(\lambda)\subset A_{[\lambda]}$，则

$$A=\bigcup_{\lambda\in[0,1]}f_5(\lambda,\ H(\lambda))=\bigcap_{\lambda\in[0,1]}f_6(\lambda,\ H(\lambda))$$

$$\lambda_1<\lambda_2\Rightarrow H(\lambda_1)\subset H(\lambda_2)$$

$$A_{[\lambda]}=\bigcap_{\alpha>\lambda}H(\alpha),\ A_{[\underline{\lambda}]}=\bigcap_{\alpha<\lambda}H(\alpha)$$

定理 14.9 设 A 为给定论域 X 上的直觉模糊集，则

(1) $A=\bigcup_{\lambda\in[0,1]}f_7(\lambda,\ A^{[\lambda]})=\bigcap_{\lambda\in[0,1]}f_8(\lambda,\ A^{[\lambda]})$。

(2) $A=\bigcup_{\lambda\in[0,1]}f_7(\lambda,\ A^{[\underline{\lambda}]})=\bigcap_{\lambda\in[0,1]}f_8(\lambda,\ A^{[\underline{\lambda}]})$。

(3) 设映射 H：$[0,\ 1]\to 3^X$ 满足：$A^{[\underline{\lambda}]}\subset H(\lambda)\subset A^{[\lambda]}$，则

$$A=\bigcup_{\lambda\in[0,1]}f_7(\lambda,\ H(\lambda))=\bigcap_{\lambda\in[0,1]}f_8(\lambda,\ H(\lambda))$$

$$\lambda_1<\lambda_2\Rightarrow H(\lambda_1)\subset H(\lambda_2)$$

$$A^{[\lambda]}=\bigcap_{\alpha>\lambda}H(\alpha),\ A^{[\underline{\lambda}]}=\bigcap_{\alpha<\lambda}H(\alpha)$$

关于定理14.6～定理14.9的具体证明可查阅有关文献。

根据前面章节中关于直觉模糊集的四种截集的描述可以看出，对于直觉模糊集来说，每种截集都对应两种分解定理，因此直觉模糊集共有八种分解定理，详见有关文献。

14.5 直觉模糊集之间的距离

在很多时候，距离能方便地表达两个对象之间的区别。直觉模糊集之间关系的密切程度可用距离来度量。目前定义两个对象的距离有多种方法，如海明距离、欧氏距离、基于Hausdorff测度的距离等。

定义14.10(直觉模糊集之间的距离) 设A和B是给定论域X上的直觉模糊子集，d为一映射满足d：$\text{IFS}(X)\times\text{IFS}(X)\to[0, 1]$。如果$d(A, B)$满足性质(DP1)～(DP4)，则称$d(A, B)$为直觉模糊集$A$和$B$之间的距离：

(DP1) $0\leqslant d(A, B)\leqslant 1$。

(DP2) $d(A, B)=0$ 当且仅当 $A=B$。

(DP3) $d(A, B)=d(B, A)$。

(DP4) 如果$A, B, C\in X$，$A\subseteq B\subseteq C$，则$d(A, C)\geqslant d(A, B)$，$d(A, C)\geqslant d(B, C)$。

14.5.1 IFS之间的距离

下面先介绍最广泛使用的模糊集之间的距离，再根据模糊距离和IFS的几何解释引出直觉模糊集之间的距离。

设A和B是论域$X=\{x_1, x_1, \cdots, x_n\}$的两个模糊集，$\mu_A(x_i)$和$\mu_B(x_i)$分别表示$A$和$B$的隶属函数，$A$和$B$之间的各种距离如下

(1) 海明距离

$$d_F(A, B)=\sum_{i=1}^{n}|\mu_A(x_i)-\mu_B(x_i)|$$

(2) 标准化海明距离

$$l_F(A, B)=\frac{1}{n}\sum_{i=1}^{n}|\mu_A(x_i)-\mu_B(x_i)|$$

(3) 欧氏距离

$$e_F(A, B)=\sqrt{\sum_{i=1}^{n}(\mu_A(x_i)-\mu_B(x_i))^2}$$

(4) 标准化欧氏距离

$$q_F(A, B)=\sqrt{\frac{1}{n}\sum_{i=1}^{n}(\mu_A(x_i)-\mu_B(x_i))^2}$$

Szmidt和Kacprzk将上述公式推广到直觉模糊集，并根据IFS的几何解释，同时考虑隶属度、非隶属度和犹豫度三个部分，提出两直觉模糊集A和B之间的距离公式如下：

(1) 海明距离，即

$$d(A, B)=\frac{1}{2}\sum_{i=1}^{n}(|\mu_A(x_i)-\mu_B(x_i)|+|\gamma_A(x_i)-\gamma_B(x_i)|+|\pi_A(x_i)-\pi_B(x_i)|) \quad (14.1)$$

(2) 标准化海明距离，即

$$l(A, B)=\frac{1}{2n}\sum_{i=1}^{n}(|\mu_A(x_i)-\mu_B(x_i)|+|\gamma_A(x_i)-\gamma_B(x_i)|+|\pi_A(x_i)-\pi_B(x_i)|) \quad (14.2)$$

(3) 欧氏距离，即

$$e(A,B)=\sqrt{\frac{1}{2}\sum_{i=1}^{n}[(\mu_A(x_i)-\mu_B(x_i))^2+(\gamma_A(x_i)-\gamma_B(x_i))^2+(\pi_A(x_i)-\pi_B(x_i))^2]} \quad (14.3)$$

(4) 标准化欧氏距离，即

$$q(A,B)=\sqrt{\frac{1}{2n}\sum_{i=1}^{n}[(\mu_A(x_i)-\mu_B(x_i))^2+(\gamma_A(x_i)-\gamma_B(x_i))^2+(\pi_A(x_i)-\pi_B(x_i))^2]} \quad (14.4)$$

参考图 14.1，分析式(14.1)～式(14.4)可知，μ、γ、π 三坐标各方向对距离的贡献相同，即式(14.1)～式(14.4)表示的距离完全符合图 14.1 所示关于直觉模糊集的几何解释。下面通过一个实例进一步说明。

例 14.1 设 A、B、D、E、G 为论域 $X=\{1\}$上的直觉模糊集，其中，$A=(1,0,0)/1$，$B=(0,1,0)/1$，$D=(0,0,1)/1$，$E=(1/4,1/4,1/2)/1$，$G=(1/2,1/2,0)/1$，它们的几何解释如图 14.1 所示。

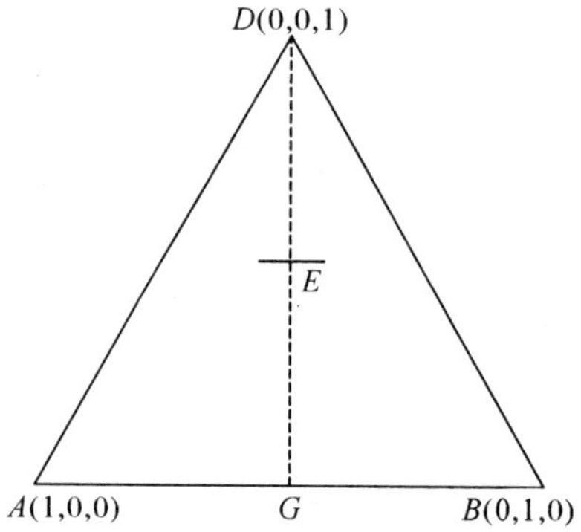

图 14.1 例 14.1 中各点的几何解释

计算出图中各点对应的直觉模糊集之间的欧氏距离为

$$e(A,B)=\sqrt{\frac{1}{2}((1-0)^2+(0-1)^2+0^2)}=1$$

$$e(A,D)=\sqrt{\frac{1}{2}((1-0)^2+0^2+(0-1)^2)}=1$$

$$e(B,D)=\sqrt{\frac{1}{2}(0^2+(1-0)^2+(0-1)^2)}=1$$

$$e(A,G)=\sqrt{\frac{1}{2}\left(\left(1-\frac{1}{2}\right)^2+\left(0-\frac{1}{2}\right)^2\right)}=\frac{1}{2}$$

$$e(B,G)=\sqrt{\frac{1}{2}\left(\left(0-\frac{1}{2}\right)^2+\left(1-\frac{1}{2}\right)^2\right)}=\frac{1}{2}$$

$$e(D,G)=\sqrt{\frac{1}{2}\left(\left(0-\frac{1}{2}\right)^2+\left(0-\frac{1}{2}\right)^2+(1-0)^2\right)}=\frac{\sqrt{3}}{2}$$

$$e(E,G)=\sqrt{\frac{1}{2}\left(\left(\frac{1}{4}-\frac{1}{2}\right)^2+\left(\frac{1}{4}-\frac{1}{2}\right)^2+\left(\frac{1}{2}-0\right)^2\right)}=\frac{\sqrt{3}}{4}$$

$$e(D,E)=\sqrt{\frac{1}{2}\left(\left(0-\frac{1}{4}\right)^2+\left(0-\frac{1}{4}\right)^2+\left(1-\frac{1}{2}\right)^2\right)}=\frac{\sqrt{3}}{4}$$

14.5.2 基于 Hausdorff 测度的 IFS 之间的距离

Hausdorff 测度是描述两组点集之间相似程度的一种度量，也就是集合之间距离的一种定义形式。设两个区间 $U=[u_1, u_2]$和 $W=[w_1, w_2]$，则它们的 Hausdorff 测度为

$$d_{\mathrm{H}}(U, W)=\max\{|u_1-w_1|, |u_2-w_2|\} \tag{14.5}$$

设 A 和 B 是论域 $X=\{x\}$上的直觉模糊集，其中，$A=\{\langle x, \mu_A(x), \gamma_A(x)\rangle\}$，$B=\{\langle x, \mu_B(x), \gamma_B(x)\rangle\}$，对应区间$[\mu_A(x), 1-\gamma_A(x)]$，$[\mu_B(x), 1-\gamma_B(x)]$。利用 Hausdorff 测度可获得 A 和 B 之间的距离为

$$\begin{aligned} d_{\mathrm{H}}(A, B)&=\max\{|\mu_A(x)-\mu_B(x)|, |1-\gamma_A(x)-(1-\gamma_B(x))|\} \\ &=\max\{|\mu_A(x)-\mu_B(x)|, |\gamma_A(x)-\gamma_B(x)|\} \end{aligned} \tag{14.6}$$

例 14.2 设 A、B、D、E、G 为论域 $X=\{1\}$上的直觉模糊集，其中，$A=(1, 0, 0)/1$，$B=(0, 1, 0)/1$，$D=(0, 0, 1)/1$，$E=(1/4, 1/4, 1/2)/1$，$G=(1/2, 1/2, 0)/1$，利用式(14.6)计算的距离为

$$d_{\mathrm{H}}(A, B)=\max\{|1-0|, |0-1|\}=1$$

$$d_{\mathrm{H}}(A, D)=\max\{|1-0|, |0-0|\}=1$$

$$d_{\mathrm{H}}(B, D)=\max\{|0-0|, |1-0|\}=1$$

$$d_{\mathrm{H}}(A, G)=\max\left\{\left|1-\frac{1}{2}\right|, \left|0-\frac{1}{2}\right|\right\}=\frac{1}{2}$$

$$d_{\mathrm{H}}(A, E)=\max\left\{\left|1-\frac{1}{4}\right|, \left|0-\frac{1}{4}\right|\right\}=\frac{3}{4}$$

$$d_{\mathrm{H}}(B, G)=\max\left\{\left|0-\frac{1}{2}\right|, \left|1-\frac{1}{2}\right|\right\}=\frac{1}{2}$$

$$d_{\mathrm{H}}(B, E)=\max\left\{\left|0-\frac{1}{4}\right|, \left|1-\frac{1}{4}\right|\right\}=\frac{3}{4}$$

$$d_{\mathrm{H}}(D, G)=\max\left\{\left|0-\frac{1}{2}\right|, \left|0-\frac{1}{2}\right|\right\}=\frac{1}{2}$$

$$d_{\mathrm{H}}(D, E)=\max\left\{\left|0-\frac{1}{4}\right|, \left|0-\frac{1}{4}\right|\right\}=\frac{1}{4}$$

$$d_{\mathrm{H}}(G, E)=\max\left\{\left|\frac{1}{2}-\frac{1}{4}\right|, \left|\frac{1}{2}-\frac{1}{4}\right|\right\}=\frac{1}{4}$$

基于 Hausdorff 测度，Przemyslaw 提出了论域 $X=\{x_1, x_1, \cdots, x_n\}$上两个直觉模糊集 A 和 B 之间的距离公式如下：

(1) 海明距离，即

$$d_h(A, B)=\sum_{i=1}^{n}\max\{|\mu_A(x_i)-\mu_B(x_i)|, |\gamma_A(x_i)-\gamma_B(x_i)|\} \tag{14.7}$$

(2) 标准化海明距离，即

$$l_h(A, B)=\frac{1}{n}\sum_{i=1}^{n}\max\{|\mu_A(x_i)-\mu_B(x_i)|, |\gamma_A(x_i)-\gamma_B(x_i)|\} \tag{14.8}$$

(3) 欧氏距离，即

$$e_h(A, B)=\sqrt{\sum_{i=1}^{n}\max\{(\mu_A(x_i)-\mu_B(x_i))^2, (\gamma_A(x_i)-\gamma_B(x_i))^2\}} \tag{14.9}$$

(4) 标准化欧氏距离，即

$$q_h(A, B) = \sqrt{\frac{1}{n}\sum_{i=1}^{n}\max\{(\mu_A(x_i) - \mu_B(x_i))^2, (\gamma_A(x_i) - \gamma_B(x_i))^2\}} \tag{14.10}$$

14.5.3 改进的 IFS 之间的距离

Wang 和 Xin 指出 Szmidt 和 Kacprzk 提出的距离测度在某些实例中是不合理的，见例 14.3。

例 14.3 设 A、B、C 为论域 X 上的直觉模糊集，其中，$A=(1, 0, 0)$，$B=(0, 1, 0)$，$C=(0, 0, 1)$。如果用投票模型来解释的话，A 表示所有人都赞同，B 表示所有人都反对，C 表示所有人都弃权。故有理由认为 A 和 B 之间的距离与 A 和 C 之间的距离是有差别的，而根据式(14.3)计算的欧氏距离结果是 $e(A, B)=e(A, C)=1$，这显然不合常理。

为此，Wang 和 Xin 提出了一组改进的 IFS 距离测度公式，分别为

(1) $$d_1(A, B) = \frac{1}{n}\sum_{i=1}^{n}[(|\mu_A(x_i) - \mu_B(x_i)| + |\gamma_A(x_i) - \gamma_B(x_i)|)/4 + \max(|\mu_A(x_i) - \mu_B(x_i)|, |\gamma_A(x_i) - \gamma_B(x_i)|)/2] \tag{14.11}$$

(2) 加权距离，即

$$d_\omega(A, B) = \frac{1}{n}\sum_{i=1}^{n}\omega_i[(|\mu_A(x_i) - \mu_B(x_i)| + |\gamma_A(x_i) - \gamma_B(x_i)|)/4 + \max(|\mu_A(x_i) - \mu_B(x_i)|, |\gamma_A(x_i) - \gamma_B(x_i)|)/2]\Big/\sum_{i=1}^{n}\omega_i \tag{14.12}$$

式中，$0\leqslant\omega_i\leqslant1$。

(3) 公式如下

$$d_p(A, B) = \frac{1}{\sqrt[p]{n}}\sqrt[p]{\sum_{i=1}^{n}[|\mu_A(x_i) - \mu_B(x_i)|/2 + |\gamma_A(x_i) - \gamma_B(x_i)|/2]^p} \tag{14.13}$$

式中，p 为正整数。

分析可知，上述距离可以解决例 14.3 中遇到的问题，但对另外一些实例也存在不合理性，见例 14.4。

例 14.4 设 A、B、C、D 为论域 X 上的直觉模糊集，其中，$A=(1, 0, 0)$，$B=(0, 1, 0)$，$C=(0, 0, 1)$，$D=(1/2, 1/2, 0)$。用投票模型来解释的话，A 表示所有人都赞同，B 表示所有人都反对，C 表示所有人都弃权，D 表示赞同和反对各占一半，无人弃权。有理由认为 A 和 D 之间的距离跟 C 和 D 之间的距离是有差别的，而根据式(14.11)计算的结果是(此时 $n=1$)

$$d_1(A, D)=d_1(C, D)=\frac{1}{2}$$

根据式(14.13)计算的结果是(取 $p=1$)

$$d_p(A, D)=d_p(C, D)=\frac{\sqrt{2}}{2}$$

上述结果显然不合常理。式(14.12)作为式(14.11)的加权形式，存在同样的问题。用例 14.4 的数据检验式(14.7)～式(14.10)表示的距离，也存在一样的问题。

为什么已有的 IFS 距离公式都存在或多或少的问题，对某些特殊实例不合理呢？仔细分析，出现问题的原因主要有两个方面：

(1) 没有考虑弃权部分，即犹豫度 π 的影响，如 Przemyslaw 提出的基于 Hausdorff 测度的距离公式，Wang 和 Xin 提出的改进距离公式。

(2) 虽然考虑了弃权部分，即犹豫度 π 的影响，但没有考虑其与隶属度和非隶属度在距离计算中所起作用的不同，如 Szmidt 和 Kacprzk 提出的距离公式。

为此，贺正洪等根据 IFS 的几何解释，同时考虑隶属度、非隶属度和犹豫度三个部分，并注意区分犹豫度与隶属度、非隶属度作用的不同，提出一种新的距离度量公式如下：

(1) 海明距离，即

$$d_M(A, B)=\frac{1}{2}\sum_{i=1}^{n}(|\mu_A(x_i)-\mu_B(x_i)|+|\gamma_A(x_i)-\gamma_B(x_i)|+\rho\times|\pi_A(x_i)-\pi_B(x_i)|) \tag{14.14}$$

式中，$0\leqslant\rho\leqslant1$，下同。

(2) 标准化海明距离，即

$$l_M(A, B)=\frac{1}{2n}\sum_{i=1}^{n}(|\mu_A(x_i)-\mu_B(x_i)|+|\gamma_A(x_i)-\gamma_B(x_i)|+\rho\times|\pi_A(x_i)-\pi_B(x_i)|) \tag{14.15}$$

(3) 欧氏距离，即

$$e_M(A, B)=\sqrt{\frac{1}{2}\sum_{i=1}^{n}[(\mu_A(x_i)-\mu_B(x_i))^2+(\gamma_A(x_i)-\gamma_B(x_i))^2+\rho\times(\pi_A(x_i)-\pi_B(x_i))^2]} \tag{14.16}$$

(4) 标准化欧氏距离，即

$$q_M(A, B)=\sqrt{\frac{1}{2n}\sum_{i=1}^{n}[(\mu_A(x_i)-\mu_B(x_i))^2+(\gamma_A(x_i)-\gamma_B(x_i))^2+\rho\times(\pi_A(x_i)-\pi_B(x_i))^2]} \tag{14.17}$$

以上各式中，ρ 的取值可根据实际需要调整，当 $\rho=0$ 时，退化为不考虑犹豫度对距离的影响；当 $\rho=1$ 时，则变为 Szmidt 和 Kacprzk 提出的距离公式。考虑到弃权部分，既包含有支持倾向者又包含有反对倾向者，在没有其他先验信息的情况下，认为支持与反对者各占一半较为合理，所以取 $\rho=1/2$ 比较合适。后续讨论中，在没有特别说明时，默认 $\rho=1/2$。

例 14.5 设 A、B、C、D 为论域 X 上的直觉模糊集，其中，$A=(1, 0, 0)$，$B=(0, 1, 0)$，$C=(0, 0, 1)$，$D=(1/2, 1/2, 0)$。用式(14.14)和式(14.16)计算有关距离如下：

$$d_M(A, B)=1, \qquad d_M(A, C)=\frac{3}{4},$$

$$d_M(A, D)=\frac{1}{2}, \qquad d_M(C, D)=\frac{5}{8},$$

$$e_M(A, B)=1, \qquad e_M(A, C)=\frac{\sqrt{3}}{2},$$

$$e_M(A, D)=\frac{1}{2}, \qquad e_M(C, D)=\frac{\sqrt{5}}{4}$$

可见，新的距离度量公式同时解决了例 14.3 和例 14.4 中遇到的问题。新的标准化海明距离和欧氏距离满足定义 14.10，有如下定理。

定理 14.10 式(14.15)中的 $l_M(A, B)$是满足定义 2.4 的直觉模糊距离。

证明 由式(14.15)右边的组成特点，很容易证明 $l_M(A, B)$满足定义 14.10 的性质 DP2 和 DP3。下面先证明 $l_M(A, B)$满足性质 DP1。

显然，$l_M(A, B)\geqslant 0$，所以只需要证明 $l_M(A, B)\leqslant 1$。为此，先分析式(14.15)右边求和中每一项的取值情况，分以下几种情况讨论：

(1) 对任意 $i=1, 2, \cdots, n$，当 $\mu_A(x_i)\geqslant\mu_B(x_i)$且 $\gamma_A(x_i)\geqslant\gamma_B(x_i)$时，有

$$
\begin{aligned}
&|\mu_A(x_i)-\mu_B(x_i)|+|\gamma_A(x_i)-\gamma_B(x_i)|+\rho\times|\pi_A(x_i)-\pi_B(x_i)|\\
\leqslant&|\mu_A(x_i)-\mu_B(x_i)|+|\gamma_A(x_i)-\gamma_B(x_i)|+|\pi_A(x_i)-\pi_B(x_i)|\\
\leqslant&|\mu_A(x_i)-\mu_B(x_i)|+|\gamma_A(x_i)-\gamma_B(x_i)|+\pi_A(x_i)+\pi_B(x_i)\\
=&\mu_A(x_i)-\mu_B(x_i)+\gamma_A(x_i)-\gamma_B(x_i)+1-\mu_A(x_i)-\gamma_A(x_i)+1-\mu_B(x_i)-\gamma_B(x_i)\\
=&2-2\mu_B(x_i)-2\gamma_B(x_i)\leqslant 2
\end{aligned}
$$

(2) 对任意 $i=1, 2, \cdots, n$，当 $\mu_A(x_i)\geqslant\mu_B(x_i)$且 $\gamma_A(x_i)\leqslant\gamma_B(x_i)$时，有

$$
\begin{aligned}
&|\mu_A(x_i)-\mu_B(x_i)|+|\gamma_A(x_i)-\gamma_B(x_i)|+\rho\times|\pi_A(x_i)-\pi_B(x_i)|\\
\leqslant&|\mu_A(x_i)-\mu_B(x_i)|+|\gamma_A(x_i)-\gamma_B(x_i)|+|\pi_A(x_i)-\pi_B(x_i)|\\
\leqslant&|\mu_A(x_i)-\mu_B(x_i)|+|\gamma_A(x_i)-\gamma_B(x_i)|+\pi_A(x_i)+\pi_B(x_i)\\
=&\mu_A(x_i)-\mu_B(x_i)+\gamma_B(x_i)-\gamma_A(x_i)+1-\mu_A(x_i)-\gamma_A(x_i)+1-\mu_B(x_i)-\gamma_B(x_i)\\
=&2-2\mu_B(x_i)-2\gamma_A(x_i)\leqslant 2
\end{aligned}
$$

(3) 对任意 $i=1, 2, \cdots, n$，当 $\mu_A(x_i)\leqslant\mu_B(x_i)$且 $\gamma_A(x_i)\leqslant\gamma_B(x_i)$时，由性质 DP2 和式(14.15)的表达形式，可知 A，B 具有对称性，故用情况(1)同样的分析方法可得

$$|\mu_A(x_i)-\mu_B(x_i)|+|\gamma_A(x_i)-\gamma_B(x_i)|+\rho\times|\pi_A(x_i)-\pi_B(x_i)|\leqslant 2$$

(4) 对任意 $i=1, 2, \cdots, n$，当 $\mu_A(x_i)\leqslant\mu_B(x_i)$且 $\gamma_A(x_i)\geqslant\gamma_B(x_i)$时，用和情况(2)同样的方法可得

$$|\mu_A(x_i)-\mu_B(x_i)|+|\gamma_A(x_i)-\gamma_B(x_i)|+\rho\times|\pi_A(x_i)-\pi_B(x_i)|\leqslant 2$$

可见，在任何一种可能情况下，式(14.15)右边求和符 $\sum$ 中每一项都不超过 2，所以 $l_M(A, B)\leqslant 1$。

接下来，证明 $l_M(A, B)$满足性质 DP4。

由 $A\subseteq B\subseteq C$ 可知

$$\mu_A(x_i)\leqslant\mu_B(x_i)\leqslant\mu_C(x_i)\quad 且\quad \gamma_A(x_i)\geqslant\gamma_B(x_i)\geqslant\gamma_C(x_i)$$

易得

$$\mu_C(x_i)-\mu_A(x_i)\geqslant\mu_B(x_i)-\mu_A(x_i)\quad 且\quad \gamma_A(x_i)-\gamma_C(x_i)\geqslant\gamma_A(x_i)-\gamma_B(x_i)$$

分以下几种情况讨论：

(1) 当 $\pi_A(x_i)\geqslant\pi_B(x_i)$ 且 $\pi_A(x_i)\geqslant\pi_C(x_i)$时，有

$$
\begin{aligned}
&|\mu_A(x_i)-\mu_C(x_i)|+|\gamma_A(x_i)-\gamma_C(x_i)|+\rho\times|\pi_A(x_i)-\pi_C(x_i)|\\
=&\mu_C(x_i)-\mu_A(x_i)+\gamma_A(x_i)-\gamma_C(x_i)+\rho\times(\pi_A(x_i)-\pi_C(x_i))\\
=&(1+\rho)(\mu_C(x_i)-\mu_A(x_i))+(1-\rho)(\gamma_A(x_i)-\gamma_C(x_i))
\end{aligned}
$$

$$
\begin{aligned}
&|\mu_A(x_i)-\mu_B(x_i)|+|\gamma_A(x_i)-\gamma_B(x_i)|+\rho\times|\pi_A(x_i)-\pi_B(x_i)|\\
&=\mu_B(x_i)-\mu_A(x_i)+\gamma_A(x_i)-\gamma_B(x_i)+\rho\times(\pi_A(x_i)-\pi_B(x_i))\\
&=(1+\rho)(\mu_B(x_i)-\mu_A(x_i))+(1-\rho)(\gamma_A(x_i)-\gamma_B(x_i))
\end{aligned}
$$

可见，此时 $l_M(A, C)\geqslant l_M(A, B)$。

(2) 当 $\pi_A(x_i)\leqslant\pi_B(x_i)$ 且 $\pi_A(x_i)\geqslant\pi_C(x_i)$时，由 $\pi_A(x_i)\leqslant\pi_B(x_i)$可得

$$\mu_A(x_i)+\gamma_A(x_i)\geqslant\mu_B(x_i)+\gamma_B(x_i)$$

即 $\gamma_A(x_i)-\gamma_B(x_i)\geqslant\mu_B(x_i)-\mu_A(x_i)$，而 $\gamma_A(x_i)-\gamma_C(x_i)\geqslant\gamma_A(x_i)-\gamma_B(x_i)$，所以

$$\gamma_A(x_i)-\gamma_C(x_i)\geqslant\mu_B(x_i)-\mu_A(x_i)$$

同理，由 $\pi_A(x_i)\geqslant\pi_C(x_i)$可得 $\mu_C(x_i)-\mu_A(x_i)\geqslant\gamma_B(x_i)-\gamma_C(x_i)$。此时

$$
\begin{aligned}
&|\mu_A(x_i)-\mu_C(x_i)|+|\gamma_A(x_i)-\gamma_C(x_i)|+\rho\times|\pi_A(x_i)-\pi_C(x_i)|\\
&=(1+\rho)(\mu_C(x_i)-\mu_A(x_i))+(1-\rho)(\gamma_A(x_i)-\gamma_C(x_i))\\
&|\mu_A(x_i)-\mu_B(x_i)|+|\gamma_A(x_i)-\gamma_B(x_i)|+\rho\times|\pi_A(x_i)-\pi_B(x_i)|\\
&=(1+\rho)(\gamma_A(x_i)-\gamma_B(x_i))+(1-\rho)(\mu_B(x_i)-\mu_A(x_i))
\end{aligned}
$$

显然有

$$l_M(A, C)\geqslant l_M(A, B)$$

(3) 当 $\pi_A(x_i)\leqslant\pi_B(x_i)$ 且 $\pi_A(x_i)\leqslant\pi_C(x_i)$时，与情况(1)同理可得 $l_M(A, C)\geqslant l_M(A, B)$。

(4) 当 $\pi_A(x_i)\geqslant\pi_B(x_i)$ 且 $\pi_A(x_i)\leqslant\pi_C(x_i)$时，与情况(2)同理可得 $l_M(A, C)\geqslant l_M(A, B)$。

由此可知，在任何情况下都有 $l_M(A, C)\geqslant l_M(A, B)$。同理可证明 $l_M(A, C)\geqslant l_M(B, C)$。

证毕。

定理 14.11 式(14.17)中的 $q_M(A, B)$是满足定义 14.10 的直觉模糊距离。

该定理的证明方法类似定理 14.10，故略。

14.6 直觉模糊集之间的相似度

定义 14.12(直觉模糊集之间的相似度) 设 A 和 B 是给定论域 X 上的直觉模糊子集，S 为一映射满足 S: $\mathrm{IFS}(X)\times\mathrm{IFS}(X)\to[0, 1]$。如果 $S(A, B)$满足性质(SP1)～(SP4)，则称 $S(A, B)$为直觉模糊集 A，B 之间的相似度。性质如下：

(SP1) $0\leqslant S(A, B)\leqslant 1$。

(SP2) $S(A, B)=1$ 当且仅当 $A=B$。

(SP3) $S(A, B)=S(B, A)$。

(SP4) 如果 $A, B, C\in X$，$A\subseteq B\subseteq C$，则 $S(A, C)\leqslant S(A, B)$，$S(A, C)\leqslant S(B, C)$。

距离和相似度这两个作为反映直觉模糊集之间关系密切程度的度量，有着紧密联系，有如下定理。

定理 14.12 若 $d(A, B)$为直觉模糊集 A 和 B 之间满足定义 14.10 的距离，则 $S(A, B)=1-d(A, B)$是直觉模糊集 A 和 B 之间的相似度。

证明 由直觉模糊集之间的距离定义 14.10 和相似度定义 14.12，可知该定理显然成立。

14.6.1 IFS之间的相似度

Chen 于 1995 年讨论了直觉模糊集之间的相似度量，设 A，B 为论域 $X=\{x\}$ 上的直觉模糊集，它们之间的相似度为

$$M_C(A, B)=1-\frac{|\mu_A(x)-\mu_B(x)-(\gamma_A(x)-\gamma_B(x))|}{2} \tag{14.18}$$

其中，$M_C(A, B)\in[0, 1]$。$M_C(A, B)$值越大，表示 A 与 B 越相似。

式(14.18)不满足定义 14.12 的性质 SP2，Hong 和 Kim 还指出了 Chen 的相似度在某些情况下不适用，提出了新的度量方法为

$$M_H(A, B)=1-\frac{|\mu_A(x)-\mu_B(x)|+|\gamma_A(x)-\gamma_B(x)|}{2}$$

Li 与 Cheng 将模糊集的相似度量方法推广到直觉模糊集，即先将直觉模糊集转化为模糊集，然后按模糊集的方法计算相似度。设 A，B 为论域 $X=\{x_1, x_1, \cdots, x_n\}$ 上两直觉模糊集，令

$$\varphi_A(i)=\frac{\mu_A(x_i)+1-\gamma_A(x_i)}{2}$$

则 A 与 B 的相似度为

$$M_l(A, B)=1-\frac{1}{\sqrt[p]{n}}\sqrt[p]{\sum_{i=1}^{n}(\varphi_A(i)-\varphi_B(i))^p} \tag{14.19}$$

式中，$1\leqslant p<+\infty$。

式(14.19)可改写成如下形式，即

$$M_l(A, B)=1-\frac{1}{\sqrt[p]{n}}\sqrt[p]{\sum_{i=1}^{n}\left(\frac{\mu_A(x_i)-\mu_B(x_i)-(\gamma_A(x_i)-\gamma_B(x_i))}{2}\right)^p}$$

分析可知，上式同样不满足定义 14.12 的性质 SP2。对此，Mitchell 提出了改进的相似度量方法，设

$$\rho_\mu(A, B)=1-\frac{1}{\sqrt[p]{n}}\sqrt[p]{\sum_{i=1}^{n}|\mu_A(x_i)-\mu_B(x_i)|^p}$$

$$\rho_\gamma(A, B)=1-\frac{1}{\sqrt[p]{n}}\sqrt[p]{\sum_{i=1}^{n}|\gamma_A(x_i)-\gamma_B(x_i)|^p}$$

则 A 与 B 的相似度为

$$\begin{aligned}M_M(A, B)&=\frac{1}{2}(\rho_\mu(A, B)+\rho_\gamma(A, B)\\&=1-\frac{1}{2\sqrt[p]{n}}\left(\sqrt[p]{\sum_{i=1}^{n}|\mu_A(x_i)-\mu_B(x_i)|^p}+\sqrt[p]{\sum_{i=1}^{n}|\gamma_A(x_i)-\gamma_B(x_i)|^p}\right)\end{aligned}$$

Liu 根据 IFS 的几何解释、Szmidt 和 Kacprzk 提出的距离测度，利用定理 14.12 的结论，给出了一组直觉模糊集之间相似度计算公式。

(1) 离散空间的直觉模糊集之间的相似度，即

$$S(A, B) = 1 - \sqrt[p]{\frac{1}{2n}\sum_{i=1}^{n} |\mu_A(x_i) - \mu_B(x_i)|^p + |\gamma_A(x_i) - \gamma_B(x_i)|^p + |\pi_A(x_i) - \pi_B(x_i)|^p} \tag{14.20}$$

式中，$1<p<+\infty$。

当 $p=1$ 时，可看成由表示标准化海明距离的式(14.2)应用定理 14.12 获得，即

即 $S(A, B)=1-l(A, B)$

当 $p=2$ 时，可看成由表示标准化欧氏距离的式(14.4)应用定理 14.12 获得，即

$$S(A, B)=1-q(A, B)$$

(2) 连续空间的直觉模糊集之间的相似度。设有直觉模糊集 $A=\{\langle x, \mu_A(x), \gamma_A(x)\rangle | x\in[a, b]\}$，$B=\{\langle x, \mu_B(x), \gamma_B(x)\rangle | x\in[a, b]\}$，则

$$S^C(A, B) = 1 - \sqrt[p]{\frac{1}{2(b-a)}\int_a^b [|\mu_A(x) - \mu_B(x)|^p + |\gamma_A(x) - \gamma_B(x)|^p + |\pi_A(x) - \pi_B(x)|^p]\mathrm{d}x} \tag{14.21}$$

式中，$1<p<+\infty$。

(3) 离散空间的加权相似度，即

$$S_w(A, B) = 1 - \Big[\sum_{i=1}^{n} \omega_i \cdot [\alpha \cdot |\mu_A(x_i) - \mu_B(x_i)|^p + \beta \cdot |\gamma_A(x_i) - \gamma_B(x_i)|^p + \lambda \cdot |\pi_A(x_i) - \pi_B(x_i)|^p\Big]^{1/p} \tag{14.22}$$

式中，$1 < p <+\infty$；$\omega_i \in [0, 1]$，$i = 1, 2, \cdots n$，$\sum_{i=1}^{n}\omega_i = 1$；$\alpha, \beta, \lambda \in [0, 1]$，且 $\alpha+\beta+\lambda = 1$。

(4) 连续空间的加权相似度，即

$$S_w^C(A, B) = 1 - \Big[\int_a^b \omega(x) \cdot [\alpha \cdot |\mu_A(x) - \mu_B(x)|^p + \beta \cdot |\gamma_A(x) - \gamma_B(x)|^p + \lambda \cdot |\pi_A(x) - \pi_B(x)|^p]\Big]^{1/p}\mathrm{d}x \tag{14.23}$$

式中，$1 < p <+\infty$；$0 \leqslant \omega(x) \leqslant 1$，$\int_a^b \omega(x)\mathrm{d}x = 1$；$\alpha, \beta, \lambda \in [0, 1]$，且 $\alpha+\beta+\lambda = 1$。

14.6.2 基于 Hausdorff 测度和基于 L_p 测度的相似度

式(14.5)给出了两个区间 $U=[u_1, u_2]$和 $W=[w_1, w_2]$的 Hausdorff 测度；式(14.6)给出了论域 $X=\{x\}$上的直觉模糊集 A 和 B 之间的 Hausdorff 距离；式(14.8) 给出了论域 $X=\{x_1, x_2, \cdots, x_n\}$上两直觉模糊集 A 和 B 之间基于 Hausdorff 的标准化海明距离 $l_h(A, B)$，重列如下

$$l_h(A, B) = \frac{1}{n}\sum_{i=1}^{n}\max\{|\mu_A(x_i) - \mu_B(x_i)|, |\gamma_A(x_i) - \gamma_B(x_i)|\}$$

因为距离和相似度为对偶概念，所以可以用距离来定义相似度。设 f 为单调递减函数，定义 14.10 给出的距离有 $0\leqslant d(A, B)\leqslant 1$，则

$$f(1)\leqslant f(d(A, B))\leqslant f(0)$$

可得

$$0\leqslant \frac{f(d(A, B)-f(1)}{f(0)-f(1)})\leqslant 1$$

因此，可定义 A，B 之间的相似度为

$$S(A, B)=\frac{f(d(A, B)-f(1)}{f(0)-f(1)} \tag{14.24}$$

接下来的问题是选择合适的函数 f。最简单的函数 f 可选为

$$f(x)=1-x \tag{14.25}$$

式(14.25)实际上就是定理14.12。Hung 和 Yang 提出了基于 Hausdorff 距离的相似度量方法，将 A 和 B 之间的相似度表示为

$$S_l(A, B)=1-l_h(A, B) \tag{14.26}$$

另一个广泛使用的是指数函数

$$f(x)=\mathrm{e}^{-x}$$

对应的相似度为

$$S_e(A, B)=\frac{\mathrm{e}^{-l_h(A, B)}-\mathrm{e}^{-1}}{1-\mathrm{e}^{-1}} \tag{14.27}$$

还可选择如下函数

$$f(x)=\frac{1}{1+x}$$

对应的相似度为

$$S_d(A, B)=\frac{1-l_h(A, B)}{1+l_h(A, B)} \tag{14.28}$$

设 $\mathscr{R}$ 为欧氏空间，$I=\{[a, b]\,|\,a, b\in\mathscr{R}, a<b\}$ 是 $\mathscr{R}$ 上的闭区间组成的集合。有两个区间 $U=[u_1, u_2]$，$W=[w_1, w_2]\in I$，定义 U，W 的距离为

$$d_l(U, W)=(|u_1-w_1|^p+|u_2-w_2|^p)^{1/p} \tag{14.29}$$

式中，$p\geqslant 1$。

距离表达式(14.29)是区间的 L_p 测度。Hung 和 Yang 证明了下式成立

$$\lim_{p\to\infty} d_l(U, W)=\max(|u_1-w_1|, |u_2-w_2|) \tag{14.30}$$

将式(14.30)与式(14.5)对比可知，当 $p\to\infty$ 时，L_p 度量 $d_l(U, W)$ 变为 Hausdorff 距离。

与基于 Hausdorff 测度的直觉模糊距离定义类似，定义论域 $X=\{x_1, x_2, \cdots, x_n\}$ 上两直觉模糊集 A 和 B 之间的 L_p 测度为

$$l_p(A, B)=\frac{1}{n}\sum_{i=1}^{n}(|\mu_A(x_i)-\mu_B(x_i)|^p+|\gamma_A(x_i)-\gamma_B(x_i)|^p)^{1/p} \tag{14.31}$$

式中，$p\geqslant 1$，并有 $0\leqslant l_p(A, B)\leqslant 2^{1/p}$。

设 f 为单调递减函数，则

$$f(2^{1/p})\leqslant f(l_p(A, B))\leqslant f(0)$$

可得

$$0\leqslant\frac{f(l_p(A, B)-f(2^{1/p})}{f(0)-f(2^{1/p})}\leqslant 1$$

因此，可定义 A 和 B 之间的相似度为

$$S(A, B)=\frac{f(l_p(A, B)-f(2^{1/p})}{f(0)-f(2^{1/p})} \tag{14.32}$$

分别取 $f(x)=1-x$，e^{-x}，$\frac{1}{1+x}$，得对应的相似度为

$$S_l^p(A, B)=\frac{2^{1/p}-l_p(A, B)}{2^{1/p}} \tag{14.33}$$

$$S_e^p(A, B)=\frac{\exp(-l_p(A, B))-\exp(-2^{1/p})}{1-\exp(-2^{1/p})} \tag{14.34}$$

$$S_d^p(A, B)=\frac{2^{1/p}-l_p(A, B)}{2^{1/p}(1+l_p(A, B))} \tag{14.35}$$

14.6.3 改进的IFS之间的相似度

已有的直觉模糊集之间的相似度度量方法，除部分前文已指出不足的相似度之外，另一些由直觉模糊距离转换而来的相似度，存在与直觉模糊距离相同的问题；还有些文献根据某种应用需要而提出了一些新的相似度，但这些相似度基本是对隶属度和非隶属及已有的相似度进行某种运算后的结果，原有的不足依然存在，而且过大的计算量将影响相似度在聚类分析等领域的应用。

为此，贺正红等根据IFS的几何解释，结合上节提出的改进距离测度，利用定理14.12的结论，提出一组改进的直觉模糊集之间相似度公式如下。

(1) 离散空间的直觉模糊集之间的相似度，即

$$S_M(A, B)=1-\sqrt[p]{\frac{1}{2n}\sum_{i=1}^{n}|\mu_A(x_i)-\mu_B(x_i)|^p+|\gamma_A(x_i)-\gamma_B(x_i)|^p+\rho\cdot|\pi_A(x_i)-\pi_B(x_i)|^p} \tag{14.36}$$

式中，$1\leqslant p<+\infty$，$0\leqslant\rho\leqslant 1$，通常取 $\rho=1/2$。

(2) 连续空间的直觉模糊集之间的相似度。

设有直觉模糊集

$$A=\{\langle x, \mu_A(x), \gamma_A(x)\rangle | x\in[a, b]\}$$
$$B=\{\langle x, \mu_B(x), \gamma_B(x)\rangle | x\in[a, b]\}$$

则

$$S_M^C(A, B)=1-\sqrt[p]{\frac{1}{2(b-a)}\int_a^b[|\mu_A(x)-\mu_B(x)|^p+|\gamma_A(x)-\gamma_B(x)|^p+\rho\cdot|\pi_A(x)-\pi_B(x)|^p]\mathrm{d}x} \tag{14.37}$$

式中，$1\leqslant p<+\infty$；$0\leqslant\rho\leqslant 1$，通常取 $\rho=1/2$。

(3) 离散空间的加权相似度

$$S_M^w(A, B)=1-\Big[\sum_{i=1}^{n}\omega_i\cdot[\alpha\cdot|\mu_A(x_i)-\mu_B(x_i)|^p+\beta\cdot|\gamma_A(x_i)-\gamma_B(x_i)|^p + \lambda\cdot|\pi_A(x_i)-\pi_B(x_i)|^p]\Big]^{1/p} \tag{14.38}$$

式中，$1\leqslant p<+\infty$；$\omega_i\in[0, 1]$，$i=1, 2, \cdots n$，$\sum_{i=1}^{n}\omega_i=1$；$\alpha, \beta, \lambda\in[0, 1]$，且 $\alpha+\beta+\lambda=1$，通常 λ 的取值较 α 和 β 小。

(4) 连续空间的加权相似度

$$S_{Mw}^{C}(A,B)=1-\left[\int_a^b \omega(x)\cdot[\alpha\cdot|\mu_A(x)-\mu_B(x)|^p+\beta\cdot|\gamma_A(x)-\gamma_B(x)|^p+\lambda\cdot|\pi_A(x)-\pi_B(x)|^p]\mathrm{d}x\right]^{1/p} \tag{14.39}$$

式中，$1\leqslant p<+\infty$；$0\leqslant\omega(x)\leqslant1$，$\int_a^b\omega(x)\mathrm{d}x=1$；$\alpha,\beta,\lambda\in[0,1]$，且 $\alpha+\beta+\lambda=1$，通常 λ 的取值较 α 和 β 小。

14.7 直觉模糊熵

熵是信息论中的一个概念，它主要是用来刻画一个对象所蕴涵的平均信息量。1965 年，Zadeh 创立了 Fuzzy 集理论，并于 1969 年首次提出了模糊熵的概念，它主要用来刻画一个模糊集的模糊性，对于模糊熵的研究，不同学者给出了不同的定义和构造方法。

作为普通模糊集的一个推广，直觉模糊集可以描述“非此非彼”的“模糊概念”，更加细腻地刻画客观世界的模糊性本质，是对 Zadeh 模糊集理论最有影响的一种扩充和发展。对于直觉模糊集的有关熵的问题，国外学者进行了不同方面的研究。Burillo 等人最先给出了一个直觉模糊熵的定义，在此基础上，Szimdt 又给出了不同形式的直觉模糊熵的计算方法。通过深入分析，发现对于这些文献中定义的直觉模糊熵存在这样一个共同问题：直觉指数所表征的中立证据中支持与反对的程度呈均衡状态时无法表述，本节将针对此问题进行分析，给出一种新的直觉模糊熵的构造方法。由于 Burillo 直觉模糊熵与 Szimdt 直觉模糊熵在理论上是一致的，只是计算形式不同，为此我们只针对 Burillo 直觉模糊熵进行分析。

王毅等人针对 Burillo 直觉模糊熵中所给出的直觉模糊熵的定义，发现对于这种直觉模糊熵的定义是不完整的，因为它是基于模糊集的，即以模糊集为标准，从而当一个直觉模糊集 A 退化为模糊集时，它的熵 $E(A)=0$。然而由于模糊集本身也具有模糊性，因而它未能全面地刻画出一个直觉模糊集的模糊信息量，而且对于形如[0.5, 0.5]的 IFS 值的模糊性无从刻画。因此，此时尽管不存在任何证据的犹豫程度的信息，但由于肯定和否定的证据各占 50%，使得人们很难作出合理的判断，对于这种基于直觉指数所表征的中立证据中支持与反对的程度呈均衡状态的假设下，Burillo 直觉模糊熵是无能为力的，因而有必要对直觉模糊熵重新定义。

14.7.1 直觉模糊熵的几何解释

模糊熵是用来描述模糊集的模糊性和信息量。在直觉模糊集中，我们可以把模糊熵定义为在该论域 X 中的任意一个元素 x 的隶属度在 $\langle\mu(x),\gamma(x)\rangle/x$，$x\in \mathrm{IFS}(X)$ 内，这样关于 x 的不确定性即直觉指数 $\pi(x)=1-\mu(x)-\gamma(x)$ 来表征。如果该值较大，则表明关于 x 我们知道的很少，即模糊熵较大；如果该值较小，即模糊熵较小，则表明我们相当精确地知道 x。此外，当 $\mu(x)$ 与 $\gamma(x)$ 的值越来越逼近时，模糊熵较大；当 $\mu(x)=\gamma(x)$ 时，此时直觉模糊熵为最大值 1。特别地，如果 $1-\mu(x)=0$ 即直觉指数 $\pi(x)=0$，即模糊熵为 0，此时直觉模糊集就退化为非模糊集，如图 14.2 所示。

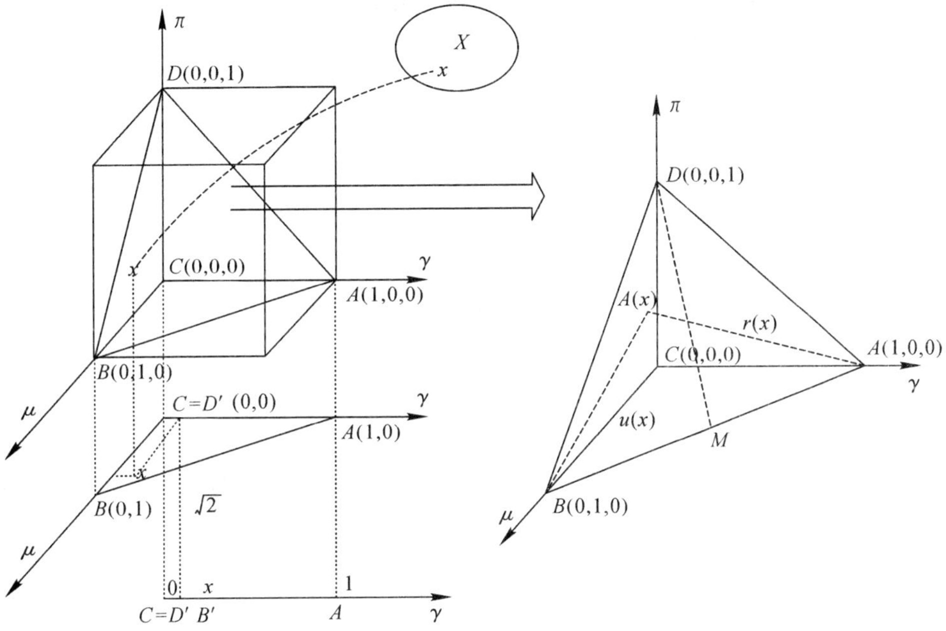

图 14.2 直觉模糊熵的几何解释

由图 14.2 可知，在三维空间 ABD 中，x 的坐标为$\langle\mu(x), \gamma(x), \pi(x)\rangle/x$，$x\in \mathrm{IFS}(X)$ 且满足关系 $\mu(x)+\gamma(x)+\pi(x)=1$。

在三维空间 ABD 中，当 x 趋近于 π 轴时，即 $\pi(x)\to 1$，$\mu(x)$，$\gamma(x)\to 0$ 时直觉模糊熵较大；此外在右图中，$\triangle ABD$ 为等边三角形，过 D 点向 AB 线段做垂线交于 M 点，则 DM 为等边三角形 ABD 的中垂线，当点 $A(x)$ 移至中垂线 DM 上任意一点时，则有 $\mu_A(x)=\gamma_A(x)$ 即支持的证据和反对的证据一样多，而对于直觉指数 $\pi_A(x)$ 我们无从知道它是支持 x 还是反对 x 的，因此此时直觉模糊熵最大。

当三维空间 ABD 投影到二维空间 ABC 时，则有 $ABD=ABC(D')$，此时直觉模糊集退化为模糊集。

当二维空间 ABC 投影到 γ 轴时，则有 $ABD=ABC(D')=CA$，此时直觉模糊集退化为非模糊集，即 $\gamma_A(x)=[0, 1]$，则 $\pi_A(x)=0$，此时直觉模糊熵为最小值 0。

14.7.2 直觉模糊熵的构造

根据直觉模糊熵的几何解释，我们提出如下的关于直觉模糊集模糊熵的直观约束条件。

约束 1 当直觉模糊集退化为非模糊集时，此时它的模糊熵具有最小值 0。

由图 1 可知，当 IFS 集退化为非模糊集时，即表明 $1-\mu_A(x)=0$，也就是我们精确的知道论域 U 中地任意元素 x 的隶属度。此时模糊熵的值为 0 是符合实际的。

约束 2 当 IFS 集 $A=\{[\mu_A(x), 1-\mu_A(x)]\mid\mu_A(x)\in\left[0, \frac{1}{2}\right], x\in U\}$时，直觉模糊集的模糊熵具有最大值。

由图 3.4 可知，当 $\mu_A(x)=\gamma_A(x)$时，支持 x 的证据和反对的证据一样多，而对于犹豫指数 $\pi_A(x)$，我们无从知道它是支持 x 还是反对 x 的，因此此时 IFS 模糊熵应该达到最大。

约束 3 一个 IFS 集的模糊熵和它的补集的模糊熵是相等的。

约束 4 直觉模糊集的模糊熵是关于隶属函数和非隶属函数差值的减函数，且随着 $|\mu_A(x)-\gamma_A(x)|$ 的增大而减小，随着 $|\mu_A(x)-\gamma_A(x)|$ 的减小而增大。

当直觉模糊集的隶属函数 $\mu_A(x)$ 和非隶属函数 $\gamma_A(x)$ 增加时，$\pi_A(x)=1-\mu_A(x)-\gamma_A(x)$ 将减小，从而我们对论域 U 中的任意元素 x 的隶属度知道的更多，直觉模糊集模糊熵相应减少；反之，则增加。另外，当隶属函数 $\mu_A(x)$ 和非隶属函数 $\gamma_A(x)$ 的值越相近时，肯定和否定的证据越相近，不确定性增加，从而直觉模糊集的模糊熵也就越大；反之，则越小。特别地，当 $|\mu_A(x)-\gamma_A(x)|=0$ 时，肯定和否定的证据各占 50%，直觉模糊熵应该达到最大，此时约束 4 和约束 2 是一致的。

根据上述的约束条件并结合 De Luca 和 Termini 在 1972 年提出的普通模糊集的非概率型熵表示准则的启发，我们重新对直觉模糊熵进行公理化定义。

定义 14.13 称函数 E：$\mathrm{IFS}_S(U)\rightarrow[0, 1]$ 为 IFS 集 $\mathrm{IFS}_S(U)$ 的模糊熵。如果它满足如下条件：

(DT_1) $E(A)=0$，当且仅当 A 是非模糊集。

(DT_2) $E(A)=1$，当且仅当 $\forall x\in U$，有 $\mu_A(x)=\gamma_A(x)$。

(DT_3) $E(A)=E(A^c)$，$\forall A\in \mathrm{IFS}_S(U)$。

(DT_4) 对于 IFS 集 A 和 B。若对 $\forall x\in U$，有

$$\frac{\min(\mu_A(x),\ \gamma_A(x))+\pi_A(x)}{\max(\mu_A(x),\ \gamma_A(x))+\pi_A(x)}\leqslant\frac{\min(\mu_B(x),\ \gamma_B(x))+\pi_B(x)}{\max(\mu_B(x),\ \gamma_B(x))+\pi_B(x)}$$

则有 $E(A)\leqslant E(B)$。

需要注意的是，(DT_4)说明当 $\pi_A(x)$ 越大时，熵值越大；反之，则越小。并且当 $\mu_A(x)$ 和 $\gamma_A(x)$ 值越相近，熵值越大；反之，则越小。这和约束 4 是吻合的。

定理 14.13 设 $U=\{x_1, x_2, \cdots x_n\}$，$A=\sum_{i=1}^{n}\langle\mu_A(x_i),\ \gamma_A(x_i)\rangle/x_i$，$A\in \mathrm{IFS}(U)$，则 A 的直觉模糊熵为

$$E(A)=\frac{1}{n}\sum_{i=1}^{n}\frac{\min(\mu_A(x_i),\ \gamma_A(x_i))+\pi_A(x_i)}{\max(\mu_A(x_i),\ \gamma_A(x_i))+\pi_A(x_i)} \tag{14.40}$$

证明 下面给出详细的证明过程。

(DT_1) $E(A)=0\Leftrightarrow$ 对 $\forall x_i\in U$，有

$$\min(\mu_A(x_i),\ \gamma_A(x_i))+\pi_A(x_i)=0$$

若 $\mu_A(x_i)<\gamma_A(x_i)$，则

$$\min(\mu_A(x_i),\ \gamma_A(x_i))+\pi_A(x_i)=\mu_A(x_i)+\pi_A(x_i)=0$$

故，$\mu_A(x_i)=\pi_A(x_i)=0$，$\gamma_A(x_i)=1$，从而我们精确地知道反对证据的程度为 1。

同理当 $\mu_A(x_i)>\gamma_A(x_i)$ 时，有 $\gamma_A(x_i)=\pi_A(x_i)=0$，$\mu_A(x_i)=1$，从而我们精确地知道支持证据的程度也为 1，所以 A 非模糊集。

(DT_2) $E(A)=1\Leftrightarrow\min(\mu_A(x_i),\ \gamma_A(x_i))+\pi_A(x_i)$

$$=\max(\mu_A(x_i),\ \gamma_A(x_i))+\pi_A(x_i)$$

$$\Leftrightarrow\mu_A(x_i)=\gamma_A(x_i)$$

即对 $\forall x_i \in U$，有 $\mu_A(x_i)=\gamma_A(x_i)$。

(DT_3) 因为

$$E(A)=E(A^C)$$

所以

$$\mu_{A^C}(x_i)=\gamma_A(x_i),\ \gamma_{A^C}(x_i)=\mu_A(x_i),$$
$$1-\mu_{A^C}(x_i)=1-\gamma_A(x_i),\ 1-\gamma_{A^C}(x_i)=1-\mu_A(x_i),$$

于是有

$$E(A)=\frac{1}{n}\sum_{i=1}^{n}\frac{\min(\mu_A(x_i),\ \gamma_A(x_i))+\pi_A(x_i)}{\max(\mu_A(x_i),\ \gamma_A(x_i))+\pi_A(x_i)}$$

$$\Leftrightarrow\frac{1}{n}\sum_{i=1}^{n}\frac{\min(\gamma_{A^C}(x_i),\ \mu_{A^C}(x_i))+\pi_A(x_i)}{\max(\gamma_{A^C}(x_i),\ \mu_{A^C}(x_i))+\pi_A(x_i)}\Leftrightarrow\frac{1}{n}\sum_{i=1}^{n}\frac{\min(\mu_{A^C}(x_i),\ \gamma_{A^C}(x_i))+\pi_A(x_i)}{\max(\mu_{A^C}(x_i),\ \gamma_{A^C}(x_i))+\pi_A(x_i)}$$

$$\Leftrightarrow E(A^C)$$

(DT_4)是平凡的。

定理 14.14 设 $U=\{x_1,\ x_2,\ \cdots x_n\}$，$A=\sum_{i=1}^{n}\langle\mu_A(x_i),\ \gamma_A(x_i)\rangle/x_i$，$A\in \mathrm{IFS}(U)$，则

$$E(A)\geqslant\frac{1}{n}\sum_{i=1}^{n}\pi_A(x_i) \tag{14.41}$$

证明 当 $\mu_A(x_i)\leqslant\gamma_A(x_i)$时，有

$$\frac{\min(\mu_A(x_i),\ \gamma_A(x_i))+\pi_A(x_i)}{\max(\mu_A(x_i),\ \gamma_A(x_i))+\pi_A(x_i)}=\frac{\mu_A(x_i)+\pi_A(x_i)}{\gamma_A(x_i)+\pi_A(x_i)}=\frac{1-\gamma_A(x_i)}{1-\mu_A(x_i)}$$

由 IFS 定义可知，$0\leqslant\mu_A(x_i)+\gamma_A(x_i)\leqslant 1$，$0\leqslant\mu_A(x_i)\leqslant 1$，$0\leqslant\gamma_A(x_i)\leqslant 1$，于是有 $0\leqslant 1-\mu_A(x_i)-\gamma_A(x_i)\leqslant 1$。又因为

$$\mu_A(x_i)\leqslant\gamma_A(x_i)\Leftrightarrow 1-\gamma_A(x_i)\leqslant 1-\mu_A(x_i)$$

所以 $1-\gamma_A(x_i)\geqslant(1-\mu_A(x_i))(1-\mu_A(x_i)-\gamma_A(x_i))$，可知

$$\frac{1-\gamma_A(x_i)}{1-\mu_A(x_i)}\geqslant 1-\mu_A(x_i)-\gamma_A(x_i)\geqslant\pi_A(x_i)$$

同理，与 $\mu_A(x_i)>\gamma_A(x_i)$时，有

$$\frac{\min(\mu_A(x_i),\ \gamma_A(x_i))+\pi_A(x_i)}{\max(\mu_A(x_i),\ \gamma_A(x_i))+\pi_A(x_i)}=\frac{1-\mu_A(x_i)}{1-\gamma_A(x_i)}\geqslant\pi_A(x_i)$$

故有

$$E(A)=\frac{1}{n}\sum_{i=1}^{n}\frac{\min(\mu_A(x_i),\ \gamma_A(x_i))+\pi_A(x_i)}{\max(\mu_A(x_i),\ \gamma_A(x_i))+\pi_A(x_i)}\geqslant\frac{1}{n}\sum_{i=1}^{n}\pi_A(x_i)$$

证毕。

14.7.3 算例分析

例 14.6 设 $A_1=\left\{\frac{1}{2},\ \frac{1}{3},\ \frac{1}{6}\right\}$，$A_2=\left\{\frac{1}{2},\ \frac{1}{2},\ 0\right\}$，$A_3=\left\{\frac{1}{2},\ \frac{1}{4},\ \frac{1}{4}\right\}$。根据式(14.40)，计算可得

$$E(A_1)=\frac{\min(\mu_{A_1}(x),\gamma_{A_1}(x))+\pi_{A_1}(x)}{\max(\mu_{A_1}(x),\gamma_{A_1}(x))+\pi_{A_1}(x)}=\frac{\min\left(\frac{1}{2},\frac{1}{3}\right)+\frac{1}{6}}{\max\left(\frac{1}{2},\frac{1}{3}\right)+\frac{1}{6}}=\frac{\frac{1}{3}+\frac{1}{6}}{\frac{1}{2}+\frac{1}{6}}=\frac{3}{4}$$

$$E(A_2)=\frac{\min(\mu_{A_2}(x),\gamma_{A_2}(x))+\pi_{A_2}(x)}{\max(\mu_{A_2}(x),\gamma_{A_2}(x))+\pi_{A_2}(x)}=\frac{\min\left(\frac{1}{2},\frac{1}{2}\right)+0}{\max\left(\frac{1}{2},\frac{1}{2}\right)+0}=\frac{\frac{1}{2}+0}{\frac{1}{2}+0}=1$$

$$E(A_3)=\frac{\min(\mu_{A_3}(x),\gamma_{A_3}(x))+\pi_{A_3}(x)}{\max(\mu_{A_3}(x),\gamma_{A_3}(x))+\pi_{A_3}(x)}=\frac{\min\left(\frac{1}{2},\frac{1}{4}\right)+\frac{1}{4}}{\max\left(\frac{1}{2},\frac{1}{4}\right)+\frac{1}{4}}=\frac{\frac{1}{4}+\frac{1}{4}}{\frac{1}{2}+\frac{1}{4}}=\frac{2}{3}$$

$$E(A)=\frac{1}{3}\{E(A_1)+E(A_2)+E(A_3)\}=\frac{1}{3}\left(\frac{3}{4}+1+\frac{2}{3}\right)=0.81$$

上述结果说明这里给出的直觉模糊熵的计算公式所得出的模糊信息量确实比 Burillo 直觉模糊熵中所给出 $E(A)=\sum_{i=1}^{n}(1-(\mu_A(x_i)+\gamma_A(x_i)))$ 计算的模糊信息量要多。特别地，当基于直觉指数所表征的中立证据中支持与反对的程度呈均衡状态的情况下，即 $A_2=\{0.5, 0.5, 0\}$时，$E(A_2)=1$，这也与本节的直观约束条件 2 是一致的。而一般文献对于这种形如[0.5，0.5]的 IFS 值的模糊性却是无从刻画。更为重要的是，在我们今后的研究中探讨利用直觉模糊熵所描述的模糊信息来处理基于 IFS 集的模糊推理时，保证了在推理过程中信息不丢失，从而推导出更符合人们直觉的逻辑结论。因此，证明所提出的直觉模糊熵的构造方法比 Burillo 直觉模糊熵中所给出的计算模糊熵的方法更加正确、合理、有效。

例 14.7 设 $A_1=\left\{\frac{1}{2},\frac{1}{3},\frac{1}{6}\right\}$，$A_2=\left\{\frac{1}{2},\frac{1}{2},0\right\}$，$A_3=\left\{\frac{1}{2},\frac{1}{4},\frac{1}{4}\right\}$。根据公式(14.41)，计算可得

$$E(A)\geqslant\frac{1}{n}\sum_{i=1}^{n}\pi_A(x_i)=\frac{1}{3}\left(\frac{1}{6}+0+\frac{1}{4}\right)=0.14$$

由以上结果可知，由式(14.40)所计算出模糊熵的信息量确实比式(14.41)所计算出的信息量要小的多，从而说明无论是 $\mu_A(x_i)>\gamma_A(x_i)$ 或 $\mu_A(x_i)<\gamma_A(x_i)$，我们总可以利用定理 14.14 中所提出的公式来计算出直觉模糊熵的最小值。通过对上述公式的证明和算例分析，验证了我们提出的这种隶属度和非隶属度在不同关系下的一种直觉模糊熵的最小值计算方法是正确的、合理的，也更加符合人们的直觉。

14.7.4 讨论

本节给出了一种直觉模糊熵的构造方法，主要工作是：① 针对直觉指数所表征的中立证据中支持与反对的程度呈均衡状态的假设下，揭示了影响直觉模糊熵大小的 3 个相互作用因素之间的内部关系，给出了直觉模糊熵的几何解释。② 分析了满足直觉模糊熵的直观约束条件，提出了一种直觉模糊熵的公理化定义，揭示了直觉模糊熵最小值计算性质。③ 通过算例分析比较，验证了本节所提出的方法可有效解决 Burillo 直觉模糊熵中存在的问题，可推导出更符合人们直觉的逻辑理论，表明该方法是正确的、合理的、有效的。

14.8 直觉模糊关系

14.8.1 直觉模糊关系的概念

直觉模糊关系有自己的特点，因为它增加了属性函数。直觉模糊关系也是一种直觉模糊集合，但其论域是N个集合的叉积。

定义 14.14(直觉模糊关系) 设 X 和 Y 是普通、非空集合或论域。定义在直积空间 $X\times Y$上的直觉模糊子集称为从 X 到 Y 之间的二元直觉模糊关系。记为

$$\boldsymbol{R}=\{\langle (x, y), \mu_R(x, y), \gamma_R(x, y)\rangle \mid x\in X, y\in Y\}$$

其中，μ_R：$X\times Y\to[0, 1]$和 γ_R：$X\times Y\to[0, 1]$满足条件 $0\leqslant\mu_R(x, y)+\gamma_R(x, y)\leqslant 1$，$\forall(x, y)\in X\times Y$。

我们用 $\mathrm{IFR}(X\times Y)$来表示 $X\times Y$ 上的直觉模糊子集的全体。

定义 14.15(直觉模糊零关系) 设 $0\in\mathrm{IFR}(X\times Y)$，定义零关系 0 的隶属函数与非隶属函数为

$$\mu_0(x, y)=0, \gamma_0(x, y)=1 \qquad \forall(x, y)\in X\times Y$$

定义 14.16(直觉模糊全关系) 设 $E\in\mathrm{IFR}(X\times Y)$，定义全关系 E 的隶属函数与非隶属函数为

$$\mu_E(x, y)=1, \gamma_E(x, y)=0 \qquad \forall(x, y)\in X\times Y$$

定义 14.17(直觉模糊恒等关系) 设 $I\in\mathrm{IFR}(X\times Y)$，定义恒等关系 I 的隶属函数与非隶属函数为

若 $x=y$，则 $\mu_I(x, y)=1$，$\gamma_I(x, y)=0$，$\forall(x, y)\in X\times Y$；

若 $x\neq y$，则 $\mu_I(x, y)=0$，$\gamma_I(x, y)=1$，$\forall(x, y)\in X\times Y$；

若 X 和 Y 为有限集，即 $X=\{x_1, x_2, \cdots, x_m\}$，$Y=\{y_1, y_2, \cdots, y_n\}$，则从 X 到 Y 之间的二元直觉模糊关系 $\boldsymbol{R}$ 可以用矩阵表示。对于$\forall(x_i, y_j)\in X\times Y(i=1, 2, \cdots, m, j=1, 2, \cdots, n)$，记为$(\mu_{ij})_{m\times n}$和$(\gamma_{ij})_{m\times n}$，其中，$\mu_{ij}=\mu_R(x_i, y_j)$，$\gamma_{ij}=\gamma_R(x_i, y_j)$，$0\leqslant\mu_{ij}\leqslant 1$，$0\leqslant\gamma_{ij}\leqslant 1(i=1, 2, \cdots, m, j=1, 2, \cdots, n)$分别称为元素 x_i与 y_j之间关系$\boldsymbol{R}$ 存在的程度和不存在的程度，$\boldsymbol{R}$ 记为

$$\boldsymbol{R}=\begin{bmatrix} \langle\mu_R(x_1, y_1), \gamma_R(x_1, y_1)\rangle & \langle\mu_R(x_1, y_2), \gamma_R(x_1, y_2)\rangle & \cdots & \langle\mu_R(x_1, y_n), \gamma_R(x_1, y_n)\rangle \\ \langle\mu_R(x_2, y_1), \gamma_R(x_2, y_1)\rangle & \langle\mu_R(x_2, y_2), \gamma_R(x_2, y_2)\rangle & \cdots & \langle\mu_R(x_2, y_n), \gamma_R(x_2, y_n)\rangle \\ \vdots & \vdots & & \vdots \\ \langle\mu_R(x_m, y_1), \gamma_R(x_m, y_1)\rangle & \langle\mu_R(x_m, y_2), \gamma_R(x_m, y_2)\rangle & \cdots & \langle\mu_R(x_m, y_n), \gamma_R(x_m, y_n)\rangle \end{bmatrix}$$

简记为 $\boldsymbol{R}=(\mu_{ij}, \gamma_{ij})_{m\times n}$。

若 $X_1, X_2, \cdots, X_n$ 是 n 个集合，则所谓直积空间 $X_1\times X_2\times\cdots\times X_n$ 上的一个 n 元直觉

模糊关系 $\boldsymbol{R}$ 是指 $X_1\times X_2\times\cdots\times X_n$ 上的一个直觉模糊子集。记为

$\boldsymbol{R}=\{\langle(x_1, x_2,\cdots, x_n), \mu_R(x_1, x_2,\cdots, x_n), \gamma_R(x_1, x_2,\cdots, x_n)\rangle \mid x_i\in X_i, i=1, 2,\cdots, n\}$

其中，μ_R：$X_1\times X_2\times\cdots\times X_n\to[0, 1]$和 γ_R：$X_1\times X_2\times\cdots\times X_n\to[0, 1]$满足条件

$0\leqslant\mu_R(x_1, x_2,\cdots, x_n)+\gamma_R(x_1, x_2,\cdots, x_n)\leqslant 1 \quad \forall(x_1, x_2,\cdots, x_n)\in X_1\times X_2\times\cdots\times X_n$

由以上定义可以看出，直觉模糊关系是一般模糊关系的一种推广。

定义 4.5(直觉模糊逆关系) 设 $\boldsymbol{R}\in\mathrm{IFR}(X\times Y)$，定义 $\boldsymbol{R}^{-1}\in\mathrm{IFR}(Y\times X)$的隶属函数与非隶属函数为

$$\mu_{R^{-1}}(y, x)=\mu_R(x, y),\ \gamma_{R^{-1}}(y, x)=\gamma_R(x, y) \quad \forall(y, x)\in Y\times X$$

称 Y 到 X 的二元直觉模糊关系 $\boldsymbol{R}^{-1}$ 为 $\boldsymbol{R}$ 的逆关系。

性质 14.1 设 $\boldsymbol{R}$ 和 P 是给定直觉模糊子集 X 和 Y 之间的直觉模糊关系，$\forall(x, y)\in X\times Y$，则它们具有如下性质：

(1) $\boldsymbol{R}\leqslant P\Leftrightarrow\mu_R(x, y)\leqslant\mu_P(x, y)$且 $\gamma_R(x, y)\geqslant\gamma_P(x, y)$。

(2) $\boldsymbol{R}\leqslant P\Leftrightarrow\mu_R(x, y)\leqslant\mu_P(x, y)$且 $\gamma_R(x, y)\leqslant\gamma_P(x, y)$。

(3) $\boldsymbol{R}=P\Leftrightarrow\mu_R(x, y)=\mu_P(x, y)$且 $\gamma_R(x, y)=\gamma_P(x, y)$。

(4) $\boldsymbol{R}\vee P=\{\langle(x, y), \mu_R(x, y)\vee\mu_P(x, y), \gamma_R(x, y)\wedge\gamma_P(x, y)\rangle \mid x\in X, y\in Y\}$。

(5) $\boldsymbol{R}\wedge P=\{\langle(x, y), \mu_R(x, y)\wedge\mu_P(x, y), \gamma_R(x, y)\vee\gamma_P(x, y)\rangle \mid x\in X, y\in Y\}$。

(6) $\boldsymbol{R}^c=\{\langle(x, y), \gamma_R(x, y), \mu_R(x, y)\rangle \mid x\in X, y\in Y\}$。

定理 14.15 设 $\boldsymbol{R}$ 和 P 与 Q 是 $\mathrm{IFR}(X\times Y)$上的直觉模糊关系，$\forall(x, y)\in X\times Y$，则有：

(1) $\boldsymbol{R}\leqslant P\Rightarrow\boldsymbol{R}^{-1}\leqslant P^{-1}$。

(2) $(\boldsymbol{R}\vee P)^{-1}=\boldsymbol{R}^{-1}\vee P^{-1}$。

(3) $(\boldsymbol{R}\wedge P)^{-1}=\boldsymbol{R}^{-1}\wedge P^{-1}$。

(4) $(\boldsymbol{R}^{-1})^{-1}=\boldsymbol{R}$。

(5) $\boldsymbol{R}\wedge(P\vee Q)=(\boldsymbol{R}\wedge P)\vee(\boldsymbol{R}\wedge Q)$，$\boldsymbol{R}\vee(P\wedge Q)=(\boldsymbol{R}\vee P)\wedge(\boldsymbol{R}\vee Q)$。

(6) $\boldsymbol{R}\vee P\geqslant\boldsymbol{R}$，$\boldsymbol{R}\vee P\geqslant P$，$\boldsymbol{R}\wedge P\leqslant\boldsymbol{R}$，$\boldsymbol{R}\wedge P\leqslant P$。

(7) 若 $\boldsymbol{R}\geqslant P$ 且 $\boldsymbol{R}\geqslant Q$，则 $\boldsymbol{R}\geqslant(P\vee Q)$；若 $\boldsymbol{R}\leqslant P$ 且 $\boldsymbol{R}\leqslant Q$，则 $\boldsymbol{R}\leqslant(P\wedge Q)$。

定义 14.18(直觉模糊集的截集) 设 $A=\{\langle x, \mu_A(x), \gamma_A(x)\rangle \mid x\in X\}$为有限论域 X 上的一个 IFS，对 $0\leqslant\alpha, \beta\leqslant 1$，且 $\alpha+\beta\leqslant 1$，称集合

$$A_{(\alpha, \beta)}=\{x \mid \mu_A(x)\geqslant\alpha, \gamma_A(x)\leqslant\beta, x\in X\}$$

为直觉模集 A 的(α, β)截集。(α, β)称为置信水平或置信度。对每组(α, β)都能确定 X 上的一个普通集合。

定义 14.19(直觉模糊关系的截集) 设 $\boldsymbol{R}\in\mathrm{IFR}(X\times Y)$，对 $0\leqslant\alpha, \beta\leqslant 1$，且 $\alpha+\beta\leqslant 1$，定义 $\boldsymbol{R}$ 的(α, β)-截集 $\boldsymbol{R}_{(\alpha, \beta)}$ 如下

$$\boldsymbol{R}_{(\alpha, \beta)}=\{(x, y) \mid \mu_R(x, y)\geqslant\alpha, \gamma_R(x, y)\leqslant\beta, (x, y)\in X\times Y\}$$

并称 $\boldsymbol{R}_\alpha=\{(x, y) \mid \mu_R(x, y)\geqslant\alpha, (x, y)\in X\times Y\}$和 $\boldsymbol{R}_\beta=\{(x, y) \mid \gamma_R(x, y)\leqslant\beta, (x, y)\in X\times Y\}$分别为属于 $\boldsymbol{R}$ 的α-截集和不属于 $\boldsymbol{R}$ 的β-截集，显然 $\boldsymbol{R}_{(\alpha, \beta)}$是一个经典二元关系。当 $\boldsymbol{R}$ 为直觉模糊矩阵时，$\boldsymbol{R}_{(\alpha, \beta)}$称为 $\boldsymbol{R}$ 的截矩阵，若 $\boldsymbol{R}=(\mu_{ij}, \gamma_{ij})_{m\times n}$，则 $\boldsymbol{R}_{(\alpha, \beta)}=(r_{ij})_{m\times n}$的取值如下

$$r_{ij}=\begin{cases}1 & \mu_{ij}\geqslant\alpha \text{ 且 } \gamma_{ij}\leqslant\beta\\ 0 & \text{其他}\end{cases}$$

定理 14.16 设 $\boldsymbol{R}\in \mathrm{IFR}(X\times Y)$，对 $0\leqslant\alpha,\ \beta\leqslant1$，且 $\alpha+\beta\leqslant1$，则

$$(\boldsymbol{R}^{-1})_{(\alpha,\ \beta)}=(\boldsymbol{R}_{(\alpha,\ \beta)})^{-1}$$

证明 由定义 4.5 和定义 4.7 可得

$$\begin{aligned}(\boldsymbol{R}^{-1})_{(\alpha,\ \beta)}&=\{(y,\ x)\mid \mu_{R^{-1}}(y,\ x)\geqslant\alpha,\ \gamma_{R^{-1}}(y,\ x)\leqslant\beta,\ (y,\ x)\in Y\times X\}\\&=\{(y,\ x)\mid \mu_{R}(x,\ y)\geqslant\alpha,\ \gamma_{R}(x,\ y)\leqslant\beta,\ (y,\ x)\in Y\times X\}\\&=(R_{(\alpha,\ \beta)})^{-1}\end{aligned}$$

14.8.2 直觉模糊集 T-范数与 S-范数

设映射 T：$[0,\ 1]\times[0,\ 1]\rightarrow[0,\ 1]$，表示直觉模糊子集 A 和 B 的隶属函数和非隶属函数向 A 和 B 的交集的隶属函数和非隶属函数转换的一个函数，即

$$T[\langle\mu_A(x),\ \gamma_A(x)\rangle,\ \langle\mu_B(x),\ \gamma_B(x)\rangle]=\langle\mu_{A\cap B}(x),\ \gamma_{A\cap B}(x)\rangle$$

由直觉模糊运算规则可知

$$\mu_{A\cap B}(x)=\min[\mu_A(x),\ \mu_B(x)],\qquad \gamma_{A\cap B}(x)=\max[\gamma_A(x),\ \gamma_B(x)]$$

为使函数 T 适合于计算直觉模糊交的隶属函数和非隶属函数，它应满足以下四个条件：

(1) 有界性：$T(0,\ 0)=0$，$T(x,\ 1)=x$，$T(x,\ 0)=0$，$\forall x\in[0,\ 1]$。

(2) 交换性：$T(x,\ y)=T(y,\ x)$，$\forall x,\ y\in[0,\ 1]$。

(3) 结合性：$T(T(x,\ y),\ z)=T(x,\ T(y,\ z))$，$\forall x,\ y,\ z\in[0,\ 1]$。

(4) 单调性：若 $x\leqslant z$ 且 $y\leqslant t$，则 $T(x,\ y)\leqslant T(z,\ t)$，$\forall x,\ y,\ z,\ t\in[0,\ 1]$。

定义 14.20(直觉模糊集 T-范数) 任何满足上述条件的函数 T：$[0,\ 1]\times[0,\ 1]\rightarrow[0,\ 1]$称为 T-范数。

设映射 S：$[0,\ 1]\times[0,\ 1]\rightarrow[0,\ 1]$，表示直觉模糊子集 A 和 B 的隶属函数和非隶属函数向 A 和 B 的并集的隶属函数和非隶属函数转换的一个函数，即

$$S[\langle\mu_A(x),\ \gamma_A(x)\rangle,\ \langle\mu_B(x),\ \gamma_B(x)\rangle]=\langle\mu_{A\cup B}(x),\ \gamma_{A\cup B}(x)\rangle$$

由直觉模糊运算规则可知

$$\mu_{A\cup B}(x)=\max[\mu_A(x),\ \mu_B(x)],\qquad \gamma_{A\cup B}(x)=\min[\gamma_A(x),\ \gamma_B(x)]$$

为使函数 S 适合于计算直觉模糊并的隶属函数和非隶属函数，它应满足以下四个条件：

(1) 有界性：$S(1,\ 1)=1$，$S(x,\ 1)=1$，$S(x,\ 0)=x$，$\forall x\in[0,\ 1]$。

(2) 交换性：$S(x,\ y)=S(y,\ x)$，$\forall x,\ y\in[0,\ 1]$。

(3) 结合性：$S(S(x,\ y),\ z)=S(x,\ S(y,\ z))$，$\forall x,\ y,\ z\in[0,\ 1]$。

(4) 单调性：若 $x\leqslant z$ 且 $y\leqslant t$，则 $S(x,\ y)\leqslant S(z,\ t)$，$\forall x,\ y,\ z,\ t\in[0,\ 1]$。

定义 14.21(直觉模糊集 S-范数) 任何满足上述条件的函数 S：$[0,\ 1]\times[0,\ 1]\rightarrow[0,\ 1]$称为 S-范数。

在上述定义中，有界性给出直觉模糊集并、交运算在边界处的特性，交换性保证运算结果与直觉模糊集的顺序无关，结合性把直觉模糊运算扩展到两个直觉模糊集合以上，单调性给出了直觉模糊集运算的通用必要条件：两个直觉模糊集合的隶属度值上升与非隶属度值下降会导致这两个直觉模糊集的并集、交集的隶属度值的升高与非隶属度值的下降，

而两个直觉模糊集合的隶属度值下降与非隶属度值上升会导致这两个直觉模糊集的并集、交集的隶属度值的下降和非隶属度值的升高。

定义 14.22(对偶范数) 设 $T(x, y)$ 为 T-范数，$S(x, y)$ 为 S-范数，若对 $\forall x, y\in[0, 1]$ 有 $T(x, y)=1-S(1-x, 1-y)$，则称 $T(x, y)$ 与 $S(x, y)$ 为一对对偶范数。这时，称 S-范数为 T-协范数。

14.8.3 直觉模糊关系的合成运算

合成运算是一种专对模糊关系适用的运算，当应用于直觉模糊关系时，有如下定义。

定义 14.23(直觉模糊合成关系) 设 $\alpha, \beta, \lambda, \rho$ 是 T-范数或 S-范数，但不必是两两对偶范数，$\boldsymbol{R}\in \mathrm{IFR}(X\times Y)$ 且 $P\in \mathrm{IFR}(Y\times Z)$，则合成关系 $\boldsymbol{R}_{\lambda}^{\alpha}\circ_{\rho}^{\beta}P\in \mathrm{IFR}(X\times Z)$ 由下式定义，有

$$\boldsymbol{R}_{\lambda}^{\alpha}\circ_{\rho}^{\beta}P=\{\langle(x, z), \mu_{R_{\lambda}^{\alpha}\circ_{\rho}^{\beta}P}(x, z), \gamma_{R_{\lambda}^{\alpha}\circ_{\rho}^{\beta}P}(x, z)\rangle | x\in X, z\in Z\}$$

其中

$$\mu_{R_{\lambda}^{\alpha}\circ_{\rho}^{\beta}P}(x, z)=\underset{y}{\alpha}\{\beta[\mu_R(x, y), \mu_P(y, z)]\}$$

$$\gamma_{R_{\lambda}^{\alpha}\circ_{\rho}^{\beta}P}(x, z)=\underset{y}{\lambda}\{\rho[\gamma_R(x, y), \gamma_P(y, z)]\}$$

且满足 $0\leqslant\mu_{R_{\lambda}^{\alpha}\circ_{\rho}^{\beta}P}(x, z)+\gamma_{R_{\lambda}^{\alpha}\circ_{\rho}^{\beta}P}(x, z)\leqslant 1, \forall (x, z)\in X\times Z$。

这里，α、β 作用于隶属度函数，λ、ρ 作用于非隶属度函数。本章中，取 $\alpha=\vee$，$\beta=\wedge$，$\lambda=\wedge$，$\rho=\vee$。为简明起见，上述合成关系记作 $\boldsymbol{R}\circ P\in \mathrm{IFR}(X\times Z)$。

若 X、Y、Z 均为有限集，设 $X=\{x_1, x_2,\cdots, x_m\}$，$Y=\{y_1, y_2,\cdots, y_n\}$，$Z=\{z_1, z_2,\cdots, z_l\}$，则 $\boldsymbol{R}\in \mathrm{IFR}(X\times Y)$ 可以表示为一对 $m\times n$ 模糊矩阵 $[\langle\mu_R(x_i, y_k), \gamma_R(x_i, y_k)\rangle]_{m\times n}$，$P\in \mathrm{IFR}(Y\times Z)$ 可以表示为一对 $n\times l$ 模糊矩阵 $[\langle\mu_P(y_k, z_j), \gamma_P(y_k, z_j)\rangle]_{n\times l}$。$S=\boldsymbol{R}\circ P\in \mathrm{IFR}(X\times Z)$ 是 X 到 Z 的直觉模糊关系，它可以表示为一对 $m\times l$ 模糊矩阵 $[\langle\mu_S(x_i, z_j), \gamma_S(x_i, z_j)\rangle]_{m\times l}$，由定义可得

$$\mu_S(x_i, z_j)=\bigvee_{k=1}^{n}(\mu_R(x_i, y_k)\wedge\mu_P(y_k, z_j)) \qquad i=1, 2, \cdots, m; j=1, 2, \cdots, l$$

$$\gamma_S(x_i, z_j)=\bigwedge_{k=1}^{n}(\gamma_R(x_i, y_k)\vee\gamma_P(y_k, z_j)) \qquad i=1, 2, \cdots, m; j=1, 2, \cdots, l$$

上式表示直觉模糊关系矩阵的合成运算，它完全是直觉模糊关系合成的一种矩阵表达形式。合成矩阵的每个元素也是“$\vee-\wedge$”运算的结果。

定理 14.17(直觉模糊合成运算定律) 设 $\boldsymbol{R}$、S、T 为三个直觉模糊关系且可进行合成运算，则有：

(1) 结合律：$(\boldsymbol{R}\circ S)\circ T=\boldsymbol{R}\circ(S\circ T)$。

(2) 左右分配律：$(\boldsymbol{R}\vee S)\circ T=(\boldsymbol{R}\circ T)\vee(S\circ T)$，

$T\circ(\boldsymbol{R}\vee S)=(T\circ\boldsymbol{R})\vee(T\circ S)$。

(3) 单调性：$\boldsymbol{R}\leqslant S\Rightarrow\boldsymbol{R}\circ T\leqslant S\circ T$。

(4) $(\boldsymbol{R}\wedge S)\circ T\leqslant(\boldsymbol{R}\circ T)\wedge(S\circ T)$，

$T\circ(\boldsymbol{R}\wedge S)\leqslant(T\circ\boldsymbol{R})\wedge(T\circ S)$。

证明 下面证明(2)和(4)，其余证明类似。

(2)：
$$\begin{aligned}\mu_{(R\vee S)\circ T}(x, z)&=\bigvee_{y\in Y}[(\mu_{R\vee S}(x, y)\wedge\mu_T(y, z)]\\&=\bigvee_{y\in Y}[(\mu_R(x, y)\vee\mu_S(x, y))\wedge\mu_T(y, z)]\end{aligned}$$

$$=\bigvee_{y\in Y}[(\mu_R(x, y)\wedge\mu_T(y, z))\vee(\mu_S(x, y)\wedge\mu_T(y, z)]$$
$$=\Big[\bigvee_{y\in Y}((\mu_R(x, y)\wedge\mu_T(y, z))\Big]\vee\Big[\bigvee_{y\in Y}(\mu_S(x, y)\wedge\mu_T(y, z))\Big]$$
$$=\mu_{\boldsymbol{R}\circ T}(x, z)\vee\mu_{S\circ T}(x, z)$$
$$=\mu_{(\boldsymbol{R}\circ T)\vee(S\circ T)}(x, z)$$

类似地可证 $\gamma_{(R\vee S)\circ T}(x, z)=\gamma_{(R\circ T)\vee(S\circ T)}(x, z)$。

由此可知$(\boldsymbol{R}\vee S)\circ T=(\boldsymbol{R}\circ T)\vee(S\circ T)$成立。

同理可证 $T\circ(\boldsymbol{R}\vee S)=(T\circ\boldsymbol{R})\vee(T\circ S)$成立。

(4)： $\mu_{(R\wedge S)\circ T}(x, z)=\bigvee_{y\in Y}[(\mu_{R\wedge S}(x, y)\wedge\mu_T(y, z)]$

$$=\bigvee_{y\in Y}[(\mu_R(x, y)\wedge\mu_S(x, y))\wedge\mu_T(y, z)]$$
$$\leqslant[\bigvee_{y\in Y}((\mu_R(x, y)\wedge\mu_T(y, z))]\wedge[\bigvee_{y\in Y}(\mu_S(x, y)\wedge\mu_T(y, z))]$$
$$=\mu_{R\circ T}(x, z)\wedge\mu_{S\circ T}(x, z)$$
$$=\mu_{(R\circ T)\wedge(S\circ T)}(x, z)$$

类似地可证 $\gamma_{(R\wedge S)\circ T}(x, z)\geqslant\gamma_{(R\circ T)\wedge(S\circ T)}(x, z)$。

由此可知$(\boldsymbol{R}\wedge S)\circ T\leqslant(\boldsymbol{R}\circ T)\wedge(S\circ T)$成立。

同理可证 $T\circ(\boldsymbol{R}\wedge S)\leqslant(T\circ\boldsymbol{R})\wedge(T\circ S)$成立。

定理 14.18 设 $\boldsymbol{R}\in\mathrm{IFR}(X\times Y)$，$S\in\mathrm{IFR}(Y\times Z)$，则有

$$(\boldsymbol{R}\circ S)^{-1}=S^{-1}\circ\boldsymbol{R}^{-1}$$

证明 $\mu_{(R\circ S)^{-1}}(z, x)=\mu_{R\circ S}(x, z)$

$$=\bigvee_{y\in Y}[\mu_R(x, y)\wedge\mu_S(y, z)]$$
$$=\bigvee_{y\in Y}[\mu_S(y, z)\wedge\mu_R(x, y)]$$
$$=\bigvee_{y\in Y}[\mu_{S^{-1}}(z, y)\wedge\mu_{R^{-1}}(y, x)]$$
$$=\mu_{(S^{-1}\circ R^{-1})}(z, x)$$

类似地可证 $\gamma_{(R\circ S)^{-1}}(z, x)=\gamma_{(S^{-1}\circ R^{-1})}(z, x)$。

由此可知$(\boldsymbol{R}\circ S)^{-1}=S^{-1}\circ\boldsymbol{R}^{-1}$成立。

性质 14.2(直觉模糊合成运算性质) 设直觉模糊关系 $\boldsymbol{R}\in\mathrm{IFR}(X\times X)$，则它们具有如下性质：

(1) $\boldsymbol{R}\circ I=I\circ\boldsymbol{R}=\boldsymbol{R}$。

(2) $\boldsymbol{R}\circ 0=0\circ\boldsymbol{R}=0$。

(3) $\boldsymbol{R}^{m+1}=\boldsymbol{R}^m\circ\boldsymbol{R}$，$\boldsymbol{R}^0=I$。

14.8.4 直觉模糊关系的性质

本节介绍直觉模糊关系的自反性、对称性和传递性。与模糊关系相比，因直觉模糊关系增加了非隶属度函数，所以其自反性、对称性和传递性需重新定义，有关性质也需重新证明。

1. 直觉模糊关系的自反性

定义 14.24(自反性) 设直觉模糊关系 $\boldsymbol{R}\in\mathrm{IFR}(X\times X)$，则 $\boldsymbol{R}$ 是：

(1) 自反的，若 $I\leqslant\boldsymbol{R}$，即 $\forall x\in X$，$\mu_R(x, x)=1$，$\gamma_R(x, x)=0$。

(2) 弱自反的，若 $\forall x, y \in X$，$\mu_R(x, x) \geqslant \mu_R(x, y)$，$\gamma_R(x, x) \leqslant \gamma_R(x, y)$。

(3) ε 弱自反的，若 $\varepsilon > 0$，且 $\forall x \in X$，$\mu_R(x, x) \geqslant \varepsilon$，$\gamma_R(x, x) \leqslant 1-\varepsilon$。

(4) 逆自反的，若 $\forall x \in X$，$\mu_R(x, x)=0$，$\gamma_R(x, x)=1$。

(5) 称包含 $\boldsymbol{R}$ 的最小的自反直觉模糊关系为 $\boldsymbol{R}$ 的自反闭包，记作 $r(\boldsymbol{R})$。

下面的定理给出了自反性的一些基本性质。

定理 14.19 设 X 上的直觉模糊关系 $\boldsymbol{R} \in \mathrm{IFR}(X \times X)$，则有：

(1) $\boldsymbol{R}$ 是自反的，当且仅当 $\boldsymbol{R}^c$ 是逆自反的。

(2) $\boldsymbol{R}$ 是逆自反的，当且仅当 $\boldsymbol{R} \wedge I=0$。

(3) 若 $\boldsymbol{R}$ 是自反的，则 $\boldsymbol{R}^n \leqslant \boldsymbol{R}^{n+1}$ 且 $\boldsymbol{R}^n$ 也是自反的，$n \geqslant 1$。

(4) $r(\boldsymbol{R})=\boldsymbol{R} \vee I$。

证明 (1)和(2)显然成立，下面仅证明(3)和(4)。

(3)： 因 $\boldsymbol{R}$ 是自反的，故 $I \leqslant \boldsymbol{R}$，由定理 4.3 和性质 4.2 知

$$\boldsymbol{R}=I \circ \boldsymbol{R} \leqslant \boldsymbol{R} \circ \boldsymbol{R}=\boldsymbol{R}^2$$

即当 $n=1$ 时，$\boldsymbol{R} \leqslant \boldsymbol{R}^2$ 且 $I \leqslant \boldsymbol{R}^2$

假设当 $n=k$ 时，$\boldsymbol{R}^k \leqslant \boldsymbol{R}^{k+1}$ 且 $I \leqslant \boldsymbol{R}^k$ 成立，则 $n=k+1$ 时，有

$$I \leqslant \boldsymbol{R}^k \leqslant \boldsymbol{R}^{k+1} \leqslant \boldsymbol{R}^{k+1} \circ \boldsymbol{R}=\boldsymbol{R}^{k+2}$$

即 $\boldsymbol{R}^{k+1} \leqslant \boldsymbol{R}^{k+2}$ 且 $I \leqslant \boldsymbol{R}^{k+1}$ 也成立。

因此，由数学归纳原理知，$\boldsymbol{R}^n \leqslant \boldsymbol{R}^{n+1}$ 且 $\boldsymbol{R}^n$ 是自反的，$n \geqslant 1$。

(4)： 因为 $I \leqslant \boldsymbol{R} \vee I$，所以 $\boldsymbol{R} \vee I$ 为自反直觉模糊关系。今设 S 为 X 上的任一自反直觉模糊关系，若 $I \leqslant S$ 且 $\boldsymbol{R} \leqslant S$，则 $\boldsymbol{R} \vee I \leqslant S$。这说明 $\boldsymbol{R} \vee I$ 为包含 $\boldsymbol{R}$ 的最小的自反直觉模糊关系，故 $r(\boldsymbol{R})=\boldsymbol{R} \vee I$。

2. 直觉模糊关系的对称性

定义 14.25(对称性) 设直觉模糊关系 $\boldsymbol{R} \in \mathrm{IFR}(X \times X)$，则 $\boldsymbol{R}$ 是：

(1) 对称的。若 $\boldsymbol{R}=\boldsymbol{R}^{-1}$，即 $\forall (x, y) \in X \times X$，则 $\mu_R(x, y)=\mu_R(y, x)$，$\gamma_R(x, y)=\gamma_R(y, x)$；相反，称为不对称的。

(2) 逆对称直觉的。若 $\forall (x, y) \in X \times X$，$x \neq y$，则 $\mu_R(x, y) \neq \mu_R(y, x)$，$\gamma_R(x, y) \neq \gamma_R(y, x)$，$\pi_R(x, y)=\pi_R(y, x)$。

(3) 完全逆对称直觉的。若 $\forall (x, y) \in X \times X$，$x \neq y$ 且 $\mu_R(x, y)>0$ 或者 $\mu_R(x, y)=0$ 且 $\gamma_R(x, y)<1$，则 $\mu_R(y, x)=0$ 且 $\gamma_R(y, x)=1$。

(4) 称包含 $\boldsymbol{R}$ 的最小的对称直觉模糊关系为 $\boldsymbol{R}$ 的对称闭包，记作 $s(\boldsymbol{R})$。

其中，完全直觉逆对称的定义并不能覆盖 Zadeh 针对一般模糊关系给出的完全模糊逆对称的定义。对称关系有如下定理给出的基本性质。

定理 14.20 设 X 上的直觉模糊关系 $\boldsymbol{R}$，$\boldsymbol{R}_1$，$\boldsymbol{R}_2 \in \mathrm{IFR}(X \times X)$，则有：

(1) $\boldsymbol{R}$ 是对称的 $\Leftrightarrow \boldsymbol{R}=\boldsymbol{R}^{-1}$。

(2) $\boldsymbol{R}_1$ 和 $\boldsymbol{R}_2$ 都是对称的，则 $\boldsymbol{R}_1 \circ \boldsymbol{R}_2$ 对称 $\Leftrightarrow \boldsymbol{R}_1 \circ \boldsymbol{R}_2=\boldsymbol{R}_2 \circ \boldsymbol{R}_1$，即 $\boldsymbol{R}_1$ 和 $\boldsymbol{R}_2$ 是可交换的。

(3) $\boldsymbol{R}$ 是对称的，则 $\boldsymbol{R}^n$ 也是对称的，$n \geqslant 1$。

(4) $\boldsymbol{R} \circ \boldsymbol{R}^{-1}$ 是 X 上的对称关系。

(5) $s(\boldsymbol{R})=\boldsymbol{R} \vee \boldsymbol{R}^{-1}$。

证明 (1) 由定义 4.13 直接得出。

(2) 设 $\boldsymbol{R}_1$ 和 $\boldsymbol{R}_2$ 都是对称的，若 $\boldsymbol{R}_1\circ\boldsymbol{R}_2$ 是对称的，则有

$$\boldsymbol{R}_1\circ\boldsymbol{R}_2=(\boldsymbol{R}_1\circ\boldsymbol{R}_2)^{-1}=\boldsymbol{R}_2^{-1}\circ\boldsymbol{R}_1^{-1}=\boldsymbol{R}_2\circ\boldsymbol{R}_1$$

反之，若 $\boldsymbol{R}_1\circ\boldsymbol{R}_2=\boldsymbol{R}_2\circ\boldsymbol{R}_1$，则有

$$(\boldsymbol{R}_1\circ\boldsymbol{R}_2)^{-1}=\boldsymbol{R}_2^{-1}\circ\boldsymbol{R}_1^{-1}=\boldsymbol{R}_2\circ\boldsymbol{R}_1=\boldsymbol{R}_1\circ\boldsymbol{R}_2$$

从而 $\boldsymbol{R}_1\circ\boldsymbol{R}_2$ 是对称的。

(3) 因为$(\boldsymbol{R}^n)^{-1}=(\boldsymbol{R}^{n-1}\circ\boldsymbol{R})^{-1}=\boldsymbol{R}^{-1}\circ(\boldsymbol{R}^{n-1})^{-1}=\boldsymbol{R}^{-1}\circ\boldsymbol{R}^{-1}\circ(\boldsymbol{R}^{n-2})^{-1}$

$$=\cdots=\boldsymbol{R}^{-1}\circ\boldsymbol{R}^{-1}\circ\cdots\circ\boldsymbol{R}^{-1}=(\boldsymbol{R}^{-1})^n$$

所以 $\boldsymbol{R}^n$ 是对称的，$n\geqslant 1$。

(4) 因为$(\boldsymbol{R}\circ\boldsymbol{R}^{-1})^{-1}=(\boldsymbol{R}^{-1})^{-1}\circ\boldsymbol{R}^{-1}=\boldsymbol{R}\circ\boldsymbol{R}^{-1}$，所以 $\boldsymbol{R}\circ\boldsymbol{R}^{-1}$是对称的。

(5) 因$(\boldsymbol{R}\vee\boldsymbol{R}^{-1})^{-1}=\boldsymbol{R}^{-1}\vee(\boldsymbol{R}^{-1})^{-1}=\boldsymbol{R}^{-1}\vee\boldsymbol{R}=\boldsymbol{R}\vee\boldsymbol{R}^{-1}$，故 $\boldsymbol{R}\vee\boldsymbol{R}^{-1}$是对称的。今设 S 为 X 上的任一对称直觉模糊关系，若 $\boldsymbol{R}\leqslant S$，则 $\boldsymbol{R}^{-1}\leqslant S^{-1}=S$，有 $\boldsymbol{R}\vee\boldsymbol{R}^{-1}\leqslant S$。这说明 $\boldsymbol{R}\vee\boldsymbol{R}^{-1}$为包含$\boldsymbol{R}$ 的最小的对称直觉模糊关系，故 $s(\boldsymbol{R})=\boldsymbol{R}\vee\boldsymbol{R}^{-1}$。

3. 直觉模糊关系的传递性

定义 14.26(传递性)　设直觉模糊关系 $\boldsymbol{R}\in\mathrm{IFR}(X\times X)$，则 $\boldsymbol{R}$ 是：

(1) 传递的，若 $\boldsymbol{R}\geqslant\boldsymbol{R}_{\wedge}^{\vee}\circ_{\rho}^{\beta}\boldsymbol{R}$。

(2) 非传递的，若 $\boldsymbol{R}\leqslant\boldsymbol{R}_{\vee}^{\wedge}\circ_{\beta}^{\rho}\boldsymbol{R}$。

(3) 称包含 $\boldsymbol{R}$ 的最小的传递直觉模糊关系为 $\boldsymbol{R}$ 的传递闭包，记作 $t(\boldsymbol{R})$。

直觉模糊传递关系有如下定理给出的一些性质。

定理 14.21　设 X 上的直觉模糊关系 $\boldsymbol{R}$，$\boldsymbol{R}_1$，$\boldsymbol{R}_2\in\mathrm{IFR}(X\times X)$，则有：

(1) $\boldsymbol{R}$ 是传递的$\Leftrightarrow\boldsymbol{R}^2\leqslant\boldsymbol{R}$。

(2) $\boldsymbol{R}$ 是传递的，则 $\boldsymbol{R}^n$ 也是传递的，$n\geqslant 1$。

(3) $t(\boldsymbol{R})=\bigcup\limits_{k=1}^{\infty}\boldsymbol{R}^k$。

证明　(1) 由定义 4.14 直接获得。

(2) $\boldsymbol{R}$ 是传递的$\Leftrightarrow\boldsymbol{R}^2\leqslant\boldsymbol{R}\Rightarrow\boldsymbol{R}^3=\boldsymbol{R}^2\circ\boldsymbol{R}\leqslant\boldsymbol{R}\circ\boldsymbol{R}=\boldsymbol{R}^2\leqslant\boldsymbol{R}\Rightarrow\cdots$

$$\Rightarrow\boldsymbol{R}^n\leqslant\boldsymbol{R}^{n-1}\cdots\leqslant\boldsymbol{R}^2\leqslant\boldsymbol{R}\Rightarrow\cdots\Rightarrow\boldsymbol{R}^{2n}\leqslant\boldsymbol{R}^{2n-1}\cdots\boldsymbol{R}^n\leqslant\boldsymbol{R}^{n-1}\cdots\leqslant\boldsymbol{R}^2\leqslant\boldsymbol{R}$$

所以有 $\boldsymbol{R}^{2n}=(\boldsymbol{R}^n)^2\leqslant\boldsymbol{R}^n$，即 $\boldsymbol{R}^n$ 是传递的。

(3) 首先证明$\bigcup\limits_{k=1}^{\infty}\boldsymbol{R}^k$ 是传递的，事实上

$$\left(\bigcup_{k=1}^{\infty}\boldsymbol{R}^k\right)\circ\left(\bigcup_{i=1}^{\infty}\boldsymbol{R}^i\right)=\bigcup_{k=1}^{\infty}\left[\boldsymbol{R}^k\circ\left(\bigcup_{i=1}^{\infty}\boldsymbol{R}^i\right)\right]$$
$$=\bigcup_{k=1}^{\infty}\bigcup_{i=1}^{\infty}(\boldsymbol{R}^k\circ\boldsymbol{R}^i)$$
$$=\bigcup_{k=1}^{\infty}\bigcup_{i=1}^{\infty}\boldsymbol{R}^{k+i}$$

因为对任取的 k，有

$$\bigcup_{i=1}^{\infty}\boldsymbol{R}^{k+i}\leqslant\bigcup_{i=1}^{\infty}\boldsymbol{R}^i\Rightarrow\bigcup_{k=1}^{\infty}\bigcup_{i=1}^{\infty}\boldsymbol{R}^{k+i}\leqslant\bigcup_{i=1}^{\infty}\boldsymbol{R}^i$$
$$\Rightarrow\left(\bigcup_{k=1}^{\infty}\boldsymbol{R}^k\right)\circ\left(\bigcup_{i=1}^{\infty}\boldsymbol{R}^i\right)\leqslant\bigcup_{i=1}^{\infty}\boldsymbol{R}^i$$

所以$\bigcup\limits_{k=1}^{\infty}\boldsymbol{R}^k$ 是传递的。

其次，证明$\bigcup_{k=1}^{\infty}\boldsymbol{R}^k$是包含$\boldsymbol{R}$中最小的。为此，设$S$为$X$上的任一传递直觉模糊关系，若$S^2\leqslant S$且$S\geqslant \boldsymbol{R}$，则

$$S\geqslant \boldsymbol{R}\Rightarrow S^k\geqslant \boldsymbol{R}^k\Rightarrow \bigcup_{k=1}^{\infty}S^k\geqslant \bigcup_{k=1}^{\infty}\boldsymbol{R}^k$$

另外

$$S^2\leqslant S\Rightarrow S^k\leqslant S\Rightarrow \bigcup_{k=1}^{\infty}S^k\leqslant S$$

由此可得$\bigcup_{k=1}^{\infty}\boldsymbol{R}^k\leqslant S$，即$S$是包含$\boldsymbol{R}$的传递直觉模糊关系中最小的。

综上所述，有$t(\boldsymbol{R})=\bigcup_{k=1}^{\infty}\boldsymbol{R}^k$。

14.8.5 直觉模糊相似关系与等价关系

由于事物都是普遍联系的，它们因共性而聚类，因个性而相互区别。为衡量事物的共性与个性，通常利用关系的等价性来区分事物的类别。本节将模糊相似关系和等价关系扩展到直觉模糊关系，为以后的直觉模糊聚类分析做好准备。

定义 14.27(直觉模糊相似关系) 设$\boldsymbol{R}$是X上的直觉模糊关系$\boldsymbol{R}\in \mathrm{IFR}(X\times X)$，若$\boldsymbol{R}$是$X$上自反、对称关系，则称$\boldsymbol{R}$是$X$上的直觉模糊相似关系，简称相似关系。当$X$为有限集时，称$\boldsymbol{R}$为直觉模糊相似矩阵，记为$\boldsymbol{R}=(\mu_{ij}, \gamma_{ij})_{n\times n}$，满足下列条件：

(1) 自反性：$\langle\mu_{ii}, \gamma_{ii}\rangle=\langle 1, 0\rangle$，　$i=1, 2, \cdots, n$。

(2) 对称性：$\langle\mu_{ij}, \gamma_{ij}\rangle=\langle\mu_{ji}, \gamma_{ji}\rangle$，$i, j=1, 2, \cdots, n$。

定理 14.2 设$\boldsymbol{R}\in \mathrm{IFR}(X\times X)$为$X$上的直觉模糊相似关系，$\boldsymbol{R}^n$也是直觉模糊相似关系，$n\geqslant 1$。

证明 由定理4.5和定理4.6可直接证明。

定义 14.27(直觉模糊等价关系) 设$\boldsymbol{R}$是X上的直觉模糊关系$\boldsymbol{R}\in \mathrm{IFR}(X\times X)$，若$\boldsymbol{R}$是$X$上自反、对称、传递关系，则称$\boldsymbol{R}$是$X$上的直觉模糊等价关系，简称等价关系。当$X$为有限集时，称$\boldsymbol{R}$为直觉模糊等价矩阵，记为$\boldsymbol{R}=(\mu_{ij}, \gamma_{ij})_{n\times n}$，满足下列条件：

(1) 自反性：$\langle\mu_{ii}, \gamma_{ii}\rangle=\langle 1, 0\rangle$，$i=1, 2, \cdots, n$。

(2) 对称性：$\langle\mu_{ij}, \gamma_{ij}\rangle=\langle\mu_{ji}, \gamma_{ji}\rangle$，$i, j=1, 2, \cdots, n$。

(3) 传递性：$\boldsymbol{R}^2=\boldsymbol{R}\circ\boldsymbol{R}\subseteq\boldsymbol{R}$，即

$$\bigvee_{k=1}^{n}(\mu_{ik}\wedge\mu_{kj})\leqslant\mu_{ij},\ \bigwedge_{k=1}^{n}(\gamma_{ik}\vee\gamma_{kj})\geqslant\gamma_{ij}\qquad i, j=1, 2, \cdots, n$$

定理 14.23 设$\boldsymbol{R}\in \mathrm{IFR}(X\times X)$为$X$上的直觉模糊等价关系，$\boldsymbol{R}^n$也是直觉模糊等价关系，$n\geqslant 1$。

证明 由定理14.19、定理14.20和定理14.21可直接证明。

当X为有限集时，$\boldsymbol{R}\in \mathrm{IFR}(X\times X)$为直觉模糊等价矩阵，则$\boldsymbol{R}^n$也是直觉模糊等价矩阵。

定理 14.24 设$\boldsymbol{R}=(\mu_{ij}, \gamma_{ij})_{n\times n}$是$n$阶直觉模糊矩阵，则它的传递闭包为

$$t(\boldsymbol{R})=\bigcup_{k=1}^{n}\boldsymbol{R}^k$$

定理 14.25 设$\boldsymbol{R}=(\mu_{ij}, \gamma_{ij})_{n\times n}$是$n$阶直觉模糊相似矩阵，则存在自然数$k\leqslant n$，使

$t(\boldsymbol{R})=\boldsymbol{R}^k$，且对于一切大于 k 的自然数 l，有 $\boldsymbol{R}^l=\boldsymbol{R}^k$。

在定理14.25中，因为 $\boldsymbol{R}$ 是直觉模糊相似矩阵，由定理14.22可知，$\boldsymbol{R}^k$ 仍是直觉模糊相似矩阵。而 $t(\boldsymbol{R})=\boldsymbol{R}^k$ 又是包含 $\boldsymbol{R}$ 的最小传递矩阵，所以 $t(\boldsymbol{R})=\boldsymbol{R}^k$ 就是包含 $\boldsymbol{R}$ 的最小直觉模糊等价矩阵。也就是说，一个直觉模糊相似矩阵 $\boldsymbol{R}$ 的传递闭包 $t(\boldsymbol{R})=\boldsymbol{R}^k(k\leqslant n)$ 是包含 $\boldsymbol{R}$ 的最小直觉模糊等价矩阵。于是，有下面的推论。

推论14.1 设 $\boldsymbol{R}=(\mu_{ij},\gamma_{ij})_{n\times n}$ 是 n 阶直觉模糊相似矩阵，则 $\boldsymbol{R}$ 的传递闭包 $t(\boldsymbol{R})=\boldsymbol{R}^k$ $(k\leqslant n)$ 是包含 $\boldsymbol{R}$ 的最小直觉模糊等价矩阵。

以上讨论说明，我们可以从一个直觉模糊相似矩阵 $\boldsymbol{R}$ 出发，利用求传递闭包的方法来构造一个直觉模糊等价矩阵，从而方便地处理直觉模糊分类问题。

为了运算方便和迅速，通常只需连续做合成运算即可。即由 $\boldsymbol{R}$ 计算 $\boldsymbol{R}^2$，再计算 $\boldsymbol{R}^4$，$\boldsymbol{R}^8$ 等，经过有限次合成运算后，一定存在 $k\in N$ 使得

$$\boldsymbol{R}^{2^k}=\boldsymbol{R}^{2^{k+1}}$$

于是，就求出了 $\boldsymbol{R}$ 的传递闭包 $t(\boldsymbol{R})$，这个传递闭包就是 $\boldsymbol{R}$ 的直觉模糊等价矩阵

$$\boldsymbol{R}^*=t(\boldsymbol{R})=\boldsymbol{R}^{2^k}=\boldsymbol{R}^{2^{k+1}}$$

再在适当的水平 (α,β) 上截取，就可以得到聚类图，用来进行聚类分析。

参考文献

[1] L. A. Zadeh. Fuzzy Sets. Information and Control，1965，8(3)：338－353.

[2] 张曾科. 模糊数学在自动化技术中的应用. 北京：清华大学出版社，1997.

[3] 曹谢东. 模糊信息处理及应用. 北京：科学出版社，2003.

[4] 陈水利，等. 模糊集理论及其应用. 北京：科学出版社，2006.

[5] 张文修，梁怡，徐萍. 基于包含度的不确定推理. 北京：清华大学出版社，2007.

[6] 李士勇. 工程模糊数学及应用. 哈尔滨：哈尔滨工业大学出版社，2004.

[7] 何新贵. 模糊知识处理的理论与技术. 2 版. 北京：国防工业出版社，1999.

[8] 杨纶标，高英仪. 模糊数学原理及其应用. 4 版. 广州：华南理工大学出版社，2005.

[9] 吴微，周春光，梁艳春. 智能计算. 北京：高等教育出版社，2009.

[10] 蔡自兴. 智能控制原理与应用. 2 版. 北京：清华大学出版社，2014.

[11] 李国勇. 智能预测控制及 MATLB 实现. 2 版. 北京：电子工业出版社，2010.

[12] 陈守煜. 系统模糊决策理论与应用. 大连：大连理工大学出版社，1994.12.

[13] 姚明海，何通能. 一种基于模糊积分的多分类器联合方法. 浙江工业大学学报，2002，30(2)：156－159.

[14] 王立新. 模糊系统与模糊控制教程. 北京：清华大学出版社，2003.

[15] O. Cordon，F. Herrera，A. Peregrin. Searching for Basic Properties Obtaining Robust Implication Operators in Fuzzy Control. Fuzzy Sets and Systems，2000，111(2)：237－251.

[16] E. Eslami，J. J. Buckley. Inverse Approximate Reasoning. Fuzzy Sets and systems，1997，87(2)：155－158.

[17] 蒋泽军，等. 模糊数学教程. 北京：国防工业出版社，2004.

[18] T. Whalen，B. Schott，Y. G. wang. Control of Error in Fuzzy Logic Modeling. Fuzzy Sets and Systems，1996，80(1)：23－25.

[19] G. J. Wang，H. Wang. Non-fuzzy Versions of Fuzzy Reasoning in Classical Logics. Information Sciences，2001，138(1)：211－236.

[20] L. A. Andriantiatsaholiniaina，V. S. Kouikoglou，Y. A. Phillis. Evaluating Strategies for Sustainable Development：Fuzzy Logic Reasoning and Sensitivity Analysis. Ecological Economics，2004，48(2)：149－172.

[21] C. S. Wang，X. K. Gong. A Fuzzy Approximate Reasoning Model for a Rule-based System in Laser Threat Recognition. Fuzzy Sets and Systems，1998，96(2)：139－146.

[22] D. Simon. Fuzzy Sets and Fuzzy Logic. Theory and Applications. Control Engineering Practice，1996，4(9)：1332－1333.

[23] D. Dubois，H. Prade. An Introduction to Fuzzy Systems. Clinica Chimica Acta，1998，27(1)：3－29.

[24] L. A. Zadeh. Toward a Theory of Fuzzy Information Granulation and its Centrality in Human Reasoning and Fuzzy Logic. Fuzzy Sets and Systems，1997，90(2)：111－127.

[25] 朱文彪，孙增沂. 一种 MIMO 复杂过程的模糊建模新方法. 系统工程与电子技术，2005，27(1)：97－99.

[26] 田雨波. 混合神经网络技术. 北京：科学出版社，2009.

[27] 乔俊飞，韩红桂. 前馈神经网络分析与设计. 北京：科学出版社，2013.

[28] Erbatur F, Hasancebi O, Tutuncu I, Kilic H. Optimal design of planar and space structures with genetic algorithms. Computers&Struetures, 2000, 75(2): 209-224.

[29] 王凤儒，徐蔚文，郭红等. 基于序值编码的最优保存遗传算法的全局收敛性分析. 电机与控制学报，2001，5(3)：195-203.

[30] 段玉倩，贺家李. 遗传算法及改进. 电力系统及其自动化学报. 1998，10(1)：39-51.

[31] S. Y. Yuen, C. K. Chow. A genetic algorithm that adaptively mutates and never revisits[J]. IEEE Transactions on Evolutionary Computation, April 2009, 13(2): 45-72.

[32] 李建武，李敏强. 基于基因权重动态调整遗传算法的编码. 系统工程理论与实践，2003，11(20)：14-19.

[33] 徐宗本，章祥荪. 遗传算法基础理论研究的新近发展. 数学进展，2000，29(2)：97-114.

[34] K. Deb, A. Anand, D. Joshi. A computationally efficient evolutionary algorithm for real-parameter evolution. Evolutionary Computation Journal, 2009, 10(4): 371-395.

[35] R. A. E. Makinen, J. Periaux, J. Toivanen. Multidisciplinary shape optimization in aerodynamics and electromagnetic using genetic algorithms. International Journal for Numerical Methods in Fluids, 2009, 30(2): 149-159.

[36] 吉根林. 遗传算法研究综述. 计算机应用与软件，2004，21(2)：69-72.

[37] 曾梅清，田大纲. 线性规划问题的算法综述. 科学技术与工程，2010，10(1)：12-16.

[38] 郭欢，肖新平. 灰色二层多目标线性规划问题及其解法，控制与决策，2014，29(7)：1183-1186.

[39] 韩立岩，汪培庄. 应用模糊数学. 北京：首都经济贸易大学出版社，1998.

[40] 陈守煜. 工程模糊集理论与应用. 北京：国防工业出版社，1998.

[41] 胡宅清. 模糊理论基础. 武汉：武汉大学出版社，2004.

[42] 汤兵勇，路林吉，王文杰. 模糊控制理论与应用技术. 北京：北京大学出版社. 2002.

[43] Marimin M, Umano I et al. Linguistic Labels for Expressing Fuzzy Preference Relations in Fuzzy Group Decision Making. IEEE Trans. Syst. Man Cybern, 1998, 28(2): 205-218.

[44] Brodbeck F C, Kerschreiter R, Mojzisch A. Group decision making under conditions of distributed knowledge: The information asymmetries model. Academy of Management Review, 2007, 32(2): 459-479.

[45] 杨雷，席酉民. 理性群体决策的概率集结研究. 系统工程理论与实践，1998，18(4)：90-94.

[46] 熊才权，李德华，金良海. 基于保护少数人意见的群体一致性分析. 系统工程理论与实践，2008，28(10)：102-107.

[47] Martinez L, Montero J. Challenges for improving consensus reaching process in collective decisions. New Mathematics and Natural Computation, 2007, 3(2): 203-217.

[48] 李登峰，陈守煜. 时序多目标决策的模糊优选法. 系统工程与电子技术，1994(3)：12-18.

[49] Atanassov K. Intuitionistic fuzzy sets. Fuzzy Sets and Systems, 1986, 20(1): 87-96

[50] 周炜，雷英杰. 直觉模糊集的一对分解定理. 空军工程大学学报（自然科学版），2009，10(1)：91-94.

[51] 袁学海，李洪兴，孙凯彪. 直觉模糊集和区间值模糊集的截集、分解定理和表现定理. 中国科学(F辑：信息科学)，2009，39(9)：933-945.

[52] 雷英杰，王宝树. 直觉模糊集时态逻辑算子与扩展运算性质. 计算机科学，2005，32(2)：180-181.

[53] Eulalia Szmidt, Janusz Kacprzyk. Distances between intuitionistic fuzzy sets. Fuzzy Sets and Systems, 2000, 114(3): 505-518.

[54] Przemyslaw Grzegorzewski. Distances between intuitionistic fuzzy sets and/or interval-valued fuzzy sets based on the Hausdorff metric. Fuzzy Sets and Systems, 2004, 148(2): 319 - 328

[55] Weiqiong Wang, Xiaolong Xin. Distance measure between intuitionistic fuzzy sets. Pattern Recognition Letters, 2005, 26: 2063 - 2069.

[56] Chen S. M. Measures of similarity between vague sets. Fuzzy Sets and Systems, 1995, 74(2): 217 - 223.

[57] Hong D. H, Kim C. A note on similarity measures between vague sets and between elements. Information Science, 1999, 115(4): 83 - 96.

[58] Li D F, Cheng C. New similarity measure of intuitionistic fuzzy sets and application to pattern recognition. Pattern Recognition Letters, 2002, 23(2): 221 - 225.

[59] Mitchell H B. On the Dengfeng-Chuntian similarity measure and its application to pattern recognition. Pattern Recognition Letters, 2003, 24: 3101 - 3104.

[60] Hua-Wen Liu. New similarity measures between intuitionistic fuzzy sets and between elements. Mathematical and Computer Modeling, 2005, 42(10): 61 - 70.

[61] Hung W L, Yang M S. Similarity measures of intuitionistic fuzzy sets based on Hausdorff distance. Pattern Recognition letters, 2004, 25(2): 1603 - 1611.

[62] 李凡，徐章艳. Vague 集之间的相似度量. 软件学报，2001, 12(6): 922 - 927.

[63] Deng - Feng Li. Some measures of dissimilarity in intuitionistic fuzzy structures. Journal of Computer and System Sciences, 2004, 68(1): 115 - 122.

[64] 李良群，姬红兵. 基于最大模糊熵聚类的快速数据关联算法. 西安电子科技大学学报，2006, 33(2): 251 - 257.

[65] Burillo P, Bustince H. Entropy on intuitionistic fuzzy sets and on interval-valued fuzzy sets. Fuzzy Sets and Systems, 1996, 78(3): 305 - 316.

[66] Eulalia Szmidt, Janusz Kacprzyk. Entropy for intuitionistic fuzzy sets. Fuzzy Sets and Systems, 2001, 118(3): 467 - 477.

[67] 王毅，雷英杰. 一类直觉模糊熵的构造方法. 控制与决策，2007, 22(12): 1390 - 1394.

[68] 雷英杰，王宝树，苗启广. 直觉模糊关系及其合成运算. 系统工程理论与实践，2005, 25(2): 113 - 118.

[69] 周磊，吴伟志，张文修. 直觉模糊关系的截集性质. 模糊系统与数学，2009, 23(2): 110 - 114.

[70] Bustince H. Construction of intuitionistic fuzzy relations with predetermined properties [J]. Fuzzy Sets and Systems, 2000, 109(3): 379 - 403.

[71] 雷英杰，赵杰，等. 直觉模糊集理论及应用(上册). 北京：科学出版社，2014.

[72] 雷英杰，赵杰，等. 直觉模糊集理论及应用(下册). 北京：科学出版社，2014.